区域环境气象系列丛书

丛书主编：许小峰

丛书副主编：丁一汇　郝吉明　王体健　柴发合

成渝地区环境气象研究

张小玲　康　平　杨复沫　倪长健　等　著

气象出版社
China Meteorological Press

内 容 简 介

　　成渝地区处在我国青藏高原气候区与亚热带两个气候区域的过渡地带，是我国复合型、区域型大气污染最严重的区域之一，其气候形成、气候特点及气候要素时空分布规律等各方面都有许多值得深入探讨的问题。本书重点介绍了成渝地区大气环境的最新研究成果，包括成渝地区大气环境时空分布、持续性颗粒物污染特征及天气气候成因分析、持续性臭氧污染特征及成因分析、重点城市大气气溶胶光学特性、重点城市（群）颗粒物的化学组分特征、特殊地形与城市群发展对成渝地区大气污染的影响，以及环境气象预报技术等。

　　本书可为广大气象和环境工作者的气象预报和服务工作提供科学依据，也可供相关领域的教学人员、研究生和本科生参考。

图书在版编目（ＣＩＰ）数据

成渝地区环境气象研究 / 张小玲等著. -- 北京 ：
气象出版社，2023.2
　（区域环境气象系列丛书 / 许小峰主编）
　ISBN 978-7-5029-7913-3

　Ⅰ．①成… Ⅱ．①张… Ⅲ．①环境气象学－研究－成
都②环境气象学－研究－重庆 Ⅳ．①X16

中国国家版本馆 CIP 数据核字(2023)第 228686 号

成渝地区环境气象研究

Cheng-Yu Diqu Huanjing Qixiang Yanjiu

出版发行：气象出版社

地　　址：北京市海淀区中关村南大街 46 号　　**邮政编码**：100081

电　　话：010-68407112（总编室）　　010-68408042（发行部）

网　　址：http://www.qxcbs.com　　**E - m a i l**：qxcbs@cma.gov.cn

责任编辑：隋珂珂　王萃萃　　　　　　　　**终　　审**：张 斌

责任校对：张硕杰　　　　　　　　　　　　**责任技编**：赵相宁

封面设计：博雅锦

印　　刷：北京地大彩印有限公司

开　　本：787 mm×1092 mm　1/16　　　　**印　　张**：21

字　　数：538 千字

版　　次：2023 年 2 月第 1 版　　　　　　**印　　次**：2023 年 2 月第 1 次印刷

定　　价：198.00 元

成渝地区环境气象研究

著者名单

张小玲　　康　平　　杨复沫　　倪长健
周　力　　宁贵财　　冯鑫媛　　曾胜兰
吴美璇　　袁　亮　　杨显玉　　张　莹
张　磊　　张　洋　　樊　晋　　王　宁

顾　问

王式功　　赵天良

丛书前言

打赢蓝天保卫战是全面建成小康社会、满足人民对高质量美好生活的需求、社会经济高质量发展和建设美丽中国的必然要求。当前，我国京津冀及周边、长三角、珠三角、汾渭平原、成渝地区等重点区域环境治理工作仍处于关键期，大范围持续性雾/霾天气仍时有发生，区域性复合型大气污染问题依然严重，解决大气污染问题任务十分艰巨。对区域环境气象预报预测和应急联动等热点科学问题进行全面研究，总结气象及相关部门参与大气污染治理气象保障服务的经验教训，支持国家环境气象业务服务能力和水平的提升，可为重点区域大气污染防控与治理提供重要科技支撑，为各级政府和相关部门统筹决策、适时适地对污染物排放实行总量控制，助推国家生态文明建设具有重要的现实意义。

面对这一重大科技需求，气象出版社组织策划了"区域环境气象系列丛书"（以下简称"丛书"）的编写。丛书着重阐述了重点区域大气污染防治的最新环境气象研究成果，系统阐释了区域环境气象预报新理论、新技术和新方法；揭示了区域重污染天气过程的天气气候成因；详细介绍了环境气象预报预测预警最新方法、精细化数值预报技术、预报模式模型系统构建、预报结果检验和评估成果、重污染天气预报预警典型实例及联防联动重大服务等代表性成果。整体内容兼顾了学科发展的前沿性和业务服务领域的实用性，不仅能为相关科技、业务人员理论学习提供有益的参考，也可为气象、环保等专业部门认识和防治大气污染提供有效的技术方法，为政府相关部门统筹兼顾、系统谋划、精准施策提供科学依据，解决环境治理面临的突出问题，从而推进绿色、环保和可持续发展，助力国家生态文明建设。

丛书内容系统全面、覆盖面广，主要涵盖京津冀及周边、长三角、珠三角区域以及东北、西北、中部和西南地区大气环境治理问题。丛书编写工作是在相关省（自治区、直辖市）气象局和环境部门科技人员及相关院所的全力支持下，在气象出版社的协调组织下，以及各分册编委会精心组织落实下完成的，凝聚了各方面的辛勤付出和智慧奉献。

丛书邀请中国工程院丁一汇院士（国家气候中心）和郝吉明院士（清华大学）、知名大气污染防治专家王体健教授（南京大学）和柴发合研究员（中国环境科学研究院）作为副主编，他们都是在气象和环境领域造诣很高的专家，为保证丛书的学术价值和严谨性做出了重要贡献；分册编写团队集合了环境气象预报、科研、业务一线专家约260人，涵盖各区域环境气象科技创新团队带头人和环境气象首席预报员，体现了较高的学术和实践水平。

丛书得到中国工程院院士徐祥德（中国气象科学研究院）和中国科学院院士张人禾（复旦大学）的推荐，第一期（8册）已正式列入 2020 年国家出版基金资助项目，这是对丛书出版价值和科学价值的极大肯定。丛书的组织策划得到中国气象局领导的关心指导和气象出版社领导多方协调，多位环境气象专家为丛书的内容出谋划策。丛书编辑团队在组织策划、框架搭建、基金申报和编辑出版方面贡献了力量。在此，一并表示衷心感谢！

　　丛书编写出版涉及的基础资料数据量和统计汇集量都很大，参与编写人员众多，组织协调工作有相当难度，是一项复杂的系统工程，加上协调管理经验不足，书中难免存在一些缺陷，衷心希望广大读者批评指正。

许小峰

2020 年 6 月

许小峰，正高级工程师，博士生导师，中国气象局原副局长，现任中国气象事业发展咨询委员会常务副主任。

本书前言

　　随着我国社会经济的快速发展、城市化进程的加速和能源消耗量的不断增加，进入 21 世纪，以细颗粒物（$PM_{2.5}$）和臭氧（O_3）为主要特征的大气复合污染问题渐显突出。大气污染的形成主要取决于污染物的过量排放和不利气象条件两个关键因素，但污染物浓度变化，包括其化学生成、转化、扩散、传输等，甚至重污染事件的发生都与气象条件密切相关。因此，污染气象成因与影响机制研究倍受重视。

　　成渝城市群位于中国西南地区，是国家经济发展战略中的重要组成部分，近年来在大气污染防治及环境气象领域面临着一系列挑战和机遇。成渝地区受青藏高原大地形和四川盆地深盆半封闭地理条件的双重影响，由此所形成的独特天气系统、大气边界层静稳结构等多尺度气象条件耦合协同作用及其对大气污染生消过程的影响与机制，气溶胶理化特性及其对边界层、辐射、降水的影响，一直是大气科学和大气环境等领域的难题和关注热点。开展成渝地区环境气象研究，可丰富大气多尺度物理过程与大气复合污染的相互作用理论体系及其内涵，亦可为当地空气质量预报预警、污染精细化管理和科学防控提供强有力的理论指导和技术支持，具有良好的应用效果、经济和生态环境效益。

　　迄今已有不少研究成渝地区大气环境问题的文献，但却尚未正式出版过一本较系统全面地论述成渝地区大气环境及其与气象条件的关系的图书。本书作为"区域环境气象系列丛书"的组成部分，是近年来作者团队对成渝地区（四川盆地）大气污染成因机制研究重要成果的梳理和总结，同时也融入了其他研究人员的部分成果，以便对成渝地区大气污染及环境气象有比较全面的认识。本书总结了成渝地区大气环境的最新研究成果，较系统地论述了成渝地区大气环境时空分布、持续性颗粒物污染特征及天气气候成因分析、持续性臭氧污染特征及成因分析、重点城市大气气溶胶光学特性、重点城市（群）颗粒物的化学组分特征、特殊地形与城市群发展对成渝地区大气污染的影响、环境气象预报技术等，具有基础性与应用性。

　　多年来，关于成渝地区大气环境与气象条件的相互作用研究得到了国家和省市级的多个项目支持，包括国家自然科学基金重大研究计划重点支持项目（91644226）、国家重点研发计划项目（2018YFC0214000）、国家自然科学基金项目（41775147；41771535）、四川省重大科技专项（2013HBZX01；2018SZDZX0023）、四川省科技计划项目（2018JY0011；2018SZ0287）、成都市科技项目（2019-YF05-00718-SN；2020-YF09-00031-SN）等，也得到四川省生态环境厅、四川省气象局设立的多个科研和业务项目的支持。此外，感谢成都信息工程大学引进人才科研启动项目、科技创新能力提升计划项目、成都平原城市气象与环境四川省野外科学观测研究站等对本书研究工作的资助。

本书主要由成都信息工程大学、四川大学、南京信息工程大学、中国气象科学研究院的相关科研人员编写完成。

第1章主要由倪长健、吴美璇编写；

第2章主要由康平、张小玲、曾胜兰编写；

第3章主要由杨复沫、周力、王宁编写；

第4章主要由倪长健、袁亮、康平编写；

第5章主要由宁贵财、张小玲、冯鑫媛编写；

第6章主要由张小玲、康平、杨显玉编写；

第7章主要由张小玲、张磊、张洋、樊晋编写；

第8章主要由张小玲、康平、张莹编写。

成都信息工程大学王式功教授、南京信息工程大学赵天良教授在本书的编写过程中悉心指导，对提纲结构和内容全程给予了指导和关注；中国科学院西北生态环境资源研究院赵素平研究员、四川省气象局青泉正高级工程师、成都信息工程大学刘志红教授和向卫国副教授等专家在本书的撰写和资料分析等方面给予了大力支持和帮助；成都信息工程大学环境气象与健康团队硕士研究生卢宁生、雷雨、祁宏、党莹、韦荣、鲁峻岑、尹黎昊、王聪聪、王安怡、王柯懿、冯浩鹏、张松宇等参与了书稿撰写及校对。在此一并对他们表示衷心的感谢！

由于作者水平有限，书中难免存在一些缺陷和错漏，敬请广大读者批评指正。

作者

2022年10月

目 录

第1章

绪　论

　　成渝地区是中国西部经济最发达的地区,也是中国重要的城市带之一,位于长江上游,地处四川盆地境内,是青藏高原与长江中下游平原的中间过渡带。成渝地区素有"天府之国"之称,物产丰富,农、林、牧业产品在全国农业总产中均占有重要地位,名优土特产品更不胜枚举。多种多样的气候类型共存于盆地内,孕育了万千物种,为它们提供了生存繁衍的适宜气候环境,使其各得其所。成渝地区在全国气候区域中占有特殊位置,处在我国青藏高原气候区与亚热带两个截然不同气候区域的过渡地带,既兼有两区的基本气候特点,又具有与两气候区不同的地域特色。无论在气候环境与城市群发展和人类活动的关系方面,或在气候形成、气候特点及气候要素时空分布规律、气候风险区划、气候变化减缓与适应、生态环境改善等各方面,都有许多值得深入探讨的问题。近年来,随着经济的迅速发展和工业化、城市化进程的不断深化,大气污染已成为当前中国大部分城市区域所面临的严峻环境问题。目前,成渝地区已成为我国复合型、区域型大气污染严重的区域之一。大气污染不仅会降低能见度影响交通安全,大气中的颗粒物及气态污染物还会严重危及人类健康,此外,大气污染与天气气候之间存在非常复杂的相互影响关系。针对成渝地区特殊的地理环境和气象条件以及城市群快速发展等特点,研究成渝地区大气环境及大气污染与气象过程之间的响应机制,具有重要的科学意义和实际应用价值。成渝区域大气环境问题已受到政府、公众及相关学者们的广泛关注。

1.1
成渝地区自然地理环境特征

1.1.1　地理位置

　　成渝地区位于长江上游,地处四川盆地境内,是青藏高原与长江中下游平原的中间过渡带,是全国重要的城镇化区域,具有承东启西、连接南北的区位优势。图 1.1 为成渝地区(四川盆地)位置及周边地形,四川盆地"深盆"地形海拔高差大于 2500 m,扩散条件差;城市群发展快速,人口密度大,排放量多;气象和空气质量预报难度大。

　　根据国家出台的《成渝城市群发展规划》,成渝城市群的范围包括重庆市和四川省的各一部分区域,其中重庆市的 29 个区县和四川省的 15 个市被纳入其中,总面积 18.5 万 km²。成渝城市群以重庆、成都两个超大城市为中心,一批大中小城市(镇)密集绵延,每万平方千米拥有城镇 113 个,密度远高于西部和全国水平,是我国重要的城市化发展区域(尹虹潘,2019)。成渝地区主要包括重庆市的重庆主城区、涪陵区、江津区、合川区、永川区、潼南区、铜梁区、大足区、荣昌区、璧山区等区县，以及四川省的成都、德阳、绵阳、眉山、资阳、遂宁、乐山、雅安、自贡、泸州、内江、南充、宜宾、达州、广安15个市。四川盆地一般包括重庆全域和四川省盆地内的17个城市，该区域北连陕西、甘肃，南邻云南、贵州，西达青海、西藏，东至湖南、湖北（图1.1）。

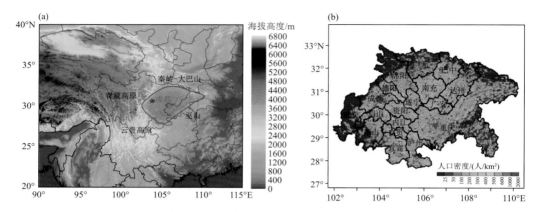

图1.1　（a）四川盆地周边地形分布图（红色线圈表示四川盆地，红色实心圆点代表成都市的地理位置，蓝色五角星表示成都市温江探空站）（引自 Ning et al.，2019）；（b）四川盆地区域内人口密度分布

1.1.2　地形地貌

成渝地区总体处于四川盆地（图1.2a），四川盆地状若菱形，其长边呈东北—西南向，大部分地区海拔为200～750 m，区内最高海拔为5793 m，最低海拔为150 m（陈婧祎，2017）。成渝地区四周是一系列中低、中高山，按平均海拔大体分为西部中高山区（平均海拔为2460 m），该区域内有东北—西南走向的龙门山，西北—东南走向的邛崃山、夹金山，行政区主要包括绵阳市西北部、德阳市西北部、成都市西部、雅安市大部、乐山市西南部；中部平原丘陵区（平均海拔500 m），该区域包括成都平原及川东丘陵区，行政区域主要包括绵阳市东南部、德阳市东南部、成都市东部、眉山市、乐山市东北部、宜宾市、泸州市北部、遂宁市、南充市；东部中低山区（平均海拔1103 m），行政区域主要包括泸州南部、达州市、广安市大部、重庆市，该区域由一系

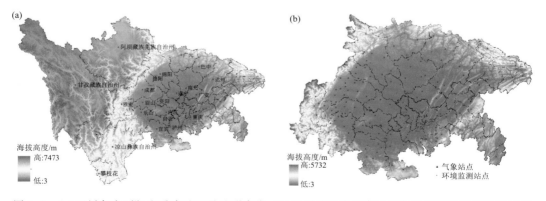

图1.2　（a）四川各市（州）和重庆地区及地形高度；（b）四川盆地内国家级气象站和环境空气质量国控自动监测站分布图

列东北—西南走向的条线背斜山地与向斜谷地组成。图 1.2b 是四川盆地区域内国家级气象站和环境空气质量国控自动监测站分布图。

1.1.3　地质环境

从大的区域构造上来看,成渝地区属于扬子准地台和松潘—甘孜地槽褶皱系。其中大部分区域属扬子准地台,局部区域属松潘—甘孜地槽褶皱系。扬子准地台位于四川东北部,大体上以城口—房线断裂、北川—映秀断裂、九顶山断裂、茂汶断裂、盐井—五龙断裂、小金河断裂与松潘—甘孜地槽褶皱系分界,扬子准地台基底有双层结构,下部为结晶基底,形成时限为晚太古代—早元古代,组成结晶基底的地层以康定群为代表。松潘—甘孜地槽褶皱系位于扬子准地台以西和西北,金沙江以东,秦岭—昆仑山以南的广阔区域。自古生代开始形成,逐渐扩展。古生代及三叠纪有复杂的地质发展历史,尤其是三叠纪时期,地槽快速扩张快速堆积,沉积了厚度巨大分布广阔的西康群(巴颜喀拉群)和义敦群,三叠纪末的印支运动,地槽回返褶皱,形成了印支造山带(吕孟懿,2014)。

1.1.4　水文

成渝地区内主要水系包括长江上游干流流域、岷江流域、大渡河流域、青衣江流域、沱江水系、嘉陵江流域、涪江流域及渠江流域(吕孟懿,2014)。

①长江上游干流流域在区内流域面积为 467292 km^2,属树枝状水系。长江上游玉树、门达(巴塘河口)至四川宜宾段称金沙江。金沙江流经青、藏、川、滇四省(区),河道全长 2318 km,流域面积 191371 km^2,河口(宜宾)多年平均流量 4760 m^3/s。

②区内岷江流域面积 125763 km^2,属羽状水系,干流全长 735 km,天然落差 3560 m,都江堰以上为上游,都江堰至乐山为中游,乐山以下为下游。

③大渡河干流全长 1062 km,区内全长 852 km。天然落差 4175 m,区内 2788 m。其中区内流域面积 67463 km^2(不含青衣江)。在区内为羽状水系。

④青衣江流域面积 12897 km^2,河长 289 km,河口多年平均流量 543 m^3/s,为羽状水系。上游宝兴河硗碛至三河口河道长 97 km,天然落差 1395 m;干流中下游飞仙关至河口河道长约 140 km,天然落差 230 m。

⑤沱江水系全长 693 km,区内流域面积 25633 km^2,河口多年平均流量 454 m^3/s,为树枝状水系。金堂赵镇以上为上游,河长约 137 km,落差 2618 m,平均比降 19.1‰;赵镇至内江为中游,长 300 km,落差 146.8 m,平均比降 0.49‰;内江至河口为下游,长 202 km,落差 67.3 m,平均比降 0.33‰。

⑥区内嘉陵江流域面积 101315 km^2,占全水系的 64.5%。干流全长 1119 km,区内长 647.4 km,为树枝状水系。

1.2 成渝地区天气、气候特征

1.2.1 区域气候特征与大气环流

成渝地区的地带性气候带,按全国区划应属中亚热气候带,其余气候带均属山地垂直气候带。中亚热带是广泛分布于四川盆地和山地的河谷区,面积最大,日温>10 ℃的时段在 250 d 以上,最冷月月温不低于 5 ℃,最热月月温 22 ℃以上,年降水多在 800~1200 mm,地带性植被为亚热带常绿阔叶林和亚热带针叶林。成渝地区中亚热带类型区东部多伏旱、西部多春旱、夏旱,中部春旱、夏伏旱频率均较大;秋多绵雨是共同特点,地区东南春末夏初阴雨较多。

冬季我国大陆盛行副热带西风带,5000 m 高度流场上是偏西气流。但在青藏高原附近海拔高度约 4000 m 以下,西风气流绕过青藏高原出现南北两分支。北支西风绕高原北侧南下呈反气旋曲度;南支西风沿高原南侧东行,在高原东侧转而北上呈气旋曲度。成渝地区位于高原东侧的西风辐合区内,低层是北支冷气流、上层是南支暖流。川西南山地在南支西风影响下,温度高湿度小,多晴少雨。川西高山高原区南部盛行气流及天气特点与川西南山地类同;北部在偏北气流影响下,冷而干。秦岭和盆周山地的屏障作用及北支西风绕流冷高压的存在,使成渝地区受寒潮影响较小。因此,成渝地区与长江中下游同纬地区相比,冬春气温偏高。相较成渝地区,川西南山地地形郁闭,受寒潮的影响更小,这是该区冬暖尤为显著的原因之一。

夏季副热带西风带位置北移,来自南方洋面的夏季风往北推进,成渝地区进入多雨季节。成渝地区东部的偏南气流,位于太平洋副热带高压脊前,且气流越贵州高原进入四川盆地,地形的动力下沉作用使气层更趋稳定,故盆地东侧盛夏常出现连晴高温天气;盆东南山区初夏多焚风现象,也与副热带高压北移西伸过程中地形的焚风效应有密切关系。盆地东西夏季不同的天气条件,形成了成渝地区东旱西涝的气候性特点。川西南山地主要在西南季风影响下,多雨湿润。川西高山高原区的夏季偏南气流主要是高原夏季风,受水汽条件限制降水总量并不多。秋季,副热带西风带南上,副热带高压减弱南下,由夏季流场转冬季流场的明显变化发生在 9 月。四川盆地及其与川西高山高原区交接处出现秋雨绵绵天气。正是由于高原季风与海陆季风的不同步转变,形成四川秋季绵雨的气候特色。

1.2.2 大气污染扩散条件

四川盆地西依青藏高原和横断山脉,北近秦巴山脉,东接湘鄂西山地,南连云贵高原,特殊的地理位置和地形地貌造就了该区域静稳、高湿和多逆温的气候背景。由于深居内陆的区位特点、极为特殊的山地地形、高能耗高污染的产业结构、稠密的人口分布等因素,成渝地区面临着污染严峻形势的挑战。总体上看,成渝地区区域性颗粒物污染和光化学污染的形成受到诸多气象条件的影响,包括气团来源地,不同高度的大气环流形势,影响成渝地区的重要天气系统等。从输送来源来看,本地源始终占据主要的气团来源,但同一天气型下外来输送形势的变化会对污染产生重要影响。不发生污染时,从南面北上输送至成渝地区的海洋性清洁气流(来自孟加拉湾、南海等低纬洋面)通常占据了一定比例;发生污染时,大概率存在自西向东传输到成渝地区的大陆性气流(来自中国西藏、印度、巴基斯坦等和中亚内陆地带)。这表明外源气团的性质是影响成渝地区是否发生区域性颗粒物污染的关键因素。来自低纬海洋的暖湿气流所含污染物极少,既可以稀释污染物浓度,也可以与北部冷气团融汇,诱发降水,起到湿沉降作用。而来自西部内陆的气团较为干燥,由于成渝地区的地形特征,容易造成区域性的颗粒物污染。从天气形势来看,污染存在时,500 hPa 流场平直,850 hPa 高压强盛,地面层水平辐合明显,高空的垂直向下运动较强(容易形成层结稳定),地面为辐合形势、天气静稳,盛行下沉气流、颗粒物垂直输送被抑制,则容易形成区域性颗粒物污染。

除受人为源排放的影响之外,成渝地区的特殊地形和地理环境导致的不利的大气扩散条件也是该区域污染状况较为严重的重要原因(Ning et al. ,2019)。成渝地区春、冬季处于高空槽后,冷空气的堆积不利于对流的发生,污染物排出不畅,冬季风场辐散形势明显,使得空气质量指数(AQI)较高。而副热带高压的存在与中高纬高空冷槽的配合有利于该区域夏、秋季产生降水,从而降低污染物浓度;加之夏、秋季风场辐合形势较明显,上升运动有利于对流的发生,不利于污染物的积聚,因此 AQI 较低。但是夏季由于光照条件好,在充足的阳光、高温和风速较小的气象条件下,容易引发光化学污染,同时该区域人为排放的光化学污染前体物(NO$_x$、VOCs)排放量大,加之盆地周边植被覆盖度好,自然排放的挥发性有机化合物(BVOCs)较多,导致 4—9 月臭氧浓度高,臭氧污染超标频次较多。

同时逆温对成渝地区大气污染也有重要影响(Feng et al. ,2020)。有逆温时,成渝地区大气污染发生率远高于无逆温时(危诗敏 等,2021)。而多层逆温时大气污染发生率明显高于一般逆温,表明逆温的叠加作用对大气污染的影响更大,各类逆温结构对大气污染水平的影响存在一定的差异。此外,就中度污染及重度污染而言,多层逆温时中度和重度污染发生率均高于一般逆温。这与成渝地区边界层逆温叠加频发这一有别于其他三大重污染区(京津冀、长三角、珠三角)逆温特征的独特之处有关。成渝地区的多层逆温是一种并不少见的现象,成渝地区多层逆温的独特之处在于边界层逆温之上常叠加对流层低层逆温。边界层内逆温层的存在抑制了近地面污染物向上扩散和运移,而边界层之上常出现在 2200~3500 m 高度的逆温则好似覆盖在四川盆地盆周山地上空的盖子,抑制其下方次级环流的向上发展,增强了大气稳定性,进一步加剧了对污染物扩散的抑制作用。

1.2.3　气象要素特征

1. 2. 3. 1　日照

日照时数是指太阳的实照时数,按所在地理纬度天文计算方法得出的应有日照时数称为可照时数,实照时数与可照时数之比即为该地的日照百分率。日照分布受地理位置经纬度、云天状况的影响,山地区域还受到地形干扰。

成渝地区属全国多云区,日照时数为全国最少区之一(另一最少区在贵州)。全年日照时数仅 1000~1600 h。成渝地区日照时数年变化夏多冬少,最多月与最少月差值可达 100~200 h。日照时数的季节变化主要受太阳高度角和云量变化的影响,夏半年日照多于冬半年。夏半年太阳高度高,虽是多雨季节,但多对流性云,云层多空隙,副热带高压控制时云量更少,故相对多日照。冬半年太阳高度低,且常为层状云覆盖,阴天最多,日照时数仅占全年30%～40%。

春季(4月)日照时数,成渝地区在120～140 h,地区日照百分率在30%～40%。夏季(7月)日照时数,成渝地区在200 h以上,地区日照百分率在40%以上。秋季(10月),成渝地区日照时数在150～220 h,地区日照百分率在20%～30%。冬季(1月),成渝地区日照时数南部在40～60 h,北部在60～90 h,地区日照百分率在北部20%～30%,地区南部15%～20%。

1.2.3.2 地面气压、风向与风速

根据1月、4月、7月、10月各月与年平均气压差值的统计分析,发现成渝地区气压年变化规律与我国东部平原丘陵地区一致,即冬季(1月)气压最大,夏季(7月)最小,春季小于秋季。区内各地气压日变化均呈双峰型,地区和季节之间差别不大。年平均气压日变化的最高点出现于09时,最低点出现于15—17时,次高在23—24时,次低为03—04时。四季气压日变化与年平均气压日变化的位相基本一致。最高点出现时间为春、夏稍早而冬季略迟;最低点出现时间则相反,春、夏稍迟而冬季略早,偏早、偏迟时间约1 h。气压日振幅最小约3 hPa,四季气压日振幅均以春季最大,夏季最小,分别比年的日振幅大或小1 hPa,秋、冬则与年值接近。

成渝地区西部受地形的制约,多东北风。其大部分地区受海陆季风交替影响,但由于区域环流和地形干扰,地面最多风向的季节性转换不明显,这与我国东部季风区的特点不同。成渝地区冬季盛行内陆冬季风,最多风向是偏北,夏季虽盛行南来夏季风,但在低层出现气旋式环流,大部分地区仍以偏北风最多。

由于成渝地区内重峦叠嶂,气流受阻,一般风速较小,年平均风速不到1 m/s,静风频率占绝对优势。各地均以春季风速最大,风速最小的季节在成渝地区西部为冬季,其余地区为秋季。区域内风速日变化属大陆型,具有夜间小白天大而午后最大的变化特点。清晨空气静稳,风速最小,14时前后大气不稳定,风速最大。区域内的极端最大风速(10 min平均值)一般为15～20 m/s。

1.2.3.3 气温

成渝地区年均气温为20～25 ℃,无明显空间差别。但年均气温增温趋势十分显著,整体上以阆中、南充、遂宁向外围递增,其中成渝地区西北部、西部和西南部增温趋势最为显著(刘晓琼 等,2020)。

四季气温的基本分布形势与年温相似,主要不同点在于气温最高中心出现的位置随季节有变动。春季地面气温与冬季气温分布形势极相似,最高中心在成渝地区东部,最低中心位于成渝地区西南部,春季平均气温一般在16～19 ℃,成渝地区东部可达19 ℃以上。夏季西太平洋副热带高压脊伸至四川盆地西部,形成这一区域的高温,因此夏季气温最高中心也出现在成渝地区东部。秋季气温分布具有夏季气温与冬季气温之间的过渡特点,表现为成渝东部与西南部两个气温最高中心并存,且中心值不相上下,秋温平均大部分地区为16～18 ℃。

成渝地区年、月平均气温日较差(日最高气温与最低气温之差)小,由于多云雾使夜间地表辐射冷却受到抑制,昼夜温差较小,年平均气温日较差多在8 ℃以下,是全国气温日较差最小的区域之一。区内气温日较差一般以秋季最小,春季最大,但成渝地区东部春季云雨稍多而盛夏多晴天,故气温日较差最大值在夏季7月和8月。区内最高气温一般出现在15时前后,最低气温出现于05—07时。最高气温出现时刻冬夏无大变动,而最低气温1月在07时出现,7

月提前至 05 时出现,这显然与日出时间早晚有关。与我国东部地区相比,成渝地区最高最低气温位相均后延 1 h 左右。

1.2.3.4　降水

成渝地区年降水量受季风环流和地形的作用,分布总体为从东南往西北减少,这与此区盛夏位于太平洋副热带高压与青藏高压之间的辐合区有密切关系。成渝地区年降水量一般 900～1200 mm,年降水量自四周向中部减少,其中四川盆地中丘陵地区最少雨区不足 900 mm。

成渝地区四季降水量夏季最多,冬季最少,秋季普遍多于春季。春季(3—5 月)降水量自东往西减少。成渝地区东部春雨最多,降水量一般为 350 mm;中部、西部普遍在 150～250 mm。夏季(6—8 月)降水量以地区南部最多,自此区往北减少,主要受东南季风影响较多,夏季降水随着副热带高压脊线的北抬而增加,随着副热带高压脊线的南退而减少,降水量一般在 400～600 mm(熊光洁 等,2012)。秋季(9—11 月)降水量多于春季且多绵雨是成渝地区的一大特点。成渝地区东北部秋雨最多,自此区向西北减少,降水量一般在 200～300 mm。冬季是全年最少雨季节,季降水量仅占年降水量 5% 左右。成渝地区东南部冬雨最多,自此区向西北减少,降水量一般在 20～100 mm。

1.2.3.5　湿度、云量和晴阴日数

成渝地区年平均水汽压一般在 14～18 hPa,水汽压的年变化与气温年变化比较一致,以夏季最大,冬季最小,秋略大于春。夏季(月)成渝地区达 26～30 hPa,冬季(1 月)为 6～8 hPa,春、秋(4 月、10 月)与年平均水汽压接近,春季略低而秋季稍高。水汽压的平均年较差可达 20～22 hPa,比我国同纬度东部区稍小。极端最大水汽压一般出现在 7 月、8 月,可达 35～40 hPa,成渝地区西部稍大于东部。极端最小水汽压出现于冬季,一般可达 2～3 hPa。

相对湿度的分布同时受水汽量多少和温度高低的制约,地区差别不如水汽压大,成渝地区属我国高湿度区之一,北部在 70%～80%,南部及西南部可达 80% 以上。相对湿度的季节变化,同季风进退和雨带推移有关,并受到气温变化的影响。成渝地区除东部冬大于春、夏外,其余地区多为夏秋大于冬春。东部地区相对湿度年变化与长江中下游相同,呈双峰变化,主峰出现于 11 月,次峰为 6 月,最低出现于 8 月,次低为 3 月、4 月,西部最大出现于 7 月、8 月,最小为 4 月、5 月。相对湿度的年较差,成渝地区各月湿度均较大,年较差最小,最湿月(约 85%)与最干月(约 75%)仅差 10% 左右。

成渝地区与贵州省同为全国云量最多中心,其西部和南部边缘山区可达 8 成以上,中部、东部近 8 成。平均总云量的季节变化不大,四季总云量均多,年变化很小,各月多在 7～8 成,以秋季最多,除东北部外,大部分地区在 8 成以上西南可达 9 成以上。低云量的分布,成渝地区仍可达 4～6 成,西南部和东部可达 6～7 成。区内年总低云量差值可达 3～4 成,属全国总低云量差值较大的地区,地区多层状云,低云相对较少。

按总云量统计的晴阴日数,成渝地区晴天日数较少,阴天日数较多。全年晴天(日平均总云量<2.0 成)日数在 30 d 以下,全年阴天(日平均总云量>8.0 成)日数多达 200 d 以上,西南部超过 250 d。成渝地区各月阴天日数都在 15 d 以上,晴天日数不足 5 d。阴天最多为秋季,东部有 20 d 左右,西部可达 20～25 d,整个地区秋季晴天日数仅 1～2 d 或不出现,冬季则晴天最多而阴天最少,晴天日数为 5～10 d,阴天日数为 5 d 左右。

1.3
成渝地区大气污染现状

1.3.1 成渝地区污染源排放现状

《2022年四川省生态环境统计公报》显示(图1.3),2022年,四川省废气中二氧化硫(SO_2)排放量为12.22万吨。其中,工业源、生活源和集中式排放量分别为9.16万吨、3.06万吨和45.10吨。氮氧化物(NO_x)排放量为31.07万吨。其中,工业源、生活源、移动源和集中式排放量分别为13.38万吨、2.10万吨、15.57万吨和188.02吨。颗粒物(PM)排放量为15.19万吨。其中,工业源、生活源、移动源和集中式排放量分别为10.20万吨、4.85万吨、0.14万吨和14.02吨。挥发性有机物(VOCs)排放量为26.11万吨。其中,工业源、生活源和移动源排放量分别为8.40万吨、9.87万吨和7.84万吨。

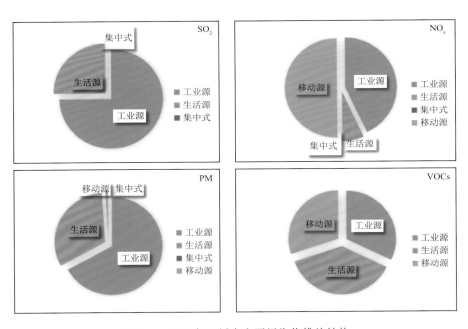

图1.3 2022年四川省主要污染物排放结构

《2022年重庆市环境统计年报》显示(图1.4),2022年重庆市二氧化硫排放量为4.59万吨,其中工业源排放3.68万吨,占全市排放总量的80.17%;生活源排放9077.32吨,占全市排放总量的19.76%;集中式污染治理设施排放32.75吨(注:机动车、农业源无二氧化硫排放量统计)。氮氧化物排放量为15.30万吨。其中工业源排放6.09万吨,占全市排放总量的39.8%;生活源排放7225.96吨,占全市排放总量的4.7%;机动车排放8.47万吨,占全市排放总量的55.4%;集中式污染处理设施排放190.51吨。颗粒物排放量为4.96万吨。其中工业源排放 3.76 万吨,占全市排放总量的 75.77%;生活源排放 1.12 万吨,占全市排放总量的 22.66%;机动车排放 752.70 吨,占全市排放总量的 1.52%;集中式污染治理设施排放量 24.84 吨。挥发性有机物排放量为 11.12 万吨。其中工业源排放 4.20 万吨,占全市排放总量的 37.75%;生活源排放 3.69 万吨,占全市排放总量的 33.22%;机动车排放 3.23 万吨,占全市排放总量的 29.03%。

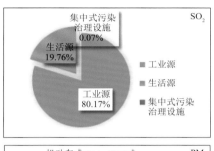
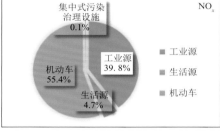
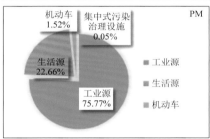
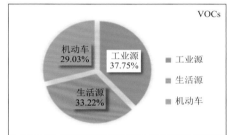

图 1.4　2022 年重庆市主要污染物排放量分布情况

1.3.2　成渝地区空气质量状况

近年来,政府采取了多方面措施,持续推进大气污染防治,虽然成渝地区空气质量正在逐年好转,但其在全国的排名与经济的增长速度不相匹配,相较于全国,其污染状况仍然比较严重。随着经济的快速发展,城市化进程的加快,成渝地区空气污染问题呈现从以往单一煤烟型污染向复合型污染转变的态势,区域内的四川盆地甚至已经成为我国区域性大气复合污染问题严重的区域之一。成渝地区西部高原区空气质量明显优于东部盆地区,盆地西部、南部污染物质量浓度较高,东北部相对较低,其中主要污染物为臭氧(O_3),其次为可吸入颗粒物(PM_{10})和细颗粒物($PM_{2.5}$),二氧化氮(NO_2)、一氧化碳(CO)和二氧化硫(SO_2)对空气质量影响较小。盆地区与高原区的 AQI 在季节尺度上存在明显差异(金自恒 等,2022):盆地区 AQI 在冬季最高,高原区 AQI 在春季最高。两区域内除 O_3 外各污染物的空气质量分指数(IAQI)都表现出大体一致的季节分异,AQI 及 $PM_{2.5}$、PM_{10}、NO_2 呈"U"形变化,春冬季最高,夏秋季最低;O_3 则在内部两区域都大致呈倒"U"形变化,春季和夏季浓度高,秋季和冬季浓度低,但峰值分布时间与持续时长在各年份明显不同;SO_2 和 CO 年内无明显变化。几种污染物和 AQI 指数的年内月季变化和分布在成渝地区整体趋势基本一致(图 1.5)。因此,成渝地区秋冬季大气污染防治的重点主要是颗粒物,而春夏季重点则在臭氧,各污染物不同的季节性污染特征给全年的污染防治工作带来巨大挑战。

　　另外,污染物质量浓度的日变化均存在日间高峰,但日变化曲线的形态、位相和峰值出现时间存在差异。$PM_{2.5}$、PM_{10}、NO_2、SO_2 和 CO 的质量浓度日变化为双峰型,质量浓度高峰在夜间和上午,日最大值在晚上,最小值在下午;而 O_3 日变化为单峰型。污染物的日变化特征还存在区域差异和季节差异:双峰型日变化的区域差异较明显,即成渝地区各区域的夜间质量浓度高峰峰值通常高于上午的高峰,高原地区则相反;O_3 质量浓度日变化夏季高峰时段长、峰值出现时间早,其他污染物冬季质量浓度高值期较长、日间质量浓度高峰峰值出现时间最迟,而夜间质量浓度高峰(双峰型)峰值出现最早。

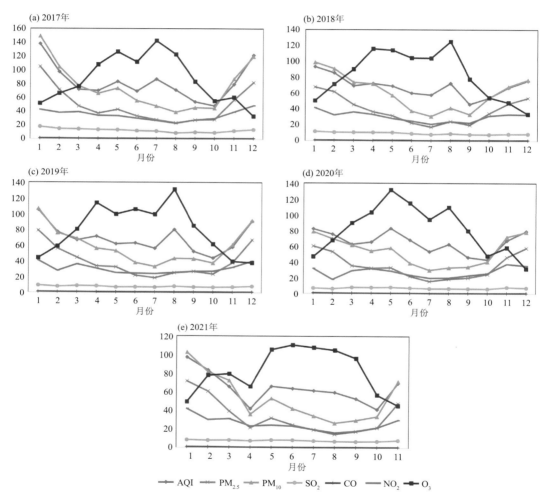

图 1.5　成渝地区 2017—2021 年逐年 AQI 及各污染物浓度月际变化
($PM_{2.5}$、PM_{10}、SO_2、NO_2、O_3 浓度单位为 $\mu g/m^3$,CO 浓度单位为 mg/m^3)(引自 虞颖,2023)

　　由表 1.1 可知,成渝地区空气质量为优的天数占比随年份的增加而增加,然而增加幅度却不大,从 2017 年的 21% 增长至 2021 年的 39%。此外,轻度污染的天数也逐年下降。其中,臭氧和细颗粒物未达到二级标准,是影响成渝地区空气质量的主要因素。

表 1.1　成渝地区 2017—2021 年空气质量等级占比情况（引自 虞颖，2023）　　　　%

年份	优	良	轻度污染	中度污染	重度污染	严重污染
2017	21.0	54.4	17.5	4.5	2.6	0.1
2018	31.5	53.5	12.6	1.9	0.5	0.0
2019	33.3	52.4	12.2	1.8	0.3	0.0
2020	38.3	49.8	10.3	1.4	0.2	0.0
2021	39.0	48.0	11.2	1.6	0.2	0.0

　　"十三五"期间，从四川省各污染物分担率（对空气质量综合指数的贡献情况）来看，$PM_{2.5}$、O_3、NO_2、PM_{10}是影响空气质量的主要因子（表 1.2）。NO_2、PM_{10}、$PM_{2.5}$分担率每年均保持在 20％以上，其中 PM_{10} 和 $PM_{2.5}$ 的分担率呈逐年降低趋势，而 NO_2 的分担率则呈先上升再下降的趋势。此外，值得注意的是，虽然 $PM_{2.5}$ 的分担率在逐年下降，但降幅较少，在整个"十三五"期间，其仍然是影响环境空气质量的最关键因子。O_3 的分担率呈逐年上升趋势，变化最为显著，从 2016 年的 16.5％上升到 2020 年的 24.0％，成为继 $PM_{2.5}$ 之后影响环境空气质量的第二大因子。因此，四川地区大气环境污染呈现以 $PM_{2.5}$ 和 O_3 为代表的大气复合型污染特征，污染的复合性及复杂性加大了治理的难度。

表 1.2　四川省 2015—2021 年污染物浓度变化情况（四川省生态环境厅，2023）　　　　%

年份	SO_2	NO_2	CO	O_3	$PM_{2.5}$	PM_{10}	优良率
2015	16	27	1.4	120	42	67	85.2％
2016	15	28	1.4	121	42	66	83.8％
2017	13	29	1.3	129	38	60	86.2％
2018	11	28	1.1	132	34	56	88.4％
2019	9	28	1.1	134	34	53	89.1％
2020	8	25	1.1	136	31	49	90.7％
2021	8	24	1.1	127	32	49	89.5％

注：CO 单位为 mg/m^3，其余为 $\mu g/m^3$。

1.3.3　成渝地区大气复合污染特征

　　《成渝地区双城经济圈建设规划纲要》的出台，助推了成渝地区的加速发展，现已成为我国经济增长第四极。自 2013 年发布《大气污染防治计划》和 2018 年发布《打赢蓝天保卫战三年行动计划》以来，在保持经济快速发展的同时，环境空气质量明显改善，其中 $PM_{2.5}$、PM_{10}、NO_2、CO 和 SO_2 这 5 种常规污染物浓度逐年逐步下降，但重点地区的 O_3 浓度反而有所上升。目前，成渝地区已成为我国复合型、区域型大气污染最严重的区域之一（贺克斌 等，2011；张小曳 等，2013）。大气污染不仅会降低能见度影响交通安全，大气中的颗粒物及气态污染物还会严重危及人类健康，导致呼吸系统疾病及心血管疾病的发生（Brook et al.，2010；Lim et al.，2012）。因此 $PM_{2.5}$ 和 O_3 的复合污染问题逐渐显现，已经成为制约成渝地区空气质量持续改善的关键。

　　$PM_{2.5}$ 和 O_3 之间存在复杂的化学耦合，$PM_{2.5}$ 浓度的降低减弱了其对太阳光的吸收和散射,增强了 O_3 的光化学生成。同时,颗粒物是 HO_2 自由基重要的汇,颗粒物浓度的降低使 HO_2 自由基浓度升高,进而促进了 O_3 的生成(朱彤 等,2010)。目前来看,我国大部分城市 $PM_{2.5}$ 已经转变为二次生成为主,$PM_{2.5}$ 的二次组分是由 SO_2、NO_x、NH_3 和 VOCs 等气体污染物被 O_3 和羟基自由基等大气氧化物氧化生成,这使得 O_3 和 $PM_{2.5}$ 浓度之间存在相互影响作用(刘鑫 等,2022)。尽管 $PM_{2.5}$ 和 O_3 生成机制不同,但它们具有相同的前体物质 NO_x 和 VOCs,这为 $PM_{2.5}$ 和 O_3 的协同控制提供了基础和依据。

1.4
成渝地区城市群发展特征

1.4.1 成渝城市群的由来

自古川渝不分家,重庆作为新兴的直辖市,是西南地区的核心发展城市之一;成都是四川的省会又是西部重要的经济中心和交通枢纽,近年来,更是提出了建设世界现代田园城市的宏伟目标,在追赶东部、实现跨越式发展的过程中,成都起着越来越重要的作用。成渝地区经济快速发展,并且在国家新一轮西部大开发的号角声中,成渝地区将成为西部经济增长的核心地带(李佳 等,2022)。

国家继 2011 年的《成渝经济区区域规划》后又于 2016 年出台《成渝城市群发展规划》,看似只是时隔 5 年的规划版本更新,但名称由"经济区"变为"城市群"却不是随意为之。经济区强调区域"面"上的发展,而城市群强调一座座城市作为"点"在区域经济发展中的主体地位和带动作用(何红 等,2022)。根据《成渝城市群发展规划》,成渝城市群的范围包括重庆市和四川省的各一部分区域,其中重庆市的 29 个区县和四川省的 15 个市被纳入其中,总面积 18.5 万 km^2,以重庆、成都两个超大城市为中心,一批大中小城市(镇)密集绵延,是我国重要的城市化发展区域。

1.4.2 成渝城市群的重要战略地位

成渝城市群位于中国西南地区,是国家经济发展战略中的重要组成部分。作为连接中国东部与西部的重要枢纽,成渝城市群不仅拥有丰富的资源和良好的交通网络,还具有巨大的市场潜力。其地理位置使其成为"一带一路"倡议的关键节点,推动内陆地区对外开放和经济合作。此外,成渝地区的产业基础扎实,科技创新能力不断增强,吸引了大量人才和投资,为区域经济的高质量发展提供了强大动力。因此,成渝城市群在促进区域协调发展、实现西部大开发战略以及提升国家整体竞争力方面,扮演着不可或缺的角色。

1.4.3 成渝城市群的空间扩展

1995 年,成渝城市群城市空间扩展的热点主要以重庆和成都的市辖区为主,该阶段城市空间扩展方式为点状扩展(和秀娟 等,2020)。2000 年,成渝城市群各主要城市的经济吸引区范围总体都不大,即使是重庆、成都两大中心城市也都不能将较强经济辐射覆盖到周边城市,可见虽然成渝一线(带)概念早已提出,但远没有真正成为一体化城市群。2005 年基本维持了 2000 年的总体格局,但重庆、成都的经济吸引区半径超过 50 km,并且成都的经济吸引区开始覆盖到邻近的德阳。2010 年,重庆、成都的吸引区半径均超过 100 km,其中重庆的经济吸引区范围已覆盖广安、涪陵,并与南充、遂宁、泸州的经济吸引区产生交叠,以重庆为中心的大都市圈初现雏形;成都的经济吸引区范围进一步覆盖到眉山、资阳,并与绵阳、乐山的经济吸引区产生交叠,"成绵乐"区域初步实现对接融合发展。2015 年,重庆、成都的经济吸引区半径均超过了 200 km,并在成渝中间板块产生直接交叠,此时重庆的经济吸引区边界延伸到重庆周边板块内较边远的达州、万州等地(黔江除外),也覆盖到成渝中间板块各主要城市;成都的经济吸引区范围延伸到雅安,完全覆盖整个成都周边板块,也覆盖到成渝中间板块各城市,至此除黔江之外其他各主要城市的经济吸引区都实现了相互间的直接或间接(多通过重庆或成都的经济吸引区实现连接)交叠关联,可以认为一个经济意义上的完整成渝城市群已经真正形成(李毅,2022)。2015 年后,成渝城市群的城市空间扩展以轴带辐射为主,绵德成乐城市带和沿江城市带组团式发展的趋势越来越明显,成渝城市群已逐渐趋于成熟(和秀娟 等,2020)。

1.4.4　成渝城市群的经济发展

1.4.4.1　经济总量持续提升,各地区发展不平衡

成渝城市群经济总量持续扩大,从 2010 年的 2.5 万亿元增长到 2017 年的 5.6 万亿元,八年翻了一番多,且始终高于全国经济增长率。2010—2013 年,成渝城市群经济保持两位数增长,处于全国领跑位置,2011 年经济增长率曾高于全国 6.2 个百分点。2014 年后,成渝城市群同全国一样,经济由高速增长转变为中高速增长,经济增长率降至个位数,但仍高于全国经济增长率。在全国经济下行压力加大时,成渝城市群经济增长依然高于全国经济增长率 1 个百分点左右,说明成渝城市群已经形成内生发展动力(王晓玲 等,2019)。2009—2019 年来成渝城市群内城市经济联系演变趋势呈现出以下特点(周萍 等,2021)。

①经济联系的总体格局表现为,重庆城市群和成都城市群的经济联系量大,区域内呈现出经济发展不均衡分布的空间格局。

②城市经济联系强度的时间变化表现为,2009—2019 年来区域内各个地区的经济联系量总体呈增长的趋势,2014—2019 年增长的幅度相对较大。

③城市经济联系的空间变化表现为,重庆和成都城市群经济联系总量进一步增加,2014—2019 年成都城市群内成都与周围城市的经济发展不平衡的现象进一步加剧,重庆城市群则有所减缓,但总体上成渝城市群内的经济发展不平衡现象仍在加剧。

1.4.4.2　产业结构空间分布

成渝城市群第三产业发展最快,生产总值为 26885.6 亿元;第二产业次之,生产总值为 24188.8 亿元;第一产业最慢,生产总值为 4672 亿元。从各城市三产比重情况来看,成都市发展最为瞩目,三产业排名均为第一。第一产业成渝城市群四川省 15 个城市中只有雅安市排名在 15 名后,其他各市排名均在 15 名前;第二产业排名前 15 的城市中重庆部分只有渝北区和

涪陵区;第三产业排名前 15 的城市中重庆部分有 5 个区县,且均属于重庆主城九区。重庆渝中区、大渡口区、江北区、南岸区、沙坪坝区和九龙坡区等由于城镇化率较高,第一产业占比较少,排名较后,第三产业占比排名相对靠前。可见,成渝城市群四川省各市发展基本快于重庆市各区县,并且四川省各市在第一产业和第二产业发展上有比较优势,重庆市特别是重庆主城区在第三产业上占比较优势(彭素 等,2022)。

参考文献

陈婧祎,2017. 基于不同范围的 DMSP/OLS 夜间灯光影像的成渝经济区 GDP 空间化研究[D]. 重庆:西南大学.

何红,李孝坤,奂璐迪,等,2022. 成渝双城经济圈城市经济联系网络结构演变研究[J]. 地域研究与开发,41(4):32-37.

和秀娟,官冬杰,2020. 成渝城市群城市空间扩展冷热点格局演化趋势模拟[J]. 长江流域资源与环境,29(2):346-359.

贺克斌,杨复沫,段凤魁,2011. 大气颗粒物与区域复合污染[M]. 北京:科学出版社.

金自恒,高锡章,李宝林,等,2022. 川渝地区空气质量时空分布格局及影响因素[J]. 生态学报,42(11):4379-4388.

李佳,赵伟,骆佳玲,2023. 成渝地区双城经济圈人口-经济-环境系统协调发展时空演化[J].环境科学学报,43(2):528-540.

李毅,2022. 成渝城市群人口、环境、经济高质量协同发展研究[J]. 资源与人居环境,4:38-43.

刘晓琼,孙曦亮,刘彦随,等,2020. 基于 REOF-EEMD 的西南地区气候变化区域分异特征[J]. 地理研究,39(5):1215-1232.

刘鑫,史旭荣,雷宇,等,2022. 中国 $PM_{2.5}$ 与 O_3 协同控制路径[J]. 科学通报,67(18):2089-2099.

吕孟懿,2014,成渝经济区地质灾害发育特征及典型地质灾害分析[D]. 成都:成都理工大学.

彭素,邓林,2022. 成渝城市群的经济发展现状研究——基于空间结构和空间联系的视角[J].重庆师范大学学报(社会科学版),42(2):18-28.

王晓玲,李星瑶,2019.自贸试验区国家战略下成渝城市群经济发展态势及路径优化[J].城市(11):25-36.

危诗敏,冯鑫媛,王式功,等,2021. 四川盆地多层逆温特征及其对大气污染的影响[J]. 中国环境科学,41(3):1005-1013.

熊光洁,王式功,尚可政,等,2012. 中国西南地区近 50 年夏季降水的气候特征[J]. 兰州大学学报(自然科学版),48(4):45-52.

尹虹潘,2019. 成渝城市群空间经济格局与城际经济关联[J]. 西南大学学报(社会科学版),45(3):44-53.

虞颖,2023. 成渝城市群空气质量时空分布及影响因素分析[D]. 昆明:云南财经大学.

张小曳,孙俊英,王亚强,等,2013. 我国雾-霾成因及其治理的思考[J]. 科学通报,58(13):1178-1187.

周萍,陈松林,2023. 成渝城市群空间经济联系及其演化[J].西华师范大学学报(自然科学版),44(2):164-171.

朱彤,尚静,赵德峰,2010. 大气复合污染及灰霾形成中非均相化学过程的作用[J]. 中国科学:化学,40(12):1731.

BROOK ROBERT D, RAJAGOPALAN SANJAY, POPE C ARDEN, et al, 2010. Particulate matter air pollution and cardiovascular disease: An update to the scientific statement from the American Heart Association [J]. Circulation, 121(21): 2331-2378.

FENG X Y, WEI S M, WANG S G, 2020. Temperature inversions in the atmospheric boundary layer and lower troposphere over the Sichuan Basin，China：climatology and impacts on air pollution. Science of the Total Environment，726：138579.

LIM S S，VES T，FLAXMAN A D，et al，2012. A comparative risk assessment of burden of disease and injury attributable to 67 risk factors and risk factor clusters in 21 regions，1990—2010：a systematic analysis for the Global Burden of Disease Study 2010[J]. Lancet London，380：2224-2260.

NING G，YIM S H L，WANG S，et al，2019. Synergistic effects of synoptic weather patterns and topography on air quality：a case of the Sichuan Basin of China[J]. Climate Dynamics，53：6729-6744.

第2章　成渝地区环境空气质量与主要大气污染物的时空分布

在中国经济和工业版图上,成渝地区占据着举足轻重的地位。近年来,随着该地区的工业化和城市化进程的迅猛推进,环境空气质量问题逐渐成为公众关注的焦点,尤其是颗粒物（$PM_{2.5}$和PM_{10}）与臭氧（O_3）的复合污染问题,其紧迫性日益显现。本章深入剖析成渝地区六种常规污染物（$PM_{2.5}$、PM_{10}、O_3、SO_2、NO_2、CO）的年均浓度变化和超标情况以及时空分布演变特征,通过对比2020—2015年的数据,细致勾勒出不同污染物在空间上的分布差异及其随时间的演变趋势。同时探讨四川盆地城市群$PM_{2.5}$和O_3大气复合污染特征,分析$PM_{2.5}$与O_3之间的化学耦合关系及其对空气质量的影响。此外,本章还特别关注了成都市和重庆市这两个区域核心城市的污染物浓度变化规律,分析了污染物的季节性和日变化规律。同时,对川渝地区近地层能见度和霾的时空分布及其演变趋势进行了深入研究,旨在为该地区的环境空气质量管理和污染防控提供科学依据。

2.1 污染物浓度时空演变与超标特征

2.1.1 常规污染物浓度的总体变化与超标情况

根据《环境空气质量评价技术规范》（HJ 663—2013）,其中O_3选取日最大8 h滑动平均（O_3_8h）浓度第90百分位数作为年评价指标,其余污染物浓度用逐日的算术平均计算年平均浓度,对川渝地区22个城市2015—2020年6种常规污染物（$PM_{2.5}$、PM_{10}、O_3、SO_2、NO_2、CO）浓度在年尺度上的变化特征与超标情况进行统计分析。从2020年和2015年各项污染物年平均浓度的变化幅度来看,各城市污染物浓度的变化率（2020年污染物浓度与基准年2015年浓度差值与基准年浓度的比值百分率）有较大的空间差异性（图2.1）。

①成都平原城市群、川东北城市群、重庆市、川南城市群和川西城市群2015—2020年平均$PM_{2.5}$浓度分别为40.7 $\mu g/m^3$、37.7 $\mu g/m^3$、38.8 $\mu g/m^3$、47.9 $\mu g/m^3$和18.4 $\mu g/m^3$。$PM_{2.5}$浓度高的地区主要分布在成都平原和川南地区（成都、德阳、乐山、眉山、宜宾、自贡等）,这6个城市6年来$PM_{2.5}$年平均浓度在30.0～57.0 $\mu g/m^3$;而低值则主要集中在山脉较多的川西城市群（攀枝花、阿坝藏族羌族自治州的马尔康、凉山彝族自治州的西昌、甘孜藏族自治州的康定）,$PM_{2.5}$的6年平均浓度在12.0～28.0 $\mu g/m^3$。从$PM_{2.5}$年变化来看,大部分城市$PM_{2.5}$明显下降,较2015年,2020年浓度下降比例在30%以上的占9个城市,分别为眉山（−44.8%）、

内江（－38.2%）、康定（－35.7%）、自贡（－34.8%）、南充（－33.9%）、达州（－33.9%）、遂宁（－32.6%）、成都（－31.6%）、乐山（－31.4%），但有个别城市从 2018 年后有所上升，主要集中在川西城市群，但仍处于一个较低浓度范围。各城市 PM$_{10}$ 浓度变化趋势与 PM$_{2.5}$ 相类似，呈波动下降趋势，成都平原、川东北、重庆市、川南和川西城市群 2015—2020 年平均 PM$_{10}$ 浓度分别为 65.5 $\mu g/m^3$、61.5 $\mu g/m^3$、60.3 $\mu g/m^3$、67.6 $\mu g/m^3$ 和 32.2 $\mu g/m^3$，整体下降趋势明显。

②大部分城市 SO$_2$ 浓度低于 20.0 $\mu g/m^3$，而攀枝花和西昌浓度相对较高，逐年来看，22 个城市 SO$_2$ 浓度均有不同程度下降，尤其资阳市 2020 年较 2015 年下降了 73.1%。NO$_2$ 浓度不同城市的年变化差异较大，13 个城市 2020 年较"十二五"末年浓度存在显著下降，但少数城市浓度呈上升态势，其中资阳浓度上升最为显著，达 33.3%。CO 除了个别城市（马尔康、攀枝花、泸州）外，其余城市在 2015—2020 年也有明显的下降。

③O$_3$_8h 浓度高值主要分布在成都平原城市群，这主要是由于成都平原城市群与川南、川东北以及川西城市群相比工业化程度更高，污染物排放量更大有关。其次，多数城市呈现逐年波动上升的趋势，2020 年 O$_3$_8h 年第 90 百分位数浓度值达到 160.0 $\mu g/m^3$ 以上城市分别为成都（169.0 $\mu g/m^3$）和德阳（163.0 $\mu g/m^3$），较 2015 年分别上升 1.2% 和 14.3%，较 2019 年分别上升 5.6% 和 10.9%。2020 年较 2015 年浓度上升比例在 30% 以上的城市存在 6 个，分别为泸州（31.5%）、宜宾（33.6%）、马尔康（37.2%）、重庆（38.8%）、自贡（40.1%）和雅安（84.4%）。遂宁 O$_3$_8h 年第 90 百分位数浓度值逐年下降，2020 年较 2015 年下降了 11.8%。

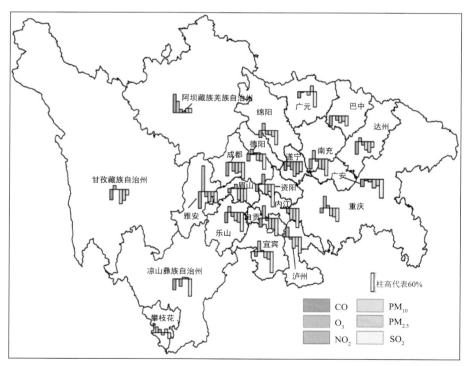

图 2.1　川渝各城市 2020 年与 2015 年相比，6 种污染物浓度的变化率

④各城市累计超标天数（图 2.2）空间分布差异性大，以每日首要污染物 AQI 指数统计超标天数分析为例，成都和自贡 AQI 累计超标天数最高，均达到 101 d；其次累计超标天数在

60～80 d 的有德阳、宜宾、乐山、眉山、泸州、内江、达州；其余城市累计超标天数在 50 d 以下，川西城市群累计超标天数仅有 1～3 d，马尔康没有出现超标情况。单项污染物超标情况表明，$PM_{2.5}$ 年超标天数最多，其次为 PM_{10} 和 O_3，其中部分城市（成都、重庆、德阳、攀枝花、西昌）O_3 累计超标日数比 PM_{10} 超标天数多。此外，成都市 NO_2 浓度也出现了超标现象，平均每年约 8 d。

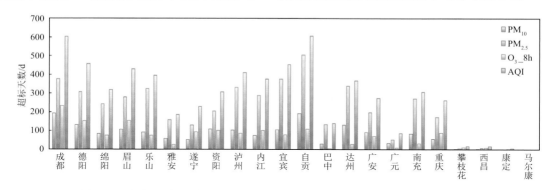

图 2.2　川渝 22 个城市 2015—2020 年主要污染物及 AQI 逐年累计超标天数

2.1.2　主要污染物超标的年内变化特征

从污染物浓度的逐年和累计超标情况看，2015—2020 年期间川渝地区 3 种主要污染物（$PM_{2.5}$、PM_{10}、O_3）浓度超标比较明显，各城市除 O_3 外，其余污染物浓度高值主要集中于 1—3 月和 10—12 月，且 1 月和 2 月的平均浓度相对较高。O_3 作为二次污染物，其形成与前体物排放和光照条件密切相关，故浓度高值主要发生在暖季（4—9 月）。NO_2、SO_2 和 CO 近 6 年很少或未出现超标情况，因此，在分析月度超标变化情况时只考虑主要污染物。

从超标日数月变化特征分析，$PM_{2.5}$ 超标日数主要在 1—3 月和 10—12 月较高（图 2.3），自贡、成都和宜宾 1—3 月和 10—12 月累计超标天数分别达 457 d、348 d、361 d，分别占全年的 90.3%、92.6%、95.6%；$PM_{2.5}$ 累计超标日数在 150～300 d 的有 8 个城市，其中，以内江（288 d）、眉山（279 d）、南充（272 d）最多，重庆市 6 年累计超标日数为 173 d，主要集中于 1—2 月累计有 98 d（占比 56.6%）；马尔康及康定近 6 年未出现超标，但在 2018—2020 年浓度存在上升趋势。PM_{10} 累计超标日数分别为 830 d、433 d、477 d 和 4 d，其中，成都和自贡超标日数最多，分别为 193 d、192 d，平均浓度分别为 78.8 $\mu g/m^3$ 和 73.3 $\mu g/m^3$，其次为达州（132 d）和德阳（131 d），其余城市 PM_{10} 超标日数相对较少。

各城市 O_3 污染主要发生在 4—9 月，浓度呈波动变化（图 2.4）。成都平原城市群、川东北城市群、川南城市群、重庆市和川西城市群 2015—2020 年 O_3_8h 春季（4—5 月）累计超标日数分别为 392 d、51 d、148 d、24 d 和 4 d，夏季（6—8 月）累计超标日数分别为 474 d、91 d、53 d、58 d 和 20 d，成都平原城市群 O_3 污染较为严重，其中，成都、德阳和眉山 6—8 月累计超标日数分别占全部 62.9%（146 d）、53.3%（81 d）和 50.3%（78 d）；南充、绵阳、宜宾、资阳在春季（4—5 月）超标日数较多，属于春季型污染；广元、乐山、资阳、马尔康和西昌春季 O_3_8h 平均浓度高于夏季，且巴中、广元及川西等城市超标日数相对较少；其余城市春夏两季的污染状况相差不大于春季型污染；广元、乐山、资阳、马尔康和西昌春季 O_3_8h 平均浓度高于夏季，且巴中、广元及川西等城市超标日数相对较少；其余城市春夏两季的污染状况相差不大。

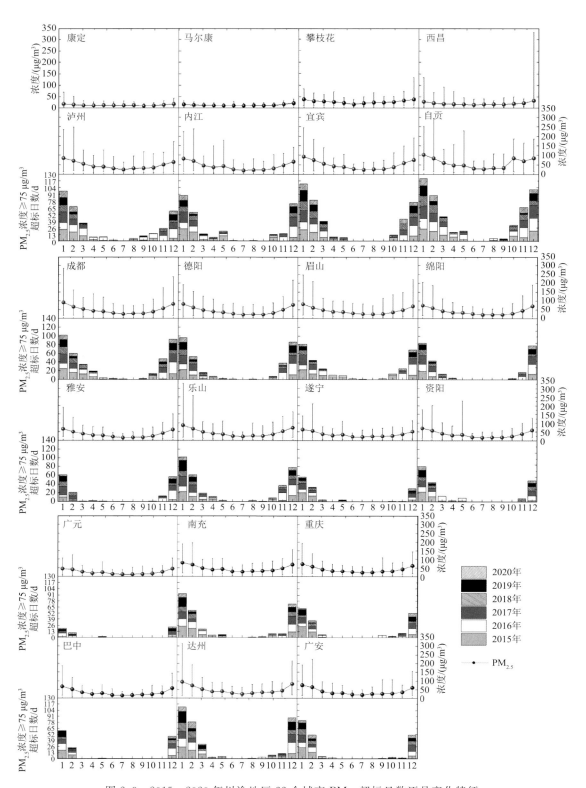

图 2.3　2015—2020 年川渝地区 22 个城市 PM₂.₅ 超标日数逐月变化特征

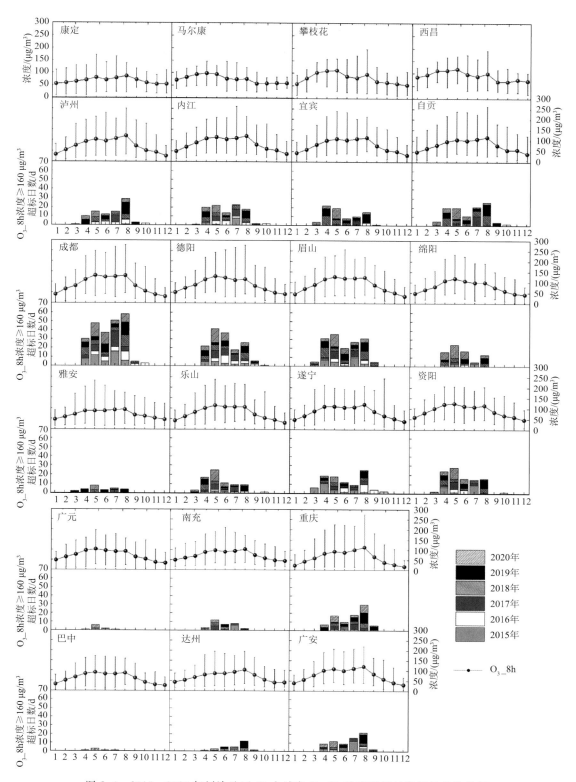

图 2.4　2015—2020 年川渝地区 22 个城市 O_3_8h 浓度超标日数逐月变化特征

总体来说,2015—2020 年,除 O_3_8h 以外的 5 种大气污染物浓度均呈现出了不同程度的降低,对城市空气质量 6 个等级分别出现的天数及占比统计表明各个城市优良天数占比逐年增加,分别占各城市群总样本数的 83.7%、89.7%、88.5%、79.6% 和 99.5%。四川省和重庆市重污染天数(200<AQI≤300)及严重污染天数(AQI>300)显著减少,严重污染天至 2020 年已经基本消除。这很大原因得益于川渝地区出台的一系列大气污染管控措施的有效实施。2015—2020 年川渝地区 22 个城市的空气质量不断改善,2020 年与 2015 年相比,重污染天数及污染过程显著减少。

2.1.3 颗粒物浓度时空演变

川渝地区 2015—2020 年 $PM_{2.5}$ 年均浓度值存在空间集聚现象,且浓度高值区范围逐年缩小(图 2.5)。空间分布呈西部和北部低,中部、南部及重庆地区高的特征,川西城市为马尔康(阿坝州)、康定(甘孜州)、西昌(凉山州)、攀枝花,中东部城市主要为成都平原城市群和重庆市,南部为泸州、内江、宜宾、自贡。该浓度空间分布情况与川渝地区的地理位置、气象条件、城市经济发展息息相关。西部空气质量偏好的区域均是地广人稀,植被覆盖率相对较高,城市化进程缓慢,大气污染物排放量相对偏低,且平均海拔较高,地面开阔,有利于大气污染物的扩散。盆地北部的巴中、广元等城市为北方冷空气进入盆地的主要通道,受我国北方冷空气的影响,秋冬季扩散能力相对较强,具有一定的清洁作用。从季节上来看,空间分布格局与全年一致,冬季 $PM_{2.5}$ 污染最为严重,2015 年在成都市和自贡市存在两个 $PM_{2.5}$ 年平均值高值中心,2017 年成德绵(成都、德阳和绵阳)地区和自贡有所反弹。

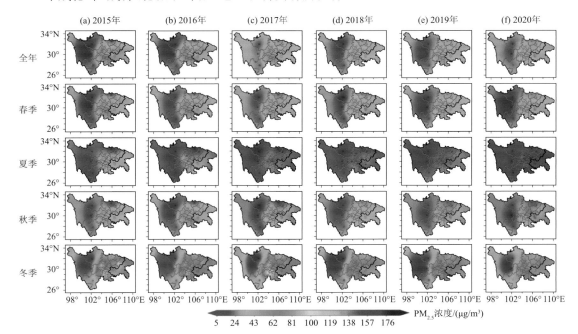

图 2.5　2015—2020 年川渝地区全年及不同季节 $PM_{2.5}$ 浓度空间分布特征

分析川渝地区 2015—2020 年 PM_{10} 污染的空间分布(图 2.6),得出以下主要结论:川渝地区 PM_{10} 污染主要集中在盆地西部、南部、东北部城市群,但通过 2015—2020 年各项大气污治理措施的实施,PM$_{10}$浓度也在逐年降低。从季节上来看,PM$_{10}$浓度季节变化特征为冬季＞春季＞秋季＞夏季,2015—2017 年冬季区域 PM$_{10}$污染最为严重,2020 年秋冬季区域 PM$_{10}$污染强度在近 6 年最弱,与区域 PM$_{2.5}$污染特征相同;2015 年、2016 年、2017 年冬季 PM$_{10}$污染较为严重,2017 年冬季川渝地区(以成都为主)东北部区域和川南城市群(以自贡为主)PM$_{10}$污染较其他区域更严重,2018 年冬季 PM$_{10}$污染重心转移到至川渝地区东北部城市群。

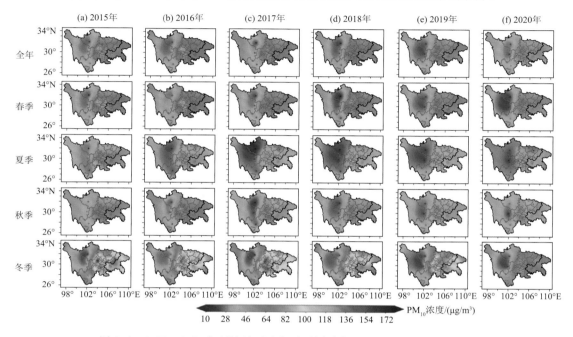

图 2.6　2015—2020 年川渝地区全年及不同季节 PM$_{10}$浓度空间分布特征

2.1.4　臭氧浓度时空演变

2015—2020 年川渝地区 O$_3$污染总体呈现波动增加趋势(图 2.7),各区域存在一定差异。浓度的高值区主要集中在成都平原城市群和重庆西部地区,其中成都市与重庆主城区为 O$_3$高值中心,高值区域呈西北东南向分布;浓度的低值区分布于四川省西部及盆地西北地区;四川盆地东部地形较为开放,因此污染物的扩散输送能力东部远大于西部,尤其是相较于地形较封闭的成都平原地区(何启超,2014)。而四川盆地东北部地区没有大城市,工农业水平较低,因此 O$_3$人为来源贡献较小(肖钟湧 等,2011),并且随着时间的推移,污染物浓度在不同地区的分布也发生了变化。

2015—2016 年 O$_3$_8h 浓度高值区主要集中在以成都为主的成德绵地区且辐射范围较小,川西地区浓度低。2017—2020 年 O$_3$_8h 浓度高值区范围逐渐扩大,2020 年川西地区浓度明显增大,四川盆地及重庆仍然为主要高值中心。从季节上看,O$_3$_8h 污染浓度季节排序为夏季＞春季＞秋季＞冬季,O$_3$_8h 浓度的年变化分布为倒"U"形,各城市群 O$_3$超标主要集中在夏半年(4—9 月),形成双峰型分布,峰值分别位于 5 月和 7—8 月(图 2.8),浓度空间分布格局与年变化一致,2015—2020 年春季 O$_3$浓度逐渐增加,2020 年 O$_3$污染近 6 年最严重,成都平原城市群(以成都为主)和川南城市群(以自贡为主)形成连片区域污染,夏季是 O_3_8h 高值浓度频发季,2019 年最为严重,存在以成都和重庆为主的高值中心。川东北城市群和重庆地区发生超标情况的月份为 4—8 月,成都平原和川南城市群的超标情况出现在 3—10 月,时间跨度增大,春季发生超标日的时间提前,而秋季发生超标日的时间延后。

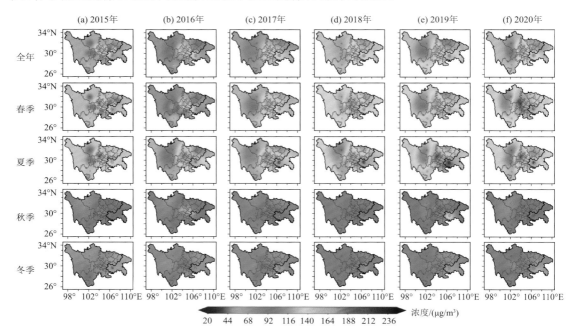

图 2.7 2015—2020 年成川渝地区全年及不同季节 O_3_8h 浓度空间分布特征

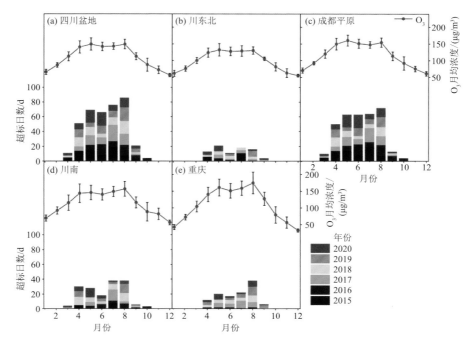

图 2.8 2015—2020 年四川盆地各城市群 O_3_8h 第 90 百分位数浓度和超标状况年变化

总的来说,成都平原和川南城市群 O_3 污染仍然严峻,需继续加强大气环境 O_3 污染治理力度以及区域联防联控。2017 年开始,春季 O_3 超标率增加,近几年更是多次出现大范围长时间 O_3 污染过程,因此,除夏季 O_3 污染外,春季 O_3 污染问题亦不容忽视。

2.2
大气复合污染特征

复合污染是指大气中多种污染物以高浓度形式共存,并在特定的大气条件下发生一系列复杂的非均相反应(杨孝文 等,2016),这些反应导致大气的氧化性增强,颗粒物浓度显著上升,进而使得大气能见度大幅下降,环境恶化趋势逐步向整个区域扩散。近 10 年来,中国大气污染控制和空气质量改善方面取得显著成效,但大部分城市和地区仍面临着以高浓度 $PM_{2.5}$ 及 O_3 为特征的大气复合污染问题。随着气候变化和极端天气的频发,我国大气复合污染以及大气污染与极端天气的复合事件形势变得愈发复杂,部分地区 $PM_{2.5}$ 由一次污染转变为二次污染为主,加之 O_3 污染加剧,$PM_{2.5}$ 和 O_3 复合污染特征显著,污染形势更加严峻,对生态环境和健康造成更大的危害。

对于 $PM_{2.5}$ 和 O_3 污染特征及相互作用研究,国内外学者取得了许多成效(Shao et al.,2021;Dai et al.,2021)。李佳慧等(2019)及颜丰华等(2021)的研究均表明,$PM_{2.5}$ 和 O_3 存在重要化学耦合关系,有助于理解 $PM_{2.5}$ 和 O_3 之间相互作用的化学过程。但由于研究区域和研究时期的不同,对于 $PM_{2.5}$ 和 O_3 复合污染特征及相互作用的研究结果在不同地区还存在较大差异,甚至在同一地区的不同季节及一天的不同时段也相差甚远。这与当地的天气状况、气象条件、地理位置以及人类活动排放息息相关。例如,姚懿娟等(2021)研究显示广州不同类型站点 $PM_{2.5}$ 与 O_3 均有显著相关性,但在冬季相关性不显著。Lee 等(2020)研究表明,韩国首尔在夏季(6—8 月)观察到的 $PM_{2.5}$ 和 O_3 之间有显著正相关性,而在冬季(12 月—次年 2 月)二者则呈显著负相关。王君悦等(2022)基于 WRF-Chem 模式,量化了长三角地区氮氧化物(NO_x)和挥发性有机物(VOCs)等前体物的协同减排比例对 $PM_{2.5}$ 和 O_3 浓度的改善效果。刘可欣等(2021)对天津市夏秋季 $PM_{2.5}$-O_3 复合污染进行了分析,结果表明夏季、秋季 3 次污染过程中,$PM_{2.5}$、O_3 浓度变化存在一定关联性。成都 $PM_{2.5}$-O_3 复合污染现象更为显著,罗琼等(2022)研究成都春季复合污染下 $PM_{2.5}$ 的化学消光贡献,其中二次无机组分 SNA(SO_4^{2-}、NO_3^-、NH_4^+ 三者之和)、二次有机碳(SOC)的含量均显著增加,与清洁天相比分别升高了 1.0 和 1.3 倍。陈婷等(2020)指出逆温层对于成都复合污染的影响不可忽略,特别在秋、冬两季,一旦出现逆温等静稳天气,污染物不易扩散,大气污染过程极易形成。

复合污染是指大气中多种污染物以高浓度形式共存,并在特定的大气条件下发生一系列复杂的非均相反应(杨孝文 等,2016),这些反应导致大气的氧化性增强,颗粒物浓度显著上升,进而使得大气能见度大幅下降,环境恶化趋势逐步向整个区域扩散。近 10 年来,中国大气污染控制和空气质量改善方面取得显著成效,但大部分城市和地区仍面临着以高浓度 $PM_{2.5}$ 及 O_3 为特征的大气复合污染问题。随着气候变化和极端天气的频发,我国大气复合污染以及大气污染与极端天气的复合事件形势变得愈发复杂,部分地区 $PM_{2.5}$ 由一次污染转变为二次污染为主,加之 O_3 污染加剧,$PM_{2.5}$ 和 O_3 复合污染特征显著,污染形势更加严峻,对生态环境和健康造成更大的危害。

对于 $PM_{2.5}$ 和 O_3 污染特征及相互作用研究,国内外学者取得了许多成效(Shao et al.,2021;Dai et al.,2021)。李佳慧等(2019)及颜丰华等(2021)的研究均表明,$PM_{2.5}$ 和 O_3 存在重要化学耦合关系,有助于理解 $PM_{2.5}$ 和 O_3 之间相互作用的化学过程。但由于研究区域和研究时期的不同,对于 $PM_{2.5}$ 和 O_3 复合污染特征及相互作用的研究结果在不同地区还存在较大差异,甚至在同一地区的不同季节及一天的不同时段也相差甚远。这与当地的天气状况、气象条件、地理位置以及人类活动排放息息相关。例如,姚懿娟等(2021)研究显示广州不同类型站点 $PM_{2.5}$ 与 O_3 均有显著相关性,但在冬季相关性不显著。Lee 等(2020)研究表明,韩国首尔在夏季(6—8 月)观察到的 $PM_{2.5}$ 和 O_3 之间有显著正相关性,而在冬季(12 月—次年 2 月)二者则呈显著负相关。王君悦等(2022)基于 WRF-Chem 模式,量化了长三角地区氮氧化物(NO_x)和挥发性有机物(VOCs)等前体物的协同减排比例对 $PM_{2.5}$ 和 O_3 浓度的改善效果。刘可欣等(2021)对天津市夏秋季 $PM_{2.5}$-O_3 复合污染进行了分析,结果表明夏季、秋季 3 次污染过程中,$PM_{2.5}$、O_3 浓度变化存在一定关联性。成都 $PM_{2.5}$-O_3 复合污染现象更为显著,罗琼等(2022)研究成都春季复合污染下 $PM_{2.5}$ 的化学消光贡献,其中二次无机组分 SNA(SO_4^{2-}、NO_3^-、NH_4^+ 三者之和)、二次有机碳(SOC)的含量均显著增加,与清洁天相比分别升高了 1.0 和 1.3 倍。陈婷等(2020)指出逆温层对于成都复合污染的影响不可忽略,特别在秋、冬两季,一旦出现逆温等静稳天气,污染物不易扩散,大气污染过程极易形成。

2.2.1 四川盆地大气复合污染特征

按照《环境空气质量指数(AQI)技术规定(试行)》(HJ 633—2012)规定,O_3 日最大 8 h 滑动平均值 $O_3\_8\ h>160\ \mu g/m^3$ 为出现了 O_3 污染,日均 $PM_{2.5}>75\ \mu g/m^3$ 为出现了 $PM_{2.5}$ 污染。但目前经过我国对大气污染防控的努力,$PM_{2.5}$ 浓度在不断下降,加上世界卫生组织(WHO)在 2021 年发布了《全球空气质量标准指南(2021)》,将 $PM_{2.5}$ 的准则值下调(朱彤 等,2022),原有的标准已经不太适用于现状。基于此,本节将 $PM_{2.5}>35\ \mu g/m^3$、同时 $O_3\_8\ h>160\ \mu g/m^3$ 定义为 $PM_{2.5}$-O_3 复合污染日(简称复合污染日);将 $PM_{2.5}>35\ \mu g/m^3$、$O_3\_8\ h\leqslant160\ \mu g/m^3$ 定义为 $PM_{2.5}$ 单污染日;将 $PM_{2.5}\leqslant35\ \mu g/m^3$、$O_3\_8\ h>160\mu g/m^3$ 定义为 O_3 单污染日;将 $PM_{2.5}\leqslant35\ \mu g/m^3$、$O_3\_8\ h\leqslant160\ \mu g/m^3$ 定义为清洁日。

按照上述定义,对 2015—2022 年四川盆地 18 个城市 $PM_{2.5}$-O_3 复合污染的时空分布特征进行分析。如图 2.9 所示,8 年累计复合污染日总共为 330 d,复合污染的现象逐年呈现出波动下降的趋势,2015—2022 年的复合污染日天数分别为 56 d、46 d、32 d、44 d、41 d、40 d、21 d、50 d。可以看出,2015—2021 年,四川盆地复合污染天数整体呈现下降趋势,但 2022 年却又增加至 50 d,这可能与 2022 年夏季的持续高温有关。复合污染主要出现在 3—10 月,分别为 21 d、54 d、71 d、52 d、53 d、50 d、19 d、10 d,其中 5 月出现复合污染的天数最多,1 月、2 月、11 月、12 月均未出现复合污染的现象。不同城市之间复合污染的情况也存在差别,成都、德阳、眉山、自贡为较为严重的城市,复合污染日分别出现了 181 d、103 d、99 d、100 d。四川盆地中 $PM_{2.5}$ 在德阳、成都、眉山、自贡一带污染较重,加上最近几年 O_3 浓度有所升高,高值区位于四川盆地西部,以成都为中心向外扩展,大气氧化性增强,有利于复合污染的出现。

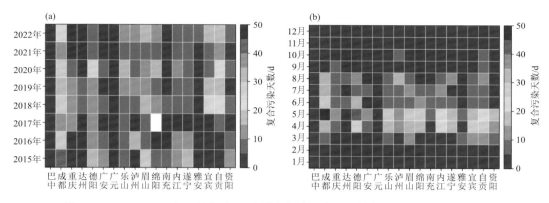

图 2.9　2015—2022 年四川盆地 18 个城市复合污染日天数年际(a)和月际(b)分布

四川盆地清洁日、单 O_3 污染日、单 $PM_{2.5}$ 污染日和 $PM_{2.5}$-O_3 复合污染日占比的年际和月际变化可以看出(图 2.10),2015—2021 年清洁日逐渐增多,从 37% 增加到 61%,说明四川盆地对污染的治理效果良好,但是在 2022 年却出现了反弹,与 2022 年出现的持续性高温现象导致单 O_3 污染日增多有关。对单 O_3 污染日的占比,整体呈现上升的趋势,应该更加注重对 O_3 浓度的控制。单 $PM_{2.5}$ 污染日的占比总体呈下降趋势,在 2020 年达到 35% 的占比之后基本维持不变,这可能意味着 $PM_{2.5}$ 的减排遇到瓶颈,应更深入的研究相应对策,并调整相关政策。复合污染日的占比维持在 1%～3%,呈波动变化趋势。

单 $PM_{2.5}$ 污染日在 1—3 月和 11—12 月占比均超过 50%,是冬半年的主要污染物。4—10月则是清洁日占比较多,空气质量相对较好。复合污染日在 4—5 月出现的较多,单 O_3 污染日在 7—8 月出现较多。

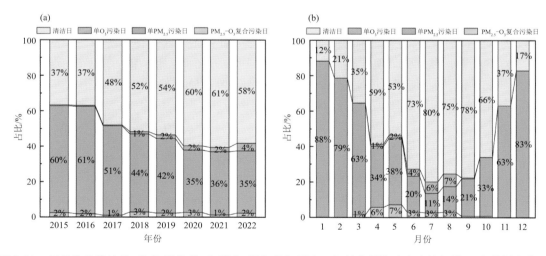

图 2.10　四川盆地清洁日、单 O_3 污染日、单 $PM_{2.5}$ 污染日和 $PM_{2.5}$-O_3 复合污染日占比的年际(a)和月际变化(b)

$PM_{2.5}$ 在复合污染日中的浓度总是小于在单 $PM_{2.5}$ 污染日中的浓度,二者的年变化均呈下降趋势(图 2.11)。结果表明,单 $PM_{2.5}$ 污染日和复合污染日中 $PM_{2.5}$ 的峰值和谷值分别是对应的,也就是说当单 $PM_{2.5}$ 污染日中 $PM_{2.5}$ 年均值有所下降时,复合污染日中 $PM_{2.5}$ 年均值一般会出现上升趋势。这可能是因为,当 $PM_{2.5}$ 浓度升高时,对 O_3 生成的抑制作用加强(Li et al.，2019)，O₃ 污染更不易出现，使得复合污染日减少，同时复合污染日中的 $PM_{2.5}$ 浓度偏低。单 $PM_{2.5}$ 污染日中 $PM_{2.5}$ 的浓度在 2017 年和 2021 年达到小峰值。除 2022 年外，复合污染日中的 O₃ 浓度大于单 O₃ 污染日中的浓度，O₃ 在两种类型的污染日中的变化趋势基本一致。2022 年夏季持续高温不利于 $PM_{2.5}$ 的生成，颗粒物的散射和反射作用降低，太阳辐射增强，这种现象可能对 $PM_{2.5}$ 浓度相对较低的单 O₃ 污染日影响更大，从而导致单 O₃ 污染日中 O₃ 浓度更高。

根据图 2.11b 可以看出，复合污染日中小时 O₃ 浓度在 12—19 时高于单 O₃ 污染日，且在 16 时左右出现峰值，这与该时间段 $PM_{2.5}$ 浓度低、温度高、光化学反应强有关。复合污染日中 O₃ 峰值高于浓度在夜间略低于单 O₃ 污染日。

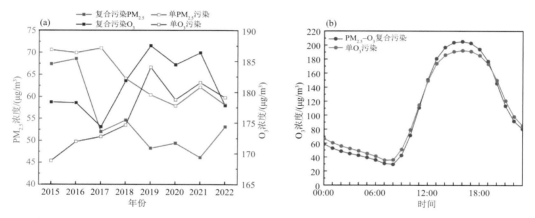

图 2.11　四川盆地 2015—2022 年复合污染日和单污染日 $PM_{2.5}$ 和 O₃ 浓度的年际变化(a)；
复合污染日和单 O₃ 污染日中 O₃ 浓度的日变化(b)

大气氧化性是指大气中的化学反应对一次污染物的氧化能力(王芃 等，2022)，由于参与化学反应的氧化剂很多，目前研究多用 O_x ($O_3 + NO_2$)来表征大气氧化性的强弱。图 2.12 为 2015—2022 年四川盆地大气氧化性(O_x)和 $PM_{2.5}$ 浓度的年际和月际变化。可以看出大气氧化性主要是由 O₃ 主导，冬季 O₃ 主导性最低，12 月份转变为 O₃ 和 NO_2 共同主导。2015—2022 年大气氧化性年际变化呈现波动变化状态，变化幅度较小，在 2017 年大气氧化性最弱，2022 年最强。$PM_{2.5}$ 浓度的变化则是基本呈下降趋势，与大气氧化性的关联不明显，可能与近几年实施的一系列综合治理措施减少 $PM_{2.5}$ 的排放有关。月际变化则呈现双峰型，在 1—5 月不断

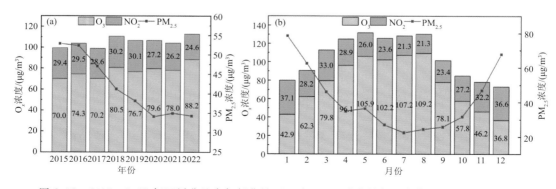

图 2.12　2015—2022 年四川盆地大气氧化性(O_x)和 $PM_{2.5}$ 浓度的年际变化(a)和月际变化(b)

升高,5 月达到第一个峰值也是最大值,6 月有所下降之后又继续升高,8 月出现第二个峰值,之后持续下降到 12 月的最小值。$PM_{2.5}$ 浓度在 1—12 月整体呈现"U"形变化,浓度分别在 1 月和 7 月出现最低值和最高值,值得注意的是,在 5 月 $PM_{2.5}$ 浓度存在一个小高峰,与 5 月份 O_x 最高相对应。大气氧化性的变化情况与前面分析的复合污染天数的变化情况十分吻合,大气氧化性越高复合污染出现的越多。2015 年复合污染天数较多是因为 $PM_{2.5}$ 浓度较高导致,而 8 月份大气氧化性较高,但复合污染天数并没有特别突出是夏季的天气情况不利于 $PM_{2.5}$ 生成,$PM_{2.5}$ 浓度较低导致。

进一步分析四川盆地内 18 个城市大气氧化性的特征(图 2.13),成都、德阳、眉山的 O_x 浓度明显高于其他城市,复合污染日出现的较多的城市相对应。巴中、南充和雅安位于四川盆地的边缘或山区,工业活动相对较少,且受到地形和气象条件的影响,污染物扩散条件较好,因此大气氧化性较低。与此同时,这些城市的复合污染日也较少,这在一定程度上说明了大气氧化性和复合污染日之间良好的相关性。

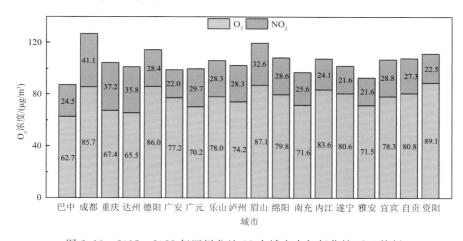

图 2.13　2015—2022 年四川盆地 18 个城市大气氧化性(O_x)特征

2.2.2　气象因素对四川盆地复合污染的影响

气象条件是影响污染形成的重要因素,特别是在排放源相对稳定的情况下,气象条件的变化起着至关重要的作用。2015—2022 年四川盆地四季 $PM_{2.5}$-O_3 复合污染、单 $PM_{2.5}$ 污染、单 O_3 污染和清洁日的温度、湿度、风速、气压和降水量分布见图 2.14。由于四川盆地冬季没有出现复合污染和单 O_3 污染的情况,因此着重分析春、夏、秋三个季节。从统计结果可以看出,春、夏、秋三个季节单 O_3 污染日和 $PM_{2.5}$-O_3 复合污染日的温度明显高于单 $PM_{2.5}$ 污染日和清洁日,又略低于单 O_3 污染日,温度会影响气粒分配,高温导致污染物向气态分配,有利于 O_3 的生成,低温会使半挥发物质更容易凝结为颗粒物(张子睿 等,2022),所以在温度低于单 O_3 污染日且高于单 $PM_{2.5}$ 污染日和清洁日时更易出现复合污染。这种现象在春季和秋季更为明显,夏季差距有所缩小,可能是因为春秋两季温度条件变化比较大,夏季相对来说比较平稳。对于相对湿度,春、夏、秋三个季节中复合污染日的相对湿度均低于单 $PM_{2.5}$ 污染日,高于单 O_3 污染日,且在春、夏季中区间更集中,秋季的范围则有所扩大。在四个季节中,清洁日的相对湿度均处于较高水平,说明湿度过大,污染物的生成会受到一定的抑制。单 O_3 污染日和清洁日的风速高于复合污染日和单 $PM_{2.5}$ 污染日,复合污染日的风速范围与单 $PM_{2.5}$ 污染日相近,基本介于 $1.0 \sim 2.0$ m/s,秋季复合污染日的风速略高于 $PM_{2.5}$ 污染日,单 O_3 污染日的风速范围与清洁日相近,基本介于 $1.5 \sim 2.5$ m/s。气压的季节变化较大,冬季最高,夏季最低。复合污染日的气压明显小于单 $PM_{2.5}$ 污染日和清洁日,略高于单 O_3 污染日,区间较小。从降水量来看,降水在夏季最多,春秋次之,冬季最少。复合污染日和单 O_3 污染日的降水量均较低,清洁日最高,说明降水对 O_3 等污染物的清除作用较强,单 $PM_{2.5}$ 污染日会出现一定的降水,且前文提到其相对湿度也较高,可能与气溶胶吸湿增长有关。

总体来说,复合污染日中气象要素基本介于单 O_3 污染日和单 $PM_{2.5}$ 污染日之间,区间更小,要求更严格,说明复合污染的防控政策需要更加精准。

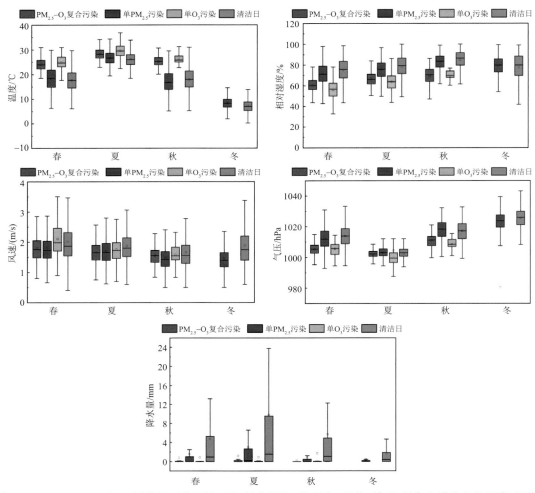

图 2.14　2015—2022 年四川盆地四季 $PM_{2.5}$-O_3 复合污染、单 $PM_{2.5}$ 污染、单 O_3 污染和清洁日的温度、湿度、风速、气压和降水量分布(箱体上下边界分别表示第 75、第 25 百分位数,空心方块表示平均值,中间横线表示中位数)

进一步对复合污染日的温度、相对湿度、风速、气压和降水量分布进行分析(图 2.15),发现四川盆地中当温度介于 $23.54 \sim 27.90$ ℃、相对湿度介于 $58.65\% \sim 68.40\%$、风速介于

1.45～1.98 m/s、气压介于 1001.80～1007.35 hPa、降水量介于 0～0.5 mm 时更容易出现复合污染。

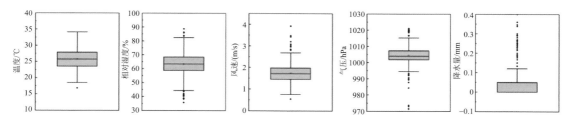

图 2.15　2015—2022 年四川盆地复合污染日中温度、相对湿度、风速、气压和降水量分布
（箱体上下边界分别表示第 75、第 25 百分位数，空心方块表示平均值，中间横线表示中位数，
黑色圆点表示异常值）

2.2.3　不同类型监测站点 PM$_{2.5}$ 和 O$_3$ 的相关性

康平等（2022）考虑不同监测站点类型（城区、交通、背景站点）、不同季节、不同污染水平下，系统研究成都地区 PM$_{2.5}$ 和 O$_3$ 复合污染特征和相互作用机制。选用 2015—2020 年成都地区空气质量国控站逐时污染物（PM$_{2.5}$、O$_3$、CO 和 NO$_2$）浓度数据，考虑站点地理位置信息以及周边主要排放源等，成都市国控环境监测站点被分为以下 3 类：城区站点（金泉两河、君平街、三瓦窑、沙河铺）、交通站点（十里店）及背景（对照）站点（灵岩寺）。其中城区站点多属于居民住宅区及商业区，人流量大，代表中心城区大气污染情况；交通站点属于主干道路附近，车流量大，能够反映交通源对城市大气的污染程度；背景站点属于郊区人口稀少，植被覆盖率高，受人类活动影响较小。按照监测站点的地理位置，将君平街（JPJ）、十里店（SLD）、灵岩寺（LYS）分别选作城区、交通、背景站点的代表。

图 2.16 为不同类型站点 PM$_{2.5}$ 和 O$_3$ 在研究期间（6 年）超标天数及年平均浓度变化情况。从图 2.16a 可以看出，随着近年来国家出台的大气污染防治措施的实行，成都不同类型站点 PM$_{2.5}$ 超标天数和 PM$_{2.5}$ 年均浓度整体呈逐年下降趋势。PM$_{2.5}$ 超标天数的变化中，城区站点（JPJ）的年 PM$_{2.5}$ 超标天数最高（76±26 d），交通站点（SLD）次之（72±29 d），污染暴露较少和植被覆盖率较高的背景站点（LYS）的超标天数最低（20±12 d）。除 2017 年 JPJ 的 PM$_{2.5}$ 超标天数（90 d）略有上升外，其余两站点 PM$_{2.5}$ 超标天数逐年均呈下降趋势，JPJ、SLD、LYS 站点 2015—2020 年 PM$_{2.5}$ 超标天数降低率分别为 66.07％、63.73％ 和 82.86％。O$_3$ 超标天数和年评价指标（O$_3$_8h）第 90 百分位数的年平均变化情况如图 2.16b 所示。与 PM$_{2.5}$ 趋势相比，O$_3$ 年际变化趋势呈波动性，且交通站点和背景站点的变化波动强于城区站点。交通站点车流量大，污染源排放大量 O$_3$ 前体物，导致 O$_3$ 含量持续偏高；背景站点由于其植被覆盖率高，排放大量自然源 VOCs 且其地形不利于 O$_3$ 的扩散。

不同类型站点不同污染季节 PM$_{2.5}$ 与 O$_3$ 的相关性（去除降水量＞2 mm 的天数）显示，在 O$_3$ 污染期（4—8 月），各站点 PM$_{2.5}$ 与 O$_3$ 呈正相关。PM$_{2.5}$ 与 O$_3$ 在 JPJ、LYS 呈正相关，相关系数分别 0.26、0.27，SLD 站点无显著相关性。高温下 PM$_{2.5}$-O$_3$ 的正相关性较显著，主要是由于高 O$_3$ 浓度和高光化学活性对高温环境下二次粒子形成的促进作用（Zhu et al.，2019）。同时，吴梦曦等（2020）研究表明，由于光化学反应的增强以及夏季高温下 VOCs 的高生物排

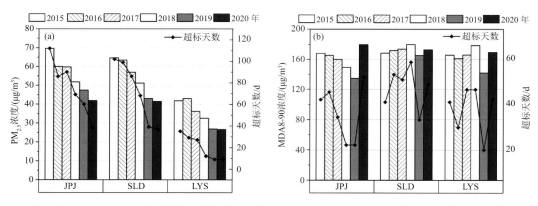

图 2.16　2015—2020 年成都不同类型站点的 PM$_{2.5}$(a)和 O$_3$(b)超标天数和年平均浓度变化

(JPJ:君平街;SLD:十里店;LYS:灵岩寺)(引自 康平 等,2022)

放,使 O$_3$ 浓度升高,同时在单颗粒中的二次组分增多,因此高浓度 O$_3$ 与 SOA 的形成存在正相关。此外,异相化学反应是 PM$_{2.5}$-O$_3$ 相互作用的重要途径,亦可能是 PM$_{2.5}$-O$_3$ 正相关性的原因之一,朱彤等(2010)指出,大气复合污染中一次排放及二次转化的气态及颗粒态污染物同时存在且浓度较高时,会促进细颗粒表面非均相反应,使大气氧化性及颗粒物的化学组分、物化及光学性质发生改变,从而促进大气复合污染和灰霾的形成。PM$_{2.5}$ 污染期(11 月—次年 1月),各站点 PM$_{2.5}$ 与 O$_3$ 相关性均发生了变化,相关系数分别为 JPJ 站点 -0.16 和 SLD 站点 -0.11(微弱负相关),LYS 站点 0.15(微弱正相关),均通过了 0.01 或 0.05 显著性检验。由于对太阳辐射的散射及吸收,颗粒物一定程度上改变了云的光学特性,可以使入射太阳辐射的光化通量减少,从而降低光解速率,抑制地表附近光解反应的途径,减少 O$_3$ 的产生。

不同类型站点 PM$_{2.5}$-O$_3$ 相关性在 O$_3$ 污染期和 PM$_{2.5}$ 污染期都存在显著差异,且二者在不同季节甚至呈现相反的相关性;背景站点的 PM$_{2.5}$-O$_3$ 相关性相对交通站点和城区站点更显著。总体趋势为夏季 PM$_{2.5}$-O$_3$ 的相关性趋于正相关,冬季趋于负相关,这与 Chen 等(2019)的研究结果保持一致。

Chang 等(2007)给出了不同光化学水平下颗粒物的二次生成的估算方法,利用 CO 作为一次气溶胶的指示剂,光化学反应水平的指标则使用 O$_3$_8h 浓度,并利用 PM$_{2.5}$/CO 比值定量估算一次 PM$_{2.5}$ 和二次 PM$_{2.5}$ 在较高光化学水平下的贡献。大气通过氧化反应清除污染物的能力被称为大气氧化性,作为衡量大气氧化性的重要指标之一,光化学氧化剂 O$_x$ $=$(NO$_2$ $+$ O$_3$)同时对二次 PM$_{2.5}$ 生成起着决定性作用。康平等(2022)研究获得不同污染期各类站点 O$_3$ 浓度及其与 O$_x$ 的相关系数(表 2.1)。从不同季节来看,春、夏季 O$_3$ 对大气氧化性的影响作用更加明显,春、夏季 O$_3$ 对大气氧化性的影响作用更加明显,具体表现为相较于 PM$_{2.5}$ 污染期,

表 2.1　不同污染期成都各类站点 O$_3$ 浓度及其与 O$_x$ 的 Pearson 相关系数(引自 康平 等,2022)

污染季节	SLD			LYS			JPJ		
	O$_3$/(μg/m^3)	O$_3$/O$_x$	O$_3$ 与 O$_x$相关系数	O$_3$/(μg/m^3)	O$_3$/O$_x$	O$_3$ 与 O$_x$相关系数	O$_3$/(μg/m^3)	O$_3$/O$_x$	O$_3$ 与 O$_x$相关系数
臭氧污染季节	133.62	0.75	0.94**	129.78	0.90	0.97**	123.12	0.74	0.92**
颗粒物污染季节	40.86	0.40	0.87**	69.29	0.71	0.94**	38.08	0.38	0.74**

注:＊＊ 表示通过 0.01 显著性检验。

各类型站点 O_3 污染期的 O_3 浓度、O_3/O_x 比值以及 O_3-O_x 的 Pearson 相关系数均显著较高。从不同站点类型来看,3 类站点 O_3 与 O_x 之间的相关性亦有明显差异。在 O_3 污染期和 $PM_{2.5}$ 污染期,O_3/O_x 的比值以及 O_3-O_x 的相关系数均在背景站比较高。

不同光化学水平下 O_3 污染期各类站点一次 $PM_{2.5}$ 和二次 $PM_{2.5}$ 昼夜变化特征如图 2.17a 所示。城区站点(JPJ)和交通站点(SLD)一次 $PM_{2.5}$ 昼夜变化特征均明显大于背景站点(LYS),呈明显的单峰结构,峰值大约出现在 08—09 时,且随着光化学水平由轻到高的变化,一次 $PM_{2.5}$ 的峰值呈现先减后增的趋势。背景站点峰值与城区站点和交通站点相比具有明显的滞后性,可能与污染物输送的气象条件有关。同时,可以明显看出,在不同光化学水平下,不同类型站点一次 $PM_{2.5}$ 日变化幅度几乎保持一致,表明成都排放源结构基本处于稳定状态。不同光化学水平下二次 $PM_{2.5}$ 日变化特征:在低、中光化学水平下,3 类站点差别不大;而在高光化学水平下,城区站点峰值(JPJ,28.95)明显大于交通站点(SLD,19.63)和背景站点(LSY,18.38),表明大气氧化性增强,SOA 生成量增加,导致二次 $PM_{2.5}$ 增多。

进一步分析 O_3 对 $PM_{2.5}$ 的作用和 $PM_{2.5}$ 对 O_3 的作用并认识不同类型站点的差异。O_3 污染期一次 $PM_{2.5}$ 和二次 $PM_{2.5}$ 对细颗粒物的贡献如图 2.17b 所示。整体来看,二次 $PM_{2.5}$ 浓度及其贡献率与光化学水平呈正比(随光化学水平升高而增加);而一次 $PM_{2.5}$ 随着光化学水平升高,浓度范围保持不变但贡献率则逐渐下降,表明在较高的光化学水平下,细颗粒物中二次 $PM_{2.5}$ 占比越大,体现出 $PM_{2.5}$ 和 O_3 的协同增长。

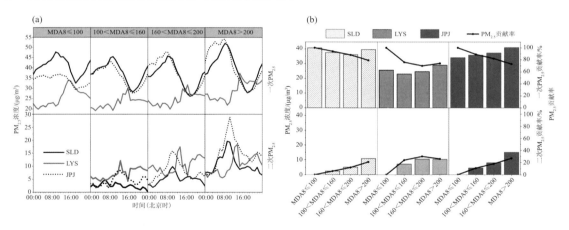

图 2.17　不同光化学水平下 O_3 污染期成都各类站点一次 $PM_{2.5}$ 和二次 $PM_{2.5}$ 日变化(a)与贡献率(b)
(引自 康平 等,2022)

$PM_{2.5}$ 污染期 O_3 浓度日变化如图 2.18 所示,$PM_{2.5}$ 与 O_3 相互作用无明显规律,且各类站点之间也有所不同。总体来看,各类站点 O_3 浓度日变化均呈单峰型,在 07—08 时 O_3 浓度达到最低,随气温升高、日照时间增长、太阳辐射强度增大,O_3 浓度在 14—16 时达到峰值,随后 O_3 逐渐下降。随 $PM_{2.5}$ 浓度升高,城区站点(JPJ)与交通站点(SLD)从清洁大气到轻度污染出现 O_3 浓度峰值轻微增加;而随 $PM_{2.5}$ 浓度的进一步增加,O_3 浓度峰值上升并不明显。背景站点(LYS)却恰好相反,从清洁大气到轻度污染 O_3 浓度峰值由 78.58 $\mu g/m^3$ 降至 61.25 $\mu g/m^3$,随 $PM_{2.5}$ 浓度的进一步增加 O_3 浓度又有所回升。由此可知,$PM_{2.5}$ 与 O_3 的相关性在 $PM_{2.5}$ 污染期并不仅是简单的线性,由于二次粒子和臭氧在大气氧化性强时同时生成使得 $PM_{2.5}$ 与 O_3 浓度在此时呈正相关关系;但高浓度的 $PM_{2.5}$ 同时又使太阳辐射减弱,抑制了 O_3 的生成。

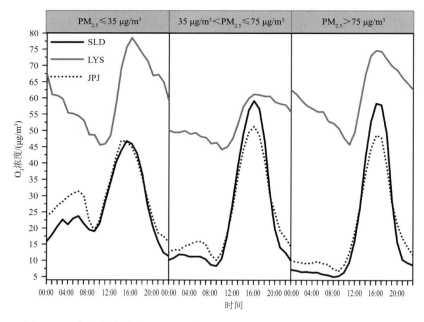

图 2.18 成都各类站点 $PM_{2.5}$ 污染期 O_3 浓度日变化(引自 康平 等,2022)

2.3
重点城市大气污染物浓度的时间演变特征

2.3.1 成都市大气污染物浓度的变化特征

成渝城市群横跨四川和重庆,以四川成都和重庆两地为双核,成都市地处中国西南部,位于四川盆地西部,成都平原南部,东界龙泉山脉,西靠龙门山脉,是我国西南地区最大的城市之一,其地形闭塞,大气的水平流动弱,地面风速小,有较高的静小风频率,气候上属亚热带湿润季风气候,使得该地区颗粒物浓度常年处于较高水平,成都市特有的地形和气候特点不利于大气污染物的稀释和扩散。

曹杨等(2019)利用 2014 年 5 月—2017 年 12 月的成都市环境空气质量监测资料,研究指出,包括成都市区的君平街监测点(站号 98537)、金泉两河监测点(站号 99052)、十里店监测点(站号 99053)、三瓦窑监测点(站号 99054)、沙河铺监测点(站号 99055)、梁家巷监测点(站号 99056)以及都江堰市的灵岩寺监测点(站号 99059)在内的 7 个成都市各监测站点的 6 种污染物($PM_{2.5}$,PM_{10},SO_2,NO_2,O_3 和 CO)质量浓度具有明显的年际变化、季节变化、月变化和日变化趋势。

①成都市各监测点 $PM_{2.5}$,PM_{10},NO_2 和 CO 的年平均浓度先增大再减小,O_3 浓度逐年增加,市区监测点的 SO_2 浓度逐年降低,灵岩寺监测点(清洁对照站点)的 SO_2 年平均浓度先增大

再减小。

②成都市各监测点 PM$_{2.5}$,PM$_{10}$,SO$_2$,NO$_2$ 和 CO 冬季最大,春季和秋季次之,夏季最小,春季到夏季呈递减趋势,夏季到冬季呈递增趋势,O$_3$ 的季节变化趋势与之相反,按降序排列依次为夏季＞春季＞秋季＞冬季。

③成都市各监测点 PM$_{2.5}$、PM$_{10}$、SO$_2$、NO$_2$ 和 CO 的浓度月变化呈"U"形变化趋势,1—4 月开始下降,5—9 月趋于平稳,10—12 月呈上升趋势,O$_3$ 的月变化趋势呈双峰结构,第一个峰值出现在 5 月,第二个峰值出现在 7 月,最低值出现在 1 月或者 12 月(图 2.19)。

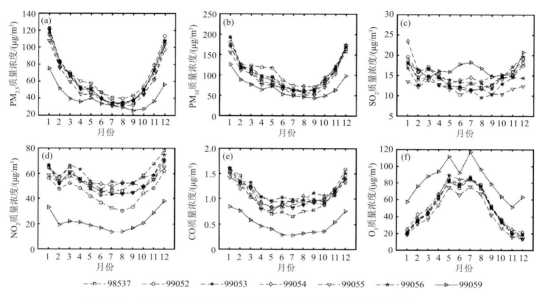

图 2.19　成都市各监测点污染物质量浓度月变化(引自 曹杨 等,2019)

④成都市区监测点 PM$_{2.5}$、PM$_{10}$、SO$_2$、NO$_2$ 和 CO 的浓度日变化曲线呈现双峰形,灵岩寺监测点的日变化趋势为单峰形,且秋冬季节早上峰值出现的时间相对于春夏季节靠后,夜间峰值出现的时间相对于春夏季节靠前;O$_3$ 的日变化趋势呈单峰形,夏季日较差最大,冬季日较差最小,灵岩寺监测点与成都市区各监测点的整体变化趋势基本一致,但灵岩寺监测点各极值出现的时间滞后 2 h 左右(图 2.20 和图 2.21)。

⑤成都市主要污染物为 PM 与 O$_3$,市区的首要污染物为 PM$_{2.5}$,郊区主要是 O$_3$;灵岩寺监测点 O$_3$ 的质量浓度高于成都市区各监测点,PM$_{2.5}$、PM$_{10}$、NO$_2$ 和 CO 四种污染物的质量浓度低于成都市区各监测点,SO$_2$ 的质量浓度值与成都市区各监测点相差不大。

⑥污染物浓度与气象条件密切相关,在静风、低温、高相对湿度和高压的天气条件下,霾很容易形成;相反,严重的臭氧污染通常与高温低湿有关。

2.3.2　重庆市大气污染物浓度的变化特征

重庆位于四川盆地东部,是我国四大直辖市之一,也是面积最广、人口数量最大的直辖市。重庆地处四川盆地边缘的丘陵低山地带,中心城区位于"两江"(长江和嘉陵江)和"四山"(缙云山、中梁山、铜锣山和明月山)之间的槽谷地带,平均风速小,相对湿度较高,地理气象条件不利

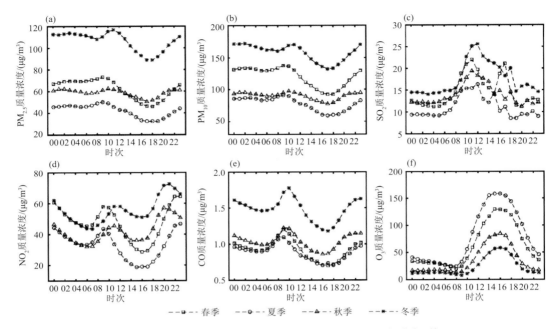

图 2.20　金泉两河监测点污染物质量浓度四季日变化(引自 曹杨 等,2019)

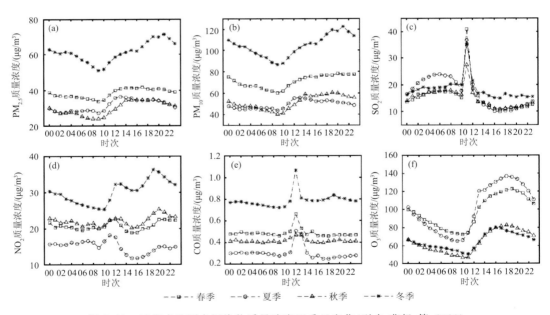

图 2.21　灵岩寺监测点污染物质量浓度四季日变化(引自 曹杨 等,2019)

于大气污染物的扩散。20 世纪 80—90 年代,重庆市作为西南地区大型的重工业基地,以燃煤为主的能源结构与环保设施的落后,以及特殊的地形与气候特征,导致空气污染极为严重,一度成为世界著名的重酸雨中心之一。近二十年来,重庆市进一步加大了环境治理力度,先后开展了"两控"达标、"蓝天行动",进一步调整了能源结构和产业结构,空气质量得到逐步改善。赵小辉等(2019)分析了 2009—2018 年重庆涪陵区二氧化硫（SO_2）、二氧化氮（NO_2）、可吸入颗粒物（PM_{10}）三项污染物浓度的长时间序列特征,表明三项污染物质量浓度总体呈现逐年下降趋势,主要污染物负荷系数在 2009—2018 年间首要污染物 NO_2 和 PM_{10} 交替呈现,且两者的污染负荷系数逐步接近,体现涪陵区空气污染逐步转化为混合型污染趋势。并且考察了自然因素、产业结构与生产、交通、环境政策与污染控制措施等社会经济因素对涪陵区空气质量变化的影响,尽管产业结构的逐渐重化和机动车数量的逐年增加等加剧了涪陵区 SO_2、NO_2、PM_{10} 的年排放量,但空气质量基本呈现逐年改善趋势,表明环境政策及污染控制措施的落实可有效控制环境污染。

吉莉等(2023)分析表明近年来重庆市空气质量不断改善,优良天数和出现频率明显增加。从图 2.22 可看出,重庆北碚无严重污染天气,其余 5 个等级占比中以优良天数为主,其中良的天数占比多于优;轻度污染天气 2014 年最多(为 21%),2020 年占比最少(只有 5%);中度和重度污染天数在北碚不明显,其中中度污染天数 2014 年占比最高(占 9%),2020 年较 2014 年减少了 7%,从 2014 年 33 d 下降到 2020 年的 7 d;重度污染天数占比最高出现在 2014 年,为 4%,2017 年之后无重度污染。

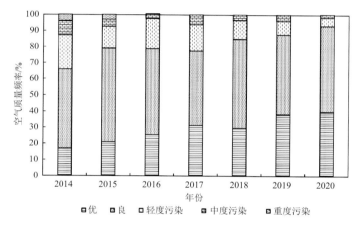

图 2.22 　重庆中心城区 2014—2020 年空气质量等级分布(引自 吉莉 等,2023)

江文华等(2022)分析了重庆中心城区 2013—2020 年的空气污染特征及气象条件的影响。2013—2020 年空气质量总体情况表明(图 2.23a),重庆中心城区首要污染物主要为 $PM_{2.5}$,其次为 O_3,SO_2 和 CO 未成为首要污染物;污染日($AQI>100$)首要污染物主要为 $PM_{2.5}$,其次为 O_3,重度污染日首要污染物基本为 $PM_{2.5}$。重庆中心城区 $PM_{2.5}$ 超标天数 2013—2020 年总体呈下降趋势(图 2.23b),从各年超标天数来看,重庆中心城区 2013—2016 年 $PM_{2.5}$ 超标天数各年均明显高于 O_3 超标天数,2017 年 $PM_{2.5}$ 超标天数略高于 O_3 超标天数,2018—2020 年 O_3 超标天数均较明显高于 $PM_{2.5}$ 超标天数。可见,2013—2020 年重庆中心城区 $PM_{2.5}$ 污染总体呈减弱趋势,而 O_3 污染问题日益凸显。$PM_{2.5}$ 污染、O_3 污染均呈现出明显的季节差异(图 2.24),$PM_{2.5}$ 超标天数呈"冬高夏低"特征,超标日主要出现在初春、秋末和冬季,其中冬季最为严重,尤其是 1 月,其次为 12 月,夏季很少出现 $PM_{2.5}$ 超标现象;O_3 污染以轻度污染为主,超标天数呈"夏高冬低"特征,超标日主要出现在春末、夏季和初秋,其中夏季最为严重,尤其是 8 月,其次为 7 月,中度及以上污染日主要出现在 6—8 月。

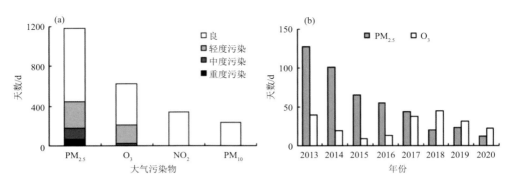

图 2.23　2013—2020 年重庆中心城区首要污染物分布(a)和超标天数的年变化(b)(引自 江文华 等,2022)

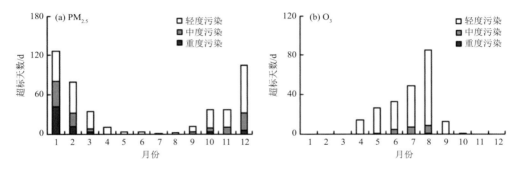

图 2.24　2013—2020 年重庆中心城区 PM₂.₅(a)和 O₃(b)累计超标天数月分布(引自 江文华 等,2022)

2.4
能见度与霾时空变化特征

2.4.1　能见度时空分布与演变趋势

　　能见度的好坏不仅反映出一个地区的大气环境质量,而且与人们的日常生活息息相关。低能见度的出现会给人们带来诸多不便和各种危害,常常是发生交通和飞机起降等重大事故的重要原因。成渝地区近地层能见度分布有较大的季节变化差异,其中低能见度区域小值区主要位于四川盆地东南部、眉山、乐山以及成都东部,并且从秋季开始整个低能见度区域有明显向北扩大的趋势,且低能见度日数分布范围明显增多;冬季低能见度日数分布类似秋季,但集中于盆地东北部(黄楚惠 等,2019)。

　　韦荣等(2022)利用 2012—2020 年成都市气象站观测资料和环境空气质量监测数据,研究了该地区能见度时空演变规律以及不同等级能见度下气象要素和污染物浓度的关系,结果表明:①成都市近 9 年平均能见度呈上升趋势。四季平均能见度由高到低依次为夏季(12.25 km)、春季(10.82 km)、秋季(9.04 km)和冬季(6.33 km)。成都市能见度日变化呈单峰型分布特征,07 时能见度最低,17 时能见度最高;②成都市能见度空间分布特征为东高西低且北高南低,中部中心城区最低;③成都市 3 km 以下低能见度出现频率为 10.92%,3～5 km,5～10 km 和 10～20 km 能见度出现频率分别为 15.92%、24.95% 和 22.51%;④能见度上升与对应的 PM$_{2.5}$ 和 PM$_{10}$ 浓度、相对湿度减少以及风速增加有关。当能见度低于 1 km 时,多为高湿(RH＞96%)、低温(T＜10.6℃)和小风速(＜1.0 m/s)和高浓度(PM$_{2.5}$＞84.8 μg/m^3,PM$_{10}$＞129.0 μg/m^3)。

如图 2.25 所示,除 2016 年以外,2012—2020 年成都地区大气能见度呈逐年好转趋势,从 8.19 km 上升到 12.57 km,近 9 年上升了 53.48%。其中,2016 年成都市平均能见度为 7.77 km,比其他年份的平均能见度低 5.00%～38.00%。近年来,相对湿度呈显著上升趋势,PM$_{2.5}$ 和 PM$_{10}$ 质量浓度呈下降趋势,且与能见度呈负相关。

近年来我国空气质量持续改善,大气颗粒物浓度明显降低。2012—2020 年,成都市春季 PM$_{2.5}$ 浓度下降了 53.50%,能见度上升了 82.68%;冬季 PM$_{2.5}$ 浓度下降了 77.88%,能见度仅上升了 12.06%。虽然冬季颗粒物下降的幅度比春季要大,但能见度的改善效果却比不上春季。冬季冷空气过程少、静小风频率高、湿度大、水平扩散能力和边界层垂直扩散条件差,使得冬季污染治理难度大,导致成都市冬季低能见度事件频发(党莹 等,2021)。

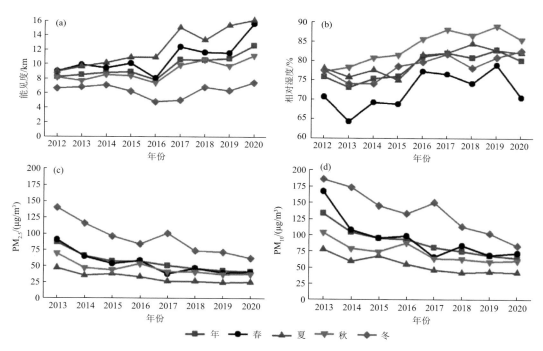

图 2.25　2012—2020 年成都市能见度(a)、相对湿度(b)、PM$_{2.5}$(c)和 PM$_{10}$(d)浓度时间变化特征
(引自 韦荣 等,2022)

表 2.2 分析了不同等级能见度下,气象要素和污染物浓度的统计特征。随着能见度增加,对应的 PM$_{2.5}$、PM$_{10}$ 浓度、相对湿度减少以及风速、温度增加。计算不同等级能见度的影响因子变化速率发现,能见度为 0～3 km 时,风速的变化速率最大,增加了 41%;当能见度为 3～20 km,PM$_{2.5}$ 的变化速率最大,下降 43.0%;能见度为 20 km 以上,PM$_{10}$ 的变化速率最大,下降了 32.9%。2016—2020 年成都市 5～10 km 的大气能见度出现概率最高(24.95%),此时对应的

$PM_{2.5}$、PM_{10}浓度分别为 30.58 $\mu g/m^3$ 和 53.33 $\mu g/m^3$。小于 500 m 的能见度发生概率最低（0.61%），对应的 $PM_{2.5}$、PM_{10} 浓度的平均值为 92.68 $\mu g/m^3$ 和 141.60 $\mu g/m^3$。

表 2.2　2016—2020 年成都市不同能见度等级下的影响因子（引自韦荣 等，2022）

能见度 /km	频率 /%	$PM_{2.5}$/ $(\mu g/m^3)$	PM_{10}/ $(\mu g/m^3)$	风速 /(m/s)	温度 /℃	相对湿度 /%
[0,0.5)	0.61	92.68	141.60	0.90	8.86	97.17
[0.5,1)	2.18	84.81	129.05	0.94	10.52	96.98
[1,2)	8.13	69.22	105.63	1.13	12.14	94.78
[2,3)	9.22	61.81	94.89	1.27	13.18	91.37
[3,5)	15.92	53.67	84.23	1.41	14.51	86.85
[5,10)	24.95	41.62	68.71	1.62	16.85	80.53
[10,20)	22.51	30.58	53.33	1.89	19.68	73.34
[20,30)	9.34	22.26	40.36	2.13	22.04	67.87
[30,50)	7.14	14.93	27.33	2.37	23.07	67.22

2.4.2　霾时空分布与演变趋势

雾/霾是雾和霾的统称，是一种常见的多发于冬季和春季的自然灾害，成都、重庆作为中国西南地区快速发展的城市，是雾/霾频发的区域。雾是水汽凝结的产物，主要由水汽组成；根据中华人民共和国气象行业标准《霾的观测和预报等级》（QX/T 113—2010）的定义，霾是由包含 $PM_{2.5}$ 在内的大量颗粒物飘浮在空气中形成，且通常将相对湿度大于 90% 时的低能见度天气称之为雾，而湿度小于 80% 时的天气称之为霾，相对湿度介于 80%～90% 之间时则是霾和雾共同形成的混合物，称之为雾/霾。

白莹莹等（2018）利用 1981—2014 年川渝地面气象观测资料，分析了川渝地区雾/霾的时空分布特征，发现川渝地区近些年来雾日总体呈显著减少趋势，而霾日总体呈显著增加趋势，其趋势刚好与雾日变化相反，且霾日发生显著增加的时段与雾日发生显著减少的时段基本一致，且雾日的空间分布总体呈西少东多、高原少、盆地多；霾日的空间分布主要呈现"盆东多、高原少、局地性明显"的特点。

川渝地区霾日集中在四川盆地，而甘孜、阿坝、凉山和攀枝花等 4 个地区基本无霾日，在剔除上述 4 个地区站点后，分别从年、季、月尺度对四川盆地 94 个站点平均值开展霾日的时间变化特征分析。图 2.26 给出了分等级统计的 1980—2014 年四川盆地霾日年际变化，年均霾日在 2013 年最少（87 d），在 1996 年最多（131 d）；重度霾在 2012 年最少（2 d），在 1992 年最多（16 d）；中度霾在 2012 和 2013 年均为最少（5 d），在 1992 年最多（17 d）；轻度霾在 2013 年最少（16 d），在 1996 年最多（34 d）；轻微霾在 2014 年最少（62 d），在 2010 年最多（75 d）。从年际变化曲线上可以看出，四川盆地霾日在 1980—1990 年逐年上升，之后呈波动变化，2010 年之后呈明显下降趋势；重度霾总体上先升后降，1990—1996 年偏多，2012 年最少，此后又开始升高；中度霾在 1980—1996 年持续升高，之后呈下降趋势，2012 年后又转为升高趋势；轻度霾与霾日总体变化特征相似,其变化特征较平稳,21 世纪 10 年代之后呈微弱下降趋势。总的来说,20 世纪 90 年代是四川盆地霾污染较重的时段(余芳 等,2022;周威 等,2017;唐信英 等,2022)。

图 2.27 给出了分等级统计的 1980—2014 年四川盆地霾日季节变化特征,显示霾日季节变化显著,冬季(12 月—次年 2 月)最多,秋季(9—11 月)次之,春季(3—5 月)再次,夏季(6—8 月)最少。季节平均霾日数冬季占 42%、秋季占 27%、春季占 19%、夏季占 12%。重度和中度霾主要出现在冬、秋季,其中重度霾冬季占 75%、秋季占 20%、春节占 4%、夏季仅占 1%;中度霾冬季占 62%、秋季占 26%、春季占 9%、夏季占 3%。轻度霾在春、夏季相对较少,其中冬季占 49%、秋季占 28%、春季占 16%、夏季占 7%。轻微霾季节差异并不十分明显,其中冬季占 32%、秋季占 27%、春季占 24%、夏季占 17%。可见,四川盆地冬季霾日最多,污染最为严重。究其原因,四川盆地冬季降水少、风速小且大气层结稳定,有利于大气污染物的积累(白莹莹 等,2018;唐信英 等,2022)。

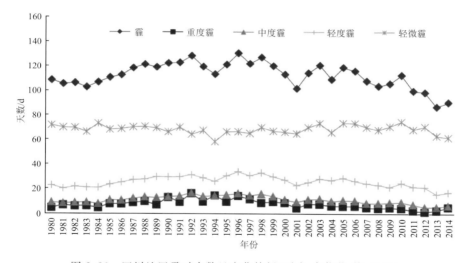

图 2.26　四川地区霾时次数日变化特征(引自 唐信英 等,2022)

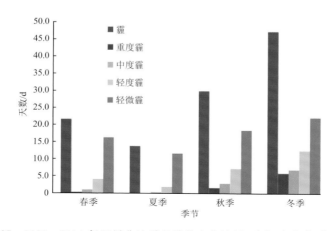

图 2.27　1980—2014 年四川盆地霾日季节变化特征(引自 唐信英 等,2022)

2.5
本章小结

本章通过对川渝地区 2015—2020 年间环境空气质量的时空分布进行分析,揭示了该地区污染物浓度变化与超标特征。近年来,川渝地区 6 种污染物除臭氧(O_3)外,其余污染物浓度均表现出明显的降低,地区内各城市优良天数占比逐年增加,空气质量不断改善。2015—2020年,四川盆地 $PM_{2.5}$、O_3 和 PM_{10} 为主要污染物,NO_2 偶尔有超标,SO_2 和 CO 基本未出现超标。$PM_{2.5}$ 和 PM_{10} 的浓度高值区主要集中在成都平原和川南地区,且高值区范围逐年缩小;O_3 污染则呈现波动增加趋势,尤其在成都平原城市群和重庆西部地区更为显著。在污染物的年内变化特征方面,$PM_{2.5}$ 和 PM_{10} 的高浓度期主要集中在冬春季(10 月—次年 3 月),而 O_3 的浓度高值则主要出现在暖季(4—9 月)。在日变化特征上,城市地区 $PM_{2.5}$、PM_{10}、SO_2、NO_2 和 CO的浓度日变化曲线呈现双峰形,郊区如灵岩寺清洁对照站点的日变化则表现为单峰;O_3 在城区和郊区的日变化趋势均呈单峰特点,夏季日较差最大,冬季日较差最小,但灵岩寺监测点各极值出现的时间与成都城区相比滞后 2 h 左右。

复合污染特征分析表明,2015—2022 年,四川盆地 $PM_{2.5}$-O_3 复合污染天数波动下降,但2022 年受夏季持续高温影响增至 50 d,成都、德阳、眉山、自贡为复合污染较重城市。复合污染日在 4—5 月多发,单 O_3 污染日则在 7—8 月多发。$PM_{2.5}$ 在复合污染日中浓度低于单 $PM_{2.5}$污染日,但两者变化趋势相似。四川盆地大气氧化性主要是由 O_3 主导,12 月转变为 O_3 和 NO_2共同主导,大气氧化性越高复合污染出现的越多,气象条件对复合污染日的形成有重要影响。不同类型站点 $PM_{2.5}$-O_3 相关性在 O_3 污染期和 $PM_{2.5}$ 污染期都存在显著差异,且二者在不同季节甚至呈现相反的相关性,总体趋势为夏季 $PM_{2.5}$-O_3 的相关性趋于正相关,冬季趋于负相关。

分析成渝地区能见度和霾的时空分布特征,发现成都市的能见度在过去 9 年中呈现上升趋势,与 $PM_{2.5}$ 和 PM_{10} 浓度的下降、相对湿度的减小和风速的增加有关。四川盆地的霾日分布特征表明,霾日主要集中在冬季,且在 20 世纪 90 年代污染较为严重;近年来,随着空气质量的改善,霾日数量有所下降,但仍需关注冬季霾污染治理的挑战。

总体而言,成渝地区的空气质量随着"大气污染防治行动计划""打赢蓝天保卫战三年行动计划"等一系列污染防治措施的持续推进,呈现逐渐改善向好态势,优良天数占比增加,重污染天数显著减少。然而,O_3 污染问题仍然严峻,特别是在 4—9 月,需要进一步加大污染治理力度和区域联防联控措施。同时,能见度和霾的时空分布特征分析显示,四川盆地的霾污染在冬季最为严重,表明需要针对季节性污染特征制定更为精准的防控策略。

参考文献

白莹莹,张德军,杨世琦,等,2018. 川渝地区雾霾时空分布特征及影响因子分析[J]. 西南师范大学学报 (自然科学版),43(11):112-119.

曹杨,王晨曦,刘炜桦,等,2019. 2014—2017 年成都市大气污染特征分析[J]. 高原山地气象研究,39(1): 48-54.

陈婷，2020. 成都地区的逆温特征及其对空气污染的影响[D]. 成都：成都信息工程大学.

党莹，张小玲，饶晓琴，等，2021. 北京与成都大气污染特征及空气质量改善效果评估[J]. 环境科学，42(8)：3622-3632.

何启超，2014. 四川盆地大气扩散输送与低风速特征[D]. 北京：北京大学.

黄楚惠，王彬雁，陈朝平，等，2019. 近 10 年四川盆地低能见度时空分布特征及订正方法研究[J]. 高原山地气象研究，39(4)：67-73.

黄伟，余家燕，唐晓，等，2017. 2013—2016 年重庆地区 O_3 污染时空分布特征[J]. 环境科学导刊，36(6)：47-51.

吉莉，刘晓冉，陈建美，等，2023. 重庆市北碚区空气质量改善效果评估分析[J]. 中国环境监测，39(2)：139-147.

江文华，周国兵，陈道劲，等，2022. 重庆中心城区空气污染特征及气象影响因素分析[J]. 西南师范大学学报(自然科学版)，47(1)：74-81.

康平，侯静雯，冯浩鹏，等，2022. 成都市 $PM_{2.5}$ 和 O_3 复合污染特征及相互作用研究[J]. 环境科学学报，42(10)：80-90.

李佳慧，刘红年，王学远，等. 2019. 苏州城市气溶胶和臭氧相互作用的观测分析[J]. 环境监测管理与技术，31(1)：29-33.

刘可欣，卢苗苗，张裕芬，等. 2021. 天津市夏秋季 O_3-$PM_{2.5}$ 复合污染特征及气象成因分析[J]. 环境科学学报，41(9)：3650-3662.

罗琼，冯淼，宋丹林，等. 2022. 成都春季复合污染下 $PM_{2.5}$ 的化学消光贡献[J]. 大气与环境光学学报，17(1)：148-159.

唐信英，罗磊，王鸽，等，2022. 四川省 1980—2014 年霾的时空分布特征研究[J]. 高原山地气象研究，42(4)：146-149.

王君悦，刘朝顺，2022. 基于 WRF-Chem 的长三角地区 $PM_{2.5}$ 和 O_3 污染协同控制研究[J]. 环境科学学报，42(7)：32-42.

王芃，朱盛强，张梦媛，等，2022. 大气氧化性及其对二次污染物形成的贡献[J]. 科学通报，67(18)：2069-2078.

韦荣，张小玲，华明，等，2022. 2012—2020 年成都市不同等级能见度的时空分布特征[J]. 高原山地气象研究，42(4)：136-145.

吴梦曦，成春雷，黄渤，等，2020. 不同浓度臭氧对单颗粒气溶胶化学组成的影响[J]. 环境科学，41(5)：2006-2016.

肖钟湧，江洪，2011. 四川盆地大气 NO_2 特征研究[J]. 中国环境科学，31(11)：1782-1788.

颜丰华，陈伟华，常鸣，等. 2021. 珠江三角洲大气光化学氧化剂(Oy)与 $PM_{2.5}$ 复合超标污染特征及气象影响因素[J]. 环境科学，42(4)：1600-1614.

杨孝文，周颖，程水源，等，2016. 北京冬季一次重污染过程的污染特征及成因分析[J]. 中国环境科学，36(3)：679-686.

姚懿娟，王美圆，曾春玲，等，2021. 广州不同站点类型 $PM_{2.5}$ 与 O_3 污染特征及相互作用研究[J]. 中国环境科学，41(10)：4495-4506.

余芳，李慧晶，任超，2022. 四川霾时空分布及气象要素分析[J]. 高原山地气象研究，42(03)：141-144.

张子睿，胡敏，尚冬杰，等，2022. 2013—2020 年北京大气 $PM_{2.5}$ 和 O_3 污染演变态势与典型过程特征[J]. 科学通报，67(18)：1995-2007.

赵小辉，刘东升，冯永强，2019. 2009—2018 年重庆涪陵区空气质量变化特征及其原因[J]. 三峡生态环境监测，4(4)：65-69.

周威，康岚，郝丽萍，2017. 1980—2012 年四川盆地及典型城市的霾日变化特征分析[J]. 中国环境科学，37

(10):3675-3683.

朱彤,尚静,赵德峰,2010. 大气复合污染及灰霾形成中非均相化学过程的作用[J]. 中国科学:化学,40(12):1731-1740.

朱彤,万薇,刘俊,等,2022. 世界卫生组织《全球空气质量指南》修订解读[J]. 科学通报,67(8):697-706.

CHANG S C,LEE C T,2007. Secondary aerosol formation through photochemical reactions estimated by using air quality monitoring data in Taipei City from 1994 to 2003[J]. Atmospheric Environment,41(19):4002-4017.

CHEN J J,SHEN H F,LI T W,et al,2019. Temporal and Spatial Features of the Correlation between $PM_{2.5}$ and O_3 Concentrations in China[J]. International Journal of Environmental Research and Public Health,16(23):4824.

DAI H B,JIA Z,HONG L,et al,2021. Co-Occurrence of Ozone and $PM_{2.5}$ Pollution in the Yangtze River Delta over 2013－2019:Spatiotemporal Distribution and Meteorological Conditions[J]. Atmospheric Research,249:105363.

LEE H K,LEE H J,LEE S Y,et al,2020. A study on the seasonal correlation between O_3 and $PM_{2.5}$ in Seoul in 2017[J]. Journal of Korean Society for Atmospheric Environment,36(4):533-542.

LI K,JACOB D J,LIAO H,et al,2019. A two-pollutant strategy for improving ozone and particulate air quality in China[J]. Nature Geoscience,12(11):906.

SHAO M,WANG W J,YUAN B,et al,2021. Quantifying the role of $PM_{2.5}$ dropping in variations of ground-level ozone:Inter-comparison between Beijing and Los Angeles[J]. The Science of the Total Environment,788:147712.

ZHU J,CHEN L,LIAO H,et al,2019. Correlations between $PM_{2.5}$ and Ozone over China and Associated Underlying Reasons[J]. Atmosphere,10(7):352.

大气中悬浮的颗粒物,尤其是其中的细颗粒物($PM_{2.5}$,空气动力学直径$\leqslant 2.5\ \mu m$)会影响人体健康,并通过散射、吸收可见光而导致能见度降低,其中一些颗粒物组分具有辐射强迫效应而影响气候变化。$PM_{2.5}$是目前我国城市地区主要的空气污染物之一,由于其化学组成与来源复杂,给中国的空气质量持续改善带来很大的挑战。

$PM_{2.5}$的化学组分主要包括水溶性无机离子、碳质组分和无机元素,其中水溶性无机离子(WSIIs)主要包含氟离子(F^-)、氯离子(Cl^-)、硝酸盐(NO_3^-)、硫酸盐(SO_4^{2-})、铵盐(NH_4^+)、钾离子(K^+)、钠离子(Na^+)、钙离子(Ca^{2+})及镁离子(Mg^{2+})。$PM_{2.5}$中碳质组分主要分为有机碳(OC)和元素碳(EC),二者合称为总碳(TC)。$PM_{2.5}$中无机元素种类多,主要分为地壳元素(铝(Al)、硅(Si)、铁(Fe)、钙(Ca)、镁(Mg)等)和微量元素(磷(P)、硫(S)、氯(Cl)、钾(K)、钪(Sc)、钛(Ti)、铬(Cr)、锰(Mn)、镍(Ni)、铜(Cu)、锌(Zn)、砷(As)、硒(Se)、溴(Br)、锶(Sr)、钡(Ba)、铅(Pb)、镉(Cd)等)。

近年来,研究人员从$PM_{2.5}$的化学物种构成、二次颗粒物形成机制、颗粒物化学组分消光贡献、气溶胶吸湿及光学性质等方面对大气细颗粒组成及其对灰霾的贡献进行了深入研究,普遍认为不利的气象条件是外部驱动因素,而高强度的二次粒子形成则是内在驱动因素。本章介绍四川盆地两个特大城市——成都、重庆以及成渝城市群其他重点城市大气颗粒物的化学组成特征及其来源与成因。

3.1
四川盆地城市大气颗粒物浓度概况

四川大学研究团队基于历史观测数据,结合 MAIAC AOD 产品数据(Multi-Angle Implementation of Atmospheric Correction,1 km 分辨率),综合气象、地形、人为活动等多要素,应用机器学习方法分别构建 AOD 随机森林填补模型、$PM_{2.5}$与PM_{10}随机森林预测模型,反演了四川盆地在"大气十条"实施的 5 年间(2013—2017 年)1 km 网格逐日$PM_{2.5}$与PM_{10}浓度数据,分析了大气颗粒物污染的时空分布特征(汤宇磊 等,2019)。5 年间,四川盆地 $PM_{2.5}$ 和 PM_{10}的平均浓度分别为 47.8 $\mu g/m^3$ 和 75.2 $\mu g/m^3$,均超过国家环境空气质量标准年均值 Ⅱ级标准(35 $\mu g/m^3$、70 $\mu g/m^3$)(中华人民共和国生态环境部,2018),尤其是区域细颗粒物污染整体上较为严重(超标 35.6%)。另外,这一时期盆地 $PM_{2.5}$ 与 PM_{10} 污染总体上逐年减轻,$PM_{2.5}$ 和 PM_{10} 年均浓度降幅均达到 27%,但 2016 年之后年均下降幅度均趋缓(约 3%)。$PM_{2.5}$ 在 PM_{10} 中的占比则没有明显变化(维持在 60% 以上)。成都市、自贡市、重庆市主城区

PM$_{2.5}$与 PM$_{10}$浓度相对较高;宜宾市 PM$_{2.5}$污染突出,而德阳市 PM$_{10}$污染较突出。

从空间上看,PM$_{2.5}$与 PM$_{10}$年均浓度分布整体呈现"倒月牙"状,具有一定的相似性(图3.1)。颗粒物高浓度区大多位于盆地底部低洼地带,其中 PM$_{2.5}$高浓度区主要位于盆地西北部和南部,PM$_{10}$高浓度区则主要位于盆地西北部。相对封闭的环境使盆地内边界层大气层结稳定度高于同纬度其他地区,且静风频率高,不利于污染物的扩散(郭晓梅 等,2014);加之相对湿度高,颗粒物尤其是细颗粒物易累积形成高浓度污染。颗粒物低浓度区主要位于人为活动较少而植被覆盖率较高的盆周山地和丘陵区(吕铃钥 等,2016)。从单个城市看,成都、自贡、重庆主城区的 PM$_{2.5}$与 PM$_{10}$浓度较高,宜宾和自贡城区 PM$_{2.5}$污染突出,德阳城区则是 PM$_{10}$污染突出。

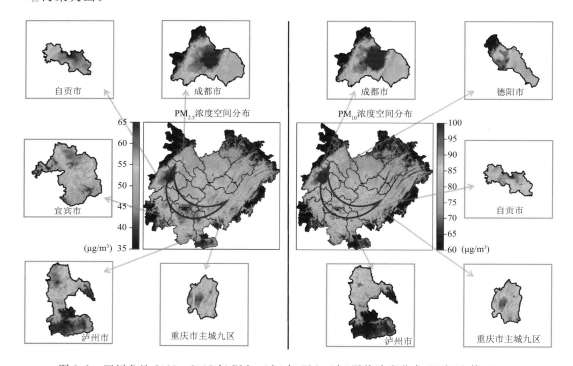

图 3.1 四川盆地 2013—2017 年 PM$_{2.5}$(左)与 PM$_{10}$(右)平均浓度分布(汤宇磊 等,2019)

盆地内 PM$_{2.5}$与 PM$_{10}$浓度空间相关显著,大体上呈现"中心较强,外围较弱"的特点。PM$_{2.5}$与 PM$_{10}$浓度均呈现"冬高夏低"的季节变化(图3.2),其由高到低排序均为冬季>春季>秋季>夏季。冬季 PM$_{2.5}$和 PM$_{10}$浓度分别为夏季的 2.3 倍和 2.0 倍。高强度的人为活动排放,加之复杂的地形和特殊的大气环流所造成的静稳天气频发共同导致盆地冬季高浓度颗粒物污染(Ning et al.,2018)。夏季盆地边界层高度显著高于冬季,且降水充沛,有利于颗粒物扩散与沉降(Tian et al.,2019)。

PM$_{2.5}$在 PM$_{10}$中占主导地位,其平均比值为 64.0%。盆地西南部的乐山、自贡、宜宾、泸州等市辖区该比值较大,表明二次颗粒物污染突出。盆地北部该比值较小,表明粗颗粒物含量相对较高。由于盆地底部及周边复杂的地形地势,来自中国西北、能够越过秦岭的沙尘对该区域的影响往往大于盆地其他区域(廖乾邑 等,2016)。长距离传输叠加当地源排放(如建筑与交通扬尘、农业活动等)可能是主导因素。

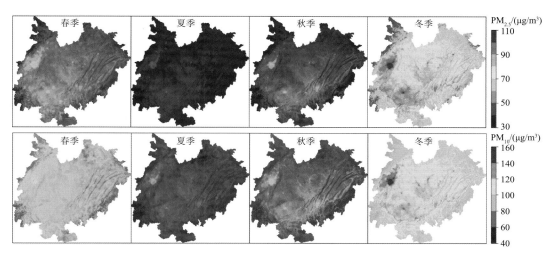

图 3.2　四川盆地 2013—2017 年 PM$_{2.5}$与 PM$_{10}$浓度季节变化(汤宇磊 等,2019)

3.2
成都细颗粒物化学组分特征及源解析

3.2.1　PM$_{2.5}$化学组分特征

图 3.3 是基于 5 年(2007 年、2009 年、2011 年、2012 年和 2013 年)不连续采样分析得到的成都城区 PM$_{2.5}$主要成分的浓度年变化及季节变化。水溶性无机离子中 SO$_4^{2-}$浓度占比最高,达 21%,但呈逐年波动下降的趋势;NO$_3^-$浓度占比次之,但逐年上升(Shi et al.,2017)。2010年,总水溶性无机离子浓度为 114.3 μg/m^3,占 PM$_{2.5}$浓度的 50.7%;各离子浓度排序依次为 SO$_4^{2-}$(22.5%)>NO$_3^-$(13.8%)>NH$_4^+$(8.1%)>Cl$^-$(3.2%)>K$^+$(1.9%)>Ca^{2+}(0.7%)>Na$^+$(0.6%)>F$^-$(0.2%)>Mg^{2+}(0.1%)(王启元 等,2012)。2010—2012 年,成都城区的 SO$_4^{2-}$和 NO$_3^-$浓度呈上升趋势,表明二次颗粒物污染加重。成都市冬季颗粒物污染逐渐由粗颗粒物污染向细颗粒物污染转变,并且逐渐由一次污染向二次污染转变(张彩艳 等,2014)。Kong 等(2020)于 2015 年全年在成都城区对 PM$_{2.5}$进行采样分析,结果显示,PM$_{2.5}$水溶性离子组分中 SO$_4^{2-}$所占比例最高,NO$_3^-$次之。2017 年之后,成都的 PM$_{2.5}$中浓度最高和占比最大的组分仍是水溶性二次无机离子(SNA,包含 SO$_4^{2-}$、NO$_3^-$ 和 NH$_4^+$),但它们的浓度水平均呈下降趋势;值得注意的是,NO$_3^-$成为了 PM$_{2.5}$中含量最高的无机离子,其次为 SO$_4^{2-}$和 NH$_4^+$(Huang et al.,2018;Song et al.,2022b;Wang et al.,2023;Wu et al.,2019)。

　　PM$_{2.5}$中水溶性无机离子在不同季节及昼夜中存在显著的变化规律,其原因主要是受到温度、辐射、湿度、氧化剂浓度等的影响。大多数水溶性无机离子浓度在夏季最低,这是由于夏季较高的边界层有利于污染物扩散,且充沛的降雨有利于颗粒物的湿清除。但 SO$_4^{2-}$是一个例

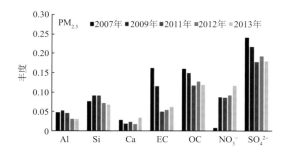 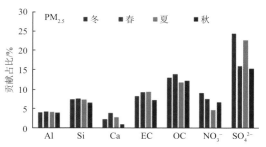

图 3.3 2007—2013 年成都城区 PM$_{2.5}$ 主要成分年变化(左)及季节变化(右)(Shi et al.，2017)

外,这可能是夏季高温和强烈太阳辐射引起的光化学反应增强所致;NO$_3^-$ 的季节变化比 SO$_4^{2-}$ 和 NH$_4^+$ 更加明显,主要受大气化学过程影响(Pathak et al.，2009)。2015 年和 2018 年冬季的研究结果显示,在高相对湿度条件下,NO$_3^-$ 浓度上升主要由非均相过程主导,而在夏季,由于硝酸铵(NH$_4$NO$_3$)热不稳定,在高温下分解浓度降低,从而增大了 NO$_3^-$ 的季节性差异(Wang et al.，2018a；Wang et al.，2023)。SNA 的昼夜变化规律是白天的浓度要高于夜晚,在 10—11 时达到峰值。在早高峰之后,由于 NH$_4$NO$_3$ 的热解,NO$_3^-$ 逐渐减少,而 SO$_4^{2-}$ 在白天维持高浓度水平;NH$_4^+$ 在上午主要存在于硫酸铵((NH$_4$)$_2$SO$_4$)和 NH$_4$NO$_3$ 中,而下午存在于(NH$_4$)$_2$SO$_4$ 中(Huang et al.，2018)。

2007—2013 年,成都 PM$_{2.5}$ 中碳质组分浓度波动下降,尤其是 EC 在 2011 年下降幅度较大(图 3.3)。有机质(OM)(通常取 1.6 倍 OC)在 PM$_{2.5}$ 中占比仅次于 SNA。冬季和春季 OM 占比高于夏季和秋季,说明 OM 受不同季节排放和化学转化的影响较大。2015 年春、夏、秋、冬四季,成都 PM$_{2.5}$ 中 OC/EC 值分别为 2.76、2.35、3.26、3.58(Kong et al.，2020),这表明机动车尾气排放和燃煤可能对 PM$_{2.5}$ 碳质组分贡献显著。2018—2019 年,成都城区 OC 和 EC 在冬季达到峰值(12.9 $\mu g/m^3$ 和 5.1 $\mu g/m^3$),最小值则出现在夏季(5.3 $\mu g/m^3$ 和 2.8 $\mu g/m^3$)。冬季静稳天气频发会导致 OC 和 EC 浓度升高(Liao et al.，2018；Peng et al.，2019)。高温促进半挥发性有机物挥发,同时降水对大气中水溶性有机碳有较好的清除作用(Chen et al.，2017),这是导致夏季 OC/EC 比值处于较低水平的原因。城区 OC/EC 比值范围为 2.28~2.88,且各季 OC/EC 比值较 2015 年均有所下降,表明成都市城区受到车辆排放的影响逐渐增大(Wang et al.，2023)。

李朝阳等(2022)基于 2020 年 6 月—2021 年 5 月对成都城区 PM$_{2.5}$ 碳质组分的在线监测数据分析(表 3.1),发现 TC、OC、EC 和 OC/EC 年平均值分别为 9.5±4.4 $\mu g/m^3$、6.4±3.2 $\mu g/m^3$、3.2±1.1 $\mu g/m^3$ 和 2.2±0.5 $\mu g/m^3$;各组分的浓度都呈现出冬季最大,春、秋季次之,夏季最小的特征;其日变化均呈现"双峰型",主要归因于交通源和光化学反应对其日变化有较大的影响;OC 与 EC 的相关呈现出冬季>秋季>春季>夏季的特征,表明春、夏季 OC、EC 来源有较大差异。利用 EC 示踪法和最小相关法对各季二次有机碳(SOC)进行估算,结果为冬季(3.1 $\mu g/m^3$)>秋季(1.9 $\mu g/m^3$)>春季(1.7 $\mu g/m^3$)>夏季(1.6 $\mu g/m^3$),而 SOC/OC 比值为夏季>春季>秋季>冬季,表明夏季和春季的二次生成可能更为活跃,从而导致这两个季节 OC 与 EC 相关较弱。

表 3.1　成都城区 PM$_{2.5}$中碳质组分浓度　　　　　　　　单位：$\mu g/m^3$

季节	2018 年 7 月—2019 年 5 月[a]			2020 年 6 月—2021 年 5 月[b]		
	TC	OC	EC	TC	OC	EC
夏季	8.1±3.7	5.3±2.2	2.8±1.5	6.1±2.5	4.0±1.7	2.1±0.9
秋季	12.6±6.6	9.0±4.5	3.6±2.1	9.1±4.7	6.0±3.1	3.1±1.7
冬季	18.0±6.2	12.9±4.1	5.1±2.1	15.8±8.2	11.1±5.8	4.6±2.5
春季	11.5±5.7	7.7±3.5	3.8±2.2	7.2±3.3	4.5±2.0	2.7±1.4

注：a)（Wang et al.，2023）；b)（李朝阳 等，2022）。

2007—2013 年，成都城区 PM$_{2.5}$中 Al、Si 等地壳元素的浓度呈先上升后下降的变化趋势，且在春、夏两季浓度略高于秋、冬两季（图 3.3）。2015 年成都 PM$_{2.5}$中地壳元素浓度在春季最高，而重金属元素则是在冬季最高，夏季最低（Wang et al.，2018a）。2018—2019 年的采样结果显示，23 种元素中 S 的含量最高（Wang et al.，2023）。此外，K 也是含量丰富的元素之一，其浓度呈现出明显的秋、冬季高，春、夏季低的特征。城区 6 种主要地壳元素（Mg、Al、Si、Ti、Ca、Fe）在总元素中的质量分数在夏季、秋季、冬季、春季分别为 26.7%、48.1%、26.3%、42.7%。7 种重金属元素（Cr、Mn、Ni、Cu、Zn、As、Pb）的总浓度同样呈现出秋、冬季高，春、夏季低的季节特征（Wang et al.，2023）。

2012 年 5 月 11—15 日，林瑜等（2016）同时在成都人民公园（城区）及都江堰灵岩寺（对照点，远郊区）采集 PM$_{2.5}$，发现郊区 PM$_{2.5}$的总浓度小于城区，各化学组分的浓度明显低于城区；两个站 PM$_{2.5}$中 SNA 浓度占比相对较高，且郊区 SO$_4^{2-}$/NO$_3^-$ 值比城区大；两个站 OC/EC 比值均大于 2，说明有 SOC 存在；郊区水溶性二次有机碳（WSOC）和总氮（TN）日均浓度小于城区，其中郊区 TN 日变化趋势与城区一致，而 WSOC 变化不明显。

图 3.4 为 2018—2019 年成都城区和郊区 PM$_{2.5}$化学组分浓度及占比（Wang et al.，2023）。2018 年夏季郊区 PM$_{2.5}$中 SO$_4^{2-}$的占比显著高于城区，与重庆城区和郊区夏季的占比情况相似（Peng et al.，2019；Wang et al.，2018b）。郊区四季的 OC 浓度均低于城区，而在大多数情况下，郊区的 EC 浓度高于城区，这与郑州市城区和郊区的研究结果相似（Zhang et al.，2020b），可能是因为郊区更易受到一次燃烧源直接排放的影响。郊区的 6 种主要地壳元素总浓度的季节变化特征为春季（37.5%）＞秋季（37.0%）＞夏季（22.6%）＞冬季（18.8%）。

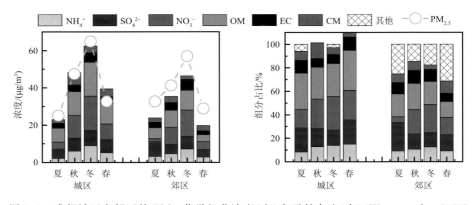

图 3.4　成都城区和郊区的 PM$_{2.5}$化学组分浓度（左）和贡献占比（右）（Wang et al.，2023）

　　总体而言,成都PM$_{2.5}$及其组分的浓度逐年波动下降并呈现明显的季节变化。2015年之前,城区PM$_{2.5}$浓度明显高于郊区,但近年来城区和郊区的PM$_{2.5}$浓度及化学组成的差距均在逐渐缩小。不论是在城区或是郊区,NO$_3^-$、SO$_4^{2-}$、NH$_4^+$、OC和EC都是主要的PM$_{2.5}$组分,且二次组分越来越占主导地位,其中NO$_3^-$尤为突出,突显了成都市机动车尾气排放控制的重要性和紧迫性。

3.2.2　PM$_{2.5}$源解析

　　Shi等(2017)通过正矩阵因子模型(PMF)的两向和三向源分配模型(ME2-2way和ME2-3way)确定了2007—2013年成都PM$_{2.5}$的来源类别及其贡献,并与化学质量平衡法(CMB)得到的结果进行了对比(表3.2)。PM$_{2.5}$来源被确定为地壳尘、燃煤、水泥尘、机动车尾气、二次硫酸盐、二次硝酸盐和SOC。尽管通过ME2-2way和ME2-3way估算的单个源贡献存在差异,但主要和次要来源的总贡献比较一致。由于来源的种类划分不同,PMF和CMB得到的源解析结果有一定的差别。

表 3.2　成都 PM$_{2.5}$ 来源解析情况

| 研究时间段 | 2007—2013 年[a] | | 2010—2012 年[b] |
| 方法 | PMF | | CMB |
	ME2-2way	ME2-3way	—
二次硫酸盐	18.3%	16.6%	25%~27%
二次硝酸盐和 SOC	15.5%	19.4%	11%~13%
机动车尾气	14.6%	15.1%	8%~11%
地壳尘	24.9%	22.4%	—
燃煤	21.1%	21.3%	—
水泥尘	4.9%	2.1%	—
扬尘	—	—	19%~22%
其他	0.7%	3.0%	—

注:a)(Shi et al.,2017);b)(张彩艳 等,2014)。

　　表3.3对比了不同年份使用PMF模型得到的成都城区PM$_{2.5}$源解析结果。2019年成都市PM$_{2.5}$贡献占比排名前三的来源依次为二次气溶胶源、燃烧源和机动车排放(Wang et al.,2023)。与2011年和2015年相比,二次源和机动车排放占比上升,燃烧源占比大幅度下降。成都城区二次源和机动车排放占比均低于北京城区(分别为48.1%和24.7%)(Zikova et al.,2016),但高于广州(38%和10%)和郑州(40.7%和12.5%)的城区(Tao et al.,2017;Zhang et al.,2020b)。成都郊区PM$_{2.5}$的二次源和燃烧源贡献占比高于珠海(20%和13%)和郑州(33.5和10.9%)的郊区(Tao et al.,2017;Zhang et al.,2020b),燃烧源占比则远低于北京背景点(48.2%)(Zong et al.,2018)。

表 3.3　成都城区 PM$_{2.5}$的 PMF 源解析结果对比

主要来源	贡献率/%			示踪物种
	2011 年[a]	2015 年[b]	2019 年[c]	
二次气溶胶	37	35.9	42.9	SO_4^{2-}、NO_3^-、NH_4^+
燃烧	31	39.0	16.0	Cl^-、K^+、As、OC、EC
扬尘	10	13.9	12.4	Mg、Al、Si、Ca、Fe
机动车排放	—	8.0	15.2	OC、EC、Zn、Mn、Pb、Ca、Fe、Cr、Cd
工业	22	3.1	13.4	Hg、Ni、Cu、CO

注:a)(Tao et al.,2014);b)(Kong et al.,2020);c)(Wang et al.,2023)。

基于一些典型示踪物种在特殊污染事件中的浓度变化情况,可以定性地判断 PM$_{2.5}$的来源。Tao 等(2013)研究了成都市 2009 年春季的沙尘暴和生物质燃烧时期 PM$_{2.5}$的来源。生物质燃烧时期 Cl^-、K^+的平均浓度明显高于非生物质燃烧时期。Cl^-及 K^+与左旋葡聚糖(LG,生物质燃烧典型示踪物)存在良好的相关,表明过量的 Cl^-和 K^+可归因于生物质燃烧排放。沙尘暴时期 Ca^{2+}、Mg^{2+}、Na^+浓度明显高于非沙尘暴时期,而 SNA 含量明显低于生物质燃烧时期。生物质燃烧时期 OC 和 WSOC 浓度明显高于非生物质燃烧时期,OC、WSOC 与 LG 存在良好的相关,说明 PM$_{2.5}$中大量的 OC 和 WSOC 与生物质燃烧排放有关。在春节假期,PM$_{2.5}$来源明显受烟花爆竹燃放和假期的影响。夏、秋季出现的严重污染事件通常和生产活动密切相关,农收后干枯的秸秆和低湿度的环境加剧其燃烧排放。此外,一些非特定时段的 PM$_{2.5}$浓度升高及其他气态污染物的超标,一般都与工业生产和机动车排放有关(Zhang et al.,2019)。

气团轨迹聚类和潜在源区分析表明,成都市 2016 年冬季 PM$_{2.5}$的潜在源区在采样点西南和南部地区,主要受西南气团的影响(Song et al.,2019)。与夏季相比,冬季 PM$_{2.5}$的潜在源区域显著扩大,成都西北部区域的贡献明显增强。在 2019 年的研究中,气团轨迹和潜在源区发生了较大的变化,成都中心城区四季均主要受来自东北和东南方向气团的影响,而郊区则主要受东北和西部气团的影响(Wang et al.,2023)。夏季,成都城区 PM$_{2.5}$受成都本地及周边地区的共同影响,而郊区主要受成都本地气团影响(占比 80.3%)。秋季,成都城区来自广元方向的气团占比达到 71.0%,郊区的气团则主要来自甘孜藏族自治州方向(57.2%)。冬季,对成都城区影响较大的气团轨迹来源于南充市和广元市,其轨迹短,但所携带的 PM$_{2.5}$浓度高。到达郊区的气团传输距离较长,主要来自甘孜藏族自治州和阿坝藏族羌族自治州(76.0%)。春季,成都城区的气团轨迹均来自周边城市,分别为内江市(39.4%)、南充市(27.7%)、绵阳市(25.9%)和广元市(7.0%)。郊区本地气团占比较大,主要来自崇州市(46.7%)。城区春季 PM$_{2.5}$的潜在源位于双流区和简阳市;夏季主要集中在成都西部的崇州市和温江区;秋、冬季的潜在源分布较为相似,均主要集中在成都东北部区、县(新都区、青白江区)、东南部区、县(龙泉驿区、双流区和简阳市)以及周边城市(德阳市、绵阳市)。说明除了本地的排放外,区域间的传输也是 PM$_{2.5}$的重要来源。

3.3
重庆细颗粒物化学组成特征及源解析

3.3.1 PM$_{2.5}$化学组成特征

图 3.5 为重庆市不同点位 PM$_{2.5}$的化学组成。重庆市不同区（县）的 PM$_{2.5}$化学组成差异较大，同一区（县）不同点位的化学组成也有所不同，但显示出相似的特征。2002—2003 年铜梁区城区（A）和商业区（B）PM$_{2.5}$中二次无机盐含量最高的均为（NH$_4$）$_2$SO$_4$，分别为 29.4 μg/m^3 和 38.2 μg/m^3，分别占 PM$_{2.5}$质量的 27.2% 和 33.2%；其次均为 NH$_4$NO$_3$，分别占 PM$_{2.5}$质量的 6.2% 和 7.1%（Chow et al.，2006）。Yang 等（2011）于 2005—2006 年在重庆的江北区（城区）、大渡口区（工业区）和北碚区（农村）进行了为期 1 年多的采样，三个点位 PM$_{2.5}$中 SNA 的

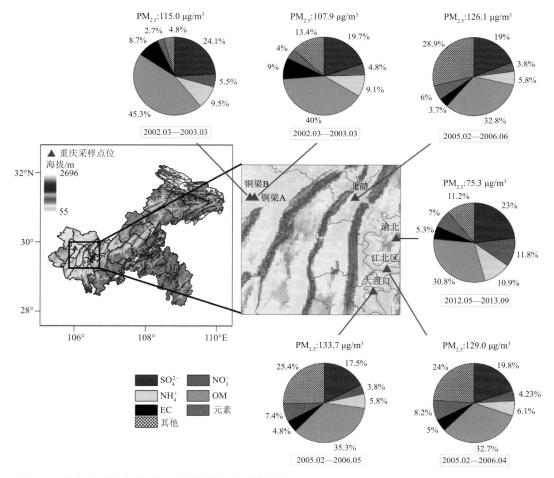

图 3.5 重庆市不同点位 PM$_{2.5}$的化学组成（陈源 等，2017b；Chow et al.，2006；Yang et al.，2011）

质量占比为 27.0%~30.0%，各组分占比排序为 SO_4^{2-}＞NH_4^+＞NO_3^-（表 3.4）。城区 $PM_{2.5}$ 中 SNA 浓度略高于工业区和农村；农村的 K^+ 浓度较高。与同期北京城区和农村的 $PM_{2.5}$ 相比，重庆的 SO_4^{2-} 浓度比北京高出约 $10~\mu g/m^3$，NO_3^- 浓度则低于北京，这表明燃煤对地处富含高硫煤的西南地区城市 $PM_{2.5}$ 的贡献更大，而北京 $PM_{2.5}$ 受机动车排放的影响更大。

表 3.4　重庆与北京 $PM_{2.5}$ 及其离子组分浓度对比（Yang et al., 2011）　　　单位：$\mu g/m^3$

	重庆（2005 年 2 月—2006 年 6 月）			北京（2005 年 3 月—2006 年 2 月）	
	城区	工业区	农村	城区	农村
	江北区	大渡口区	北碚区	清华大学	密云水库
$PM_{2.5}$	129.0±42.6	133.7±44.1	126.1±43.4	118.5±40.6	68.4±24.7
SO_4^{2-}	25.5±9.1	23.4±8.4	23.9±8.9	15.7±10.5	13.0±9.3
NO_3^-	5.3±3.6	5.0±3.3	4.8±3.0	10.1±6.2	6.4±4.9
NH_4^+	7.9±3.8	7.7±3.5	7.3±3.9	7.4±4.2	6.1±3.4
Ca^{2+}	1.1±0.7	1.2±0.6	0.7±0.4	0.9±0.4	0.5±0.3
Cl^-	1.8±1.8	1.6±1.5	0.8±0.9	2.2±2.3	0.4±0.6
Na^+	0.7±0.2	0.7±0.2	0.5±0.1	0.5±0.2	0.3±0.2
Mg^{2+}	0.2±0.1	0.3±0.1	0.2±0.1	0.2±0.1	0.2±0.1
K^+	2.5±0.9	2.6±1.3	3.1±1.5	2.1±1.2	1.4±0.8
离子合计	45.0±28.7	42.5±26.2	41.3±24.6	39.1±22.1	28.3±20.3

图 3.6 展示了 2012—2015 年重庆缙云山（农村，29°49′N，106°22′E）、涪陵区（城区，107°16′E，229°45′N）、渝北区（城区，29°37′N，106°30′E）三个点位 $PM_{2.5}$ 及其组分浓度的季节变化特征。可以看出，渝北区 $PM_{2.5}$ 及各组分的年均浓度均高于缙云山和涪陵区，说明重庆主

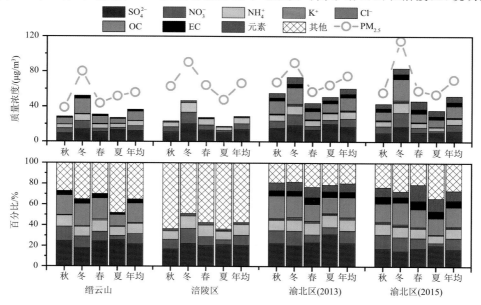

图 3.6　重庆缙云山（2014—2015 年）、涪陵区（2014—2015 年）、渝北区（2012—2013 年和 2014—2015 年）不同季节 $PM_{2.5}$ 质量浓度及其化学组成（Peng et al., 2019；Qiao et al., 2019；Wang et al., 2018a；陈源 等，2017b）

城区的 $PM_{2.5}$ 污染比周边区(县)和农村地区严重(Peng et al.，2019；Qiao et al.，2019；Wang et al.，2018a；陈源 等，2017b)。三个点位 $PM_{2.5}$ 中最主要的组分均为SNA，其中 SO_4^{2-} 占比仍然最高，NO_3^- 和 NH_4^+ 的年均浓度相差不大。渝北区 $PM_{2.5}$ 年均浓度由 75.3 $\mu g/m^3$ (2013年)降低至 70.9 $\mu g/m^3$ (2015年)，其中 SO_4^{2-} 浓度下降最为明显，这与自 2005 年以来全国加强燃煤电厂烟气脱硫和 2013 年全国实施"大气十条"以后各地区 SO_2 大幅度减排引起环境空气中 SO_2 浓度快速降低一致。

就季节变化而言，以渝北区为例，2012 年和 2014 年冬季 $PM_{2.5}$ 浓度最高，春、夏两季 $PM_{2.5}$ 浓度较低(陈源 等，2017b；Wang et al.，2018a)。从气象条件看，冬季风速低、相对湿度较高，边界层较低且逆温频发，限制了污染物的稀释和扩散。四季中 SO_4^{2-} 均为 $PM_{2.5}$ 中浓度占比最大的组分；春、夏季 NH_4^+ 浓度大于 NO_3^- 浓度，而秋、冬季 NO_3^- 浓度则大于 NH_4^+ 浓度。不同于图 3.5 中的其他区(县)，渝北区 $PM_{2.5}$ 中 NO_3^+、NH_4^+ 占比更高，且 SNA 占比甚至超过 OM；在 2013 年夏季，SNA 占比超过 50%。涪陵区，$PM_{2.5}$ 中 SO_4^{2-} 浓度的季节变化特征为冬季 > 春季 > 夏季 ≈ 秋季；NO_3^- 浓度的季节变化趋势与 $PM_{2.5}$ 一致，呈现出冬季最高，夏季最低，春、秋两季接近的特征(Qiao et al.，2019)。地处森林区域的缙云山 $PM_{2.5}$ 浓度夏季略高于涪陵区，可能与其生物源排放(例如植被排放)强度较高有关(Peng et al.，2019)。

表 3.5 为 2015—2016 年重庆四个采样点(沙坪坝区和渝北区：城区；缙云山：近郊区；四面山：区域背景点)$PM_{2.5}$ 中主要无机离子和碳质组分的季节浓度及年均浓度(曹旭耀，2017)。水溶性无机离子浓度的时空分布与 $PM_{2.5}$ 相似：空间分布呈现出沙坪坝区 > 渝北区 > 缙云山 > 四面山的特征；季节分布上，沙坪坝区、渝北区和缙云山的变化规律为冬季浓度最高、夏季浓度最低，而四面山呈现出秋季 > 冬季 > 春季 > 夏季的特征。整体上，四个采样点总水溶性离子年均浓度占 $PM_{2.5}$ 质量浓度的 37.2%~46.1%，其中缙云山的占比最高。NO_3^- 在沙坪坝区、渝北区、缙云山和四面山 $PM_{2.5}$ 中的占比分别为 10.5%、11.1%、9.7% 和 3.8%，主城区的 NO_3^- 相对含量显著高于背景点四面山，说明机动车对城区采样点的影响较大。此外，还讨论了 SNA 的赋存状态，城区采样点主要是以 $(NH_4)_2SO_4$ 和 NH_4NO_3 的形式存在；而缙云山和四面山则以 $(NH_4)_2SO_4$、硫酸氢铵(NH_4HSO_4)、NH_4NO_3 的混合形式存在。城区 NH_4^+ 的含量较郊区和背景点更高。SO_4^{2-}、NO_3^-、NH_4^+、K^+ 和 Cl^- 五种离子的浓度在冬季分别是夏季的 2.10~2.83 倍、8.99~15.60 倍、2.72~7.34 倍、2.25~4.06 倍和 5.51~14.90 倍，其中 NO_3^- 和 Cl^- 的季节变化最为明显。NH_4NO_3 在温度高于 20 ℃ 时开始分解(Squizzato et al.，2013)，夏季的高温(夏季采样期间各点位平均温度约为 30 ℃)可能是导致颗粒物中 NO_3^- 和 NH_4^+ 浓度降低的主要原因，而冬季较低的温度有利于 NH_4NO_3 以颗粒态的形式存在，造成了冬、夏季 NO_3^- 浓度的显著差异。通过对比不同区域冬季 Cl^- 与其他组分的相关，发现冬季城区 Cl^- 与 K^+ 相关良好。K^+ 主要受到生物质燃烧的影响，说明生物质燃烧排放的 KCl 也是导致城区冬季 Cl^- 浓度升高的原因之一(Zhang et al.，2013b)。此外，有研究指出 Cl^- 只有在低温条件下才在颗粒物中稳定存在(赵晴，2010)，这也是导致 Cl^- 浓度在冬季和夏季相差较大的重要原因。

表 3.5　2015—2016 年重庆 $PM_{2.5}$ 主要水溶性离子和碳质组分浓度(曹旭耀,2017) 单位:$\mu g/m^3$

采样点	季节	SO_4^{2-}	NO_3^-	NH_4^+	K^+	Cl^-	Ca^{2+}	Na^+	Mg^{2+}	F^-	OC	EC
沙坪坝区	秋季	10.10	6.01	5.01	0.668	0.668	0.118	0.605	0.030	0.027	13.20	5.43
	冬季	17.60	16.10	10.2	1.030	2.370	0.237	0.461	0.024	0.043	18.10	6.21
	春季	8.38	5.70	3.91	0.488	0.827	1.050	0.498	0.091	0.342	12.70	3.98
	夏季	6.21	1.79	1.39	0.398	0.239	1.080	0.046	0.158	0.193	8.94	2.74
	年均	10.60	7.40	5.20	0.650	1.030	0.621	0.448	0.073	0.160	13.30	4.61
渝北区	秋季	9.52	5.39	4.86	0.555	0.435	0.169	0.531	0.032	0.039	11.20	5.26
	冬季	14.80	14.90	9.35	0.880	1.570	0.455	0.519	0.061	0.047	16.30	5.07
	春季	10.70	5.63	4.82	0.450	0.393	0.664	0.875	0.046	0.034	8.73	3.99
	夏季	5.91	1.12	2.01	0.217	0.105	0.181	0.290	0.032	0.069	8.10	2.83
	年均	10.10	6.58	5.17	0.516	0.612	0.377	0.575	0.044	0.049	10.90	4.20
缙云山	秋季	8.09	3.39	2.48	0.312	0.236	0.273	0.027	0.073	0.027	5.69	1.14
	冬季	11.80	6.70	4.97	0.356	0.358	0.732	0.771	0.071	0.048	9.77	1.57
	春季	8.60	3.42	3.54	0.306	0.131	0.231	0.555	0.030	0.033	3.67	0.94
	夏季	5.63	0.430	1.83	0.158	0.065	0.148	0.459	0.053	0.043	3.70	0.75
	年均	8.51	3.46	3.12	0.281	0.193	0.314	0.480	0.054	0.043	5.56	1.08
四面山	秋季	7.05	0.97	2.65	0.339	0.235	0.151	0.020	0.041	—	—	
	冬季	5.03	1.29	1.89	0.296	0.139	0.216	0.488	0.139	—	—	
	春季	6.96	0.78	1.61	0.323	0.146	0.113	—	0.066	0.092	—	0.25
	夏季	3.78	0.14	0.98	0.088	0.039	0.124	0.409		0.051	—	—
	年均	5.70	0.79	1.78	0.261	0.140	0.151	0.306	0.078	0.061	3.69	0.64

2015—2016 年,沙坪坝区 OC 和 EC 的日均浓度变化范围分别为 2.33~39.80 $\mu g/m^3$ 和 0.63~13.80 $\mu g/m^3$,其季节变化均呈现出冬季>秋季>春季>夏季的特征(表 3.5)。渝北区 OC 和 EC 的日均浓度变化范围分别为 3.38~36.20 $\mu g/m^3$ 和 1.06~10.80 $\mu g/m^3$;OC 的季节变化与沙坪坝区一致,EC 的季节变化则是秋季>冬季>春季>夏季。缙云山 OC 和 EC 的日均浓度变化范围分别为 0.42~12.90 $\mu g/m^3$ 和 0.06~4.12 $\mu g/m^3$;OC 的季节变化规律为冬季>秋季>夏季>春季;EC 的季节变化则与沙坪坝区一致。四面山 OC 和 EC 的日均浓度季节变化呈现秋、冬季较高,春、夏季较低的特点。四面山的 EC 值在春季极低,季节均值仅为 0.25 $\mu g/m^3$。从整体的空间分布来看,OC 和 EC 的浓度均呈现出沙坪坝区>渝北区>缙云山>四面山的特点。与 Chen 等(2017)于 2012—2013 年在渝北区的观测相比,OC 浓度下降了 4.20 $\mu g/m^3$,EC 浓度则上升了 0.22 $\mu g/m^3$。与中国其他城市相比,沙坪坝区和渝北区两个城区点位的 OC 浓度略高于上海(9.50 $\mu g/m^3$)和厦门(8.65 $\mu g/m^3$)的城区(Wang et al.,2016b;Wu et al.,2015),低于郑州(20.10 $\mu g/m^3$)和武汉(16.90 $\mu g/m^3$)的城区(Geng et al.,2013;Zhang et al.,2015)。

重庆市的 SOC 和 SOC/OC 都存在着一定的空间差异和季节差异,从空间分布来看,夏季四面山 SOC/OC 远高于其他采样点,达 82.2%。并且四面山春、夏季 SOC 及 SOC/OC 的值较高,秋、冬季比值较低。推测可能的原因有:四面山人为排放几乎为 0,故一次排放的 OC 极低;且四面山植被覆盖率很高,植物源排放的有机气态前体物在大气中通过各种化学转化形成SOC,夏季较高的温度和较强的太阳辐射更加促进了二次反应的进行,进而导致夏季较高的SOC浓度。除四面山外,其他采样点的SOC及SOC/OC均在冬季达到高值,这可能是由于冬季大气边界层低且出现逆温现象的频率高,导致污染物在大气中停留时间较长,有利于SOC的形成(曹旭耀,2017)。

重庆万州区2016年4月—2017年1月的碳质组分中OC和EC的年平均浓度分别为15.5±13.5 $\mu g/m^3$ 和5.2±4.7 $\mu g/m^3$,冬季平均浓度最高(Huang et al.,2020)。估算的SOC分别占春季、夏季、秋季和冬季OC的37.2%、46.7%、26.9%和40.7%。冬季SOC浓度最高,而夏季SOC在OC中的占比最高。

2005—2006年,江北区、大渡口区和北碚区 $PM_{2.5}$ 中矿物尘、微量元素、K和Cl的含量占比均较小且较为接近(图3.5),其浓度之和约占 $PM_{2.5}$ 浓度的12.5%~14.9%。其中,矿物尘占比为6.0%~8.2%,江北区(8.2%)略高于大渡口区(7.4%),北碚区最小(6.0%)。生物质燃烧示踪元素K在北碚区(3.8%) $PM_{2.5}$ 中所占比例较江北区(3.2%)和大渡口区(3.1%)高,表明生物质燃烧的贡献在农村地区较为显著。2015—2016年,重庆渝北区 $PM_{2.5}$ 中地壳元素在春、冬季浓度较高,尤其是春季地壳元素的贡献达到10.1%,远高于其他季节,表明重庆春季可能受到沙尘传输的影响。Zhao等(2010)曾在2005年观测到来自西部戈壁沙漠的沙尘对重庆 $PM_{2.5}$ 浓度变化的影响。

过去20年间,重庆市 $PM_{2.5}$ 浓度经历了先上升后下降的过程; $PM_{2.5}$ 浓度冬季较高、春夏季较低。 $PM_{2.5}$ 浓度及其化学组成的季节变化和空间分布差异明显。不同地区因排放源结构不同以及地形、地势和局地气象条件的差异, $PM_{2.5}$ 浓度及其化学组成受大气化学反应、传输和干湿沉降等过程的影响也不同。

3.3.2 $PM_{2.5}$ 源解析

任丽红等(2014)基于2012年春季(2月6—28日)、夏季(8月6—28日)、秋季(10月19—27日)及冬季(12月7—29日)采集的 $PM_{2.5}$ 样品,利用CMB模型和二重源解析技术分析了 $PM_{2.5}$ 来源。如表3.6和表3.7所示,重庆 $PM_{2.5}$ 的主要来源是二次转化(30.1%)和移动源排放(27.9%),二者的贡献大于杭州(包贞 等,2010)、南京(黄辉军 等,2006)、青岛(吴虹 等,2013)和宁波(肖致美 等,2012)等地;扬尘、土壤尘、建筑水泥尘及工业源的贡献均小于杭州(包贞 等,2010)和南京(黄辉军 等,2006)。 $PM_{2.5}$ 来源的季节变化不明显(表3.6),全年均以二次颗粒物的占比(27.1%~31.2%)最大,其次为移动源(27.0%~30.7%),扬尘在秋、冬季对 $PM_{2.5}$ 的贡献略大于其他季节。张灿等(2014)基于排放源的碳成分谱,结合CMB模型得到2012年春季重庆本地 $PM_{2.5}$ 的碳来源指示组分,最后利用因子分析法解析出各类源对不同功能区 $PM_{2.5}$ 碳组分的贡献率:对于3类功能区(居住、工业区、商业区)来说,汽油车尾气排放均是 $PM_{2.5}$ 最主要的碳来源,其次是柴油车尾气排放;此外,工业区还受到燃煤的影响,商业区和居住区还受到餐饮业排放的影响。

表 3.6 2012 年重庆主城区 4 个季节大气 PM$_{2.5}$源解析(任丽红 等,2014)

源类	春季		夏季		秋季		冬季	
	贡献值/(μg/m³)	占比/%	贡献值/(μg/m³)	占比/%	贡献值/(μg/m³)	占比/%	贡献值/(μg/m³)	占比/%
扬尘	12.5	12.3	13.5	11.2	15.7	13.5	21.2	15.2
土壤尘	0.4	0.4	4.2	3.4	1.3	1.1	1.4	1.0
建筑水泥尘	0.1	0	1.2	1.0	0.3	0.2	0.6	0.4
工业源	6.6	6.5	3.6	3.0	6.2	5.4	9.1	6.4
餐饮源	6.8	6.6	6.2	5.1	6.3	5.5	10.4	7.3
移动源	28.4	27.7	37.1	30.7	34.8	30.0	38.3	27.0
生物质燃烧源	4.3	4.2	4.0	3.3	3.7	3.2	6.1	4.3
二次粒子	32.0	31.2	32.7	27.1	33.6	29.1	40.1	28.3
其他	11.3	11.1	18.4	15.2	13.9	12.0	14.5	10.2

表 3.7 中国部分城市大气 PM$_{2.5}$源解析 %

源类	重庆[a]	杭州[b]	南京[c]	青岛[d]	宁波[e]
	2012 年	2006 年	2004—2005 年	2011—2012 年	2013 年
扬尘	13.9	—	37.3	22.1	19.9
土壤尘	1.4	8.2	—	—	—
建筑水泥尘	0.5	4.0	8.0	4.9	0.6
工业源	4.6	16.7[f]	30.4[f]	15.9[f]	14.4[f]
餐饮源	6.5	—	—	—	—
移动源	27.9	21.6[g]	3.0[g]	13.7[g]	15.2[g]
生物质燃烧源	3.5	—	—	—	—
二次粒子	30.1	28.7	9.9[h]	28.3	26.7
其他	12.0	11.7	—	15.2	23.3

注:a)(任丽红 等,2014);b)(包贞 等,2010);c)(黄辉军 等,2006);d)(吴虹 等,2013);e)(肖致美 等,2012);f)(Zhang et al.,2013a);g)(Li et al.,2013);h)(Diaz-Robles et al.,2014)。

Chen 等(2017)基于 2012 年 5 月—2013 年 5 月在渝北区采集的 PM$_{2.5}$,利用 PMF 模型识别出二次无机气溶胶(37.5%)、燃煤(22.0%)、其他工业污染(17.5%)、土壤粉尘(11.0%)、汽车尾气(9.8%)和冶金工业(2.2%)6 大污染源。冯婷等(2021)利用 PMF 模型解析出 2015 年 10 月—2016 年 8 月沙坪坝区 PM$_{2.5}$中碳质组分的 3 个来源,包括煤炭/生物质燃烧和道路扬尘混合源(52.7%)、汽油机动车排放源(22.9%)和柴油机动车排放源(24.4%)。秋、春和夏三季的 PM$_{2.5}$主要来源于机动车尾气排放,贡献率分别为 75.8%、65.1%和 86.3%;冬季则主要受煤炭/生物质燃烧和道路扬尘混合源的影响,贡献率为 58.2%;秋季发生污染事件时,生物质/煤炭燃烧和道路扬尘的混合源(30.8%)与汽油机动车尾气排放源(21.8%)的贡献有所增大;冬季发生污染事件时,主要来源为生物质/煤炭燃烧和道路扬尘混合源(60.4%),可能受到本地煤炭/生物质燃烧排放增加和周边农村地区输入的共同作用;春季污染事件中,生物质/煤炭燃烧和道路扬尘混合源的贡献为 43.2%,高于非污染时期(29.5%),可能与西北方向长距离传输的沙尘有关。

2016—2017 年,万州区秋、冬季 OC 和 EC 与 K^+ 的相关显著高于春、夏季,表明生物质燃烧可能是秋、冬季碳质组分的重要来源(Huang et al.,2020)。PMF 模型分析表明,OC 和 EC 主要来自生物质燃烧(38.7%、33.1%)和车辆排放(36.1%、36.7%),其次是建筑与道路扬尘(19.7%,18.1%)和煤炭燃烧(5.5%,12.1%)。万州区 OC 和 EC 的潜在源区主要分布在当地及周边区(县)、重庆主城区、万州与四川省交界处、湖北省西南部以及湖南省西北部(Huang et al.,2020)。

根据 NO_3^-/SO_4^{2-} 值可以定性判断大气中移动源(主要为机动车)和固定源(主要为燃煤)对污染物的相对贡献,通常以 $NO_3^-/SO_4^{2-}=1$ 作为划分界限(Wang et al.,2005)。余家燕等(2017)通过分析 2014 年 7 月—2015 年 5 月的观测数据,发现重庆南岸区(城区)$PM_{2.5}$ 中 NO_3^-/SO_4^{2-} 值为 0.54,城区内固定源与移动源的影响并存,但固定源的贡献略大。就季节变化而言,NO_3^-/SO_4^{2-} 值在秋冬、季最高(秋季 0.74、冬季 0.82),春季次之(0.49),夏季最低(0.10)。曹旭耀(2017)研究发现,2015—2016 年沙坪坝区、渝北区、缙云山和四面山的 NO_3^-/SO_4^{2-} 值范围分别为 0.119～1.850、0.054～1.460、0.014～1.090 和 0.008～1.160,平均值分别为 0.655、0.581、0.379 和 0.174。各点位 NO_3^-/SO_4^{2-} 值同样呈现冬季最高,夏季最低的特点,这主要与冬、夏季温度差异所导致的硝酸盐分解程度不同有关。从总体上看,各点位 NO_3^-/SO_4^{2-} 值均小于 1,说明重庆市 $PM_{2.5}$ 污染受到固定源的影响仍然比较大。

为了定性识别 2015 年冬季碳质组分的主要来源,将沙坪坝区和渝北区的 NO_3^-、SO_4^{2-} 和 K^+ 分别与 TC、OC 和 EC 做相关分析,两两之间相关系数都很高(r 的范围为 0.873～0.967,$p<0.01$),说明生物质燃烧、燃煤和交通排放都对主城区冬季碳质组分有一定的贡献。另外,在缙云山也观测到了同样的现象($r=0.740～0.847,p<0.01$),冬季碳质组分的污染来源与主城区相似,可能受到主城区传输影响较大。四面山 K^+ 与碳质组分不存在相关,尽管 SO_4^{2-} 和 NO_3^- 与 TC、EC、OC 均显著相关($r=0.575～0.698,p<0.01$),但其相关系数却低于主城区,说明其碳质组分可能还有其他来源。2018 年,渝中区(城区)春季 OC/EC 值在 2.3～4.8(均值 3.2),秋季 OC/EC 值在 1.5～2.7(均值 2.1),且夜间 OC/EC 值小于白天,表明渝中区春季和白天二次污染更严重(毛泳,2019)。

总体而言,重庆 $PM_{2.5}$ 的首要来源是二次气溶胶转化(30%),其次为机动车排放和燃煤。$PM_{2.5}$ 来源季节变化较小。受模型原理和输入数据的限制,不同的研究得到的源解析结果有一定的差别。春、夏、秋三季 $PM_{2.5}$ 碳质组分的首要污染源是机动车尾气排放,冬季则是燃烧源。

3.4
其他城市细颗粒物化学组分特征及源解析

除成都、重庆以外,近年来其他盆地城市也开展了有关 $PM_{2.5}$ 的研究,但公开发表的研究结果相对较少。该节将按照成渝地区经济区划分总结盆地其他城市 $PM_{2.5}$ 的化学组成特征及源解析。

3.4.1　成都平原经济区城市

成都平原经济区位于四川盆地西部,除成都之外,还包括绵阳、德阳、乐山、眉山、遂宁、雅安和资阳等 7 个地级市。

3.4.1.1　绵阳

绵阳市位于成都平原的东北部,涪江中上游地带;东邻广元市和南充市,南接遂宁市,西接德阳市,西北与阿坝藏族羌族自治州和甘肃文县接壤;东西最宽 187 km,南北最长 256 km,总面积 20248 km^2。

基于 2014 年 6 月—2016 年 1 月在绵阳盐亭县典型农业点的 PM$_{2.5}$ 采样分析,Song 等 (2018a)得到该地区细颗粒物中水溶性离子组分随季节变化的特征。PM$_{2.5}$ 浓度变化范围为 $4.2\sim128.4~\mu g/m^3$,年均浓度为 $41.5\pm22.2~\mu g/m^3$,其季节变化为冬季($73.1\pm20.3~\mu g/m^3$)>春季($50.6\pm9.2~\mu g/m^3$)>秋季($34.2\pm6.9~\mu g/m^3$)>夏季($30.1\pm3.7~\mu g/m^3$)。PM$_{2.5}$ 浓度在 2 月最高,约为 8 月(最低)的 3.7 倍。水溶性无机离子在 PM$_{2.5}$ 中的占比达到 32.4%,各离子浓度大小排序为:SO$_4^{2-}$($6.7\pm5.1~\mu g/m^3$)>NH$_4^+$($3.0\pm3.1~\mu g/m^3$)>NO$_3^-$($2.3\pm4.4~\mu g/m^3$)>Na$^+$($1.2\pm1.3~\mu g/m^3$)>K$^+$($0.9\pm1.3~\mu g/m^3$)>Ca^{2+}($0.6\pm0.5~\mu g/m^3$)>Mg^{2+}($0.4\pm0.5~\mu g/m^3$)>Cl$^-$($0.2\pm0.4~\mu g/m^3$)>F$^-$($0.1\pm0.1~\mu g/m^3$)。NH$_4^+$、NO$_3^-$ 和 SO$_4^{2-}$ 在水溶性无机离子中的贡献分别为 22.4%、17.2%、50.0%。NH$_4^+$ 和 NO$_3^-$ 浓度与 PM$_{2.5}$ 浓度呈显著正相关,其季节变化也十分相似,均表现出雨季低、旱季高的特征。

3.4.1.2　德阳

德阳市位于成都平原东北部,东北与绵阳市交界,东南与遂宁市、资阳市交界,南面和西面与成都市交界,西北与阿坝藏族羌族自治州交界,北面与绵阳市交界;境域面积 5910 km^2。

Song 等(2018)和 Zhou 等(2016)分别对德阳什邡(郊区,2014 年 11 月—2016 年 1 月)和中江(农村,2012 年 11 月—2013 年 7 月)PM$_{2.5}$ 中水溶性离子和碳质组分进行了研究。什邡 PM$_{2.5}$ 浓度变化范围为 $5.0\sim210.4~\mu g/m^3$,年均浓度为 $69.2\pm35.7~\mu g/m^3$,季节变化呈现冬季($92.9\pm8.8~\mu g/m^3$)>春季($66.3\pm4.7~\mu g/m^3$)>秋季($57.4\pm20.2~\mu g/m^3$)>夏季($41.5\pm4.0~\mu g/m^3$)。水溶性无机离子在 PM$_{2.5}$ 中占比 32.9%,各离子浓度大小排序为:SO$_4^{2-}$($10.7\pm7.4~\mu g/m^3$)>NH$_4^+$($5.6\pm4.3~\mu g/m^3$)>NO$_3^-$($4.1\pm4.7~\mu g/m^3$)>Na$^+$($1.1\pm0.3~\mu g/m^3$)>K$^+$($1.0\pm0.7~\mu g/m^3$)>Mg^{2+}($0.7\pm1.0~\mu g/m^3$)>Ca^{2+}($0.5\pm1.0~\mu g/m^3$)>F$^-$($0.4\pm1.1~\mu g/m^3$)>Cl$^-$($0.3\pm0.6~\mu g/m^3$)。NH$_4^+$、NO$_3^-$ 和 SO$_4^{2-}$ 在水溶性无机离子中的占比分别为 24.6%、18.0%、46.9%,其余离子的占比较小($4\%\sim6\%$)。什邡 PM$_{2.5}$ 中 NO$_3^-$/SO$_4^{2-}$ 为 0.38,低于中江(0.43),说明这两个地区的 PM$_{2.5}$ 污染可能受到燃煤的显著影响,且什邡更为突出。中江 PM$_{2.5}$ 中 OC 平均浓度为 $13.8\pm13.2~\mu g/m^3$;其季节变化明显,冬季最高,春、秋季次之,夏季最低。EC 浓度的季节变化较小,表明其来源较为稳定。

3.4.1.3　乐山

乐山市位于成都平原的南部,坐落在岷江、青衣江、大渡河交汇处;北与眉山市接壤,东与自贡市、宜宾市毗邻,南与凉山彝族自治州相接,西与雅安市连接;南北最长 214.4 km,东西最宽 164.0 km,总面积 12720 km^2。

2017 年乐山城区 $PM_{2.5}$ 年均浓度为 56.2 $\mu g/m^3$，季均浓度变化为：冬季＞春季＞秋季＞夏季(Fan et al.，2020)。SNA 占 $PM_{2.5}$ 浓度的 19.1%；生物质燃烧贡献的 Cl^- 和 K^+ 占 3.8%；Ca^{2+}、Na^+ 和 Mg^{2+} 各占 2.1%。冬季，SNA 浓度最高，表明 $PM_{2.5}$ 污染最重的季节二次颗粒物污染突出。冬季，SO_4^{2-}/NO_3^- 值及标准差小于其他季节，表明移动源对 $PM_{2.5}$ 的贡献可能更为突出且稳定。

$PM_{2.5}$ 中 25 种元素(Na、Mg、Al、K、Ca、Ti、V、Cr、Mn、Fe、钴(Co)、Ni、Cu、Zn、As、Se、Sr、钼(Mo)、Cd、Ba、铊(Tl)、Pb、铋(Bi)、钍(Th)和铀(U))年均浓度为 2.4 $\mu g/m^3$，其中 7 种主要地壳元素占比达 71.8%；春季地壳元素浓度最高。

采用 PMF 模型模拟，将 $PM_{2.5}$ 来源分为 4 类：天然土壤扬尘、施工和地面交通扬尘、固定人为源、移动人为源。春、夏两季固定源的贡献大于移动源，而秋、冬两季移动源的贡献超过固定源。

3.4.1.4 雅安

雅安市位于成都平原西南部，东北与成都市相邻，东靠眉山市，东南接乐山市，南接凉山彝族自治州，西接甘孜藏族自治州，北接阿坝藏族羌族自治州；南北最大纵距约 220 km，东西最大横距约 70 km，全市面积 15046 km^2。雅安是四川盆地典型的农业区。

Li 等(2018a)将雅安市 $PM_{2.5}$ 化学组分划分为 7 类(SNA、OM、EC、FS(地壳元素)、CS(海盐)、TEO(重金属)、K_{BB}(生物质燃烧衍生的 K^+))。2013 年 6 月—2014 年 6 月，$PM_{2.5}$ 年均浓度为 64.1±41.6 $\mu g/m^3$，季均浓度排序为冬季(104.6±61.5 $\mu g/m^3$)＞春季(63.4±26.8 $\mu g/m^3$)＞秋季(52±20.8 $\mu g/m^3$)＞夏季(39.7±14 $\mu g/m^3$)。$PM_{2.5}$ 中各组分的浓度排序为 OM＞$(NH_4)_2SO_4$＞NH_4NO_3＞水＞FS＞EC＞K_{BB}＞TEO＞CS。OM 是含量最丰富的组分(10.8~39.0 $\mu g/m^3$)，占 $PM_{2.5}$ 浓度的 27.8%~40.2%(年均 32.8%)；$(NH_4)_2SO_4$ 占比(21.6%~35.6%，年均 28.3%)是 NH_4NO_3(4.4%~16.9%，年均 12.1%)的两倍多；EC 对 $PM_{2.5}$ 的贡献为 1.5%~2.0%；CS、TEO 和 K_{BB} 对 $PM_{2.5}$ 的年贡献率相近，均为 0.7%~1.1%。

3.4.2　川东北经济区城市

川东北经济区位于四川省东北部，包括南充、广安、达州、广元、巴中 5 个地级市。

3.4.2.1 广安

广安市东与达州市相交，南与重庆市长寿区相交，西与重庆市合川区交界，北与南充市交界；东西宽 134.5 km、南北长 93.6 km，幅员面积 6339 km^2。市区周边有大量工业区。

2015—2017 年，广安城区 $PM_{2.5}$ 小时最高浓度达 126.0 $\mu g/m^3$，年均浓度为 61.0±20.0 $\mu g/m^3$。在广安采集的 405663 个单颗粒质谱数据中含生物质燃烧颗粒 279610 个，占颗粒总数的 69%(Luo et al.，2020)。含 K-Ca、K-CN、K-EC、K-OC、K-OCEC、K-SN、K-NO_3、K-SO_4 颗粒贡献率分别为 3%、19%、21%、9%、1%、24%、22%、1%，其中 K-二次无机粒子(K-SN、K-NO_3 和 K-SO_4)的贡献率高达 47%。随着 $PM_{2.5}$ 质量浓度的上升，K-Ca 和 K-CN 颗粒物的占比降低，K-EC、K-OC 和 K-OCEC 颗粒物的占比波动变化，K-SN 和 K-NO_3 粒子(特别是 K-NO_3)则呈上升趋势，表明随着空气质量的变差，老化颗粒物的贡献更加突出。

3.4.2.2 达州

达州市地处四川盆地东部的丘陵和川东平行岭谷，北与陕西安康和湖北十堰接壤，东接重庆万州，南与重庆邻近，幅员面积 16591 km^2，是四川盆地内重要的工业重镇和农业大市。

达州城区 2017 年 $PM_{2.5}$ 年均浓度为 54.7 $\mu g/m^3$，季节浓度呈现冬季＞春季＞秋季＞夏季（Fan et al，2020）。SNA 是对 $PM_{2.5}$ 贡献最大的离子组分（12.8%）；生物质燃烧贡献的 Cl^- 和 K^+ 占 $PM_{2.5}$ 浓度的 1.9%；Ca^{2+}、Na^+ 和 Mg^{2+} 各占 $PM_{2.5}$ 浓度的 1.8%。秋、冬季 SO_4^{2-}/NO_3^- 均大于 1，显示固定源对 $PM_{2.5}$ 的贡献相对于移动源更大。$PM_{2.5}$ 中 25 种元素（Na、Mg、Al、K、Ca、Ti、V、Cr、Mn、Fe、Co、Ni、Cu、Zn、As、Se、Sr、Mo、Cd、Ba、Tl、Pb、Bi、Th 和 U）的年均浓度为 2.8 $\mu g/m^3$，其中 7 种主要地壳元素含量占比 52.9%。

3.4.2.3 南充

南充市位于嘉陵江中游，东邻达州市，南连广安市，西与遂宁市、绵阳市接壤，北与广元市、巴中市毗邻；南北跨度 165 km，东西跨度 143 km，总面积 12480 km^2，是四川省第二大人口城市。

2015 年 5 月—2016 年 4 月，Yang 等（2019）对南充 3 个城区点和 1 个农村点开展同步 $PM_{2.5}$ 采样。$PM_{2.5}$ 日均浓度变化范围为 6.9～217.5 $\mu g/m^3$，年均浓度为 50.1±35.4 $\mu g/m^3$。$PM_{2.5}$ 中 OC 浓度为 2.1～57.8 $\mu g/m^3$（平均 10.1±7.7 $\mu g/m^3$，占比 21.7%），EC 浓度在 0.3～22.6 $\mu g/m^3$（平均 3.1±3.0 $\mu g/m^3$，占比 6.4%）。南充 $PM_{2.5}$ 中 OC 和 EC 浓度低于中国的一些特大城市，如南京（11.6 $\mu g/m^3$ 和 6.0 $\mu g/m^3$）、北京（14.0～17.0 $\mu g/m^3$ 和 3.4～4.1 $\mu g/m^3$）、天津（14.1 $\mu g/m^3$ 和 0.6 $\mu g/m^3$）、成都（19.0 $\mu g/m^3$ 和 4.6 $\mu g/m^3$）和重庆（13.2～15.2 $\mu g/m^3$ 和 3.2～4.0 $\mu g/m^3$）。OM 取 1.6 倍 OC，估算南充市总含碳气溶胶（OM＋EC）占 $PM_{2.5}$ 的 39.1%，与成都（37.3%）和重庆（37.1%～38.0%）的占比相当。这突显了碳质气溶胶在南充 $PM_{2.5}$ 中的重要性。

南充城区 $PM_{2.5}$、OC 和 EC 的浓度与农村地区（48.3±36.5 $\mu g/m^3$、10.6±8.2 $\mu g/m^3$ 和 3.3±4.0 $\mu g/m^3$）相当。其浓度均表现出较强的时间变化，可能受到各种排放源和气象条件的共同影响。基于 PMF 模拟和浓度权重轨迹分析发现，城区和农村碳质组分的来源存在显著差异。在农村地区，生物质燃烧对 TC 的贡献较高，而在城区燃煤、机动车尾气和道路扬尘的贡献更加显著。结合卫星监测火点分布和气团后向轨迹分析，南充及周边城市农作物秸秆露天焚烧排放对 10 月碳质组分的贡献突出。浓度权重轨迹分析表明，南充四个点观测到的高浓度 OC 和 EC 受到来自邻近城市（广安、达州和巴中）和重庆北部的气团的影响。

3.4.3 川南经济区城市

川南经济区由四川盆地南部的内江、自贡、宜宾、泸州 4 个城市组成。川南经济区是盆地内大气颗粒物污染较为严重的区域。

3.4.3.1 内江

内江市位于四川盆地东南部，沱江下游中段，东连重庆市，西接成都市，南靠自贡市、宜宾市和泸州市，北通资阳市和遂宁市；东西长 121.5 km，南北宽 94.7 km，全市幅员面积 5385 km^2，是四川省的老工业基地，也是国家重要的粮食产地。

内江市的相关研究集中于城区 $PM_{2.5}$ 中水溶性离子、元素、碳质组分的特征和来源(Chen et al.,2014b;吴安南 等,2022;陈源 等,2017a)。2012 年 5 月—2013 年 5 月,内江城区 $PM_{2.5}$ 的浓度为 14.9~179.3 $\mu g/m^3$,平均 78.6±36.8 $\mu g/m^3$;期间出现了 3 次重污染过程($PM_{2.5}$浓度>150.0 $\mu g/m^3$)。

内江市 $PM_{2.5}$ 浓度冬季最高,秋季次之,而夏季和春季浓度相当。$PM_{2.5}$ 中 SO_4^{2-}、NO_3^- 和 NH_4^+ 平均浓度分别为 18.1 $\mu g/m^3$、7.1 $\mu g/m^3$ 和 8.2 $\mu g/m^3$,SNA 占 $PM_{2.5}$ 质量浓度的 42.5%,表明内江的二次颗粒物污染突出。夏季 SO_4^{2-} 浓度高达 21.7 $\mu g/m^3$,是该季 $PM_{2.5}$ 浓度与春季持平的主要贡献者,需要加强对其前体物 SO_2 的控制。对于 NO_3^-,其冬季浓度(13.1 $\mu g/m^3$)显著高于其他季节,同样需要加强对其前体物 NO_x 的控制。NO_3^-/SO_4^{2-} 为 0.39,表明内江受燃煤等固定源排放的影响较移动源更大。K^+ 平均浓度为 1.2 $\mu g/m^3$,在春季和冬季分别为 1.5 $\mu g/m^3$ 和 1.4 $\mu g/m^3$,显示城区易受周边农村生物质燃烧排放传输的影响。Cl^- 平均浓度为 1.0 $\mu g/m^3$,主要来自燃烧源(燃煤、生物质燃烧);冬季 Cl^- 浓度明显高于其他季节。Ca^{2+} 和 Mg^{2+} 主要来自于土壤尘贡献,春季浓度稍高。

$PM_{2.5}$ 中 OC 和 EC 的年均浓度分别为 18.3±8.4 $\mu g/m^3$、4.1±1.8 $\mu g/m^3$,OM(1.6×OC)占 $PM_{2.5}$ 浓度的 37.3%。较高的非自然源 K($K_{excess}=K_{total}-K_{soil}$,不包含土壤粉尘、海盐的部分)和 EC 的比值($K_{excess}/EC$)也证明内江 $PM_{2.5}$ 可能受到生物质燃烧的显著影响。根据 K_{excess}/EC 值(1.22)和 OC/EC 值(9.35),估算内江生物质燃烧对 OC 浓度的贡献为 28.3%。此外,化石燃料燃烧产生的 POC 仍然是 OC 的主要来源,约占 OC 浓度的 50%。

$PM_{2.5}$ 中地壳元素(Al、Si、Ca、Fe、Ti)的平均浓度为 9.0 $\mu g/m^3$,占 $PM_{2.5}$ 质量浓度的 11.5%。春季其占比高达 15.0%,表明春季受地壳尘的影响突出。微量元素(Sr、Ba、Mn、Co、铷(Rb)、Ni、V、Cu、Zn、Mo、Cd、锡(Sn)、锑(Sb)、Tl、Pb、As、Se、锗(Ge)、Cs、镓(Ga))的平均浓度仅为 0.3 $\mu g/m^3$,占 $PM_{2.5}$ 质量浓度的 0.33%。

3.4.3.2　自贡

自贡市位于四川盆地南部,东邻泸州市,南接宜宾市,西与乐山市毗邻,北靠内江市,幅员面积 4381 km^2。

Zhou 等(2019)探究了自贡市城区 $PM_{2.5}$ 在居民区和商业区的污染特征。将一次重污染过程(2016 年 4 月 29 日—5 月 9 日)的膜采样和同期在线数据进行对比,发现两种方式测得的 $PM_{2.5}$ 浓度变化趋势相似。自贡 2018 年的 $PM_{2.5}$ 浓度(69.5 $\mu g/m^3$)与 2015 年(70.3 $\mu g/m^3$)持平(吴安南 等,2022)。

在污染过程发生之前,$PM_{2.5}$ 各组分浓度大小为:SO_4^{2-}(10.4 $\mu g/m^3$)>OM(8.0 $\mu g/m^3$)>NO_3^->NH_4^+;SNA 占比为 42%,地壳元素占比为 4%~10%,而 EC、微量元素、K^+ 和 Cl^- 的占比均不超过 3%。在污染过程中,OM 浓度和占比非常高,达到 113.0 $\mu g/m^3$(39%)。与污染过程前相比,OM 升高了 14.2 倍;SNA(特别是 SO_4^{2-})浓度有所上升,但其在 $PM_{2.5}$ 中的占比反而有所下降;指示生物质燃烧的 K^+ 浓度也显著上升。此外,污染过程中 OC/EC 值快速上升到 7.3,且 K_{excess}/EC 值(6.5)远高于中国其他地区对生物质燃烧事件的研究结果(成都 0.2~1.6,北京 1.3,山东 1.3~2.8),进一步突显了生物质燃烧对此次污染过程的影响。污染过程结束之后,$PM_{2.5}$ 所有化学组分浓度均明显下降,但 OM 和 K^+ 的浓度并没有随 $PM_{2.5}$ 浓度下降至低于污染过程之前,显示了生物质燃烧的持续影响。

根据 PMF 模型模拟结果,此次污染过程之前,$PM_{2.5}$ 的来源排序为二次硫酸盐($12.2\ \mu g/m^3$,25%)>工业排放($11.9\ \mu g/m^3$,24%)>二次硝酸盐($7.1\ \mu g/m^3$,14%),二次污染突出。在污染过程中,$PM_{2.5}$ 的来源排序为生物质燃烧($185.5\ \mu g/m^3$,65%)>二次硝酸盐($25.6\ \mu g/m^3$,9%)>二次硫酸盐,生物质燃烧占主导地位。污染过程结束后,$PM_{2.5}$ 的来源排序为工业排放>二次硫酸盐>生物质燃烧>扬尘。

3.4.3.3　宜宾

宜宾市位于四川盆地南部,地处川、滇、黔三省结合部和金沙江、岷江、长江三江交汇处。市境东邻泸州市,南接云南昭通市,西接凉山彝族自治州和乐山市,北靠自贡市;东西最大横距 153.2 km,南北最大纵距 150.4 km,全市幅员 $13283\ km^2$。

尹寒梅等(2019)基于 2017 年在宜宾城区的采样,分析了 $PM_{2.5}$ 碳质组分的特征。$PM_{2.5}$ 浓度范围为 $38.1\sim130.0\ \mu g/m^3$,年均浓度为 $75.2\ \mu g/m^3$。4 个点 $PM_{2.5}$ 浓度的季节变化趋势基本一致,呈现冬季>秋季>春季>夏季。4 个点 $PM_{2.5}$ 中 OC 和 EC 浓度变化不大,其中 OC 浓度变化范围为 $12.2\sim15.9\ \mu g/m^3$,年均浓度为 $14.3\ \mu g/m^3$,EC 浓度范围为 $3.8\sim4.5\ \mu g/m^3$,年均浓度为 $4.3\ \mu g/m^3$。OC 和 EC 浓度与 $PM_{2.5}$ 浓度的分布和变化趋势一致。TC 在 $PM_{2.5}$ 中占比为 24.7%。不同季节碳质组分的来源基本一致,机动车尾气、燃煤排放和生物质燃烧是主要贡献源,其中冬季柴油车对碳质组分贡献率为 31.1%,高于其余季节。

Liu 等(2022)于 2021 年冬季在宜宾三个城市站点采集 $PM_{2.5}$。$PM_{2.5}$ 平均浓度为 $87.4\pm32.0\ \mu g/m^3$,碳质组分、NO_3^-、SO_4^{2-} 和 NH_4^+ 是 $PM_{2.5}$ 的主要化学成分,分别占 $PM_{2.5}$ 浓度的 42.5%、17.1%、13.0% 和 11.2%,显示宜宾的二次颗粒物污染同样突出。根据 PMF 模型模拟,7 种排放源对 $PM_{2.5}$ 的贡献从高到低依次为:机动车排放(34.6%)、二次源(26.1%)、工业制造(12.5%)、扬尘(8.4%)、生物质燃烧(7.0%)、烟花爆竹(6.4%)和煤炭燃烧(5.0%)。烟花爆竹对 $PM_{2.5}$ 的贡献在除夕达到 31%,次日达到峰值(42.0%)。

3.4.3.4　泸州

泸州市位于四川盆地南部,地势南高北低;东与重庆市和贵州省接壤,南与贵州省连接,西与云南昭通市、四川宜宾市、自贡市相连,北接四川省内江市和重庆市。泸州是国家公路枢纽城市,以化工、工程机械和酿酒工业著称。

2018 年 11 月 7—19 日,吴安南等(2022)在泸州市城区使用中流量采样器进行 $PM_{2.5}$ 采集,分析了 $PM_{2.5}$ 水溶性离子组分的特征。在整个采样期间,泸州 $PM_{2.5}$ 平均浓度为 $76.1\ \mu g/m^3$,其中 11 月 13 日 $PM_{2.5}$ 浓度为 $160.4\ \mu g/m^3$,达到重度污染。2015 年,泸州秋季 $PM_{2.5}$ 平均浓度为 $45.0\ \mu g/m^3$,2018 年秋季 $PM_{2.5}$ 浓度上升了 69.1%,成为当时川南城市群中污染最严重的城市。

$PM_{2.5}$ 水溶性离子平均浓度从高到低为:NO_3^-(14.7%)>SO_4^{2-}>NH_4^+>K^+>Cl^-。K^+ 对 $PM_{2.5}$ 的贡献为 2.0%,普遍大于其他地区,可能与该区秋收季节生物质燃烧活动较强有关。SNA 平均浓度为 $24.4\pm15.1\ \mu g/m^3$,在 $PM_{2.5}$ 中占比达 32.1%。污染天 $PM_{2.5}$ 平均浓度为 $114.3\pm38.3\ \mu g/m^3$,是清洁天的 2.6 倍。污染天各水溶性离子浓度均大幅度升高,其中 NH_4^+ 的上升幅度最大,其次是 NO_3^-、K^+、SO_4^{2-},而 Cl^- 的上升幅度最小;各离子浓度主要在污染发展阶段达到最高。泸州 NO_3^-/SO_4^{2-} 值清洁天为 1.1,而污染天上升至 1.7,说明移动源在污染天对 $PM_{2.5}$ 的影响增大。

近年来,川南地区秋、冬季 $PM_{2.5}$ 浓度逐渐追平甚至超过成都、重庆等特大城市,成为了成渝地区污染最为严重的区域。城市间的 $PM_{2.5}$ 浓度差距逐渐缩小,主要是由于污染较重的城市(内江、自贡)$PM_{2.5}$ 浓度下降,而污染相对较轻的城市(泸州)$PM_{2.5}$ 浓度上升。川南城市群 $PM_{2.5}$ 组分从以硫酸盐为主(2015 年)转变为以硝酸盐为主(2018 年)。为有效控制 $PM_{2.5}$ 污染,需继续加大对 NO_x 的控制,并在此基础上加强对 NH_3 的减排。

3.5
大气颗粒物分粒径组分特征

大气颗粒物的粒径分布和化学组成在其来源、迁移转化和去除机制等方面具有重要的指示意义。大气颗粒物化学组成的粒径分布随其来源及季节、气象条件的变化而改变(Kleeman et al.,1998;徐颂 等,1998)。在成渝地区,针对大气颗粒物分粒径组分特征开展的研究相对较少。本节主要基于已有研究探讨成都和重庆两个特大城市不同粒径颗粒物的化学组分及其来源。

成都城区,多个研究组对不同粒径颗粒物中的水溶性无机离子和碳质组分进行了采样分析(表 3.8)。图 3.7 是成都市大气颗粒物浓度的粒径分布,$0.65\sim1.10\ \mu m$ 和 $1.10\sim2.10\ \mu m$ 粒径段的颗粒物浓度明显高于其余几个粒径段,且在 $0.65\sim1.10\ \mu m$ 粒径段达到峰值。颗粒物的粒径在不同季节分布差异较大:冬季呈单峰分布,其余季节均呈双峰分布。其中,冬季峰值出现在 $0.65\sim1.10\ \mu m$ 粒径段,与石琼林等(2008)的研究结果相似,但与杨周等(2013)的研究结果不同(峰值出现在 $1.10\sim2.10\ \mu m$ 粒径段);夏季颗粒物在各粒径段浓度均稍高于秋季,两者整体污染程度较轻;春季颗粒物浓度峰值位于 $1.10\sim2.10\ \mu m$ 粒径段,相比其他季节出现峰值的粒径段有所推后。

表 3.8 多粒径采样信息

采样地点	采样时间	采样仪器	粒径分布	参考文献
成都理工大学	2006 年 9 月—2006 年 12 月	Anderson (Model AN-200 型) 分级采样器	0 级>11.00 μm 1 级 7.00~11.00 μm 2 级 4.70~7.00 μm 3 级 3.30~4.70 μm 4 级 2.10~3.30 μm 5 级 1.10~2.10 μm 6 级 0.65~1.10 μm 7 级 0.43~0.65 μm B 级 0~0.43 μm	(石琼林 等,2008) (杨周 等,2013) (陶月乐 等,2017)
	2010 年 9 月—2011 年 1 月			
	2012 年 2 月—2013 年 1 月			
成都信息工程大学	2017 年 12 月—2018 年 1 月	Anderson (Series20-800 型) 惯性撞击式八级采样器	0 级>9.00 μm 1 级 5.80~9.00 μm 2 级 4.70~5.80 μm 3 级 3.30~4.70 μm 4 级 2.10~3.30 μm 5 级 1.10~2.10 μm 6 级 0.65~1.10 μm 7 级 0.43~0.65 μm B 级 0~0.43 μm	(王碧蓝 等,2022)

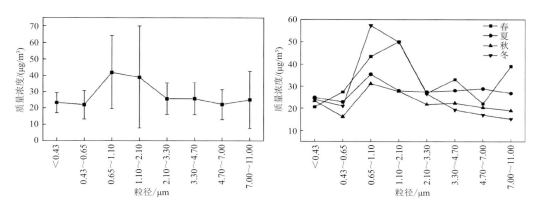

图 3.7　成都市大气颗粒物质量浓度的粒径分布（陶月乐 等，2017）

大气颗粒物各水溶性无机离子的粒径分布如图 3.8 所示。SO_4^{2-}、NO_3^- 和 NH_4^+ 的质量浓度粒径分布相似，呈现出单峰分布且峰值均出现在 $0.65 \sim 1.10~\mu m$ 粒径段；Ca^{2+} 和 F^- 也呈单峰分布，其粒径变化趋势一致，峰值均出现在 $3.30 \sim 4.70~\mu m$ 粒径段；Cl^- 和 K^+ 呈双峰分布，均在 $0.65 \sim 1.10~\mu m$ 粒径段存在最大峰值，并均在 $3.30 \sim 4.70~\mu m$ 粒径段存在类似的小峰；Na^+ 和 Mg^{2+} 也呈双峰分布且较 Cl^-、K^+ 的双峰明显，其中 Na^+ 峰值出现在 $0.65 \sim 1.10~\mu m$ 和 $3.30 \sim 4.70~\mu m$ 粒径段，Mg^{2+} 峰值出现在 $0.65 \sim 1.10~\mu m$ 和 $4.70 \sim 7.00~\mu m$ 粒径段。

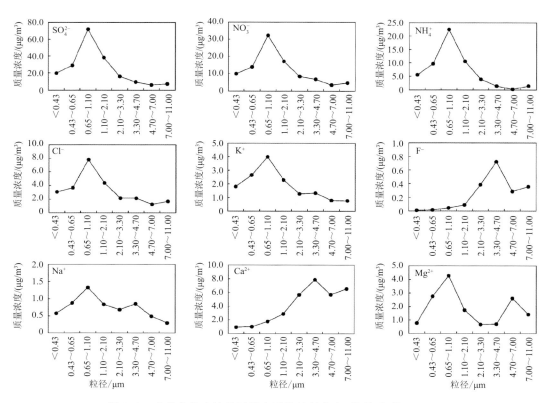

图 3.8　成都市各水溶性无机离子的粒径分布（陶月乐 等，2017）

王碧菡等(2022)进一步研究了 2017 年秋、冬季成都的一次大气重污染过程化学组分的粒径分布特征,发现细粒子中 SOC/OC 值由清洁期的 0.36 增大到重污染期的 0.78,且 SNA 在水溶性无机离子中的占比从清洁期的 82.2% 上升到重污染期的 90.3%,由此认为二次气溶胶的形成和积累是此次污染过程发生和发展的重要原因。NO_3^-/SO_4^{2-} 在细粒子污染阶段平均值为 1.90,硝酸盐大量生成,反映移动源较固定源的贡献更突出。

NO_3^- 和 SO_4^{2-} 在重污染阶段呈单峰型分布,峰值也同样出现在 $0.65 \sim 1.10\ \mu m$ 粒径段;二者在沙尘污染阶段则呈双峰型分布,主峰位于 $3.30 \sim 4.70\ \mu m$ 粒径段,其中 NO_3^- 可能主要通过非均相反应而存在于粗粒径段中,而 SO_4^{2-} 则既有来自一次污染源(沙尘、土壤源等)的,也有来自二次氧化反应的。在高相对湿度条件下,出现了 NO_3^-、SO_4^{2-} 和 NH_4^+ 的峰值由 $0.65 \sim 1.10\ \mu m$ 向 $1.10 \sim 2.10\ \mu m$ 粒径段转移的现象,可能是由于吸湿增长所致。Ca^{2+}、Mg^{2+} 和 Na^+ 集中在粗粒子中,不同污染阶段主峰均位于 $4.70 \sim 5.80\ \mu m$ 粒径段,显示地壳尘的贡献起主导作用。K^+ 和 Cl^- 在沙尘污染阶段则呈明显的双峰型分布。

重庆地区,Li 等(2018b)和彭小乐等(2018)分析了 2014 年 3 月—2015 年 2 月北碚城区大气颗粒物中 9 种水溶性离子的粒径分布。Na^+ 在春、夏季呈单峰分布,而在秋、冬季则呈双峰分布。K^+ 在各季节均呈单峰分布,且主要出现在细粒子中。Cl^- 在细粒子和粗粒子中分别以 KCl 和 $CaCl_2$ 的形式存在。Mg^{2+} 在春季和夏季呈双峰分布,在秋、冬季其浓度较低。Ca^{2+} 在各个季节中浓度均随粒径增大而增大。夏季,SO_4^{2-} 以凝结模态和液滴模态分布,峰值在 $0.43 \sim 0.65\ \mu m$;NO_3^- 则呈双峰分布。其他季节,SO_4^{2-} 主要以液滴模态分布;NH_4^+ 与 NO_3^- 主要存在于 $0.65 \sim 1.10\ \mu m$,并以 NH_4NO_3 的形式存在。

表 3.9 显示了北碚城区不同粒径间 OC 和 EC 的年均浓度,OC 呈现双峰分布,EC 则呈现三峰分布。细粒子中 OC 和 EC 浓度均呈现出冬季>春季>夏季>秋季的变化特征;粗粒子中 OC 浓度则呈现出夏季>春季>冬季>秋季的变化,而 EC 浓度则保持相同的季节变化特征。各季节 OC/EC 值均大于 2,表明在全年都存在 SOC,即使是在光化学反应较弱的冬季也不例外。

表 3.9　不同粒径间 OC 和 EC 年平均质量浓度(彭小乐 等,2018)

粒径粗细	粒径范围/μm	OC/($\mu g/m^3$)	EC/($\mu g/m^3$)
细粒子(≤2.10 μm)	0~0.43	2.7±1.0	0.7±0.4
	0.43~0.65	4.8±2.2	0.3±0.1
	0.65~1.10	4.9±2.7	0.3±0.2
	1.10~2.10	3.9±1.9	0.5±0.2
粗粒子(>2.10 μm)	2.10~3.30	2.7±1.3	0.4±0.4
	3.30~4.70	2.4±1.2	0.3±0.2
	4.70~5.80	2.3±1.1	0.4±0.6
	5.80~9.00	1.3±0.6	0.3±0.2
	9.00~100.00	1.5±0.7	0.4±0.3

3.6
二次细颗粒物来源与成因

二次细颗粒物是指自然源或人为排放的一次污染物进入大气后经过积聚、生长、化学反应等过程形成的新颗粒物,主要由 SO_2、NO_x、挥发性有机化合物(VOCs)等在大气中经过光化学反应所形成的硫酸盐、硝酸盐、二次有机气溶胶等组成,是大气细颗粒物的主要组成部分。灰霾、光化学烟雾、酸雨、气候变化等许多全球性的环境问题以及大气污染对生态与人体健康的影响都与二次细颗粒物密切相关。

3.6.1　二次无机组分

硫酸盐、硝酸盐和铵盐是大气细颗粒物中主要的水溶性组分,分别来自一次排放污染物 SO_2、NO_x 和 NH_3 在大气中的二次转化。其转化过程主要受大气中的 OH 自由基、O_3、温度、湿度及气溶胶含水量与 pH 值等因素的影响。硫氧化率(SOR)和氮氧化率(NOR)通常用来衡量 SO_2、NO_x 转化成 SO_4^{2-}、NO_3^- 的程度,其计算公式如下:$SOR = [SO_4^{2-}]/([SO_4^{2-}] + [SO_2])$,$NOR = [NO_3^-]/([NO_3^-] + [NO_2])$ (Ohta et al.,1990)。研究表明,当 SOR、NOR 大于 0.1 时,大气中存在较高的 SO_2 和 NO_2 的氧化。

大气中的硫酸盐主要是通过前体物 SO_2 的氧化而生成,主要分为均相氧化反应、非均相氧化反应和液相氧化反应。①均相氧化反应:以 SO_2 和 OH 自由基反应生成硫酸盐为主要途径。在该反应过程中,由于 OH 自由基主要来源于 O_3、亚硝酸(HNO_2)、过氧化氢(H_2O_2)、醛类的光解以及 O_3 和烯烃的反应,且在白天太阳辐射较强时以上几类物质的分解作用较强,产生的 OH 自由基也较多,故自由基氧化 SO_2 生成硫酸的途径主要发生在白天光照较强时。因此,在此硫酸盐生成途径中,主要受到大气中 OH 自由基的影响。其他的氧化剂(O_3、HO_2 自由基、NO_x)、气象因素(温度和相对湿度)、紫外线强度等因素也会影响该反应进行(Eatough et al.,1994)。②非均相反应:SO_2 与溶解的 O_3、H_2O_2、有机过氧化物、OH 自由基和 NO_2 通过涉及矿物氧化物的催化或非催化途径的反应(McMurry et al.,2004)。③液相中硫的氧化:SO_2 先溶解在水中,主要以 $SO_2 \cdot H_2O$、HSO_3^- 和 SO_3^{2-} 的形式存在,之后被液相 H_2O_2、O_3、NO_2、OH 自由基和 Fe^{3+}/Mn^{2+} 催化的 O_2 氧化生成硫酸盐。O_2 的氧化只有在有催化剂存在的条件下才比较明显,且相对湿度越大,氧化反应越明显,在多云雾、光化学反应较弱的地区也是如此(徐敏,2015)。

硝酸盐的生成途径主要有以下两种。①气相氧化反应:NO_2 被 OH 自由基氧化生成气态硝酸,进而在大气颗粒物表面与 NH_3 或其他碱性物质(例如碳酸钙和碳酸镁等)发生反应,生成颗粒态硝酸盐。由于 OH 自由基主要来自光化学过程,因此该生成途径主要发生在白天。②五氧化二氮(N_2O_5)非均相水解:在太阳辐射较弱且 OH 自由基不足的环境下,一部分 NO_2 被 O_3 氧化生成 NO_3 自由基;NO_2 与 NO_3 自由基反应生成 N_2O_5;N_2O_5 在颗粒物表面发生非均相水解反应而生成硝酸或硝酸盐。少量的 NO_3 自由基也可以直接通过非均相反应而转化为硝酸盐。由于 NO_3 自由基和 N_2O_5 容易光解,因此该生成途径主要发生在夜间或其他太阳辐射较弱的时段(An et al.,2019;McMurry et al.,2004)。

NH_4^+ 作为大气细颗粒物中最主要的碱性离子,主要是由 NH_3 与酸性气体结合而形成相应的铵盐(如硫酸氢铵、硫酸铵、硝酸铵、氯化铵)(高晓梅,2012),反应先后顺序为硫酸>硝酸>盐酸。当 NH_3 充足时,多余的 NH_3 会和硝酸形成硝酸铵;当 NH_3 不足时,NH_3 先生成硫酸铵、硫酸氢铵;在晚上,N_2O_5 在已生成的颗粒物表面上发生水解产生 HNO_3,从而进一步生成硝酸铵(Pathak et al.,2011)。颗粒态 NH_4^+ 停留时间为 $4\sim6$ d,而气态 NH_3 只有 1 d(Adams et al.,1999)。NH_4^+ 浓度变化受多种因素的影响,包括前体物 NH_3 的排放强度、NH_3/NH_4^+ 的气粒平衡以及大气传输、扩散和沉积模式(Asman et al.,1998)。自然来源(包括动物粪便、土壤以及植被)的 NH_3 排放通常取决于温度。NH_3/NH_4^+ 的气粒平衡通常与 NH_4NO_3 和 NH_4Cl 有关,但它们均不稳定。

非均相氧化被认为是中国极端雾、霾事件中硫酸盐形成的最重要途径之一,但确切的机制仍不确定。在一般情况下,NO_2 的液相氧化反应途径由于其水溶性较差可以忽略。但是,当大气中 NO_2 浓度很高且气溶胶 pH 值较大时,以及在云水中或高相对湿度和 NH_3 中和条件下,液相 NO_2 氧化 SO_2 是硫酸盐高效生成的关键途径(Cheng et al.,2016;Wang et al.,2016a)。近来有研究发现,硝酸盐光解产生的活性氮(NO_2^-/HNO_2 和 NO_2)和 OH 自由基,也能进一步氧化 SO_2 生成硫酸盐;该机制显著贡献了 pH 值在 $4\sim6$ 之间硫酸盐的总产量(Gen et al.,2019a,2019b)。Zhang 等(2020a)发现在低 SO_2 和中等相对湿度水平下,同时存在 NO_2 和 NH_3 时,SO_2 氧化也能在黑碳 BC 颗粒上有效催化;尤其是在中度灰霾事件中,BC 反应的加入占硫酸盐产量的 $90\%\sim100\%$。一般的非均相氧化过程(通过 NO_2、O_3、H_2O_2 等氧化)受到大气中氧化剂的可获得性和 SO_2 溶解度的限制,而这些氧化剂也会随硫酸盐的形成而消耗。然而,Wang 等(2021)发现气溶胶表面的 Mn 催化非均相反应与已发现的其他催化氧化过程相比,仅消耗氧气和 SO_2,这意味着该反应将在整个硫酸盐形成过程中发生,无论是在清洁天或是污染天。

在成渝地区的研究发现,SO_2 向硫酸盐的转化主要受相对湿度的控制,并随其升高而呈现明显增强的趋势(Chen et al.,2014a,2019;Tian et al.,2019)。在相对湿度逐渐升高时,硫酸盐等的吸湿增长会增加气溶胶液态水的含量,从而为气态污染物(SO_2)提供非均相转化载体,进而通过非均相反应(例如金属催化 H_2O_2/O_3 氧化和云过程)促进 SO_2 氧化,进一步促进 SO_4^{2-} 的形成(Chen et al.,2019)。有研究表明,在成都市重度污染期间,在高相对湿度、低 O_3 水平和气溶胶中和条件下,NO_x 也可能作为氧化剂对 SO_2 向硫酸盐的二次转化起重要作用(Tian et al.,2019)。Wang 等(2023)研究发现,成都 Mn 和 SO_4^{2-} 浓度具有相似的变化趋势,提示在颗粒物表面发生 Mn 催化非均相反应可能是硫酸盐形成的主要途径之一。

成渝地区硝酸盐的生成主要通过均相反应和非均相反应共同作用,但在极高的温度和相对湿度条件下,NOR 随二者的升高呈下降趋势(Chen et al.,2014a;Luo et al.,2020;Qiao et al.,2019;Wang et al.,2018b)。在不同相对湿度条件下,白天硝酸盐生成的主导机制可能有所不同:当相对湿度较低时,气相均相反应主导硝酸盐的形成;随着相对湿度的升高(通常伴随着多云的气象条件和大气氧化能力的降低),均相过程被抑制,非均相过程成为硝酸盐产生的优势途径。相比之下,夜间 NOR 总是强烈依赖于相对湿度,夜间 O_3 浓度低,持续较高浓度的 NO_2 和较少的 N_2O_5 光解损失有利于 N_2O_5 的非均相水解。夜间 NOR 值随 N_2O_5 浓度上升显著增大,硝酸盐的形成主要是通过 N_2O_5 的非均相水解作用完成(Chen et al.，2019；Song et al.，2022b；Tian et al.，2019)。

气溶胶酸度被用来作为分析 NO_3^- 形成途径的关键参数,可根据 RC/A(RC/A=(NH_4^+ + Ca^{2+})/(SO_4^{2-} + NO_3^-),RC/A≥0.9 表示被中和,RC/A<0.9 表明气溶胶呈酸性)值进行衡量。对重庆 $PM_{2.5}$ 的研究发现,酸性较弱的样品中,NO_3^- 主要由 HNO_3 和过量的 NH_3 形成;对于酸性较强的样品,在不涉及 NH_3 的情况下,非均相反应占主导地位,N_2O_5 在原有颗粒物上的水解作用增强(He et al.，2012；Pathak et al.，2009)。不同 SO_4^{2-} 水平下 NO_3^- 和 NH_4^+ 的关系已被用于指示 NO_3^- 的形成途径,即硝酸盐与硫酸盐的摩尔比($[NO_3^-]$/$[SO_4^{2-}]$)和铵与硫酸盐的摩尔比($[NH_4^+]$/$[SO_4^{2-}]$)的线性关系表明 NO_3^- 的均相生成。在重庆,相对湿度比气溶胶酸度更能决定硝酸盐的非均相形成机制(Tian et al.，2017)。

3.6.2　二次有机组分

气态 VOCs 通过气相氧化机制生成饱和蒸汽压不同的一次氧化产物,其中饱和蒸汽压较低的产物可以通过以下两种途径生成二次有机气溶胶(SOA)。①光化学氧化机制:VOCs 在气相中被 OH 自由基、NO_3 自由基和 O_3 等氧化剂氧化,反应生成饱和蒸汽压较低的半挥发性有机化合物(SVOCs)甚至难挥发性有机化合物。饱和蒸汽压降低之后气态物质经过均相成核生成新粒子。②凝结和气/粒分配机制:气态物质可以通过吸收、吸附、凝结作用进入颗粒相,颗粒相中的物质也能挥发进入气相,最终实现在不同相态之间的平衡,二次有机物在气/粒两相的分配决定了 SOA 的产率。上述两种途径生成的 SOA 可以在颗粒相表面或者内部发生化学反应进而生成新的 SOA(谢绍东 等,2010)。除此之外,气态的羰基化合物在无机酸性气溶胶(如硫酸、硫酸氢铵和硝酸等)存在的情况下,能够凝结在颗粒物表面,并发生进一步的非均相反应(包括酸催化、水合作用、聚合作用、醇醛缩合和阳离子重组等)(刘仕杰,2019)。在太阳辐射弱且相对湿度高的环境中,SOA 生成机制将从光化学向液相化学转变。液相反应在氧化程度较高的 SOA 形成中起重要作用,尤其是在夜间产生一部分高氧化的 SOA(Wang et al.，2019；Xu et al.，2017)。有研究发现,非甲烷碳氢化合物(NMHC)的大气化学过程可以增强大气氧化性,促进二次污染物的形成。较低的太阳辐射会抑制 NMHC 的光化学转化,从而导致低 O_3 浓度和高 NMHC 浓度(Song et al.，2018)。与清洁期相比,污染期通常以低边界层高度和弱风速为特征,这抑制了污染物的垂直和水平扩散。此外,潜在排放源和相对湿度对 NMHC 的二次转化具有积极作用。

Wu 和 Xie(2018)基于改进的 VOC 排放清单估计了人为排放的 VOC 的 SOA 生成潜力。2013 年,川渝地区有生成 $70.3×10^6$ kg SOA 的潜力,占中国 SOA 生成潜势总量的 4.8%,VOCs 排放量占全国的 5%。该区域内道路机动车(25.2%)的 SOA 生成潜势最高,其次是其他工业过程(19.2%)、表面涂层(18.8%)和石化行业(15.4%)。川渝地区家庭生物质燃烧对 SOA 生成潜势的贡献(6.5%)远大于京津冀、长三角和珠三角地区(1.0%~2.7%)。影响 SOA 生成潜势的关键种类主要是甲苯(44.6%)、正十二烷(13.6%)、间/对二甲苯(7.6%)、正十一烷(4.9%)和邻二甲苯(3.9%)(Wu et al.，2018)。Xiong 等(2021)估算得到成都城区 2018 年 6 月和 2019 年 1 月 VOCs 的 SOA 生成潜势分别为 0.72 $\mu g/m^3$ 和 1.15 $\mu g/m^3$。芳香烃对 SOA 的贡献最大,其中排名前三的物种为甲苯、间/对二甲苯和邻二甲苯,其在夏季和冬季对 SOA 的贡献分别达 82.6% 和 70.2%。此外,草酸作为大气中含量最高的二羧酸组分,Huang 等(2019)发现夏季日间局地光化学氧化有利于草酸 SOA 形成,而冬季云中过程和随后的长距离传输对草酸 SOA 具有重要影响。

Song 等(2022a)还对成都 2019 年春季单一霾污染过程(仅 PM$_{2.5}$ 超标)和复合污染过程(PM$_{2.5}$ 和 O$_3$ 同时超标)中 SOA 的特征和形成途径进行了对比分析。研究发现,复合污染期间 SOA 浓度较单一霾污染过程高了 51.2%,且与 PM$_{2.5}$ 浓度呈正相关。

3.7
本章小结

近 10 年来,成渝地区 PM$_{2.5}$ 浓度逐年降低,污染持续时间明显缩短,但在 2016 年之后 PM$_{2.5}$ 浓度下降幅度变小。PM$_{2.5}$ 仍然是目前成渝地区主要的大气污染物之一,总体上仍处于较高的浓度水平。从整个四川盆地空间上看,大气颗粒物浓度随海拔高度的升高显著下降,其高浓度区大多位于盆地底部低洼地带,其中 PM$_{2.5}$ 高浓度区主要位于成都平原和川南地区,整体上呈现"倒月牙"状。PM$_{2.5}$ 与 PM$_{10}$ 浓度均呈现"冬高夏低"的季节变化特征,其冬季浓度分别为夏季的 2.3 倍和 2.0 倍。盆地内 PM$_{2.5}$ 与 PM$_{10}$ 浓度空间相关显著,大体上呈现"中心较强,外围较弱"的特点。PM$_{2.5}$ 在 PM$_{10}$ 中的含量平均为 64.0%,在盆地西南部的乐山、自贡、宜宾、泸州该值较大,表明细颗粒物含量相对较高;在盆地北部该值较小。

成渝地区 PM$_{2.5}$ 中各组分的浓度也随 PM$_{2.5}$ 质量浓度降低呈现逐年波动下降的趋势,但受污染源构成和气象条件等的影响,城市与城市之间、城区与郊区之间的 PM$_{2.5}$ 化学组成存在差异。整个盆地 PM$_{2.5}$ 中二次组分逐渐占主导地位,而其中硫酸盐、硝酸盐的含量此消彼长成为一个普遍的现象,且在成都和重庆两个特大城市尤为突出。在典型的 PM$_{2.5}$ 污染过程中,硫酸盐的贡献依然仍很重要,特别是在 PM$_{2.5}$ 浓度较低的夏季;空间分布上,川南地区硫酸盐占比仍较高。因此,尽管 SO$_2$ 浓度处于较低的水平,但从削减 PM$_{2.5}$ 污染的角度仍应加强对 SO$_2$ 的减排,包括在空气质量整体上较好的夏季。

成都市,2015 年之前城区 PM$_{2.5}$ 浓度明显高于郊区,但近年来城区和郊区的 PM$_{2.5}$ 浓度及化学组成的差距均在逐渐缩小。不管是在城区或是郊区,NO$_3^-$、SO$_4^{2-}$、NH$_4^+$、OC 和 EC 都是主要的 PM$_{2.5}$ 组分,且二次组分越来越占主导地位。2010—2012 年,成都城区 PM$_{2.5}$ 中的 SO$_4^{2-}$ 和 NO$_3^-$ 浓度呈上升趋势;2015 年,PM$_{2.5}$ 水溶性离子组分中 SO$_4^{2-}$ 所占的比例最高,NO$_3^-$ 含量略低于 SO$_4^{2-}$;2017 年之后,PM$_{2.5}$ 中浓度最高和占比最大的组分仍是水溶性二次无机离子,但 SO$_4^{2-}$、NOC$_4^-$、NH$_4^+$ 浓度水平均呈下降趋势,其中 NO$_3^-$ 成为 PM$_{2.5}$ 中含量最高的无机离子,其次为 SO$_4^{2-}$ 和 NH$_4^+$。根据 PM$_{2.5}$ 源解析结果,2019 年成都城区 PM$_{2.5}$ 贡献占比排名前三的来源依次为二次气溶胶源、燃烧源和机动车排放;与 2011 年和 2015 年相比,二次源和机动车排放的贡献上升,燃烧源的贡献则显著下降。这些变化均突显了成都市机动车尾气排放控制的重要性和紧迫性。

在四川盆地高静风频率和全年高湿、夏季高温的复杂气象条件以及空气质量持续改善和污染源构成发生变化的背景下,成渝地区大气颗粒物污染特别是其中二次细颗粒物形成的关键理化过程、来源贡献和气象影响仍需要不断地深入研究。

参考文献

包贞,冯银厂,焦荔,等,2010.杭州市大气 $PM_{2.5}$ 和 PM_{10} 污染特征及来源解析[J].中国环境监测,26(2):44-48.

曹旭耀,2017.重庆市 $PM_{2.5}$ 及化学组分污染特征研究[D].北京:中国科学院大学(中国科学院重庆绿色智能技术研究院).

陈源,谢绍东,罗彬,2017a.内江市大气细颗粒物化学组成及其消光特征[J].环境科学学报,37(2):485-492.

陈源,谢绍东,罗彬,等,2017b.重庆市主城区大气细颗粒物污染特征与来源解析[J].环境科学学报,37(7):2420-2430.

冯婷,蔡一鸣,李振亮,等,2021.重庆市典型城区 $PM_{2.5}$ 含碳气溶胶季节变化和来源解析[J].环境科学学报,41(5):1703-1717.

高晓梅,2012.我国典型地区大气 $PM_{2.5}$ 水溶性离子的理化特征及来源解析[D].济南:山东大学.

郭晓梅,陈娟,赵天良,等,2014.1961—2010 年四川盆地霾气候特征及其影响因子[J].气象与环境学报,30(6):100-107.

黄辉军,刘红年,蒋维楣,等,2006.南京市 $PM_{2.5}$ 物理化学特性及来源解析[J].气候与环境研究,11(6):713-722.

李朝阳,袁亮,张小玲,等,2022.成都碳质气溶胶变化特征及二次有机碳的估算[J].中国环境科学,42(6):2504-2513.

廖乾邑,罗彬,杜云松,等,2016.北方沙尘对四川盆地环境空气质量影响和特征分析[J].中国环境监测,32(5):51-55.

林瑜,叶芝祥,杨怀金,等,2016.成都市中心城区春季大气颗粒物 $PM_{2.5}$ 的污染特征研究[J].环境工程,34(4):91-94.

刘仕杰,2019.环境因素对环己烯光氧化及二次有机气溶胶生成的复合影响[D].济南:山东大学.

吕铃钥,李洪远,杨佳楠,2016.植物吸附大气颗粒物的时空变化规律及其影响因素的研究进展[J].生态学杂志,35(2):524-533.

毛泳,2019.重庆市渝中区大气 $PM_{2.5}$ 的化学组成和来源分析[D].重庆:西南大学.

彭小乐,郝庆菊,温天雪,等,2018.重庆市北碚城区气溶胶中有机碳和元素碳的污染特征[J].环境科学,39(8):3502-3510.

任丽红,周志恩,赵雪艳,等,2014.重庆主城区大气 PM_{10} 及 $PM_{2.5}$ 来源解析[J].环境科学研究,27(12):1387-1394.

石琼林,刘大超,李海华,等,2008.成都市不同粒径大气颗粒物中水溶性酸性离子分析[J].环境科学与技术,31(10):92-94.

汤宇磊,杨复沫,詹宇,2019.四川盆地 $PM_{2.5}$ 与 PM_{10} 高分辨率时空分布及关联分析[J].中国环境科学,39(12):4950-4958.

陶月乐,李亲凯,张俊,等,2017.成都市大气颗粒物粒径分布及水溶性离子组成的季节变化特征[J].环境科学,38(10):4034-4043.

王碧菡,廖婷婷,蒋婉婷,等,2022.成都市郊冬季一次大气重污染过程化学组分粒径分布特征[J].环境化学,41(10):1-12.

王启元,陶俊,任鹏奎,等,2012.成都市冬季大气 $PM_{2.5}$ 的化学组成及对能见度的影响[J].地球环境学报,3(5):1104-1108.

吴安南,黄小娟,何仁江,等,2022."大气十条"实施结束川南城市群秋季霾污染过程中水溶性离子特征[J].环境科学,43(3):1170-1179.

吴虹,张彩艳,王静,等,2013.青岛环境空气 PM₁₀ 和 PM₂.₅ 污染特征与来源比较[J].环境科学研究,26(6):583-589.

肖致美,毕晓辉,冯银厂,等,2012.宁波市环境空气中 PM₁₀ 和 PM₂.₅ 来源解析[J].环境科学研究,25(5):549-555.

谢绍东,田晓雪,2010.挥发性和半挥发性有机物向二次有机气溶胶转化的机制[J].化学进展,22(4):727-733.

徐敏,2015.南昌市 PM₂.₅ 中硫酸盐和硝酸盐的分布特征与形成机制[D].南昌:南昌大学.

徐颂,杨士弘,1998.广州城区大气环境变化及其影响研究[J].上海环境科学,17(6):3-5.

杨周,李晓东,于静,等,2013.成都市冬季不同粒径大气颗粒物水溶性无机离子的变化特征[J].生态学杂志,32(3):682-688.

尹寒梅,陈军辉,冯小琼,等,2019.宜宾市 PM₂.₅ 中碳组分的污染特性及来源分析[J].环境化学,38(4):738-745.

余家燕,王军,许丽萍,等,2017.重庆城区 PM₂.₅ 化学组分特征及季节变化[J].环境工程学报,11(12):6372-6378.

张彩艳,吴建会,张普,等,2014.成都市冬季大气颗粒物组成特征及来源变化趋势[J].环境科学研究,27(7):782-789.

张灿,周志恩,翟崇治,等,2014.基于重庆本地碳成分谱的 PM₂.₅ 碳组分来源分析[J].环境科学,35(3):810-819.

赵晴,2010.典型地区无机细粒子污染特征及成因研究[D].北京:清华大学.

ADAMS P J,SEINFELD J H,KOCH D M,1999. Global concentrations of tropospheric sulfate, nitrate, and ammonium aerosol simulated in a general circulation model[J]. Journal of Geophysical Research：Atmospheres, 104(D11)：13791-13823.

ASMAN W A H,SUTTON M A,SCHJORRING J K,1998. Ammonia：Emission, atmospheric transport and deposition[J]. New Phytologist,139(1)：27-48.

CHEN Y,XIE S D,2014a. Characteristics and formation mechanism of a heavy air pollution episode caused by biomass burning in Chengdu, Southwest China[J]. Science of the Total Environment,473：507-517.

CHEN Y,XIE S D,LUO B,et al,2014b. Characteristics and origins of carbonaceous aerosol in the Sichuan Basin, China[J]. Atmospheric Environment,94：215-223.

CHEN Y,XIE S D,LUO B,et al,2017. Particulate pollution in urban Chongqing of Southwest China：Historical trends of variation, chemical characteristics and source apportionment[J]. Science of the Total Environment,584：523-534.

CHEN Y,XIE S D,LUO B,et al,2019. Characteristics and sources of water-soluble ions in PM₂.₅ in the Sichuan Basin,China[J]. Atmosphere,10(2)：78-91.

CHENG Y F,ZHENG G J,WEI C,et al,2016. Reactive nitrogen chemistry in aerosol water as a source of sulfate during haze events in China[J]. Science Advances,2(12):1601530.

CHOW J C,WATSON J G,CHEN L W A,et al,2006. Exposure to PM₂.₅ and PAHs from the Tong Liang, China epidemiological study[J]. Journal of Environmental Science and Health Part a-Toxic/Hazardous Substances & Environmental Engineering,41(4):517-542.

DIAZ R L A,FU J S,et al,2014. Health risks caused by short term exposure to ultrafine particles generated by residential wood combustion:A case study of Temuco,Chile[J]. Environment International,66：174-181.

EATOUGH D J,CAKA F M,FARBER R J,1994. Israel:The conversion of SO₂ to sulfate in the atmosphere

［J］. Journal of Chemistry，34(3-4)：301-314.

FAN J，SHANG Y N，ZHANG X J，et al，2020. Joint pollution and source apportionment of $PM_{2.5}$ among three different urban environments in Sichuan Basin，China［J］. Science of the Total Environment，714：136305.

GEN M S，ZHANG R F，HUANG D D，et al，2019a. Heterogeneous oxidation of SO_2 in sulfate production during nitrate photolysis at 300 nm：Effect of pH，relative humidity，irradiation intensity，and the presence of organic compounds［J］. Environmental Science & Technology，53(15)：8757-8766.

GEN M S，ZHANG R F，HUANG D D，et al，2019b. Heterogeneous SO_2 oxidation in sulfate formation by photolysis of particulate nitrate［J］. Environmental Science & Technology letters，6(2)：86-91.

GENG N B，WANG J，XU Y F，et al，2013. $PM_{2.5}$ in an industrial district of Zhengzhou，China：Chemical composition and source apportionment［J］. Particuology，11(1)：99-109.

HE K，ZHAO Q，MA Y，et al，2012. Spatial and seasonal variability of $PM_{2.5}$ acidity at two Chinese megacities：Insights into the formation of secondary inorganic aerosols［J］. Atmospheric Chemistry and Physics，12(3)：1377-1395.

HUANG X J，ZHANG J K，LUO B，et al，2018. Water-soluble ions in $PM_{2.5}$ during spring haze and dust periods in Chengdu，China：Variations，nitrate formation and potential source areas［J］. Environmental Pollution，243：1740-1749.

HUANG X J，ZHANG J K，LUO B，et al，2019. Characterization of oxalic acid-containing particles in summer and winter seasons in Chengdu，China［J］. Atmospheric Environment，198：133-141.

HUANG Y M，ZHANG L Y，LI T Z，et al，2020. Seasonal variation of carbonaceous species of $PM_{2.5}$ in a small city in Sichuan Basin，China［J］. Atmosphere，11(12)：1286-1301.

KLEEMAN M J，CASS G R，1998. Source contributions to the size and composition distribution of urban particulate air pollution［J］. Atmospheric Environment，32(16)：2803-2816.

KONG L W，TAN Q W，FENG M，et al，2020. Investigating the characteristics and source analyses of $PM_{2.5}$ seasonal variations in Chengdu，Southwest China［J］. Chemosphere，243：125267.

LI H M，QIAN X，HU W，et al，2013. Chemical speciation and human health risk of trace metals in urban street dusts from a metropolitan city，Nanjing，SE China［J］. Science of the Total Environment，456：212-221.

LI Y C，SHU M，HO S S H，et al，2018a. Effects of chemical composition of $PM_{2.5}$ on visibility in a semi-rural city of Sichuan Basin［J］. Aerosol and Air Quality Research，18(4)：957-968.

LI Y P，HAO Q J，WEN T X，et al，2018b. Pollution characteristics of water-soluble ions in aerosols in the urban area in Beibei of Chongqing［J］. Aerosol and Air Quality Research，18(7)：1531-1544.

LIAO T T，GUI K，JIANG W T，et al，2018. Air stagnation and its impact on air quality during winter in Sichuan and Chongqing，Southwestern China［J］. Science of the Total Environment，635：576-585.

LIU S，LUO T Z，ZHOU L，et al，2022. Vehicle exhausts contribute high near-UV absorption through carbonaceous aerosol during winter in a fast-growing city of Sichuan Basin，China［J］. Environmental Pollution，312：119966.

LUO J Q，ZHANG J K，HUANG X J，et al，2020. Characteristics，evolution，and regional differences of biomass burning particles in the Sichuan Basin，China［J］. Journal of Environmental Sciences，89：35-46.

MCMURRY P H，SHEPHERD M F，VICKERY J S，2004. Particulate matter science for policy makers：A narsto assessment［M］. Cambridge：Cambridge University Press.

NING G C，WANG S G，MA M J，et al，2018. Characteristics of air pollution in different zones of Sichuan Basin，China［J］. Science of the Total Environment，612：975-984.

OHTA S，OKITA T，1990. A chemical characterization of atmospheric aerosol in Sapporo［J］. Atmospheric

Environment Part a-General Topics,24(4):815-822.

PATHAK R K,WU W S,WANG T,2009. Summertime $PM_{2.5}$ ionic species in four major cities of China: Nitrate formation in an ammonia-deficient atmosphere[J]. Atmospheric Chemistry and Physics,9(5): 1711-1722.

PATHAK R K,WANG T,WU W S,2011. Nighttime enhancement of $PM_{2.5}$ nitrate in ammonia-poor atmospheric conditions in Beijing and Shanghai: Plausible contributions of heterogeneous hydrolysis of N_2O_5 and HNO_3 partitioning[J]. Atmospheric Environment,45(5): 1183-1191.

PENG C,TIAN M,CHEN Y,et al,2019. Characteristics, formation mechanisms and potential transport pathways of $PM_{2.5}$ at a rural background site in Chongqing,Southwest China[J]. Aerosol and Air Quality Research,19(9):1980-1992.

QIAO B Q,CHEN Y,TIAN M,et al,2019. Characterization of water-soluble inorganic ions and their evolution processes during $PM_{2.5}$ pollution episodes in a small city in Southwest China[J]. Science of the Total Environment,650:2605-2613.

SHI G L,TIAN Y Z,MA T,et al,2017. Size distribution, directional source contributions and pollution status of PM from Chengdu,China during a long-term sampling campaign[J]. Journal of Environmental Sciences, 56:1-11.

SONG L,LIU X J,SKIBA U,et al,2018a. Ambient concentrations and deposition rates of selected reactive nitrogen species and their contribution to $PM_{2.5}$ aerosols at three locations with contrasting land use in Southwest China[J]. Environmental Pollution,233:1164-1176.

SONG M D,TAN Q W,FENG M,et al,2018b. Source apportionment and secondary transformation of atmospheric nonmethane hydrocarbons in Chengdu, Southwest China[J]. Journal of Geophysical Research:Atmospheres,123(17):9741-9763.

SONG M D,LIU X G,TAN Q W,et al,2019. Characteristics and formation mechanism of persistent extreme haze pollution events in Chengdu, Southwestern China[J]. Environmental Pollution,251: 1-12.

SONG T L,FENG M,SONG D L,et al,2022a. Comparative analysis of secondary organic aerosol formation during $PM_{2.5}$ pollution and complex pollution of $PM_{2.5}$ and O_3 in Chengdu,China[J]. Atmosphere,13(11): 1834-1850.

SONG T L,FENG M,SONG D L,et al,2022b. Enhanced nitrate contribution during winter haze events in a megacity of Sichuan Basin,China: Formation mechanism and source apportionment[J]. Journal of Cleaner Production,370:133272.

SQUIZZATO S,MASIOL M,BRUNELLI A,et al,2013. Factors determining the formation of secondary inorganic aerosol: A case study in the Po Valley (Italy)[J]. Atmospheric Chemistry and Physics,13(4): 1927-1939.

TAO J,ZHANG L M,ENGLING G,et al,2013. Chemical composition of $PM_{2.5}$ in an urban environment in Chengdu,China:Importance of springtime dust storms and biomass burning[J]. Atmospheric Research,122: 270-283.

TAO J,GAO J,ZHANG L,et al,2014. $PM_{2.5}$ pollution in a megacity of southwest China: Source apportionment and implication[J]. Atmospheric Chemistry and Physics,14(16):8679-8699.

TAO J,ZHANG L M,CAO J J,et al,2017. Source apportionment of $PM_{2.5}$ at urban and suburban areas of the Pearl River Delta region,south China—With emphasis on ship emissions[J]. Science of the Total Environment,574:1559-1570.

TIAN M,WANG H B,CHEN Y,et al,2017. Highly time-resolved characterization of water-soluble inorganic ions in $PM_{2.5}$ in a humid and acidic mega city in Sichuan Basin,China[J]. Science of the Total Environment,

580:224-234.

TIAN M,LIU Y,YANG F M,et al,2019. Increasing importance of nitrate formation for heavy aerosol pollution in two megacities in Sichuan Basin, Southwest China[J]. Environmental Pollution,250:898-905.

WANG Y,ZHUANG G S,TANG A H,et al,2005. The ion chemistry and the source of $PM_{2.5}$ aerosol in Beijing[J]. Atmospheric Environment,39(21):3771-3784.

WANG G H,ZHANG R Y,GOMEZ M E,et al,2016a. Persistent sulfate formation from London Fog to Chinese haze[J]. Proceedings of the National Academy of Sciences of the United States of America,113(48): 13630-13635.

WANG H L,QIAO L P,LOU S R,et al,2016b. Chemical composition of $PM_{2.5}$ and meteorological impact among three years in urban Shanghai, China[J]. Journal of Cleaner Production,112:1302-1311.

WANG H B,QIAO B Q,ZHANG L M,et al,2018a. Characteristics and sources of trace elements in $PM_{2.5}$ in two megacities in Sichuan Basin of Southwest China[J]. Environmental Pollution,242:1577-1586.

WANG H B,TIAN M, CHEN Y,et al,2018b. Seasonal characteristics, formation mechanisms and source origins of $PM_{2.5}$ in two megacities in Sichuan Basin, China[J]. Atmospheric Chemistry and Physics,18(2):865-881.

WANG J F,LIU D T,GE X L,et al,2019. Characterization of black carbon-containing fine particles in Beijing during wintertime[J]. Atmospheric Chemistry and Physics,19(1):447-458.

WANG W G,LIU M Y,WANG T T,et al,2021. Sulfate formation is dominated by manganese-catalyzed oxidation of SO_2 on aerosol surfaces during haze events[J]. Nature Communications,12(1).

WANG N,ZHOU L,FENG M,et al,2023. Progressively narrow the gap of $PM_{2.5}$ pollution characteristics at urban and suburban sites in a megacity of Sichuan Basin, China[J]. Journal of Environmental Sciences,26: 708-721.

WU S P,SCHWAB J,YANG B Y,et al,2015. Two-years $PM_{2.5}$ observations at four urban sites along the coast of southeastern China[J]. Aerosol and Air Quality Research,15(5):1799-1812.

WU R R,XIE S D,2018. Spatial distribution of secondary organic aerosol formation potential in China derived from speciated anthropogenic volatile organic compound emissions[J]. Environmental Science & Technology,52(15):8146-8156.

WU P,HUANG X J,ZHANG J K,et al,2019. Characteristics and formation mechanisms of autumn haze pollution in Chengdu based on high time-resolved water-soluble ion analysis[J]. Environmental Science and Pollution Research,26(3):2649-2661.

XIONG C,WANG N,ZHOU L,et al,2021. Component characteristics and source apportionment of volatile organic compounds during summer and winter in downtown Chengdu, Southwest China[J]. Atmospheric Environment,258:118485.

XU W Q,HAN T T,DU W,et al,2017. Effects of aqueous-phase and photochemical processing on secondary organic aerosol formation and evolution in Beijing,China[J]. Environmental Science & Technology,51(2): 762-770.

YANG F,TAN J,ZHAO Q,et al,2011. Characteristics of $PM_{2.5}$ speciation in representative megacities and across China[J]. Atmospheric Chemistry and Physics,11(11):5207-5219.

YANG W W,XIE S D,ZHANG Z Q,et al,2019. Characteristics and sources of carbonaceous aerosol across urban and rural sites in a rapidly urbanized but low-level industrialized city in the Sichuan Basin, China[J]. Environmental Science and Pollution Research,26(26):26646-26663.

ZHANG K,BATTERMAN S,2013a. Air pollution and health risks due to vehicle traffic[J]. Science of the Total Environment,450:307-316.

ZHANG Z S,TAO J,XIE S D,et al,2013b. Seasonal variations and source apportionment of $PM_{2.5}$ at urban area of Chengdu[J]. Acta Scientiae Circumstantiae,33(11):2947-2952.

ZHANG F,WANG Z W,CHENG H R,et al,2015. Seasonal variations and chemical characteristics of $PM_{2.5}$ in Wuhan,central China[J]. Science of the Total Environment,518:97-105.

ZHANG J K,HUANG X J,CHEN Y,et al. ,2019. Characterization of lead-containing atmospheric particles in a typical basin city of China:Seasonal variations,potential source areas,and responses to fireworks[J]. Science of the Total Environment,661:354-363.

ZHANG F,WANG Y,PENG J F,et al,2020a. An unexpected catalyst dominates formation and radiative forcing of regional haze[J]. Proceedings of the National Academy of Sciences,117(8): 3960-3966.

ZHANG J F,JIANG N,DUAN S G,et al,2020b. Seasonal chemical composition characteristics and source apportionment of $PM_{2.5}$ in Zhengzhou[J]. Environmental Science,41(11):4813-4824.

ZHAO Q,HE K,RAHN K A,et al,2010. Dust storms come to Central and Southwestern China,to:Implications from a major dust event in Chongqing[J]. Atmospheric Chemistry and Physics,10(6):2615-2630.

ZHOU J B,XING Z Y,DENG J J,et al,2016. Characterizing and sourcing ambient $PM_{2.5}$ over key emission regions in China I:Water-soluble ions and carbonaceous fractions[J]. Atmospheric Environment,135:20-30.

ZHOU Y,LUO B,LI J,et al,2019. Characteristics of six criteria air pollutants before,during,and after a severe air pollution episode caused by biomass burning in the southern Sichuan Basin,China[J]. Atmospheric Environment,215:116840.

ZIKOVA N,WANG Y G,YANG F M,et al,2016. On the source contribution to Beijing $PM_{2.5}$ concentrations [J]. Atmospheric Environment,134:84-95.

ZONG Z,WANG X P,TIAN C G,et al,2018. PMF and PSCF based source apportionment of $PM_{2.5}$ at a regional background site in North China[J]. Atmospheric Research,203:207-215.

第4章　成渝地区大气气溶胶光学特性

4.1
成渝地区气溶胶光学厚度空间分异及驱动因子

4.1.1　数据来源及方法

　　气溶胶数据：采用来自美国航空航天局（NASA）发布的 Level 2 级 2003—2018 年 MOD04_3K AOD（气溶胶光学厚度）产品，此产品基于暗像元（DT）气溶胶算法，空间分辨率为 3 km×3 km。通过遥感图像处理平台（ENVI）结合交互式数据语言（IDL）对 MODIS AOD 产品进行几何校正、重投影，波段合成后计算有效像元平均值，最后利用四川盆地矢量边界裁剪提取四川盆地 AOD 的年均值、季均值、月均值进行趋势分析。分析季节变化时，以每年 3—5 月为春季，6—8 月为夏季，9—11 月为秋季，12 月—翌年 2 月为冬季作为划分标准。

　　驱动因子数据：气象数据来源于欧洲中期天气预报中心（ECMWF）（https://www.ecmwf.int/）第 5 代高分辨率的再分析资料，其水平分辨率为 0.125°×0.125°。社会因子统计数据来源于《四川统计年鉴》（2004—2019）（http://tjj.sc.gov.cn/scstjj/c105855/nj.shtml）和《重庆统计年鉴》（2004—2019）（http://tjj.cq.gov.cn/zwgk_233/tjnj/），缺失的部分采用相应省（市）的社会发展统计公报补充。二氧化硫（SO_2）和总悬浮颗粒物（TSP）排放量数据来源于北京大学全球高分辨率污染物排放清单（http://inventory.pku.edu.cn/home.html）。归一化植被指数数据来源于中国科学院资源环境科学与数据中心（https://www.Resdc.cn/data.aspx? DATAID=257）。

　　本节使用的研究方法如下。①Mann-Kendall 突变检验是一种非参数统计的检验方法，由于该方法不需要遵从一定的正态分布，也不受少数异常值的干扰，适用于评估水文、气候等要素的时间变化趋势，通过构造标准正态分布统计量来确定检验参数变化趋势的显著性（Yi et al.，2018）。②空间自相关可用于分析相应统计量与同一空间区域中相邻统计量的关联程度，包括全局空间自相关和局部空间自相关两大类（王华 等，2013）。③空间热点探测可在整个研究区域之内探测出某属性值显著异于其他区域的异常区，是空间聚类的特例，有助于从空间统计学上定量剖析 AOD 高/低值聚集区（周磊 等，2016）。④地理探测器是揭示空间分异性及其驱动力的一组统计学方法，其核心思想是：若解释变量对被解释变量有重要影响，则两者在空间分布上应具有相似性（王劲峰 等，2017）。

4.1.2　四川盆地 AOD 时间变化特征

2003—2018 年四川盆地 AOD 逐年月均、季均和年均变化如图 4.1 和图 4.2 所示。四川盆地 AOD 逐年月均值呈现"梯形"的周期变化趋势,即 AOD 在 1—5 月逐渐增大,6—10 月在一定范围内波动,11—12 月逐渐下降,AOD 最高值出现在 2008 年 4 月(1.04)。在整个时间域上,四川盆地 AOD 的季节性变化存在差异。2003—2010 年,AOD 季节性变化呈现春季最大,夏季次之,冬季最小的特征;但 2011—2018 年 AOD 季节变化呈现春季最大,夏季次之,秋季最小的特征。春季和夏季的 AOD 值在 2014 年后有明显的下降,冬季 AOD 值有略微下降但是仍然维持较高水平。四川盆地 AOD 年均值呈现"M"型的变化趋势,即 AOD 在 2003—2006 年增大,2007—2008 年减小,2009—2011 年增大,2011 年后 AOD 逐年减小。

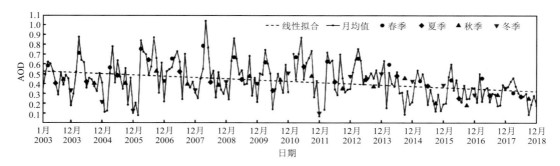

图 4.1　2003—2018 年四川盆地 AOD 逐年月均和季均变化

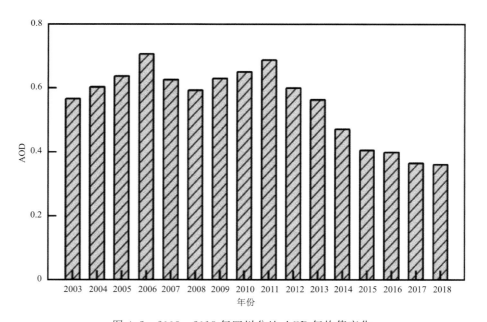

图 4.2　2003—2018 年四川盆地 AOD 年均值变化

4.1.3　四川盆地 AOD 空间分布特征

4.1.3.1　不同时段空间分布特征

以 2003—2018 年四川盆地 MODIS AOD 产品为数据基础,均一化后计算不同时段内 AOD 平均值,得到四川盆地 AOD 空间分布(图 4.3)。四川盆地 AOD 空间分布整体上表现为盆地中部低海拔地区 AOD 较高的特征,其中四川盆地西部城市群(成都平原城市群)和南部城市群(川南城市群)为 AOD 高值中心,盆地边缘高海拔地区为 AOD 低值区。该结论与张静怡等(2016)对四川盆地气溶胶时空格局研究的结果基本一致。

四川盆地气溶胶污染在 2009—2011 年达到顶峰,区域性污染的特征非常明显,自 2012 年开始,盆地区域气溶胶污染的情况有较大改善。由图 4.3 可见,2003—2006 年四川盆地 AOD 高值区主要位于成都和德阳以及内江和自贡,呈现带状分布;2007—2008 年,AOD 高值区相对于上一时期向四川盆地东南部偏移,成都和德阳的 AOD 高值区逐渐消失,AOD 高值区主要位于乐山—宜宾—泸州—重庆—广安一带,沿四川盆地边缘呈现弧状分布,该分析结果与张洋等(2014)研究结论一致。2009—2011 年盆地内有四川盆地西部城市群(绵阳、成都、德阳、眉山)和四川盆地南部城市群(内江、自贡、宜宾、泸州)两个高值中心,AOD 高值区面积达到最大,且 AOD 高值有所增大。2012—2013 年 AOD 高值区分布与 2009—2011 年相似,但面积大幅度缩小,且分布较为零散。2012—2013 年、2014—2015 年和 2016—2018 年 AOD 高值区逐阶段减小,且 AOD 相对高值也不断减小,至 2016—2018 年,AOD 相对高值已降至 0.5 以下。

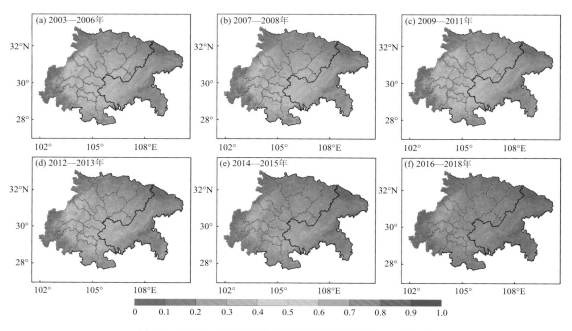

图 4.3　2003—2018 年四川盆地不同时段 AOD 空间分布

4.1.3.2　空间自相关分析

要进行全局 Moran's I 指数的计算,需要确定各个县级单元之间的空间邻接矩阵。王华等(2013)根据气溶胶的扩散特性认为,选择空间距离权重矩阵得到的结果比邻接权重矩阵更为合理。参考此文献,利用 GeoDa(空间数据分析)软件生成基于距离的空间权重矩阵,计算得到四川盆地 2003—2018 年不同时段的 AOD 空间分布的全局 Moran's I 指数如表 4.1 所示。各个时段的全局自相关指数均为正值,并在 0.7 上下波动,且均通过 99% 显著度检验(z-value ≥2.58),说明四川盆地 AOD 分布存在非常显著的空间正相关,空间上具有相似值聚集的态势。

表 4.1 四川盆地 2003—2018 年不同时段 AOD 全局 Moran's I 指数

时段	全局 Moran's I	E[I]	平均值	z-value
2003—2006 年	0.6892**	−0.0061	−0.0068	17.8293
2007—2008 年	0.7091**	−0.0061	−0.0071	18.4434
2009—2011 年	0.6927**	−0.0061	−0.0071	18.0703
2012—2013 年	0.7083**	−0.0061	−0.0070	18.3989
2014—2015 年	0.6942**	−0.0061	−0.0066	17.9274
2016—2018 年	0.6931**	−0.0061	−0.0064	17.8793

注:**、* 分别表示通过了置信度 99%、95% 显著性检验。

由于全局指标有时会掩盖局部状态的不稳定,因此在很多场合需要采用局部指标来探测空间自相关(黄小刚 等,2020),结果如图 4.4。

由图 4.4 可知,通过 95% 显著度检验的聚类区类型只有 H-H、L-H、L-L 三种,整体来看,H-H 聚集区主要集中在盆地中部低海拔地区,L-L 聚集区主要集中在盆地边缘高海拔地区,L-H 聚集区只出现于 2003—2006 年、2012—2013 年、2014—2015 年、2016—2018 年 4 个时段,且 3 次位于都江堰,1 次位于泸州市合江县。纵向对比不同时段聚集区分布及其面积占比,

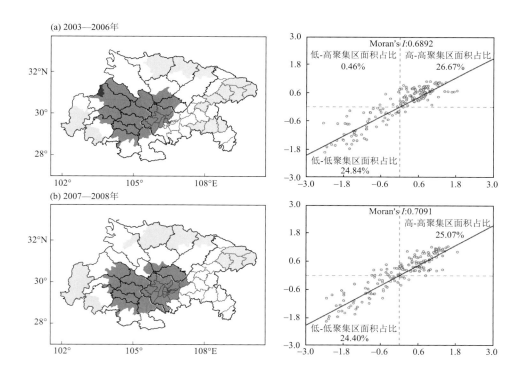

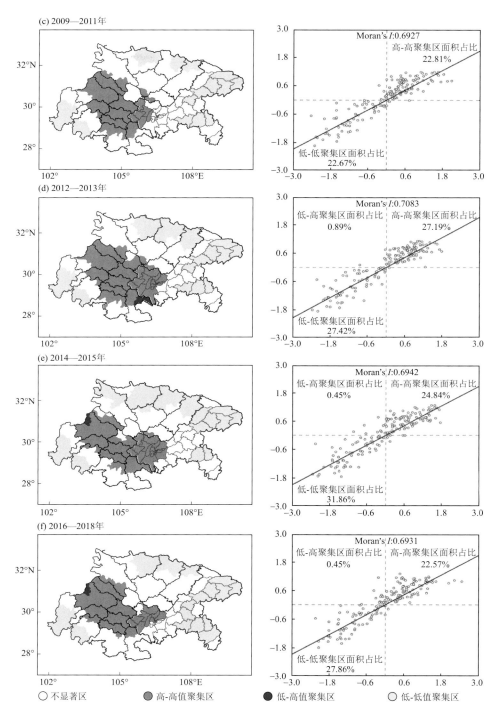

图 4.4　2003—2018 年不同时段四川盆地 AOD 局部 Moran's *I* 散点图及其分布
（AOD 局部 Moran's *I* 散点图中横坐标为标准化后的 AOD 值，纵坐标为县级相邻单元的 AOD 加权平均值，图中直线斜率为全局 Moran's *I* 指数，第一、二、三、四象限分别为 H-H（高-高值聚集区，即该县级单元与其周围相邻单元 AOD 值均为高值）、H-L（高-低值聚集区，即该县级单元 AOD 值较高，但其相邻单元 AOD 值较低）、L-H（低-高值聚集区，即该县级单元 AOD 值较低，但其相邻单元 AOD 值较高）、L-L（低-低值聚集区，即该县级单元与其周围相邻单元 AOD 值均为低值）。H-H 聚集和 L-L 聚集表示 AOD 分布呈正空间自相关（均质性）；而 L-H 聚集和 H-L 聚集表示 AOD 分布呈负空间相关（异质性））

可以看到,2007—2008 年,H-H 聚集区有一个明显的向东辐射的趋势,其他时段聚集区分布的基本格局变化较小。2009—2011 年作为四川盆地气溶胶污染的峰值时期,L-L 聚集区和 H-H 聚集区面积占比明显减小。2012—2013 年、2014—2015 年和 2016—2018 年 H-H 聚集区面积占比不断减小,L-L 聚集区面积占比较大,L-L 聚集区面积占比最大(31.86%)出现于 2014—2015 年。总的来说,不同时段聚集区 AOD 年际变化与 AOD 分布变化态势一致。

4.1.3.3 空间冷热点分析

空间热点探测分析结果显示,2003—2018 年四川盆地 AOD 热点聚集区大致分布于成都、德阳、眉山、资阳、自贡、重庆西南部等经济较发达地区,冷点聚集区主要分布于盆地边缘高海拔地区(图 4.5)。2007—2008 年和 2014—2015 年有明显向东辐射的态势,2003—2006 年、2007—2008 年和 2012—2013 年热点聚集区呈现片状分布,2009—2011 年、2014—2015 年和 2016—2018 年分别形成以成都、自贡为中心的热点聚集区,2012 年后热点聚集区面积逐渐减小。冷点聚集区分布在 6 个时段上基本保持一致。

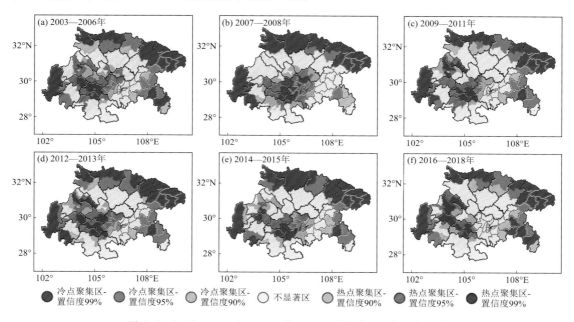

图 4.5 2003—2018 年四川盆地不同时间段 AOD 冷热点区域

4.1.4 四川盆地 AOD 空间分异的驱动因子分析

4.1.4.1 驱动因子评价指标

AOD 分布的驱动因素涉及气温、风向风速、大气环流、降水、湿度等自然因素,还与产业活动、燃料燃烧、机动车尾气排放等人为因素密切相关。依据此,并结合数据可获取性原则,选取了常住人口(X1)、人口密度(X2)、地区生产总值(X3)、人均地区生产总值(X4)等城市化因子,工业总产值(X5)、二产比重(X6)等工业因子,SO_2 排放量(X7)、TSP 排放量(X8)等人为源排放因子,2 m 温度(X9)、10 m 风速(X10)、归一化植被指数(X11)等地表因子,相对湿度(X12)、降水量(X13)、边界层高度(X14)等气象因子,共 14 个指标(表 4.2)。

表 4.2　四川盆地 AOD 驱动因子评价指标

指标体系	编号	具体指标	单位	指标性质
城市化因子	X1	常住人口	万人	正
	X2	人口密度	万人/km²	正
	X3	地区生产总值	亿元	正
	X4	人均地区生产总值	元	正
工业因子	X5	工业总产值	亿元	正
	X6	二产比重	%	正
人为源排放因子	X7	SO_2 排放量	t	正
	X8	TSP 排放量	t	正
地表因子	X9	2 m 温度	℃	正
	X10	10 m 风速	m/s	负
	X11	归一化植被指数	无	负
气象因子	X12	相对湿度	%	正
	X13	降水量	mm	负
	X14	边界层高度	m	负

4.1.4.2　驱动因子优选

因驱动因子较多且因子之间相互影响,故采用主成分分析法(PCA)进行主成分提取。将四川盆地划分为 $0.3° \times 0.3°$ 格网,利用地理信息系统(ArcGIS)分别提取 14 个驱动因子 2003—2018 年平均值。利用统计产品与服务解决方案软件(SPSS)对驱动因子做标准化处理,并进行 PCA 分析。四川盆地 2003—2018 年 AOD 驱动因子成分载荷和主成分方差贡献率结果见表 4.3,通过对 14 个影响 AOD 空间分异指标进行方差最大化旋转得到因子矩阵。当 Kaiser-Meyer-Olkin(KMO)值大于 0.6 时,PCA 结果具有可靠性(Thurston et al.,1987)。本研究中,KMO 值为 0.693,Bartlett 球形检验的 P 值为 0,通过 0.05 的显著水平检验,因此,四川盆地 2003—2018 年 AOD 驱动因子适合进行 PCA 分析。统计得到 4 个主成分,且累计方差贡献率达到了 77.845%,所代表的信息量可充分解释并提供原始数据承载的信息。选取载荷偏大值作为每个主成分的主导因子,即人口密度、地区生产总值、工业总产值成为第一主成分的主导因子,10 m 风速、相对湿度为第二主成分主导因子,SO_2 和 TSP 排放量为第三主成分主导因子,边界层高度为第四主成分主导因子。利用这 8 个因子代替原来的 14 个因子进行分析,优化驱动因子选择。

表 4.3　2003—2018 年四川盆地 AOD 驱动因子主成分分析

驱动因子	PC1	PC2	PC3	PC4
常住人口	0.618	−0.342	−0.424	0.125
人口密度	**0.869**	0.111	0.145	0.057
地区生产总值	**0.858**	0.195	−0.308	−0.079
人均地区生产总值	0.624	0.601	−0.080	−0.208
工业总产值	**0.830**	0.294	−0.203	−0.233

续表

驱动因子	PC1	PC2	PC3	PC4
二产比重	0.167	0.588	−0.159	−0.348
SO_2 排放量	0.618	0.183	**0.651**	0.344
TSP 排放量	0.683	0.188	**0.616**	0.301
2 m 温度	0.666	−0.424	−0.316	0.245
10 m 风速	0.181	**−0.850**	0.168	−0.062
归一化植被指数	−0.576	−0.069	−0.139	−0.324
相对湿度	−0.428	**0.785**	−0.052	0.196
降水量	−0.598	0.528	0.020	0.182
边界层高度	−0.179	−0.208	−0.498	**−0.741**
特征值	5.210	2.875	1.570	1.242
方差贡献率 FVCR	37.215	20.537	11.218	8.875
累计方差贡献率 CVCR	37.215	57.753	68.970	77.845

注:表中加粗的数据为各主成分中载荷较大的量。

4.1.4.3　不同时段 AOD 空间分异驱动因子的地理探测结果

利用地理探测器对四川盆地不同时段 AOD 年均值分布的 8 个优选驱动因子进行探测,全部因子均通过 99% 显著度检验。结果总体显示,社会经济因子的驱动力较自然因子大,表明 2003—2018 年四川盆地 AOD 的空间分异主要是由于城市化和工业化发展水平不均衡引起的。纵观 16 年驱动因子的演变,2014—2015 年所有驱动因子的驱动力较之前时段均出现 11.2%~59.2% 的下降,其中 SO_2 排放量、相对湿度和地区生产总值为下降最显著的 3 个因子,分别下降 59.2%、52.80%、42.24%。这与前文 2015 年为突变年的结论一致。下面具体对社会经济因子和自然因子的驱动作用加以说明。

4.1.4.4　社会经济因子驱动分析

如图 4.6 所示,城市化因子驱动:人口密度(0.4033)、地区生产总值(0.3408)。人口密度在整个时域上的驱动力最大。城市化进程加快、工业生产活动增多等人类活动是导致 AOD 升高的重要影响因素(郭婉臻 等,2019),人口高密度的核心城市虽然可引发集聚经济效应,但人为源排放相应增大,使得区域内环境空气质量变差。四川和重庆第 7 次全国人口普查主要数据(http://tjj.cq.gov.cn/zwgk_233/fdzdgknr/tjxx/sjjd_55469/202105/t20210513_9277447.html)表明:川渝地区常住人口共 11572.92 万,与 2010 年第 6 次全国人口普查相比增长了 5.92%。这与川渝经济持续加快发展密不可分。成都平原经济圈常住人口占四川省的 50.12%。人口向中心城区聚集趋势较为明显。但自"十二五"节能减排工作提出后,四川盆地城市群产业结构由"二三一"向"三二一"过渡,淘汰落后产能,提高产业质量与效益(陈春江,2019),并利用核心城市的积极性,吸引优质且清洁资源向人口高密度地区集中,通过功能疏解,让次级核心城市吸收部分人口及其他要素,缓解区域大气气溶胶污染。

人为源排放因子驱动:SO_2 排放量(0.2391)、TSP 排放量(0.2382)。SO_2 主要污染源是工业排放,大气中硫酸盐气溶胶主要来自于 SO_2 的转化(Hartman et al.,2002;刘莹 等,2021)。曹佳阳等(2021)对川南 4 座城市 $PM_{2.5}$ 中主要化学组分分析后发现,SO_4^{2-} 全年对 $PM_{2.5}$ 的贡

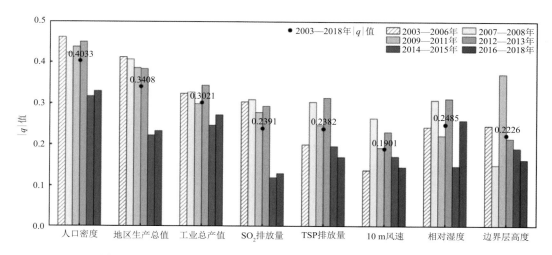

图 4.6　2003—2018 年四川盆地社会经济与自然因子驱动力($|q|$值)

献都占主导地位。TSP 包含一次和二次颗粒物,是造成空气污染的重要原因之一。SO_2 排放量驱动因子在 2003—2013 年 4 个时期内变化不大,在 0.3 上下波动。TSP 排放量驱动因子在整个时间域上呈现"M"形的变化趋势,2007—2008 年和 2012—2013 年驱动力较大。SO_2 和 TSP 排放量因子驱动力 2013 年后明显下降,亦表明大气污染防治计划实施成果显著,SO_2 与 TSP 排放量大幅度减少,对 AOD 分异驱动力下降。

工业因子驱动:工业总产值(0.3021)。工业总产值($|q|$值)在时域上呈现倒"U"形趋势,环境库兹涅兹曲线(EKC)(Grossman et al.,1992)指出人口收入与环境质量呈现倒"U"形曲线,即在经济发展初级阶段,经济增长,人均收入的提高反而有助于降低环境污染,改善环境质量。可见四川盆地正处于倒"U"形的下坡期,生态文明建设有所成就,经济增长与环境保护实现可持续发展。

4.1.4.5　自然因子驱动作用分析

地表因子驱动:10 m 风速(-0.1901)。驱动因子在整个时间域上呈现"M"形的变化趋势。2007—2008 年和 2012—2013 年驱动力较大。风速是影响大气自洁能力的重要因素,风通过搬运作用,将局地污染物输送到其他区域或者高空与空气充分混合,最终使得污染物得以稀释,空气质量得到改善(宋连春 等,2013)。

气象因子:相对湿度(0.2485)、边界层高度(-0.2226)。相对湿度驱动因子驱动力在整个时域上呈现"增—减—增—减—增"的变化趋势,2007—2008 年、2012—2013 年和 2016—2018 年驱动力较大。边界层高度驱动因子在 2009—2011 年驱动力最大,仅次于城市化因子。由于盆地内地形和西南气流的影响,云雾天气频发,多阴雨、湿度较大,相对湿度相比其他自然因子,驱动力最大。而由于本研究对气象因子统计时间跨度较长且时间尺度为年,与 AOD 有关的许多信息可能会被平滑或者掩盖掉,自然因子驱动力相比社会经济因子较为混乱,且驱动力较小。

4.2
成都冬季大气消光系数及其组成

4.2.1　研究数据与方法

本节使用资料包括成都市 2017 年 12 月浊度仪和黑碳仪的逐时观测资料,以及同时次的环境气象监测数据(大气能见度、相对湿度和 NO_2 质量浓度)。根据"朗伯-比尔"定律(Koschmieder,1924),在 550 nm 波长处大气消光系数 b_{ext}(km^{-1})与大气能见度 V(km)的关系如下。

$$b_{ext} = \frac{3}{V} \tag{4.1}$$

考虑到水汽消光以及气溶胶吸湿性增长对大气消光的显著影响,将大气消光系数分解如下。

$$b_{ext} = b_{sp} + b_{ap} + b_{sg} + b_{ag} + b_{sw} \tag{4.2}$$

①b_{sp} 为"干"气溶胶散射系数。由于浊度仪直接测出的是 525 nm 波长处的"干"散射系数(M/m),按刘新罡等(2006)给出的订正公式进一步得到 550 nm 波长处的"干"散射系数,见式(4.3)。

$$\frac{b_{sp,550nm}}{b_{sp,525nm}} = \left(\frac{550}{525}\right)^{-1} \tag{4.3}$$

②b_{ap} 为"干"气溶胶吸收系数。按 Bergstrom(2002)提出的订正公式,先利用黑碳质量浓度反演 532 nm 波长处的吸收系数(M/m),其中[BC]为黑碳质量浓度($\mu g/m^3$),见式(4.4),再由 532 nm 波段的吸收系数 $b_{ap,532nm}$ 进一步得到 550 nm 波长处的吸收系数 $b_{ap,550nm}$,见式(4.5)。

$$b_{ap,532nm} = 8.28[BC] + 2.23 \tag{4.4}$$

$$b_{ap,550nm} = b_{ap,532nm}\left(\frac{532}{550}\right) \tag{4.5}$$

③b_{sg} 为干洁大气散射系数。参照 Penndorf(1957),b_{sg} 一般取值为 13 M/m。

④b_{ag} 为气态污染物吸收系数。一般仅考虑 NO_2 的吸收,参照 Sloane(1985)的计算方法,对应 550 nm 波长处 b_{ag}(M/m)的计算见式(4.6),其中[NO_2]为 NO_2 质量浓度(10^{-9} g/m^3)。

$$b_{ag} = 0.33[NO_2] \tag{4.6}$$

⑤b_{sw} 为气溶胶吸湿性消光系数。针对成都市的研究(崔蕾 等,2016)表明,当相对湿度大于 40% 时,气溶胶消光系数将出现显著的吸湿性增长。这里的气溶胶吸湿性消光系数 b_{sw} 在涵纳水汽直接消光的同时,强调的是由于气溶胶吸湿性导致其消光的增强效应。根据式(4.7),550 nm 波长处气溶胶吸湿性消光系数 b_{sw} 的计算公式如下。

$$b_{sw} = b_{ext} - b_{sp} - b_{ap} - b_{sg} - b_{ag} \tag{4.7}$$

4.2.2　大气消光系数及消光组分的时间变化特征

基于前述观测资料,利用式(4.1)～(4.7)计算了成都市 2017 年 12 月大气消光系数及消光组分的日均值,相应的时间序列见图 4.7。由图 4.7 可知,研究时段内大气消光系数 b_{ext}、"干"气溶胶散射系数 b_{sp}、"干"气溶胶吸收系数 b_{ap}、气态污染物吸收系数 b_{ag} 和气溶胶吸湿性消光系数 b_{sw} 分别为(1173.42±641.21)M/m、(586.57±283.59)M/m、(65.08±23.04)M/m、(15.14±7.15)M/m 和(493.63±415.92)M/m,均呈现出较为显著的变化。

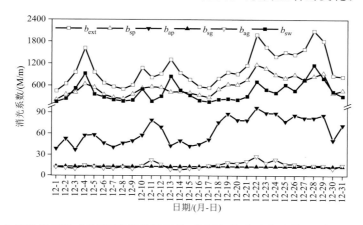

图 4.7　大气消光系数、"干"气溶胶散射系数、"干"气溶胶吸收系数、干洁大气散射系数、
气态污染物吸收系数和气溶胶吸湿性消光系数时间序列

图 4.8 给出了研究时段内 $PM_{2.5}$ 浓度的时间序列。$PM_{2.5}$ 浓度与"干"气溶胶散射系数 b_{sp} 的相关性最强,"干"气溶胶吸收系数 b_{ap} 和大气消光系数 b_{ext} 次之,气溶胶吸湿性消光系数 b_{sw} 最小,对应的相关系数分别为 0.887、0.838、0.733、0.472($P<0.01$)。进一步计算表明,大气消光系数 b_{ext} 与气溶胶吸湿性消光系数 b_{sw} 的相关最强,"干"气溶胶散射系数 b_{sp} 次之,"干"气溶胶吸收系数 b_{ap} 最小,对应的相关系数分别为 0.919、0.857、0.618($P<0.01$)。由此可见,大气消光系数 b_{ext} 的形态演化不仅与颗粒物质量浓度状况密切相关,而且还强烈地受到湿度等气象条件的影响,这是成都冬季大气消光一个非常重要的特征。

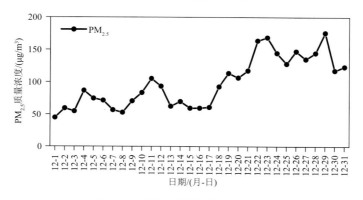

图 4.8　$PM_{2.5}$ 质量浓度时间序列

在上述工作的基础上,对研究时段内同一整点时刻大气消光系数 b_{ext}、"干"气溶胶散射系数 b_{sp}、"干"气溶胶吸收系数 b_{ap}、气态污染物吸收系数 b_{ag} 和气溶胶吸湿性消光系数 b_{sw} 进行算术平均,由此得到对应指标日变化的合成图,见图 4.9。

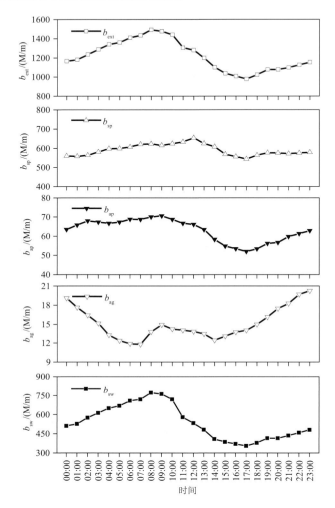

图 4.9 大气消光系数、"干"气溶胶散射系数、"干"气溶胶吸收系数、气态污染物吸收系数和气溶胶吸湿性消光系数的日变化

由图 4.9 可见,观测期间大气消光系数日变化整体呈现出显著的单峰单谷形态,最高值出现在早晨交通高峰期 08—09 时,达到 1492.12 M/m,此后持续回落至 17 时前后全日最低的 977.46 M/m。本节大气消光系数日变化形态与刘新民(2004)的相关研究结果一致,但季节和区域的差异使得二者在峰、谷出现时间上有所不同。气溶胶消光系数是大气消光系数的主体,就三种消光组分的日变化而言,"干"气溶胶散射系数形态上虽表现为单峰、单谷型,但峰值出现时段在 12 时前后,这主要与气溶胶化学成分以及粒子谱分布有关;气溶胶吸湿性消光系数日变化则与大气消光系数日变化在形态上呈现出很好的同步性,二者的相关系数为 0.983($P < 0.01$),这主要源于 $PM_{2.5}$ 质量浓度和相对湿度日变化结构的相似性,二者峰、谷出现时段基本一致(图 4.10);"干"气溶胶吸收系数日变化为单谷型,00—12 时这段时间内总体维持弱

波动,其谷值出现时间在 17 时前后,这取决于 BC 质量浓度的日变化,见图 4.10。大气消光系数、"干"气溶胶吸收系数 b_{ap} 和气溶胶吸湿性消光系数的谷值出现时间基本一致,冬季该时段混合层高度的最大值可以很好地解释气溶胶三种消光组分的这种谷值分布特征(朱育雷 等,2017a);"干"气溶胶散射系数和"干"气溶胶吸收系数的日变化形态特征和宋丹林等(2013)在 2011 年的研究结果基本一致,但相比之下在数值上略有减小。另外,气体分子两种消光组分日变化幅度相对较小,其中 b_{sg} 为常数(图略),b_{ag} 呈现出双峰双谷的日变化特征,峰值分别出现在 10 时前后以及午夜时段,谷值则分别出现在 07 时和 14 时,这与 NO_2 质量浓度的日变化完全一致,见图 4.10。

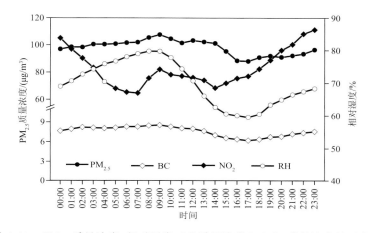

图 4.10 $PM_{2.5}$ 质量浓度、相对湿度、BC 质量浓度和 NO_2 质量浓度的日变化

4.2.3 大气消光系数不同组成组分的贡献率

在 4.2.2 节分析的基础上,绘制了研究时段内"干"气溶胶散射系数 b_{sp}、"干"气溶胶吸收系数 b_{ap}、干洁大气散射系数 b_{sg}、气态污染物吸收系数 b_{ag} 以及气溶胶吸湿性消光系数 b_{sw} 对大气消光系数贡献率的变化图(图 4.11),据此进一步计算了大气消光系数不同组成部分的平均贡献率,发现"干"气溶胶散射系数 b_{sp}、"干"气溶胶吸收系数 b_{ap}、干洁大气散射系数 b_{sg}、气态污染物吸收系数 b_{ag} 和气溶胶吸湿性消光系数 b_{sw} 的占比分别为 53.02%、6.54%、1.50%、1.65% 和 37.29%,见图 4.12。这一统计结果表明以下 3 点。①"干"气溶胶散射系数 b_{sp}、"干"气溶胶吸收系数 b_{ap} 和气溶胶吸湿性消光系数 b_{sw} 共同表征了研究区冬季气溶胶的整体消光能力,三者合计对大气消光系数的平均贡献率高达 96.85%。因此,气溶胶消光在大气消光当中占据绝对支配地位,是能见度演化的决定性影响因子。②由于在研究区冬季气溶胶消光能力的显著提升,致使分子消光(干洁大气散射系数 b_{sg} 和气态污染物吸收系数 b_{ag})对大气消光的平均贡献率相比之下出现明显的下降(刘新罡 等,2006;刘宁微 等,2015;徐昶 等,2016)。③气溶胶吸湿性消光系数 b_{sw} 在大气消光系数中的平均占比为 37.29%,反映了研究区冬季高湿气象条件对大气消光影响的重要性;另外,将气溶胶吸湿性消光系数 b_{sw} 进行独立分析将有助于进一步厘清大气消光组分的结构和能见度的演化机理。

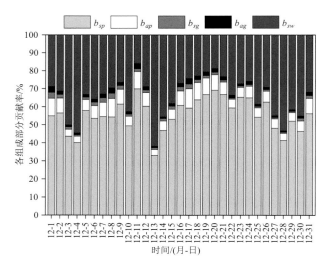

图 4.11 "干"气溶胶散射系数、"干"气溶胶吸收系数、干洁大气散射系数、气态污染物吸收系数和
气溶胶吸湿性消光系数贡献率时间序列

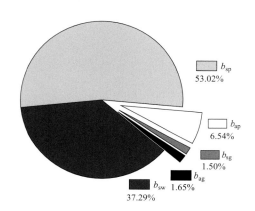

图 4.12 大气消光系数组成部分的平均贡献率

4.2.4 相对湿度变化对大气消光系数及消光组分的影响

为消除气溶胶质量浓度变化对大气消光系数的影响,分别计算单位质量的大气消光系数 E_{ext}、"干"气溶胶散射系数 E_{sp}、"干"气溶胶吸收系数 E_{ap} 和气溶胶吸湿性消光系数 E_{sw}。E_i 的计算见式(4.8)。

$$E_i = \frac{b_i}{C_{PM_{10}}} \tag{4.8}$$

式中:b_i 代表上述大气消光系数或相应的大气消光系数组分;E_i 为对应的单位质量大气消光系数或相应的大气消光系数组分;$C_{PM_{10}}$($\mu g/m^3$)为对应的 PM_{10} 质量浓度。

基于该区域颗粒物潮解点为 40% 这一结论(崔蕾 等,2016),绘制了单位质量大气消光系数及消光组分随相对湿度在 40% 以上的变化图,以探究水汽对大气消光系数及其组分的影响。

由图 4.13a 可见,单位质量气溶胶吸湿性消光系数对相对湿度变化的响应非常显著,并随相对湿度的增大呈现出平滑的增长特征。多函数的比对结果表明,幂函数 $E_{sw}=0.472\times(1-RH/100)^{-1.317}$ 能最好地拟合二者的关系,单位质量气溶胶吸湿性消光系数实测值和模拟值的相关系数为 $0.95(P<0.01)$。针对该拟合函数的进一步分析发现,其曲率最大点出现在相对湿度为 88.6%(见图 4.13a 的点 A)。即在点 A 之前,单位质量气溶胶吸湿性消光系数随相对湿度的增大总体呈现出缓慢增长;而在点 A 之后,单位质量气溶胶吸湿性消光系数则随相对湿度的增大转变为爆发式增长,这主要与气溶胶吸湿性导致的粒径谱以及复折射率的变化有关(孙景群,1985)。相对湿度的增大能导致 $PM_{2.5}$ 在 PM_{10} 中占比的增大。由于细颗粒物具有更强的散射能力,故单位质量"干"气溶胶散射系数与相对湿度呈现出正相关(拟合函数如图 4.13b 所示),其实测值和模拟值的相关系数为 $0.57(P<0.01)$。由于气溶胶的吸收能力主要取决于黑碳的浓度,而黑碳的吸湿性极弱,由此导致单位质量"干"气溶胶吸收系数在相对湿度处于 $[40\%,95\%]$ 区间内呈现出随机波动(图略)。单位质量气溶胶吸湿性消光系数不仅对单位质量大气消光系数贡献率很大,其对水汽的响应在各消光组分中也最为显著,因此单位质量大气消光系数随相对湿度亦满足幂函数关系(图 4.13c),其实测值和模拟值的相关系数为 $0.91(P<0.01)$。受大气消光系数相关组分不同吸湿性特征的共同影响,单位质量大气消光

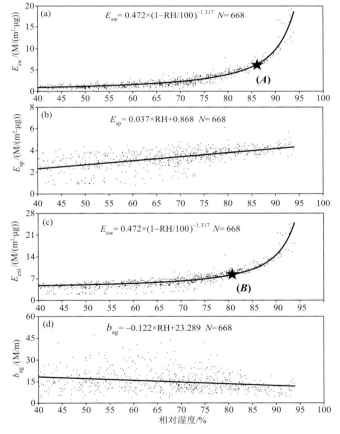

图 4.13　大气消光系数及消光组分随相对湿度的变化
(a)单位质量气溶胶吸湿性消光系数;(b)单位质量"干"气溶胶散射系数;(c)单位质量大气消光系数;
(d)气态污染物吸收系数

系数随相对湿度拟合曲线曲率最大点对应的相对湿度为 81.9%（见图 4.13c 的点 B）。从图 4.13c 的曲线形态不难发现，在点 B 之前，大气消光系数的演化主要取决于颗粒物质量浓度的高低，而在点 B 之后，相对湿度的变化逐渐成为控制大气消光系数变化的决定性影响因子，这与 Chen 等（2012）的研究结果总体是一致的，但相对湿度有所提前，反映了成都冬季大气消光系数随相对湿度变化的本地化特征。另外，气溶胶吸湿可促进氮氧化物的水解（Dentener et al.，1993），从而有利于大气中氮氧化物浓度的降低，这与图 4.13d 中的统计结果具有很好的一致性，即气态污染物吸收系数与相对湿度呈现出负相关（拟合函数如图 4.13d 所示），其实测值和模拟值的相关系数为 0.22（$P<0.01$）。

4.3
成都大气消光系数影响因子分析

4.3.1 颗粒物质量浓度对气溶胶散射消光系数的影响

由图 4.9 和图 4.10 可见，"干"气溶胶散射消光系数与 $PM_{2.5}$ 质量浓度的日变化趋势相同，可见 $PM_{2.5}$ 质量浓度可能影响"干"气溶胶散射消光系数。研究表明，霾天气与颗粒物质量浓度相关，而"干"气溶胶散射消光系数是表征霾天气的重要指标之一（Watson et al.，2002）。为此，本节分别将 PM_{10} 质量浓度和 $PM_{2.5}$ 质量浓度与"干"气溶胶散射消光系数进行线性回归分析验证，结果如图 4.14 所示。图 4.14a～f 分别为 10 月、11 月和 12 月 PM_{10} 质量浓度和 $PM_{2.5}$ 质量浓度与"干"气溶胶散射消光系数的线性回归分析。由图 4.14a～c 可见，PM_{10} 质量浓度与"干"气溶胶散射消光系数的判定系数（R^2）均大于 0.76；由图 4.14d～f 可见，$PM_{2.5}$ 质量浓度与"干"气溶胶散射消光系数的判定系数（R^2）均大于 0.88，呈现较好的线性关系。可见 $PM_{2.5}$ 质量浓度对"干"气溶胶散射消光系数的影响比 PM_{10} 质量浓度更为直接，也是导致成都霾天气的重要影响因子，这与宋丹林等（2013）对成都颗粒物消光系数的研究结果总体是一致的。

4.3.2 干-气溶胶等效复折射率特征及影响因素

4.3.2.1 反演算法说明

（1）反演算法

基于米（Mie）散射理论，大气多粒子气溶胶散射系数（b_{sp}）和吸收系数（b_{ap}）计算公式分别表示如下。

$$b_{sp} = \int Q_{sca}(\alpha, m) n(r) dr \tag{4.9}$$

$$b_{ap} = \int Q_{abs}(\alpha, m) n(r) dr \tag{4.10}$$

式中：$\alpha = 2\pi r / \lambda$ 为尺度参数，其中 r 为粒子半径，λ 为入射光波长；m 是粒子的复折射率，由实

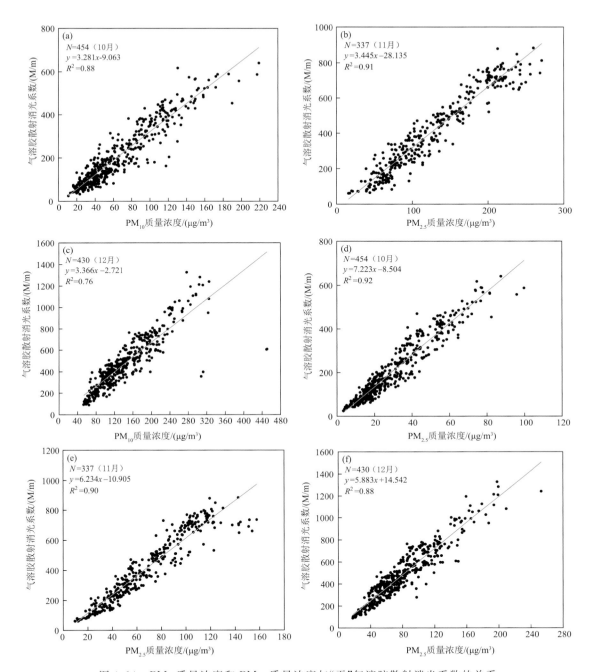

图 4.14　PM$_{10}$质量浓度和 PM$_{2.5}$质量浓度与"干"气溶胶散射消光系数的关系

部 n_{re} 和虚部 n_i 构成；$n(r)$ 是粒子的谱分布；Q_{sca} 和 Q_{abs} 分别是散射效率因子和吸收效率因子，二者均是 α 和 m 的函数；b_{sp}、b_{ap}、$n(r)$、λ 以及 r 均为已知参数。令等号左侧 b_{sp} 和 b_{ap} 为测量值，等号右侧为计算值，通过联立式(4.9)与式(4.10)组成方程组，则针对"干"气溶胶等效复折射率(DACRI)的反演可转化为求解目标函数 f 的 0 点，目标函数见式(4.12)。

$$m = n_{re} - n_i i \tag{4.11}$$

$$f = \left| \frac{b_{sp} - \int Q_{sp}(\alpha, m) n(r) dr}{b_{sp}} \right| + \left| \frac{b_{ap} - \int Q_{ap}(\alpha, m) n(r) dr}{b_{ap}} \right| \qquad (4.12)$$

式(4.12)是一个非常复杂的非线性方程,以特殊函数(勒让德、贝塞尔或贝克函数)迭代的或以向下递推法计算的常规米散射理论以及优化手段的缺乏制约了 DACRI 的反演。

(2)新算法的性能测试

根据目前对大气气溶胶等效复折射率测定的相关研究成果,确定其实部和虚部的寻优区间分别为[1.000,2.000]和[0.001,0.500],据此给出算法的相关计算参数,见表 4.4。

表 4.4　算法的相关计算参数

初始虚部标准差	初始实部标准差	方差动态调整系数	总的进化序列	群体规模	相对误差允许上限
0.30	0.15	2	100	100	1%

对目标函数 $f(x_1, x_2)$ 进行变换,得到相应的适应度函数 $F(x_1, x_2)$,见式(4.13)。

$$F(x_1, x_2) = \frac{1}{1 + f(x_1, x_2)} \qquad (4.13)$$

适应度 $F(x_1, x_2)$ 最大值为 1,适应度越大,则表示算法反演的复折射率就越接近于真值,这里近似将真值(全局最优解)视为相对误差小于 ε 时的优化结果。针对 163 个样本的测试结果表明,获取全局最优解的平均进化序列为 19.91 代,对应的平均相对误差 $f(x_1, x_2)$ 为 0.7%。

(3)不同反演算法的对比分析

韩道文(2007)指出,基于合肥地区粒子谱满足荣格(Junge)分布的前提条件下,利用人工神经网络误差反向传播(BP)算法建立了波长、散射系数、吸收系数与气溶胶等效复折射率实部和虚部的非线性映射关系。选取检验样本,包括波长、散射系数、吸收系数以及粒子谱分布等信息,相对误差的允许上限 ε 取值为 0.1%,利用免疫进化算法反演了粒子群的等效复折射率,结果见表 4.5。

为对比起见,表 4.5 同时也给出了人工神经网络 BP 算法的相对误差。结果如下。①气溶胶等效复折射率反演的免疫进化算法不仅计算结果优于人工神经网络 BP 算法,而且不同样本的相对误差也比较均匀,表明该算法具有更好的鲁棒性;②基于免疫进化算法求解 3 个样本全局最优解所需的总进化序列平均为 48 代,相对在计算精度提高 10 倍的前提下,计算量只增加了 1.4 倍左右。这表明该算法具有良好的寻优能力,能在计算精度和计算效率之间保持很好的平衡。③作为一种黑箱模型,气溶胶等效复折射率反演的人工神经网络 BP 算法受训练样本完备性影响大,同时也未能真正表征米散射理论的非线性映射关系。因此,免疫进化算法求解气溶胶等效复折射率具有普适性。另外,假定实部和虚部小数点后均保留三位有效数字,在上述寻优区间内枚举法的计算量极其庞大,每一复折射率的求解需要进行 1.0×10^6 次循环。基于表 4.5 给出的计算参数,利用气溶胶等效复折射率反演的免疫进化算法对每一复折射率的求解平均只需进行 2.0×10^3 次循环,其计算量约为枚举法的 1/500。因此,气溶胶等效复折射率反演的免疫进化算法具有极优的计算效率。

表 4.5　两种复折射率反演方法的对比

波长 λ /nm	实测散射系数 b_{sca} /m	实测吸收系数 b_{abs} /m	相对误差 $f_b(x_1, x_2)/\%$	
			免疫进化算法	人工神经网络 BP 算法
450	3.371×10^{-3}	1.2732×10^{-3}	0.0883	2.2677
550	2.642×10^{-3}	1.0247×10^{-3}	0.0960	0.7333
700	1.964×10^{-3}	9.0772×10^{-4}	0.0720	0.4311

4.3.2.2　成都冬季"干"气溶胶等效复折射率变化特征研究

（1）干气溶胶复折射率的时间变化特征

将研究区冬季 648 个逐时 DACRI 样本按时间顺序进行排列,即 $i = 1, 2, \cdots, 648$, i 为样本序列号,如图 4.15 所示。

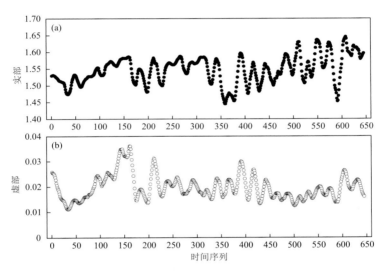

图 4.15　逐时 DACRI 的时间序列
(a)实部；(b)虚部

由图 4.15 可见,受排放状况、气象条件以及复杂物理、化学过程的综合影响,研究区冬季逐时 DACRI 整体呈现出一定幅度的波动。基于该序列的统计结果表明(表 4.6),DACRI 实部和虚部的变化范围分别为 1.445～1.646 和 0.0111～0.0362;DACRI 实部为(1.547±0.0552)、虚部为(0.0197±0.00604)。另外,DACRI 实部和虚部的变差系数分别为 0.0394 和0.3068,表明实部时间序列相对变化不大,虚部时间序列则存在较大的相对变动幅度。DACRI 的上述统计特征是由研究区冬季气溶胶化学组分及其随粒径的变化所决定,并为该参数的科学取值提供了依据。

表 4.6　逐时 DACRI 的相关统计值

复折射率	最小值	最大值	平均值	标准差	变差系数
实部	1.445	1.646	1.547	0.0552	0.0357
虚部	0.0111	0.0362	0.0197	0.00604	0.3068

气溶胶等效复折射率的日变化是气溶胶等效复折射率时变特征研究的核心内容,相关规律

的系统认知对空气质量精细化预报有重要指导意义。已有研究(Zhang et al.,2013)指出,环境空气质量的差异表征颗粒物组分和结构的变化,由此对气溶胶等效复折射率带来相应的影响。为此,以研究时段内环境空气质量等级作为样本选择的依据,将 2017 年 12 月 15 日、12 月 18 日、12 月 25 日和 12 月 22 日作为典型日,对应的空气质量分别为良、轻度污染、中度污染以及重度污染,相关主要环境气象参数见表 4.7。进一步绘制了 4 个典型日 DACRI 的日变化图(图 4.16)。

表 4.7 四个典型日对应的主要环境气象参数

日期	PM$_{2.5}$ /(μg/m³)	PM$_{10}$ /(μg/m³)	能见度 /km	温度 /℃	风速 /(m/s)	云量 总云量/低云量
2017 年 12 月 15 日	60	110	5.1	8.0	1.5	10/8
2017 年 12 月 18 日	85	155	5.6	3.6	1.5	1/0
2017 年 12 月 25 日	128	212	2.6	4.0	1.0	3/2
2017 年 12 月 22 日	168	288	2.0	3.6	0.7	8/6

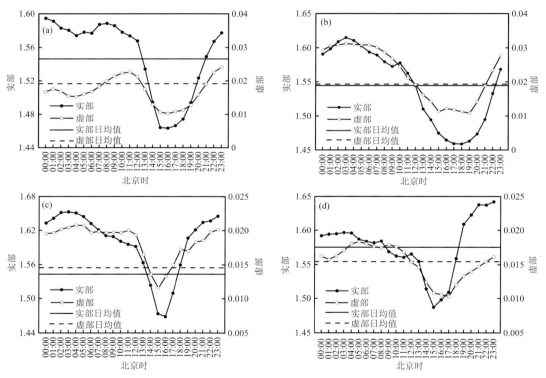

图 4.16 DACRI 的日变化

(a)2017 年 12 月 15 日;(b)2017 年 12 月 18 日;(c)2017 年 12 月 25 日;(d)2017 年 12 月 22 日

由图 4.16 可见,尽管 4 个典型日的空气质量状况差异很大,相关气象条件也不尽相同,但"干"气溶胶复折射率日变化形态却呈现出明显的共性。具体而言,00 时至 10 时这段时间内,DACRI 的实部和虚部总体在其各自日均值上方波动,10 时至次日 00 时这段时间内,DACRI 的实部和虚部则又呈现出"V"型或"U"型特征,"V"型或"U"型底部时段出现在 15—18 时。这里将"V"型或"U"型统称为"谷"型,二者形态的差异主要取决于 DACRI 在底部的持续时间。针对 27 d DACRI 日变化形态的进一步统计分析表明,"单谷"型的占比高达 92.6%。另外,受多种复合因素的共同影响,其余 2 d 气溶胶等效复折射率在日内呈现出不规则的波动。上述诊断结果表明,研究区冬季 DACRI 实部和虚部的日变化形态基本一致,主要表现为"单谷"型特征,二者的谷值出现时段位于 15—18 时。为消除不同样本个例差异可能带来的影响,绘制了研究时段内 DACRI 日变化的合成图(图 4.17),该图进一步佐证了上述统计结论。

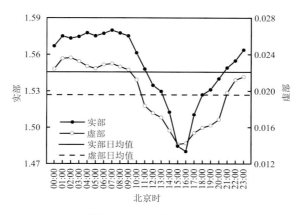

图 4.17　DACRI 日变化

(2)干气溶胶复折射率实部对散射消光的影响分析

"干"气溶胶散射消光是大气消光的主体,并与气溶胶质量浓度(PM_x)及其化学组分的变化密切相关(刘新罡 等,2006;刘新民 等,2004;杨寅山 等,2019a)。

$$b_{sca} = \frac{1\langle Q_{sca}\rangle}{4\langle r\rangle \rho} \cdot PM_x \tag{4.14}$$

式中:ρ 为"干"气溶胶的平均密度;$\langle Q_{sca}\rangle$ 和 $\langle r\rangle$ 分别为归一化"干"气溶胶散射效率和有效半径。

$$PM_x = \frac{4}{3}\pi\rho \int_0^x r^3 n(r)\mathrm{d}r \tag{4.15}$$

$$\langle Q_{sca}\rangle = \frac{\int_0^x Q_{sca}(r,\lambda,m)n(r)r^2 \mathrm{d}r}{\int_0^x n(r)r^2 \mathrm{d}r} \tag{4.16}$$

$$\langle r\rangle = \frac{\int_0^x r^3 n(r)\mathrm{d}r}{\int_0^x r^2 n(r)\mathrm{d}r} \tag{4.17}$$

"干"气溶胶散射系数与质量浓度的正相关关系已经在实际研究中得到验证,并已成为气溶胶质量浓度反演的重要手段(陶金花 等,2013;韩道文 等,2006),见式(4.18)。

$$b_{sca} = A \times PM_x + B \tag{4.18}$$

式中:待定参数 A 和 B 由建模样本确定。由上式可知,参数 A 是归一化"干"气溶胶散射效率的函数,并与等效复折射率实部的变化密切相关。为深入了解其中的作用机制,进一步给出了研究时段内 $PM_{2.5}$ 和 PM_{10} 质量浓度日变化的合成图(图 4.18)。

由该图可见,$PM_{2.5}$ 和 PM_{10} 质量浓度日变化形态基本一致,二者在 00—10 时这段时间内总体处于一天中的高值区,并呈现出一定的上升趋势,于 10 时前后达到峰值,"谷"值出现时刻

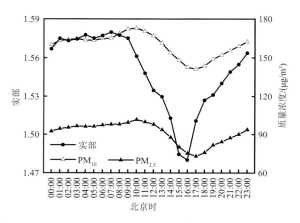

图 4.18　DACRI 实部、PM_{10}、$PM_{2.5}$ 质量浓度的日变化合成

在 17 时前后,随后在 17 时到次日 00 时这段时间内渐进升高。虽然 $PM_{2.5}$ 和 PM_{10} 质量浓度日变化表现为"单峰单谷"型,但二者与 DACRI 实部日变化仍存在很好的结构相似性(图 4.18)。计算表明,$PM_{2.5}$ 和 PM_{10} 质量浓度与 DACRI 实部相关系数分别为 0.793、0.776(通过 0.01 显著水平检验)。由式(4.18)不难得出,实部的增大(减小)通过归一化"干"气溶胶散射效率将导致参数 A 的增大(减小)(陶宗明 等,2004),进而与质量浓度一起对"干"气溶胶散射消光产生放大(缩小)效应。

　　由以上分析可见,就日时间尺度上而言,DACRI 实部与质量浓度统计上对其散射消光的演化存在协同作用,并可能是利用"干"气溶胶散射消光系数反演质量浓度误差的重要来源。

　　(3)干气溶胶复折射率虚部对吸收消光的影响分析

　　研究表明(张智察 等,2019a),黑碳质量浓度在粗颗粒物中的占比(BC/PM_{10})是影响 DACRI 虚部变化最重要的质量浓度指标,基于本节数据的计算结果显示,二者的相关系数为 0.786(通过 0.01 显著水平检验)。黑碳气溶胶作为大气气溶胶的重要组成部分,由于其能强烈吸收太阳的短波辐射,代表了"干"气溶胶的吸收消光能力。由此可见,黑碳质量浓度的变化实际上反映了"干"气溶胶吸收消光的演化。为消除"干"气溶胶质量浓度的影响,定义单位质量"干"气溶胶的吸收消光系数为 e_{abs},见式(4.19),进一步绘制其与 DACRI 虚部的散点图(图 4.19)。由该图可见,二者的相关系数为 0.693(通过 0.01 显著水平检验)。上述分析表明,DACRI 虚部是单位质量"干"气溶胶吸收消光能力的重要表征,这是对该参数物理意义的进一步阐释。

$$e_{abs} = \frac{b_{abs}}{PM_{10}} \tag{4.19}$$

式中:b_{abs} 为"干"气溶胶吸收消光系数。

　　基于黑碳质量浓度在粗颗粒物中的占比与 DACRI 虚部的统计关系,将式(4.4)转化为式(4.20),并进一步得到式(4.21)。

$$b_{abs532} = 8.28 \times \frac{BC}{PM_{10}} \cdot PM_{10} + 2.23 \tag{4.20}$$

$$b_{abs550} = c \cdot n_i \cdot PM_{10} + d \tag{4.21}$$

式中:n_i 为 DACRI 的虚部;c 和 d 为待定参数。

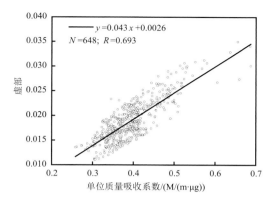

图 4.19　DACRI 虚部与单位质量"干"气溶胶吸收系数的散点图

　　基于 PM_{10} 质量浓度日变化的分析结果,不难发现其与 DACRI 虚部的日变化也存在结构相似性,见图 4.20,二者的相关系数为 0.754(通过 0.01 显著水平检验)。由式(4.20)可见,在日时间尺度上,DACRI 虚部与质量浓度(PM_{10})统计上对"干"气溶胶吸收消光的演化存在协同作用。另外,DACRI 与质量浓度协同作用对"干"气溶胶消光影响的定量分析将另外探讨。

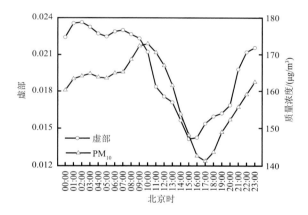

图 4.20　DACRI 虚部与 PM_{10} 质量浓度的日变化

4.3.2.3　"干"气溶胶等效复折射率与其质量浓度指标的相关关系研究

　　(1)"干"气溶胶等效复折射率的变化特征

　　对研究样本的计算结果按时间排序(序号 $k=1,2,\cdots,132$),计算"干"气溶胶复折射率实部和虚部,二者的时间序列如图 4.21 所示。

　　由图 4.21 可见,"干"气溶胶等效复折射率实部和虚部序列均呈现出较大的波动,这无疑会对大气消光的演化产生重要影响。"干"气溶胶等效复折射率实部和虚部分别为(1.55 ± 0.0450)和(0.022 ± 0.0075),实部和虚部与通常的参数取值和相关测量结果基本一致(Han et al.,2009;董骁 等,2018)。进一步计算了实部和虚部序列的其他统计指标,见表 4.8。由表 4.8 可见,"干"气溶胶等效复折射率的实部和虚部的变差系数分别为 0.029 和 0.340,表明实部时间序列总体相对变化不大,虚部时间序列则存在较大的相对变化幅度。"干"气溶胶等效复折射率的上述统计特征反映了研究区气溶胶化学组分及其随粒径变化的特殊性和复杂性,相关结论也为后续大气消光演化机理的诊断奠定了基础。

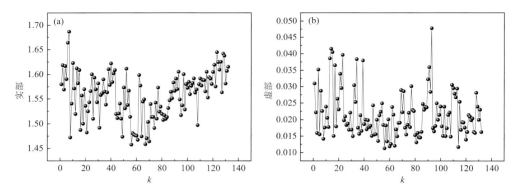

图 4.21　"干"气溶胶等效复折射率实部 n_{re}(a)和虚部 n_i(b)时间序列

表 4.8　"干"气溶胶等效复折射率的统计参数

复折射率	最小值	最大值	平均值	标准偏差	变差系数
实部（n_{re}）	1.450	1.650	1.550	0.045	0.029
虚部（n_i）	0.0110	0.0510	0.0220	0.0075	0.3400

（2）"干"气溶胶等效复折射率实部与主要颗粒物质量浓度指标的相关关系

由于特定颗粒物质量浓度指标代表了相对比较固定的化学组分来源,故通过对多种颗粒物质量浓度指标综合信息的挖掘可以更好地表征某些关键组分的信息,进而为揭示"干"气溶胶等效复折射率变化提供依据。为此,基于前述的观测资料,选择 10 种主要的颗粒物质量浓度指标。其中 C_{BC}、C_{PM_1}、$C_{PM_{2.5}}$ 和 $C_{PM_{10}}$ 分别代表 BC、PM_1、$PM_{2.5}$ 和 PM_{10} 这 4 种颗粒物质量浓度,C_{BC/PM_1}、$C_{BC/PM_{2.5}}$、$C_{BC/PM_{10}}$、$C_{PM_1/PM_{2.5}}$、$C_{PM_1/PM_{10}}$ 和 $C_{PM_{2.5}/PM_{10}}$ 则分别代表 BC/PM_1、BC/$PM_{2.5}$、BC/PM_{10}、PM_1/$PM_{2.5}$、PM_1/PM_{10} 和 $PM_{2.5}$/PM_{10} 这 6 种颗粒物质量浓度之比。首先分别绘制它们与"干"气溶胶等效复折射率实部的散点图。结果如下。①"干"气溶胶等效复折射率的实部随 $C_{PM_1/PM_{10}}$、$C_{PM_1/PM_{2.5}}$、$C_{PM_{2.5}/PM_{10}}$ 和 C_{PM_1} 的增大而增大,对应的决定系数分别为 0.53、0.21、0.20 和 0.10(通过显著水平 $\alpha=0.01$ 的显著性检验)。②"干"气溶胶等效复折射率实部与 $C_{PM_1/PM_{10}}$ 和 $C_{PM_1/PM_{2.5}}$ 的相关最好(图 4.22),其方差的 53% 和 21% 可分别由 $C_{PM_1/PM_{10}}$ 和 $C_{PM_1/PM_{2.5}}$ 予以解释。③"干"气溶胶等效复折射率实部与其他颗粒物质量浓度指标不存在显著相关(图略),均未通过显著性水平 $\alpha=0.01$ 的显著性检验。上述统计结果表明,超细颗粒物在粗颗粒物以及细颗粒物质量浓度中的占比是决定"干"气溶胶等效复折射率实部变化最重要的质量浓度指标,二者之间呈现出显著的正相关。

由于硫酸盐和硝酸盐对复折射率实部贡献很大,其质量浓度的升高在提升 $I_{PM_1/PM_{10}}$ 和 $I_{PM_1/PM_{2.5}}$ 的同时,也会诱发"干"气溶胶等效复折射率实部的增大,相应的斜率分别为 0.53 和 0.21。另外,相对于 $C_{PM_1/PM_{2.5}}$ 而言,$C_{PM_1/PM_{10}}$ 能更好地表征硫酸盐和硝酸盐质量浓度对"干"气溶胶等效复折射率实部的贡献。因此,"干"气溶胶等效复折射率实部随 $C_{PM_1/PM_{10}}$ 和 $C_{PM_1/PM_{2.5}}$ 的增大而增大,并与 $C_{PM_1/PM_{10}}$ 存在最好的相关。

（3）"干"气溶胶等效复折射率虚部与主要颗粒物质量浓度指标的相关关系

在（2）相关诊断的基础上,为进一步探究上述主要颗粒物质量浓度指标对"干"气溶胶等效

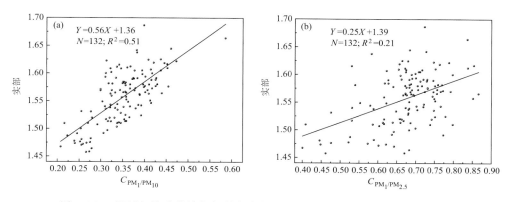

图 4.22　"干"气溶胶等效复折射率实部(n_{re})与颗粒物质量浓度指标的散点
（a）实部(n_{re})与 $C_{PM_1/PM_{10}}$；（b）实部(n_{re})与 $C_{PM_1/PM_{2.5}}$

复折射率的影响,绘制了 C_{BC}、C_{PM_1}、$C_{PM_{2.5}}$、$C_{PM_{10}}$、C_{BC/PM_1}、$C_{BC/PM_{2.5}}$、$C_{BC/PM_{10}}$、$C_{PM_1/PM_{2.5}}$、$C_{PM_1/PM_{10}}$ 和 $C_{PM_{2.5}/PM_{10}}$ 与"干"气溶胶等效复折射率虚部的散点图,如图 4.23 所示。①"干"气溶胶等效复折射率虚部随 $C_{BC/PM_{10}}$、$C_{PM_1/PM_{2.5}}$、$C_{PM_1/PM_{2.5}}$、$C_{PM_1/PM_{10}}$ 和 C_{BC/PM_1} 的增大而增大,对应的决定系数分别为 0.47、0.42、0.20、0.17 和 0.11(均通过显著水平 $\alpha=0.01$ 的显著性检验);②"干"气溶胶等效复折射率虚部与 $C_{BC/PM_{10}}$ 和 $C_{BC/PM_{2.5}}$ 的相关最好(图 4.23),其方差的 47% 和 42% 可分别由 $C_{BC/PM_{10}}$ 和 $C_{BC/PM_{2.5}}$ 予以解释;③"干"气溶胶等效复折射率的虚部与其他颗粒物质量浓度指标不存在显著的相关(图略),均未通过显著水平 $\alpha=0.01$ 的显著性检验。上述统计结果表明,黑碳质量浓度在粗颗粒物以及细颗粒物质量浓度中的占比是决定气溶胶等效复折射率虚部变化最重要的质量浓度指标,二者之间呈现出显著的正相关。

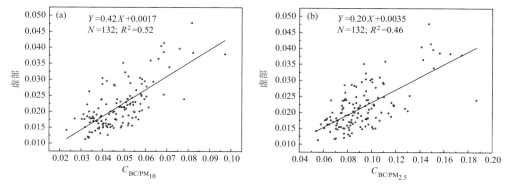

图 4.23　"干"气溶胶等效复折射率虚部(n_i)与颗粒物质量浓度指标的散点图
（a）虚部(n_i)与 $C_{BC/PM_{10}}$；（b）虚部(n_i)与 $C_{BC/PM_{2.5}}$

计算表明,黑碳气溶胶复折射率的虚部为 0.66,远大于气溶胶中其他主要物质如硫酸盐、硝酸盐和有机碳等的虚部(相应值分别为 0.00015、0.00010 和 0.00100)(刘新民 等,2004)。由于黑碳复折射率虚部相对较大,其质量浓度的微小变化就能导致"干"气溶胶等效复折射率虚部的较大波动。因此,黑碳质量浓度的升高在提升 $C_{BC/PM_{10}}$ 和 $C_{BC/PM_{2.5}}$ 质量浓度指标的同时,也诱发了"干"气溶胶等效复折射率虚部的增长,相应的斜率分别为 0.44 和 0.22。另外,相对 $C_{BC/PM_{2.5}}$ 而言,$C_{BC/PM_{10}}$ 能更好地表征黑碳质量浓度对"干"气溶胶等效复折射率虚部的贡献。因此,"干"气溶胶等效复折射率虚部随 $C_{BC/PM_{10}}$ 和 $C_{BC/PM_{2.5}}$ 的增大而增大,并与 $C_{BC/PM_{2.5}}$ 存在最好的相关。

4.3.2.4　干气溶胶复折射率的参数化方案

（1）干气溶胶复折射率与颗粒物质量浓度之比的相关关系分析

与体积加权法计算 DACRI 的原理（Chan et al.，1999；Sloane et al.，1983；Ebert et al.，2001；Wex et al.，2002；Cheng et al.，2006）相似,尤其相似于 Wex（2002）和 Cheng（2006）所采用的双组分光学气溶胶模型,即认为颗粒物质量浓度之比在一定程度上可表征气溶胶化学组分信息,进而可用于计算 DACRI（Chan et al.，1999；Sloane et al.，1983；Ebert et al.，2001；Wex et al.，2002；Cheng et al.，2006）。因此,本节以 C_{BC}/C_{PM_1}、$C_{BC}/C_{PM_{2.5}}$、$C_{BC}/C_{PM_{10}}$、$C_{PM_1}/C_{PM_{2.5}}$、$C_{PM_1}/C_{PM_{10}}$ 和 $C_{PM_{2.5}}/C_{PM_{10}}$ 分别代表 BC/PM₁、BC/PM₂.₅、BC/PM₁₀、PM₁/PM₂.₅、PM₁/PM₁₀ 和 PM₂.₅/PM₁₀ 这 6 种颗粒物质量浓度之比,进一步分析建模数据集的 DACRI 与这 6 种颗粒物质量浓度之比的相关关系（表 4.9）。

表 4.9　DACRI 与 6 种颗粒物质量浓度之比的相关系数

干气溶胶复折射率	颗粒物质量浓度之比					
	C_{BC}/C_{PM_1}	$C_{BC}/C_{PM_{2.5}}$	$C_{BC}/C_{PM_{10}}$	$C_{PM_1}/C_{PM_{2.5}}$	$C_{PM_1}/C_{PM_{10}}$	$C_{PM_{2.5}}/C_{PM_{10}}$
实部（n_{re}）	0.210*	0.420*	0.130*	0.360*	0.092	−0.370*
虚部（n_i）	0.53*	0.81*	0.65*	0.42*	0.16*	−0.13

* 代表通过了 $P<0.001$ 的显著性检验。

DACRI 的 n_{re} 与 $C_{BC}/C_{PM_{2.5}}$、$C_{PM_1}/C_{PM_{2.5}}$ 呈现出一定的正相关（$P<0.001$）,其相关系数分别为 0.42 和 0.36；并与 $C_{PM_{2.5}}/C_{PM_{10}}$ 呈现出一定的负相关（$P<0.001$）,相关系数为 −0.37。BC 是气溶胶中粒子实部最大的物质（高达 1.96）。无机盐粒子的实部次之（如硝酸盐为 1.55、氯化钠为 1.52、硫酸盐为 1.76）（Chan et al.，1999）,其数浓度在总气溶胶中具有很大的占比。参考体积加权原理, $C_{BC}/C_{PM_{2.5}}$、$C_{PM_1}/C_{PM_{2.5}}$ 的增大势必意味着 BC 和无机盐对 DACRI 的 n_{re} 正向贡献的增大,因此其与 $C_{BC}/C_{PM_{2.5}}$、$C_{PM_1}/C_{PM_{2.5}}$ 呈现出一定的正相关；二次有机气溶胶的实部相对较低,但其在城市大气的 PM₂.₅ 中却具有较大的占比（Bandowe et al.，2014；Pandis et al.，1993；Yang et al.，2007；Kabe et al.，1963）,同理, $C_{PM_{2.5}}/C_{PM_{10}}$ 的增大意味着二次有机气溶胶对 DACRI 的 n_{re} 负向贡献的增大,因此其与 $C_{PM_{2.5}}/C_{PM_{10}}$ 呈现出一定的负相关。颗粒物质量浓度之比对气溶胶化学组分信息的表征不全很可能是引起上述相关系数偏小的最主要因素。但总体而言,BC 对 n_{re} 的贡献最大,PM₁ 略低,这可能与 PM₁ 中不同化学组分对 n_{re} 正、负贡献的相互抵消有关。PM₂.₅ 的负向贡献最大,这可能与随着粒径的增大,对 n_{re} 起负向贡献作用的化学组分含量也随之增大有关。相较于仅考虑 BC 作为化学组分的双组分光学气溶胶模型（Wex et al.，2002；Cheng et al.，2006）,以颗粒物质量浓度之比作为自变量来计算 n_{re} 的相关系数可能将有所提升。

DACRI 的 n_i 与 $C_{BC}/C_{PM_{2.5}}$、$C_{BC}/C_{PM_{10}}$、C_{BC}/C_{PM_1}、$C_{PM_1}/C_{PM_{2.5}}$ 呈现出显著的正相关,其相关系数分别为 0.81、0.65、0.53、0.42（$P<0.001$）。BC 是气溶胶中粒子虚部最大的物质（高达 0.66）,而其余则均接近于 0,并且主要分布于 0.01~0.05 μm 的粒径范围。同样参考体积加权原理, $C_{BC}/C_{PM_{2.5}}$、$C_{BC}/C_{PM_{10}}$、C_{BC}/C_{PM_1}、$C_{PM_1}/C_{PM_{2.5}}$ 的增大意味着 BC 对 DACRI 的 n_i 正向贡献的增大,因此 DACRI 的 n_i 与 $C_{BC}/C_{PM_{2.5}}$、$C_{BC}/C_{PM_{10}}$、C_{BC}/C_{PM_1}、$C_{PM_1}/C_{PM_{2.5}}$ 呈现出最显著的正

相关。相较于 n_{re}，影响 n_i 的化学组分较为单一(可仅考虑 BC)(吴兑 等，2009)，因此 n_i 与颗粒物质量浓度之比的相关系数要显著大于 n_{re}。

(2)干气溶胶复折射率参数化方案的构建

若以 6 种颗粒物质量浓度之比作为自变量，以建模数据集 DACRI 的 n_{re} 和 n_i 分别作为因变量，自变量之间存在显著的相关(表 4.10)，即共线性问题的出现将使得普通线性回归方法难以准确计算 DACRI。为此，本节采用逐步线性回归方法(Kabe et al.，1963)来构建 DACRI 的参数化方案，分别见式(4.22)和式(4.23)，相关统计分析见表 4.11。表 4.11 中的容差表示该变量不能由方程中其他自变量解释的方差所占的构成比，其值的倒数为方差膨胀因子(VIF)，容差越小 VIF 越大，则说明该自变量与其他自变量的线性关系愈密切，共线性问题则越严重。统计学研究认为，当 VIF 大于 3 时将带来严重的共线性问题，并导致参数估计不稳定(Tu et al.，2007)。由表 4.11 可知，逐步线性回归方法有效地解决了不同自变量(颗粒物质量浓度之比)间的共线性问题，用于计算 n_{re} 和 n_i 的自变量个数均降低至 3 个，VIF 均小于 3。

$$n_{re} = 1.446 + 0.558 \times \frac{C_{BC}}{C_{PM_{2.5}}} - 0.121 \times \frac{C_{PM_{2.5}}}{C_{PM_{10}}} + 0.108 \times \frac{C_{PM_1}}{C_{PM_{2.5}}} \qquad (4.22)$$

$$n_i = -0.0161 + 0.200 \times \frac{C_{BC}}{C_{PM_{2.5}}} + 0.0223 \times \frac{C_{PM_1}}{C_{PM_{2.5}}} + 0.121 \times \frac{C_{BC}}{C_{PM_{10}}} \qquad (4.23)$$

表 4.10　不同颗粒物质量浓度之比之间的相关系数

颗粒物质量浓度之比	C_{BC}/C_{PM_1}	$C_{BC}/C_{PM_{2.5}}$	$C_{BC}/C_{PM_{10}}$	$C_{PM_1}/C_{PM_{2.5}}$	$C_{PM_1}/C_{PM_{10}}$	$C_{PM_{2.5}}/C_{PM_{10}}$
C_{BC}/C_{PM_1}	—	0.810*	0.670*	−0.350*	−0.340*	−0.120*
$C_{BC}/C_{PM_{2.5}}$	—	—	0.740*	0.240*	−0.073#	−0.260*
$C_{BC}/C_{PM_{10}}$	—	—	—	0.063#	0.430*	0.430*
$C_{PM1}/C_{PM_{2.5}}$	—	—	—	—	0.480*	−0.230*
$C_{PM_1}/C_{PM_{10}}$	—	—	—	—	—	0.740*
$C_{PM_{2.5}}/C_{PM_{10}}$	—	—	—	—	—	—

* 代表通过了 $P < 0.001$ 的显著性检验；# 代表通过了 $P < 0.01$ 的显著性检验。

表 4.11　DACRI 逐步线性回归分析

干气溶胶复折射率	统计参数	C_{BC}/C_{PM_1}	$C_{BC}/C_{PM_{2.5}}$	$C_{BC}/C_{PM_{10}}$	$C_{PM_1}/C_{PM_{2.5}}$	$C_{PM_1}/C_{PM_{10}}$	$C_{PM_{2.5}}/C_{PM_{10}}$
实部(n_{re})	容差	—	0.900	—	0.913	—	0.903
	方差膨胀因子	—	1.120	—	1.100	—	1.110
虚部(n_i)	容差	—	0.415	0.439	0.912	—	—
	方差膨胀因子	—	2.410	2.280	1.100	—	—

图 4.24 给出了该参数化方案针对 n_{re}(图 4.24a)和 n_i(图 4.24b)建模数据集的计算结果，n_{re} 和 n_i 的计算值与测量值的相关系数分别达到 0.54($P < 0.0001$)和 0.85($P < 0.0001$)，平均相对误差分别为 2.31% 和 15.18%，表明该参数化方案可有效表征 DACRI 与颗粒物质量浓度之比的关系，具备了较高的计算精度。

n_{re} 和 n_i 对自变量因子敏感性的不同很可能是导致两者计算值与测量值相关系数和平均相对误差存在差异的重要原因。此外，颗粒物质量浓度之比针对气溶胶化学组分信息的表征不全很可能是导致n_{re}与测量值相关系数偏低的主要原因。因此,更为全面细致的气溶胶化学组分将有助于改进干气溶胶复折射率计算值与测量值的相关关系以及平均相对误差,但这样也会增大对基础数据的获取难度并且带来计算结果的不确定,从而限制了其实用性,这也正是目前体积加权法的弊端。

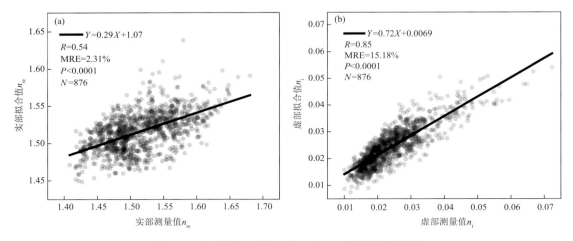

图 4.24 参数化方案计算的 DACRI 与测量值的散点

(a)n_{re};(b)n_i

(3)干气溶胶复折射率参数化方案的应用

为进一步评估该参数化方案的实用性,利用该参数化方案模拟了观测时段内一次灰霾演化过程(验证数据集)中的n_{re}、n_i、b_{sp}和b_{ap}。该灰霾演化过程起止时段为 2017 年 12 月 4 日 15 时—13 日 09 时(表 4.12)。

表 4.12 2017 年 12 月 1 日 16 时—7 日 18 时灰霾演化过程

起始时间	结束时间	演化进程	PM$_{2.5}$均值/($\mu g/m^3$)	相对湿度均值/%	能见度均值/km
2017-12-04 15:00	2017-12-06 14:00	持续期	74	72	4.40
2017-12-06 14:00	2017-12-08 10:00	消亡期	58	60	8.70
2017-12-08 10:00	2017-12-10 21:00	发展期	62	56	7.85
2017-12-10 21:00	2017-12-13 09:00	持续期	93	65	4.21

利用该参数化方案模拟了此次灰霾过程中的n_{re}(图 4.25a)和n_i(图 4.25b),二者的模拟值与测量值的平均相对误差分别为 1.81% 和 14.93%,略低于全部样本的平均相对误差。在此基础上,模拟了此次灰霾演化过程中的b_{sp}(图 4.26a)和b_{ap}(图 4.26b),二者的模拟值与测量值的相关系数分别为 0.98($P<0.0001$)和 0.91($P<0.0001$),平均相对误差分别为 7.43% 和 14.79%。综上可知,该参数化方案可有效模拟灰霾演化过程中的 DACRI、b_{sp}和b_{ap}。

n_{re}和n_i分别主要决定b_{sp}和b_{ap}。n_{re}模拟值与测量值 1.81% 的平均相对误差(图 4.25a)以及b_{sp}模拟值与测量值 7.43% 的平均相对误差(图 4.26a)表明b_{sp}对n_{re}的变化具有较高的敏感性。n_i模拟值与测量值 14.93% 的平均相对误差(图 4.25b)以及b_{sp}模拟值与测量值 14.79% 的平均相对误差(图 4.26b)表明,b_{ap}对n_i的变化呈现出较弱的敏感性。上述敏感性与相关研究结论一致。

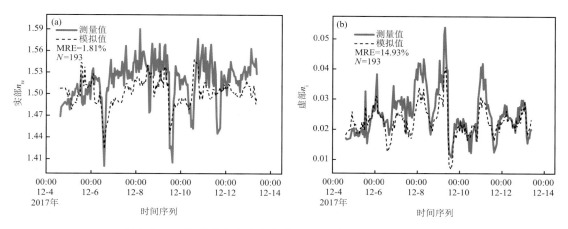

图 4.25 利用参数化方案模拟的 DACRI 与测量值的时间序列

（a）n_{re}；（b）n_i

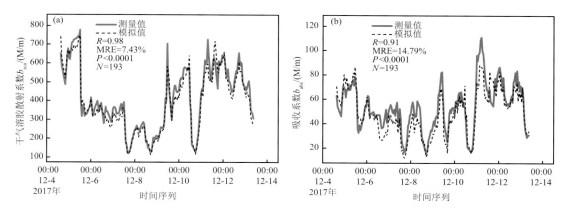

图 4.26 基于该参数化方案模拟的干气溶胶散射系数和吸收系数与测量值的时间序列

（a）b_{sp}；（b）b_{ap}

4.3.3 成都地区气溶胶吸湿增长

4.3.3.1 气溶胶吸湿增长因子算法

（1）气溶胶粒径吸湿增长因子的反演算法

利用免疫进化算法反演气溶胶粒径吸湿增长因子 Gf（RH）（张智察 等，2019b）。

（2）气溶胶散射吸湿增长因子的算法

利用"光学综合法"测量气溶胶散射吸湿增长因子 f（RH），见式（4.24），详见张智察等（2020）。

$$f(\mathrm{RH}) = \frac{b_{\mathrm{ext}}(\mathrm{RH}) - b_{\mathrm{ap}} - b_{\mathrm{ag}} - b_{\mathrm{sg}}}{b_{\mathrm{sp}}} \tag{4.24}$$

4.3.3.2 免疫进化算法反演均匀混合气溶胶吸湿增长因子

（1）算法的性能及反演结果

根据目前对气溶胶粒径吸湿增长因子 $Gf(\mathrm{RH})$ 取值范围的研究成果（孙景群 等,1983;1985),确定其寻优区间为$[1.000,10.000]$,据此给出免疫进化算法的相关计算参数,见表 4.13。

针对 806 个测试样本的反演结果表明,免疫进化算法均可稳定地收敛得到气溶胶粒径吸湿增长因子 $Gf(\mathrm{RH})$ 的全局最优解,平均进化代数为 12,平均相对误差 $f(x)$ 为 0.5％。由此可见,一方面,通过对 $Gf(\mathrm{RH})$ 的优化可以实现各物理量之间的闭合关系;另一方面,反演也存在较小的相对误差,这可能源于免疫进化算法参数的设置以及将 5 min/次的原始观测数据转化为小时数据的处理方式。

表 4.13 算法的相关计算参数

初始标准差	方差动态调整系数	总的进化序列	群体规模	相对误差允许上限
4.5	2	100	100	1％

在上述反演结果的基础上,绘制了气溶胶粒径吸湿增长因子 $Gf(\mathrm{RH})$ 随 RH 变化的散点图（图 4.27）。由图 4.27 可见,$Gf(\mathrm{RH})$ 随 RH 的增大开始总体呈现出平缓增长的趋势,在高相对湿度条件下（RH $>86％$）,$Gf(\mathrm{RH})$ 随 RH 的增大表现为快速增长的特征。这一结论与该区域气溶胶散射消光吸湿增长因子随 RH 变化的演变特征总体一致（张智察 等,2019）。

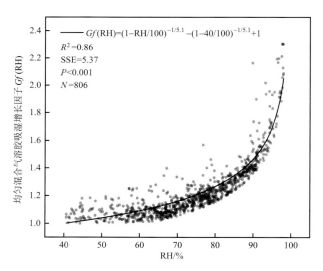

图 4.27 气溶胶粒径吸湿增长因子随 RH 的变化

（2）气溶胶吸湿增长模型及其适用性

气溶胶吸湿增长模型主要反映气溶胶粒径谱对相对湿度变化的响应关系,目前国际上普遍使用的模型主要有两种。模型 1 是 Kasten 基于气溶胶与水汽的平衡增长理论得到的吸湿增长通用模型（Kasten et al.,1969;孙景群 等,1985）,见式（4.25）。

$$Gf(\mathrm{RH}) = \left(1 - \frac{\mathrm{RH}}{100}\right)^{-\frac{1}{\mu}} \tag{4.25}$$

式中:μ 为常系数,对于海洋型气溶胶,$\mu=3.9$;对于工业区污染型气溶胶,$\mu=4.4$;对于大陆型气溶胶,$\mu=5.8$。

模型 2 是孙景群(1985)基于式(4.42)修正得到的吸湿增长模型,见式(4.26)。

$$Gf(\mathrm{RH}) = \left(1 - \frac{\mathrm{RH}}{100}\right)^{-\frac{1}{\mu}} - \left(1 - \frac{\mathrm{RH_0}}{100}\right)^{-\frac{1}{\mu}} + 1 \qquad (4.26)$$

式中:μ 的经验取值同式(4.25);$\mathrm{RH_0}$ 则为干燥气溶胶出现显著吸湿增长的临界相对湿度,对于海洋型气溶胶,$\mathrm{RH_0}=60$,对于北京、成都等地的大陆型气溶胶,$\mathrm{RH_0}=40$。

气溶胶化学组分对其吸湿性有重要影响,并存在较大的区域差异。基于上述两种吸湿增长模型分别拟合了图 4.27 中 $Gf(\mathrm{RH})$ 随 RH 变化的散点关系。结果表明,模型 2 和模型 1 拟合的 $Gf(\mathrm{RH})$ 与免疫进化算法反演的 $Gf(\mathrm{RH})$ 的决定系数分别为 0.86 和 0.76,残差平方和分别为 4.37 和 9.18,平均相对误差(MRE)分别为 1.28% 和 2.62%。由此得到了成都秋冬、季气溶胶吸湿增长模型(简称本地化模型),见图 4.27 和式(4.27),对应参数 μ 的取值为 5.1。

$$Gf(\mathrm{RH}) = \left(1 - \frac{\mathrm{RH}}{100}\right)^{-\frac{1}{5.1}} - \left(1 - \frac{40}{100}\right)^{-\frac{1}{5.1}} + 1 \qquad (4.27)$$

对于成都而言,模型 1 和模型 2 中 μ 均可取经验值 4.4,据此对比了模型 1、模型 2 以及本地化模型计算的 $Gf(\mathrm{RH})$,见图 4.28。①本地化模型计算的 $Gf(\mathrm{RH})$ 与模型 1 和模型 2 相应计算结果的变化趋势几近一致,对应的决定系数(R^2)均达到了 1.00。②相比于本地化模型计算的 $Gf(\mathrm{RH})$,模型 1 计算的 $Gf(\mathrm{RH})$ 系统性偏大,这种偏差随吸湿性的增强而增大。③在低吸湿性增长背景下,模型 2 与本地化模型计算 $Gf(\mathrm{RH})$ 的偏差相对较小;在高吸湿性增长条件下,模型 2 的计算值也表现为系统性偏大,但偏差幅度小于模型 1 的相应计算结果。

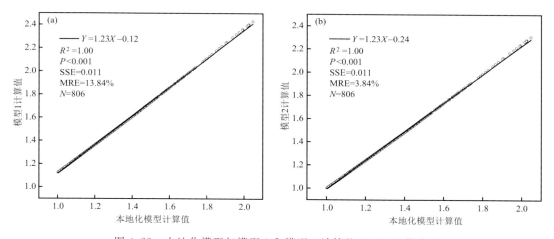

图 4.28　本地化模型与模型 1 和模型 2 计算的 $Gf(\mathrm{RH})$ 散点图

为评估气溶胶吸湿增长模型 1、模型 2 以及本地化模型之间差异性对气溶胶消光的影响,分别利用这 3 种模型计算的 $Gf(\mathrm{RH})$ 模拟了 550 nm 波长处的环境条件下气溶胶散射系数和吸收系数。另外,还计算了 550 nm 波长处的环境条件下气溶胶吸收系数,利用间接法得到 550 nm 波长处的环境条件下气溶胶散射系数,并将其作为实际气溶胶的吸收系数和散射系数。据此进一步将 3 种模型模拟的气溶胶散射和吸收系数与实际散射和吸收系数进行了统计,结果见表 4.14。

表 4.14　基于模型 1、模型 2 以及本地化模型模拟的散射和吸收系数与实际散射和吸收系数的统计分析

气溶胶消光系数/(M/m)	残差平方和/(M/m²)			平均相对误差/%			决定系数		
	模型 1	模型 2	本地化模型	模型 1	模型 2	本地化模型	模型 1	模型 2	本地化模型
散射系数 b_{sp}	2.62×10^7	1.67×10^7	1.05×10^7	52.50	21.36	12.54	0.94	0.94	0.94
吸收系数 b_{ap}	2694.50	1995.72	1687.43	5.27	4.41	4.08	0.99	0.99	0.99

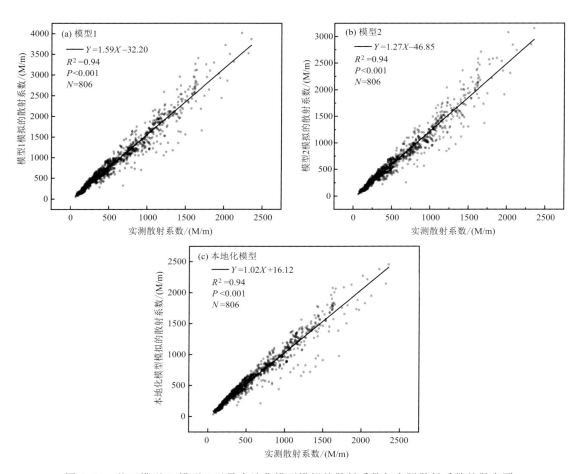

图 4.29　基于模型 1、模型 2 以及本地化模型模拟的散射系数与实际散射系数的散点图

　　由表 4.14 可知,就气溶胶吸收系数的统计分析结果而言,虽然 3 种模型模拟的气溶胶吸收系数与实际值的决定系数(R^2)均为 0.99,但本地化模型模拟的气溶胶吸收系数与实际值的残差平方和与平均相对误差均略优于模型 1 和模型 2 的相应模拟结果。围绕大气消光特征的相关研究表明,黑碳的吸湿增长近似可以忽略,即气溶胶吸收系数对气溶胶吸湿增长因子 Gf(RH)的变化表现为弱敏感性(Koschmieder,1924;张智察 等,2020;张泽锋 等,2017),本节的上述模拟结果与此结论一致。

　　另外,气溶胶的吸湿性会导致其粒径的明显增长(何镓祺 等,2016),加之密度和复折射率减小的协同作用,必将改变气溶胶的辐射参数。为直观展示基于不同气溶胶吸湿增长模型计

算结果的差异,绘制了模型 1、模型 2 以及本地化模型模拟的气溶胶散射系数与实际气溶胶散射系数的散点图(图 4.29)。综合表 4.14 和图 4.29 可知,模型 1、模型 2 以及本地化模型模拟的气溶胶散射系数与实际气溶胶散射系数决定系数(R^2)均为 0.94,但本地化模型模拟的气溶胶散射系数与实际值的残差平方和与平均相对误差显著优于模型 1 和模型 2 的相应模拟结果,并极大地提升了气溶胶散射系数的模拟精度。

4.3.3.3　气溶胶粒径吸湿增长与散射吸湿增长的关系

(1)$Gf(RH)$ 和 $f(RH)$ 随 RH 的变化特征

基于 1221 个研究样本的 $Gf(RH)$ 和 $f(RH)$,进一步计算了 $Gf(RH)$ 和 $f(RH)$ 的主要统计参数(表 4.15)。由表 4.15 可知,研究区秋、冬季 $Gf(RH)$ 和 $f(RH)$ 分别为 1.26 ± 0.25 和 2.02 ± 1.55,这表明 RH 的变化对气溶胶粒径和散射消光均产生了显著的影响;$Gf(RH)$ 和 $f(RH)$ 对应的变差系数分别为 0.20 和 0.77,即相比于 $Gf(RH)$ 而言,$f(RH)$ 对 RH 的变化表现出更高的敏感性;$Gf(RH)$ 的统计结果与污染型气溶胶总体相近(Kasten et al.,1969),$f(RH)$ 则高于京津冀和长三角(临安)地区在相同条件下的测量值(Zhang et al.,2015;Chen et al.,2014a;Qi et al.,2018;Yan et al.,2009),表明研究区秋、冬季高湿气象条件对大气消光及辐射强迫效应将有重要影响。

表 4.15　$Gf(RH)$ 和 $f(RH)$ 的主要统计参数

因子	最小值	最大值	平均值	均方差	变差系数
$Gf(RH)$	1.00	2.89	1.26	0.25	0.20
$f(RH)$	1.00	14.27	2.02	1.55	0.77

绘制成都 $Gf(RH)$ 和 $f(RH)$ 随 RH 变化的散点图(图 4.30)。根据该区域秋、冬季 $Gf(RH)$ 和 $f(RH)$(张智察 等,2020)参数化方案的研究结论,本节拟合获得了 $Gf(RH)$ 和 $f(RH)$ 随 RH 变化的最优参数化方案,分别见式(4.28)和式(4.29),拟合结果见图 4.30。

$$Gf(RH) = (1-\frac{RH}{100})^{-\frac{1}{5.20}} - (1-\frac{40}{100})^{-\frac{1}{5.20}} + 1 \qquad (4.28)$$

$$f(RH) = 0.21\times(1-\frac{RH}{100})^{-1} - 0.00039\times(1-\frac{RH}{100})^{-2} + 0.67 \qquad (4.29)$$

由图 4.30 以及式(4.28)和式(4.29)可知,研究区秋、冬季 $Gf(RH)$ 和 $f(RH)$ 随 RH 的增大均呈现出连续增长的特征,二者演化形态非常相似。当 RH<85% 时,$Gf(RH)$ 和 $f(RH)$ 随 RH 的上升均表现为平缓式增长;当 RH>85% 时,$Gf(RH)$ 和 $f(RH)$ 随 RH 的升高则均呈现出爆发式增长,表明研究区秋、冬季气溶胶在约 85% 的 RH 会出现明显潮解,这与已有的相关研究结论(张智察 等,2020;杨寅山 等,2019b;陶金花 等,2015;刘新罡 等,2009)基本一致。

(2)$f(RH)$ 随 $Gf(RH)$ 变化的函数关系

根据米散射理论,气溶胶粒径吸湿增长是气溶胶散射系数吸湿增长最重要的影响因素。由图 4.31 可见,在气溶胶潮解点对应的 RH(85%)下,$f(RH)$ 与 $Gf(RH)$ 的均值分别为 1.8 和 1.3;在潮解点之前(RH<85%),$f(RH)$ 随 $Gf(RH)$ 的增大总体表现为平缓增大;在潮解点之后(RH>85%),由于受到气溶胶粒径吸湿增长与气溶胶中二次无机盐含量升高的协同作用(刘凡 等,2018),$f(RH)$ 随 $Gf(RH)$ 的增大而急剧增大;随着 RH 的进一步增大,气溶胶表面含水量的过度累积以及强散射粒子的不断溶解将使得散射系数的吸湿增长不再明显,因此

$f(\mathrm{RH})$ 随 $Gf(\mathrm{RH})$ 增大的增长趋势将逐渐趋于平缓。

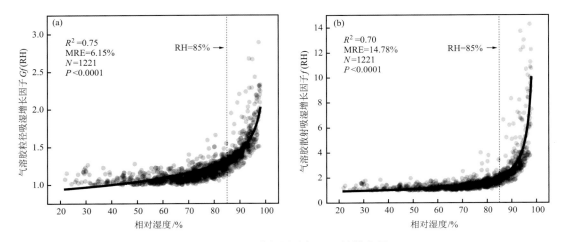

图 4.30　吸湿增长因子与 RH 的散点图

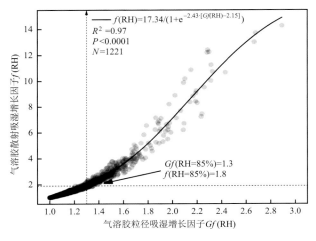

图 4.31　$f(\mathrm{RH})$ 和 $Gf(\mathrm{RH})$ 的散点图

　　综上所述,$f(\mathrm{RH})$ 随 $Gf(\mathrm{RH})$ 的增大总体呈现出缓增、急增、缓增的演化特征,这与 sig-moid 函数,即式(4.30)的形态总体一致。

$$f(\mathrm{RH}) = \frac{a}{1 + \mathrm{e}^{c \cdot [Gf(\mathrm{RH}) - b]}} \qquad (4.30)$$

式中:a、b、c 为实值参数,a 为 sigmoid 函数的极大值,决定了地区 $f(\mathrm{RH})$ 随 $Gf(\mathrm{RH})$ 增大的增长上限;b 为 sigmoid 函数二阶导数的 0 点,此时 $f(\mathrm{RH})$ 随 $Gf(\mathrm{RH})$ 增大的增长速率最大;c 决定了 sigmoid 函数的增长形态,其绝对值越小,函数的增长形态则越平缓;$f(\mathrm{RH})$ 为气溶胶散射吸湿增长因子;$Gf(\mathrm{RH})$ 为气溶胶粒径吸湿增长因子。针对 $f(\mathrm{RH})$ 测量值与 $Gf(\mathrm{RH})$ 反演值之间的 sigmoid 函数拟合结果表明,该函数可很好地表征 $f(\mathrm{RH})$ 随 $Gf(\mathrm{RH})$ 的变化特征(图 4.31),具体函数关系见式(4.31)。

$$f(\mathrm{RH}) = \frac{17.34}{1 + \mathrm{e}^{-2.43 \cdot [Gf(\mathrm{RH}) - 2.15]}} \qquad (4.31)$$

利用式(4.48)计算了 $f(\mathrm{RH})$,并绘制了计算值与测量值的散点图(图 4.32),以对比气溶胶散射吸湿增长模型(式(4.29))和 sigmoid 函数(式(4.31))这两种参数化方案针对 $f(\mathrm{RH})$ 的计算效果。Sigmoid 函数 $f(\mathrm{RH})$ 计算值与测量值的 R^2 和 MRE 分别为 0.97 和 4.01%(图 4.32b),对应的 R^2 从 0.70(图 4.30b)提升至 0.97(图 4.32b),MRE 则从 14.78%(图 4.30b)降至 4.01%(图 4.32b)。故相比于式(4.29),以 $Gf(\mathrm{RH})$ 为自变量的 sigmoid 函数(式(4.31))为 $f(\mathrm{RH})$ 的计算提供了更有效的参数化方案。

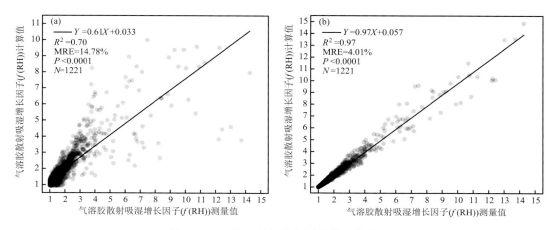

图 4.32　$f(\mathrm{RH})$ 计算值与测量值的散点图

（3）sigmoid 函数的适用性验证

为评估式(4.29)的适用性,利用该式模拟了观测时段内一次灰霾演化过程中表 4.16 的气溶胶光学特性。

表 4.16　一次灰霾过程的主要环境气象参数

起始	终止	演化阶段	RH/%	平均能见度 /km
2017 年 12 月 1 日 16:00	2017 年 12 月 2 日 03:00	发展期	69	9.7
2017 年 12 月 2 日 04:00	2017 年 12 月 6 日 08:00	持续期	76	4.0
2017 年 12 月 6 日 09:00	2017 年 12 月 7 日 18:00	消亡期	65	7.3

基于 $f(\mathrm{RH})$ 的测量值,利用式(4.31)拟合了此次灰霾过程中 $Gf(\mathrm{RH})$ 的时间序列(图 4.33),由图 4.33 可见,$Gf(\mathrm{RH})$ 拟合值与测量值基本一致,二者之间的 R^2 和 MRE 分别为 0.99($P<0.0001$)和 1.11%。受相对湿度多尺度变化的影响,$Gf(\mathrm{RH})$ 呈现出了单峰单谷的结构特征,峰值多出现在 06—08 时,谷值多出现在 13—15 时。

基于 $Gf(\mathrm{RH})$ 的拟合值,利用米散射理论进一步模拟了 550 nm 波长处环境条件下气溶胶散射系数 $b_{\mathrm{sp}}(\mathrm{RH})$ 与吸收系数 b_{ap}(图 4.34),$b_{\mathrm{sp}}(\mathrm{RH})$ 模拟值与测量值的 R^2 和 MRE 分别为 0.99($P<0.0001$)和 2.94%(图 4.34a),b_{ap} 的模拟值与其测量值的 R^2 和 MRE 分别为 0.98($P<0.0001$)和 5.24%(图 4.34b)。该模拟结果验证了 sigmoid 函数的适用性,并可能将有助于数值模式中气溶胶参数化方案的改进。

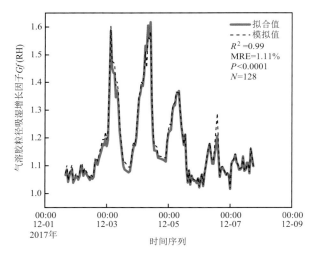

图 4.33　一次灰霾过程中 $Gf(\mathrm{RH})$ 测量值与拟合值的时间序列

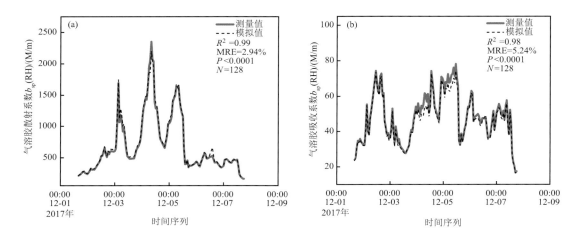

图 4.34　一次灰霾过程中气溶胶散射系数 $b_{\mathrm{sp}}(\mathrm{RH})$ 和吸收系数 b_{ap} 的时间序列

4.3.4　耦合气溶胶双参数化方案的大气能见度数值改进算法

4.3.4.1　能见度计算方案的设计

本节将前 2/3 时间序列的样本(763 个)作为下文 3 种大气能见度计算方案的建模数据集。后 1/3 时间序列的样本(382 个)作为验证数据集,用于比较各个方案在大气能见度模拟中的适用性。首先将大气能见度划分为<2 km、2~5 km、5~10 km 以及≥10 km 这 4 种范围,并对应给出了这 4 种大气能见度范围条件下常规气象要素的统计结果(表 4.17)。从表 4.17 可见,大气能见度越低,对应的 $PM_{2.5}$、BC、RH 总体越高。具体 3 种设计方案详见张智察等(2021)。

表 4.17　4 种范围大气能见度下常规气象要素的统计结果

V /km	PM$_{2.5}$均值 /(μg/m^3)	BC 均值 /(μg/m^3)	RH 均值 /%	$R(V, \mathrm{PM}_{2.5})$	$R(V, \mathrm{BC})$	$R(V, \mathrm{RH})$
<2	125.96	9.46	84.87	−0.012	−0.0035	−0.35
2~5	96.25	7.95	72.14	−0.410	−0.2200	−0.30
5~10	60.85	5.32	58.52	−0.610	−0.3200	−0.52
≥10	33.98	2.97	38.75	−0.820	−0.8100	−0.61

注：$R(V, \mathrm{PM}_{2.5})$、$R(V, \mathrm{BC})$、$R(V, \mathrm{RH})$ 分别表示 V 与 PM$_{2.5}$ 质量浓度、BC、RH 的相关系数。

4.3.4.2　三种能见度计算方案的适用性分析

（1）方案一

基于验证数据集，根据方案一模拟了大气能见度，并分别给出了上述不同大气能见度范围模拟值与其观测值的散点图（图 4.35）。模拟结果表明，4 种范围（<2 km、2~5 km、5~10 km 以及≥10 km）的大气能见度模拟值与其观测值的 R 分别为 0.72、0.80、0.64、0.84，MRE 分别为 21.63%、13.91%、16.00%、14.83%。并随着大气能见度范围的增大，方案一的模拟效果逐渐降低，小于 2 km 的低能见度（图 4.35a）模拟误差最大（21.63%）。结合表 4.17 与图 4.35 分析可知，小于 2 km 的低能见度与 RH 的 $R(V, \mathrm{RH})$ 为 −0.35，显著大于此时大气能见度与 PM$_{2.5}$ 和 BC 的 $R(V, \mathrm{PM}_{2.5})$ 和 $R(V, \mathrm{BC})$，因此推测高相对湿度条件下气溶胶吸湿增长的不确定性可能是引起统计模型模拟大气能见度误差的重要因素。

（2）方案二

基于验证数据集，根据方案二中 $n_{\mathrm{re}}(\mathrm{dry})$、$n_{\mathrm{i}}(\mathrm{dry})$ 与 μ 的经验取值，首先根据 $\mu=4.4$ 的经验取值模拟获得了对应的 $Gf(\mathrm{RH})$，其模拟值与观测值的 R 和 MRE 分别为 0.91 和 7.81%。虽然气溶胶粒径吸湿增长模型的参数 μ 为经验值 4.4，但 $Gf(\mathrm{RH})$ 模拟值与其观测值的散点分布（图 4.36）也能较好地体现不同 RH 条件下气溶胶粒径的吸湿增长特征，且误差尚在可接受范围之内。

其次，$n_{\mathrm{re}}(\mathrm{dry})$ 和 $n_{\mathrm{i}}(\mathrm{dry})$ 的经验取值与观测值的 R 均为 0，MRE 则分别为 2.79% 和 61.19%。在此基础上，基于前述 $Gf(\mathrm{RH})$ 的模拟结果，分别模拟了 ACRI（图 4.37）的 $n_{\mathrm{re}}(\mathrm{RH})$（图 4.37a）和 $n_{\mathrm{i}}(\mathrm{RH})$（图 4.37b），模拟结果表明，$n_{\mathrm{re}}(\mathrm{RH})$ 和 $n_{\mathrm{i}}(\mathrm{RH})$ 的模拟值与其观测值的 R 分别为 0.46 和 0.39，MRE 分别为 3.04% 和 78.78%。从上述模拟结果可知，即使 $n_{\mathrm{re}}(\mathrm{dry})$ 和 $n_{\mathrm{i}}(\mathrm{dry})$ 为经验取值，其本身存在着很大的不确定性，但气溶胶吸湿增长之后，相应光学参数变化的不确定性也会进一步加大。另外，环境相对湿度越大，$n_{\mathrm{re}}(\mathrm{RH})$ 和 $n_{\mathrm{i}}(\mathrm{RH})$ 与其观测值的相关系数也越大，表明相对湿度的增大会加强相对湿度对于折射率的决定作用。

根据前述模拟所得的 $Gf(\mathrm{RH})$、$n_{\mathrm{re}}(\mathrm{RH})$ 和 $n_{\mathrm{i}}(\mathrm{RH})$，依据方案二模拟获得了大气能见度，据此分别给出了上述不同大气能见度范围模拟值与其观测值的散点图（图 4.38）。4 种范围（<2 km、2~5 km、5~10 km 以及≥10 km）的大气能见度模拟值与其观测值的 R 分别为 0.68、0.91、0.90、0.92，MRE 分别为 22.79%、25.06%、22.85%、12.01%。由此可见，$Gf(\mathrm{RH})$、$n_{\mathrm{re}}(\mathrm{RH})$ 和 $n_{\mathrm{i}}(\mathrm{RH})$ 的经验取值会导致大气能见度模拟的重大误差。另外，对比方案一和方案二的模拟结果可推测，以相对湿度作为因变量的计算 ACRI 和 $Gf(\mathrm{RH})$ 的参数化方案，在进一步结合米散射模型后，可更全面地表征大气能见度的非线性演变特征，而且在不主要考

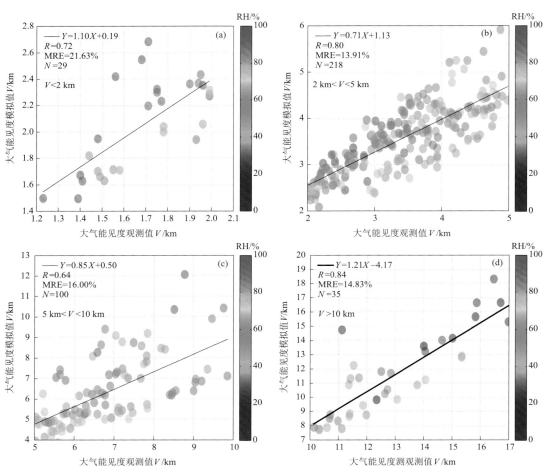

图 4.35 不同范围大气能见度方案一模拟值与其观测值的对比

(a)＜2 km;(b)2～5 km;(c)5～10 km;(d)≥10 km

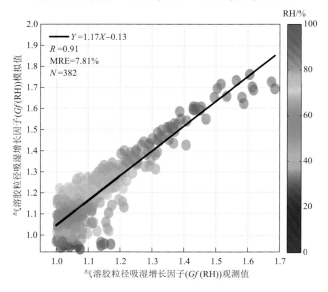

图 4.36 Gf(RH)方案二模拟值与其观测值的散点

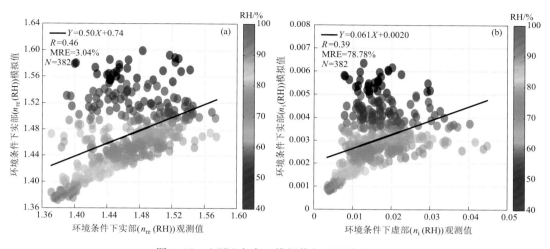

图 4.37　ACRI 方案二模拟值与观测值的对比

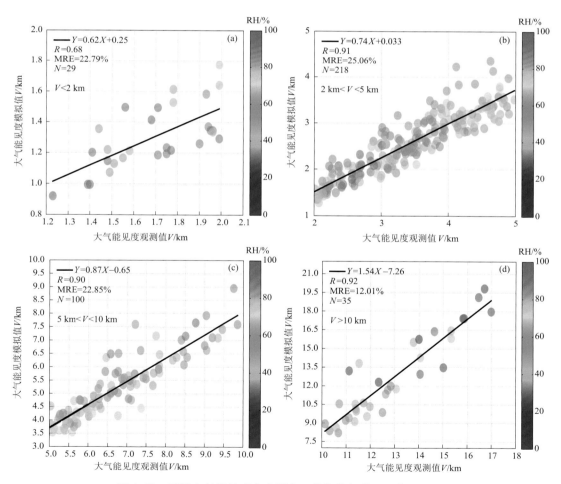

图 4.38　不同大气能见度方范围案二模拟值与其观测值的对比

虑颗粒物质量浓度的本节前提下,相对湿度在大气能见度的非线性演变中起着决定性作用,因此方案二中的 R 要显著高于方案一。当然,由于 $Gf(\mathrm{RH})$、$n_{\mathrm{re}}(\mathrm{RH})$ 和 $n_{\mathrm{i}}(\mathrm{RH})$ 来源于相关的经验取值,这不可避免地会引起很大的模拟误差。

（3）方案三

基于验证数据集,首先根据方案三中 $Gf(\mathrm{RH})$ 的成都秋、冬季本地化参数化方案模拟获得了验证集的 $Gf(\mathrm{RH})$,其模拟值与观测值的 R 和 MRE 分别为 0.91 和 4.24%(图 4.39)。相较于方案二中的经验参数化方案而言,采用本地化参数化方案模拟获得的 $Gf(\mathrm{RH})$ 精度更高。

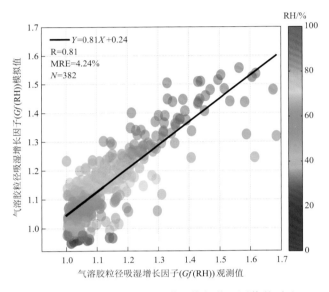

图 4.39　$Gf(\mathrm{RH})$ 方案三模拟值与其观测值的对比

基于上述 $Gf(\mathrm{RH})$ 的计算结果,分别模拟了干燥条件下气溶胶复折射率 DACRI 的 n_{re}(dry)(图 4.40a)和 n_{i}(dry)(图 4.40b),各自的模拟值与其观测值的 R 分别为 0.21 和 0.85,MRE 分别为 2.31% 和 13.36%。在 DACRI 和 $Gf(\mathrm{RH})$ 模拟结果的基础上,分别模拟了环境条件下气溶胶复折射率 ACRI 的 $n_{\mathrm{re}}(\mathrm{RH})$(图 4.40c)和 $n_{\mathrm{i}}(\mathrm{RH})$(图 4.40d),各自的模拟值与其观测值的 R 分别为 0.51 和 0.83,MRE 分别为 3.46% 和 18.84%,可见采用了本地化参数化方案的复折射率模拟效果有了显著的提升。

n_{re}(dry) 和 n_{i}(dry) 对参数化方案中自变量因子敏感程度的不同是导致两者模拟值与观测值 R 和 MRE 存在差异的重要因素。此外,本节的 DACRI 参数化方案虽然可以有效地模拟出 n_{re} 和 n_{i},但在气溶胶化学组分信息的表征上可能仍不够精细,这很可能是导致 ACRI 模拟结果存在不确定性的主要原因。通过对比图 4.40a 与图 4.40c 以及图 4.40b 和图 4.40d 可知,n_{re}(dry) 到 $n_{\mathrm{re}}(\mathrm{RH})$ 的模拟误差从 2.31% 提高至 3.46%,对应 n_{i}(dry) 到 $n_{\mathrm{i}}(\mathrm{RH})$ 的计算误差则从 13.36% 提高至 18.84%,这表明气溶胶的吸湿增长过程会增大 ACRI,$Gf(\mathrm{RH})$ 等关键气溶胶光学辐射参数的模拟误差,这一推论于方案二中针对大气能见度的模拟情况也有较好的体现,诸多研究结论也较好地验证了这一点(Sloane et al.,1985;Ycc et al.,1999;Ebert et al.,2002;Wex et al.,2002;Cheng et al.,2006)。

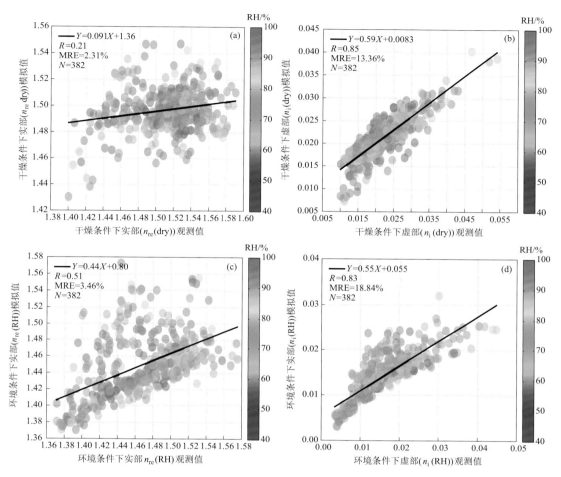

图 4.40　ACRI 方案三模拟值与观测值的对比

根据前述参数化方案模拟所得的 $Gf(\mathrm{RH})$ 和 ACRI,再依据方案三模拟获得了大气能见度,并分别给出了上述不同大气能见度范围模拟值与其观测值的散点图(图 4.41)。4 种范围(<2 km、$2\sim5$ km、$5\sim10$ km 以及 $\geqslant10$ km)的大气能见度模拟值与其观测值的 R 分别为 0.62、0.90、0.89、0.93,MRE 分别为 9.86%、10.39%、9.94%、14.06%。由此可见,较方案一和方案二而言,方案三的模拟效果在各方面均要显著占优。另外,在不主要考虑颗粒物质量浓度的本节前提下,方案三的 R 与方案二基本一致,但模拟精度显著更优,这也表明大气能见度非线性演变特征受相对湿度的主导程度较大,光学参数的准确性则主导了大气能见度的模拟精度。

通过耦合 DACRI 和 $Gf(\mathrm{RH})$ 的成都本地化参数化方案来估算气溶胶光学辐射参数,并基于米散射模型来模拟大气能见度,最终取得了比传统方法更优的模拟效果,这反映了本节 DACRI 和 $Gf(\mathrm{RH})$ 的参数化方案在气溶胶光学辐射强迫效应模拟中的适用性。随着大气化学模式(GEOS-Chem、WRF-Chem、WRF-CMAQ 等)以及大数据机器学习算法的不断发展,目前大气污染物(BC、PM_1、$PM_{2.5}$、PM_{10} 和 NO_2)、相对湿度 RH 及气溶胶数浓度粒径分布 $N(r)$ 的可预报性也在不断提高,这为大气化学模式的改进提供一定参考,例如在模式的输出数据中直接运用新参数化方案估算气溶胶参数,再进行气溶胶光学辐射效应的模拟。

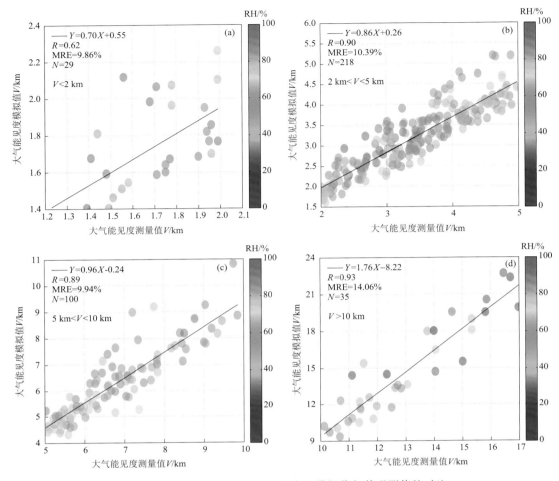

图 4.41　不同大气能见度范围方案三模拟值与其观测值的对比

4.4
成都大气消光系数廓线特征及其应用

4.4.1　资料来源与仪器说明

本节使用的资料包括成都市 2013 年 6 月—2014 年 5 月米散射激光雷达探测数据、CE-318 观测的大气光学厚度（AOD）资料、大气能见度、地面 PM$_{2.5}$ 质量浓度数据以及地面常规气象观测和探空资料，地面常规气象观测资料由成都市温江气象站（103.83°E，30.70°N）观测，数据采集频率为 4 次/d，主要包含气温、总云量、低云量和风速等气象要素；用于对比的探空数据采集频率为 2 次/d（探测时间分别为北京时间 07 和 19 时），其垂直空间上的分辨率为 5 m，主要包含气温、气压、湿度和露点温度等气象要素。近地面 PM$_{2.5}$ 质量浓度与所选常规气象观测资料分别反映了研究区空气质量状况以及污染物散布能力的强弱,在本节仅作为选取典型大气消光系数廓线样本的参考指标。卫星资料与激光雷达数据的匹配规则为:选取以激光雷达观测点为中心,周围 50 km×50 km 范围内 MODIS 反演 AOD 的平均值。激光雷达与颗粒物质量浓度监测点均位于主城区,两者距离约 10 km,因而两地之间颗粒物浓度差异很小。

4.4.2　MODIS 卫星遥感 AOD 反演近地面"湿"消光系数新模型的构建及应用

4.4.2.1　MODIS 卫星遥感 AOD 反演近地面"湿"消光系数新模型

(1)边界层大气消光系数垂直分布的数学模型

米散射激光雷达探测结果(图 4.42)表明,从上部摩擦层到自由大气,消光系数均一致表现为急剧下降区、过渡区和近似不变区;由于受到下垫面热力和动力因素的共同影响,近地层附近区域内湍流场结构的差异使消光系数自下而上呈现出复杂的多样化演变形态。因此,大气消光系数随高度上升按负指数递减的假设(图 4.43a)未能充分考量到大气边界层气象条件变化的复杂性,固化了颗粒物的垂直分布形态,无疑会极大地影响 MODIS 卫星遥感 AOD 反演近地面"湿"消光系数模型的普适性和实际的反演效果。

经过多函数形态的充分比对,logistic(逻辑分布)与大气消光系数垂直廓线具有很高的相似度。分别将 $z_0(1)$、$z_0(2)$、$z_0(3)$ 作为下垫面的起始点,由图 4.43b 可见,$z_0(1)$ 以上的大气消光系数分别历经急剧下降区、过渡区和近似不变区,这与负指数函数演变形态总体相同,可体现出晴天午后湍流充分发展状态下颗粒物浓度的垂直分布特征;$z_0(3)$ 以上大气消光系数在保留 $z_0(1)$ 以上大气消光系数演变特征的同时,在近地层附近还表现出渐进递减的新形态,这主要是弱辐射、慢过程天气背景条件下湍流垂直扩散的结果。相比于 $z_0(1)$ 和 $z_0(3)$,$z_0(2)$ 以上大气消光系数垂直分布可视为前二者之间的过渡形态。综合以上分析,可认为 logistic 曲线能充分表征在不同天气背景条件下边界层内复杂湍流结构对颗粒物垂直散布的影响(图 4.42 中 3 种形态实际消光系数与 logistic 拟合结果的 R^2 均稳定在 0.95 以上,且通过 $\alpha=0.05$ 的显著水平检验)。另外,logistic 曲线已在生态学领域中获得了极为广泛的应用,对其数学性质已有了系统的认知,这也为 MODIS 卫星遥感 AOD 反演近地面"湿"消光系数模型的构建和应用奠定了理论基础。

(2)MODIS 卫星遥感 AOD 反演近地面"湿"消光系数新模型的流程

①MODIS 气溶胶光学厚度与地基观测结果存在一定的系统偏差(夏祥鳌,2006;李晓静等,2009)。按麻金继等(2005)使用的方法,以地基 CE-318 观测结果对 MODIS AOD 进行校正,记校正前、后的光学厚度分别为 AOD* 和 AOD,二者的关系可表示为式(4.32)。其中参数 a、b 的取值如下:$a=0.5764$、$b=0.0933$(春季);$a=0.1260$、$b=0.2844$(夏季);$a=0.2746$、$b=0.3425$(秋季);$a=0.5163$、$b=0.2375$(冬季)。

$$\text{AOD} = a \times \text{AOD}^* + b \qquad (4.32)$$

②垂直订正新模型的约束条件

假定消光系数随高度的变化满足 logistic 曲线,具体见式(4.33)。

$$\sigma(z) = \frac{\sigma}{1 + B \times e^{rz}} \qquad (4.33)$$

式中:z 为高度(m);$\sigma(z)$ 为不同高度大气消光系数(m^{-1});σ 为环境容纳量(m^{-1}),即消光系数

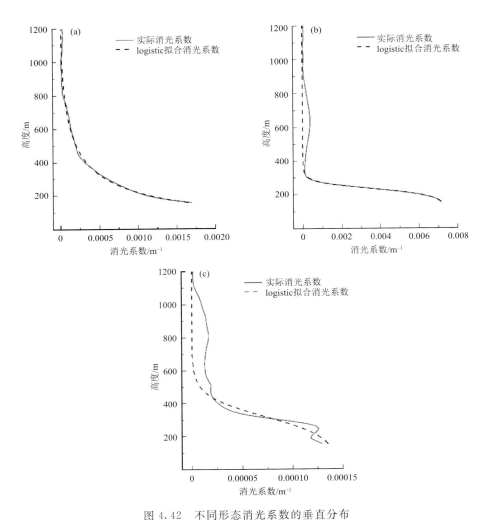

图 4.42　不同形态消光系数的垂直分布

(a)2013 年 10 月 25 日 11 时；(b)2014 年 1 月 31 日 10 时；(c)2014 年 1 月 18 日 18 时

所能达到的最大值；r 为瞬时递减率；B 为 logistic 模型待定参数。

光学厚度（AOD）是消光系数在垂直方向上的积分，具体见式（4.34）。将式（4.33）代入式（4.34）可得式（4.35），进一步得到式（4.36）。

$$\text{AOD} = \int_0^\infty \sigma(z)\,\mathrm{d}z \tag{4.34}$$

$$\text{AOD} = \int_0^\infty \sigma(z)\,\mathrm{d}z = \frac{\sigma}{r} \times \ln\left(1 + \frac{1}{B}\right) \tag{4.35}$$

$$\sigma = \frac{\text{AOD} \times r}{\ln\left(1 + \dfrac{1}{B}\right)} \tag{4.36}$$

混合层顶是湍流特征不连续界面所在高度，在实际廓线中位于消光系数急剧下降和总体缓变之间的过渡区域，对应于 logistic 曲线的曲率最大点，利用小波协方差法（Brooks，2003）计算混合层高度，记为 H，由此得到式（4.37）。进一步将参数 r 表示为式（4.38）。

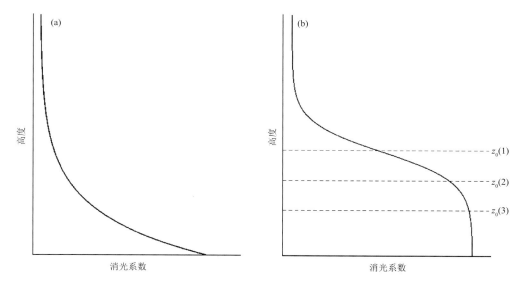

图 4.43　消光系数随高度变化的算法示意

（a）负指数模型；（b）logistic 曲线

$$H = \frac{1}{r} \times \ln\left(\frac{2+\sqrt{3}}{B}\right) \tag{4.37}$$

$$r = \frac{1}{H} \times \ln\left(\frac{2+\sqrt{3}}{B}\right) \tag{4.38}$$

③目标函数的构建和求解

由式（4.33）、（4.36）和（4.38）可得式（4.39）消光系数模拟曲线。

$$\sigma(z) = \frac{\mathrm{AOD} \times \ln\left(\frac{2+\sqrt{3}}{B}\right)}{H \times \ln\left(1+\frac{1}{B}\right) \times \left(1 + B \times \mathrm{e}^{\frac{1}{H} \times \ln(\frac{2+\sqrt{3}}{B}) \times z}\right)} \tag{4.39}$$

将消光系数实测值与模拟值离差平方和最小作为目标函数，利用免疫进化算法（倪长健等，2003）求解模型参数 B，据此得到卫星 AOD 反演的地面"湿"消光系数。

$$\sigma_0 = \frac{\sigma}{1+B} \tag{4.40}$$

4.4.2.2　实例应用

使用的资料包括成都市 2013 年 6 月—2014 年 5 月 MODIS 卫星遥感 AOD 数据及同时次的米散射激光雷达探测数据和地面细颗粒物质量浓度观测资料。由于天气及卫星设备自身原因，卫星 AOD 产品在部分时段数据不完整，最终使用的 MODIS 卫星遥感 AOD 数据样本量按季节的分布为春季（3—5 月）39 个、夏季（6—8 月）34 个、秋季（9—11 月）37 个、冬季（12—2 月）39 个。

按照 MODIS 卫星遥感 AOD 反演近地面"湿"消光系数新模型的计算流程，得到地面"湿"消光系数，进一步绘制了成都四季 $PM_{2.5}$ 质量浓度与地面"湿"消光系数的散点图（图 4.44）。结果表明，地面"湿"消光系数与细颗粒物浓度的相关系数在各个季节均有提升并能稳定在 0.60 以上（均通过 $\alpha = 0.05$ 的显著水平检验），结果均优于指数分布，其中，冬季相关系数提升

0.20,提升最为明显(表 4.18)。

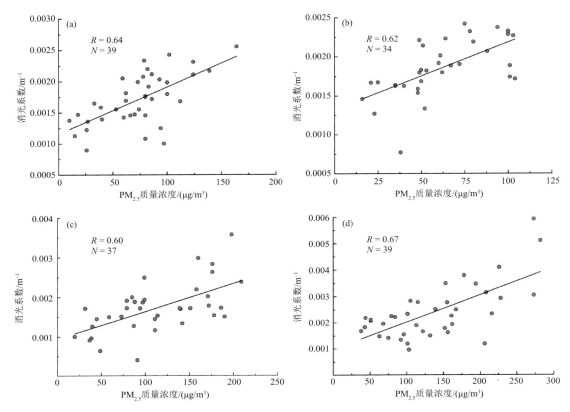

图 4.44　成都地区四季地面 $PM_{2.5}$ 浓度与地面"湿"消光系数的散点图

(a)春季;(b)夏季;(c)秋季;(d)冬季

表 4.18　地面 $PM_{2.5}$ 浓度与 AOD 及地面"湿"消光系数的相关系数

季节	$PM_{2.5}$-AOD	$PM_{2.5}$-"湿"消光系数		
		指数分布	logistic 曲线分布	相关系数提升值
春季	0.48	0.53	0.64	0.11
夏季	0.59	0.58	0.62	0.04
秋季	0.55	0.49	0.60	0.11
冬季	0.43	0.47	0.67	0.20

4.4.3　基于 logistic 曲线识别混合层高度的新方法

4.4.3.1　方法介绍

logistic 曲线识别混合层高度流程

①基于米散射激光雷达反演的大气消光系数廓线,确定混合层顶附近大气消光系数自下而上历经的显著下降区、整体缓变区以及二者之间的过渡区,并将其作为研究区。

②采用 logistic 曲线拟合研究区内大气消光系数的垂直变化特征,见式(4.41)。

$$\sigma(z) = \frac{2 \times \sigma_0}{1 + B \times e^{r \times z}} \tag{4.41}$$

式中：z 为高度；$\sigma(z)$ 为高度 z 对应的大气消光系数；σ_0 是研究区下端对应的消光系数；B、r 为 logistic 曲线待定参数。

③根据最小二乘法原理，以均方误差和最小为目标函数，据此求解 logistic 曲线参数 B 和 r，进一步求解 logistic 曲线曲率最大值对应高度（Hoff et al.，1996），即为混合层高度，记为 z_m，其函数表达见式（4.42）。

$$z_m = \frac{1}{r} \times \ln\left(\frac{2 + \sqrt{3}}{B}\right) \tag{4.42}$$

4.4.3.2　实例验证

（1）新方法与位温探空曲线计算混合层高度的对比分析

依据空气质量指数（AQI）的大小，在研究时段内选取优、良、轻度污染、中度污染、重度污染、严重污染 6 类样本，将新方法与位温探空曲线计算的混合层高度进行对比，据此分析该方法的适用性，结果见图 4.45。

以图 4.45a 为例，该图反映的是 2014 年 1 月 31 日（空气质量状况为严重污染，对应的 AQI 为 432）07 时的消光系数与位温廓线。从图中可以看出，自地面至 239 m 位温虽随高度上升而有所增大，但增长率较小，表明该气层处于中性偏稳定的状态；239～295 m 位温增长率较大，气层转为稳定状态，由于混合层之上通常会覆盖一层稳定的气层（逆温层），据此可判断混合层高度约为 239 m。作为比较，该图也给出了同一时刻米散射激光雷达反演的大气消光系数垂直廓线，利用新方法得出对应时刻的混合层高度为 224 m，大气消光系数随高度上升变化趋势在此高度附近发生明显转折，其上、下分别对应于为整体缓变区和显著下降区。针对图 4.45 中其余 5 类样本的分析也同时表明，两种方法得到的混合层高度基本一致。为进一步验证新方法的计算精度，按不同污染等级各自等量增选 2 个样本，分别利用梯度法、拐点法和 SBH99（多维最小化）算法计算了对应的混合层高度，见表 4.19。

由表 4.19 可见，以位温法计算的混合层高度作为判定的依据，新方法取得了最为精准的结果。综上分析，以位温探测结果作为混合层高度的判定标准，梯度法和拐点法易受单点信息的干扰，往往不能很好地反映边界层的真实演变过程；SBH99 算法由于对自身输入参数较敏感，计算不稳定；而新方法基于对混合层附近大气消光系数垂直变化共性的挖掘，计算结果具有物理意义明确、客观性强以及精度高等优点。

（2）利用新方法分析一次灰霾过程混合层高度的演变

2014 年 1 月 23 日—2 月 4 日四川盆地出现了一次持续时间长达 13 d 的区域性灰霾天气过程，其中以成都市的污染程度最为严重。对四川省环境监测总站监测资料的分析表明，期间成都严重污染天气出现了 5 d、重度污染 6 d、中度污染 2 d，其中 1 月 27—31 日为严重污染，日均 AQI 序列演变如图 4.46 所示，首要污染物均为 $PM_{2.5}$。

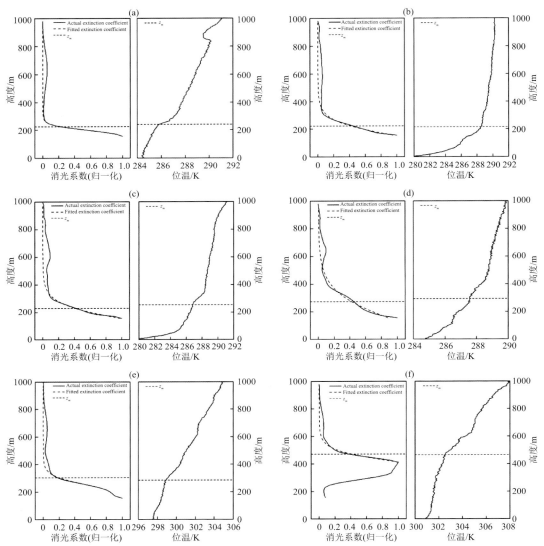

图 4.45 不同污染等级下新方法和位温法计算的混合层高度对比

（Actual extinction coefficient：实际消光系数；Fitted extinction coefficient：拟合消光系数）

(a)2014 年 1 月 31 日 07：00（严重）；(b)2013 年 12 月 2 日 07：00（重度）；

(c)2013 年 11 月 30 日 07：00（中度）；(d)2013 年 11 月 26 日 07：00（轻度）；

(e)2013 年 8 月 8 日 07：00（良）；(f)2013 年 7 月 10 日 07：00（优）

表 4.19 利用米散射激光雷达相关方法与位温法计算混合层高度的结果对比 单位：m

空气质量等级	时间	方法				
		位温法	梯度法（相对误差）	拐点法（相对误差）	SBH99 算法（相对误差）	新方法（相对误差）
优	2013 年 7 月 9 日	407	305(25%)	295(28%)	336(17%)	344(15%)
	2013 年 7 月 10 日	465	440(5%)	425(9%)	492(6%)	469(1%)
	2013 年 7 月 11 日	380	320(16%)	305(20%)	346(9%)	356(6%)

续表

空气质量等级	时间	方法				
		位温法	梯度法（相对误差）	拐点法（相对误差）	SBH99 算法（相对误差）	新方法（相对误差）
良	2013 年 7 月 3 日	265	230(13%)	215(19%)	262(1%)	261(2%)
	2013 年 8 月 8 日	285	260(9%)	245(14%)	257(10%)	303(6%)
	2013 年 8 月 13 日	430	155(64%)	155(64%)	290(33%)	350(19%)
轻度污染	2013 年 10 月 21 日	340	260(24%)	245(28%)	267(21%)	310(9%)
	2013 年 11 月 26 日	295	155(47%)	155(47%)	253(14%)	274(7%)
	2013 年 11 月 29 日	335	155(54%)	155(54%)	236(30%)	292(13%)
中度污染	2013 年 10 月 24 日	250	155(38%)	155(38%)	207(17%)	255(2%)
	2013 年 11 月 17 日	255	155(39%)	155(39%)	241(5%)	299(17%)
	2013 年 11 月 30 日	255	155(39%)	155(39%)	207(19%)	229(10%)
重度污染	2013 年 12 月 2 日	214	155(28%)	155(28%)	181(15%)	221(3%)
	2014 年 1 月 23 日	285	155(46%)	155(46%)	223(22%)	264(7%)
	2014 年 1 月 25 日	280	155(45%)	155(45%)	191(32%)	258(8%)
严重污染	2014 年 1 月 27 日	250	170(32%)	155(38%)	245(2%)	242(3%)
	2014 年 1 月 28 日	245	170(31%)	155(37%)	215(12%)	227(7%)
	2014 年 1 月 31 日	239	200(16%)	185(23%)	203(15%)	224(6%)
平均	/	304	208(32%)	201(34%)	258(16%)	288(8%)

注:时间分别为每日 07 时,相对误差均以位温法结果为标准。

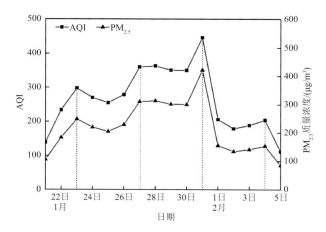

图 4.46　成都市 2014 年 1 月 21 日—2 月 5 日 AQI 及 $PM_{2.5}$ 质量浓度逐日变化

　　针对 1 月 27—31 日天气状况的进一步分析表明,在该时段无雨以及静风的条件下,受热力调控的混合层高度无疑是地面颗粒物变化最重要的气象成因。以此次严重污染过程为研究对象,利用新方法计算其逐时混合层高度,如图 4.47 所示。

　　由图 4.47 可见,研究时段内混合层高度存在一定的日变化,表现为白天高和夜晚低的特点,但整体仍维持相对较低的一种状态,平均高度约为 275 m,其中 1 月 31 日最低混合层高度

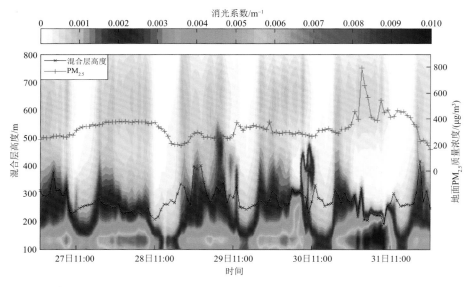

图 4.47　成都市 2014 年 1 月 27—31 日大气消光廓线、混合层高度和 PM$_{2.5}$ 质量浓度逐时变化

只有 190 m。混合层的上述特征使得夜晚产生的污染物在白天无法得到很好的稀释扩散,而白天形成的污染物会进一步加剧夜间的污染程度。缺乏湿清除以及水平和垂直扩散能力差均是此次重霾过程的主要污染气象特征,也是颗粒物得以渐进累积的气象背景。图 4.46 同时描述了此次严重污染时段大气消光系数、混合层高度和 PM$_{2.5}$ 质量浓度逐时演变过程,易见混合层高度和地面细颗粒物质量浓度存在明显的反位相关系。为深化对这一问题的认知,图 4.48 给出了研究时段内(1 月 23 日—2 月 4 日)逐时平均混合层高度和逐时平均细颗粒物质量浓度的日变化。

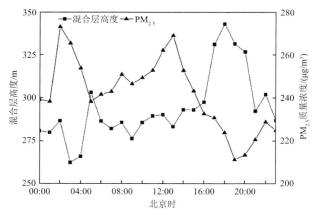

图 4.48　污染时段内(2014 年 1 月 23 日—2 月 4 日)平均混合层高度与地面 PM$_{2.5}$ 质量浓度的日变化

　　由图 4.48 可知,混合层高度的日变化基本表现为单峰单谷型,00—09 时,混合层均处于较低状态,期间有谷值出现;自 09 时开始,随着太阳辐射的增强,地面逐渐升温,下垫面与大气之间的相互作用得到加强,大气层结由夜间的稳定状态向不稳定状态过渡,混合层抬升,污染物在垂直方向上扩散能力得以加强;午后对流活动愈加旺盛,混合层高度抬升速率明显增大,

并于 18 时前后达到峰值;之后,大气层结向稳定状态过渡,混合层高度也随之逐渐降低。与上述混合层的演变过程相对应,夜间至清晨,受低混合层高度的扩散制约,地面 PM₂.₅ 质量浓度在此时段内均维持相对较高的状态;此后,因混合层高度快速抬升的作用,地面细颗粒物质量浓度随之迅速降低,并于 19 时前后达到最低值;在之后混合层高度波动下降的背景下,细颗粒物质量浓度逐渐上升。进一步分析表明,该污染时段内逐时平均混合层高度与逐时平均 PM₂.₅ 质量浓度的相关系数 R 为 -0.67(通过 $\alpha=0.05$ 的显著水平检验),如图 4.49 所示。

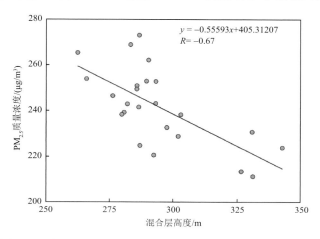

图 4.49　污染时段内(2014 年 1 月 23 日—2 月 4 日)逐时平均混合层高度与 PM₂.₅ 质量浓度散点图

由以上分析可知,尽管此次污染过程混合层高度相对较低,但仍呈现出以日为周期的起伏特征,并在很大程度上影响到地面颗粒物质量浓度的变化。

上述实例分析表明,相对于利用米散射激光雷达探测资料计算混合层高度的现有方法而言,新方法相应的计算结果能合理地反映边界层结构的日变化特点及其污染效应,且分析精度更高。

4.4.4　气溶胶边界层分界层米散射激光雷达识别的 sigmoid 算法

4.4.4.1　颗粒物分界层大气消光系数廓线特征

基于成都市 2013 年 6 月—2015 年 5 月米散射激光雷达探测资料的比对,发现在混合层以上大气消光系数垂直形态的演变是一致的,即在颗粒物消光和分子消光之间均存在一个 S 型的过渡区。为此,选择 8 个代表性样本对此形态演化的一致性进行了系统分析。选择样本首先考虑的是大气热力的差异,从每个季节各选两个样本;另外,样本的选择也兼顾了研究区空气质量的状况,包括优、良、轻度污染、中度污染和重度污染等不同等级。8 个研究样本对应的环境气象参数见表 4.20。

图 4.50 分别绘制了表 4.20 中 8 个研究样本对应的大气消光系数廓线以及该廓线在混合层以上区域的放大部分,其中混合层的计算方法参见 Luo 等(2013)。从图 4.50 的放大部分来看,大气消光系数廓线在混合层以上随高度整体是递减的,并最终一致呈现出 S 型形态特征,与该形态对应的包括上、下两个曲率最大点 A 和 B。B 点是大气消光系数自下而上从缓降向速降的临界点,A 点则是大气消光系数自下而上从速降向缓降的临界点。大气消光系数在 A 点以上总体保持不变,与分子消光量级($10^{-5}\,m^{-1}$)相当,表明该区域颗粒物的含量已经极少,

表 4.20　研究样本对应的近地面颗粒物质量浓度和相关气象要素

时间	PM$_{2.5}$ /(μg/m^3)	温度 /℃	风速 /(m/s)	相对湿度 /%	云量 总云量/低云量
2017-07-06 11:00	53	27.7	0	77	8/4
2013-07-10 09:00	21	21.4	0	93	10/6
2013-10-19 08:00	119	17.2	0.2	83	10/0
2013-10-20 11:00	111	16.4	0.3	91	10/0
2014-01-23 12:00	282	11.3	0.5	53	10/10
2014-01-27 10:00	275	10.0	0.4	86	10/10
2014-04-08 09:00	136	15.1	1.2	72	10/3
2014-04-15 10:00	125	20.1	0.2	76	10/6

大气消光基本上就是分子消光;大气消光系数在 B 点以下为 10^{-4} m^{-1} 左右,仍以颗粒物消光为主。由以上分析可见,大气消光系数廓线下曲率最大点 B 代表了颗粒物消光向分子消光转变的临界点,而上曲率最大点 A 则代表了颗粒物消光实际转化为分子消光的临界点。从这个意义上来讲,A 点及其以下区域可视为颗粒物消光占主导的颗粒物分界层,A 点与 B 点之间的 S 型区域则是颗粒物消光向分子消光转换的颗粒物分界层过渡区。进一步分析发现,作为上、下曲率最大点之间的过渡区,其顶部位置 A 处于 1000 m 附近,样本之间变化不大,而过渡区范围则在样本之间差异较为明显,其变化范围为 205～375 m。上述分析表明,大气消光系数在颗粒物分界层过渡区一致呈现出 S 型形态,这是颗粒物浓度垂直演化的重要特征之一,代表了该区域湍流的结构状况,其演化与大气边界层动力和热力因素有关。

4.4.4.2　颗粒物分界层识别的 sigmoid 算法

(1)sigmoid 算法的设计及流程

通过对表 4.20 中 8 个样本大气消光系数廓线演变共性的整合,构建了该系数在混合层以上垂直分布的概念模型,如图 4.51 所示。颗粒物分界层是颗粒物在大气底层的富集区域,它与分子消光之间存在一个 S 型的过渡区,即 A 和 B 之间所在的高度区,理论上可将上曲率最大点 A 作为颗粒物分界层过渡区顶(颗粒物分界层顶),将下曲率最大点 B 作为颗粒物分界层过渡区底。

由图 4.51 可见,大气消光系数在颗粒物分界层过渡区附近呈现出的 S 型形态特征,利用 sigmoid 函数对其进行模拟,算法的流程如下。

表征混合层以上大气消光系数垂直分布的数学模型为 $\sigma(z)$。

$$\sigma(z) = \sigma_m - (\sigma_m - \sigma_n) \times \frac{1}{1 + e^{\beta(z)}} \tag{4.43}$$

$$\beta(z) = \frac{z_0 - z}{s} \tag{4.44}$$

式中:z 是混合层以上的高度;z_0 为颗粒物分界层过渡区中心高度;σ_m 为混合层以上、z_0 高度以下平均大气消光系数;σ_n 为 z_0 高度以上的平均大气消光系数,代表干洁空气分子的消光系数;s 为与颗粒物分界层过渡区厚度有关的参数,主要反映的是该区域边界层湍流场的结构特征。

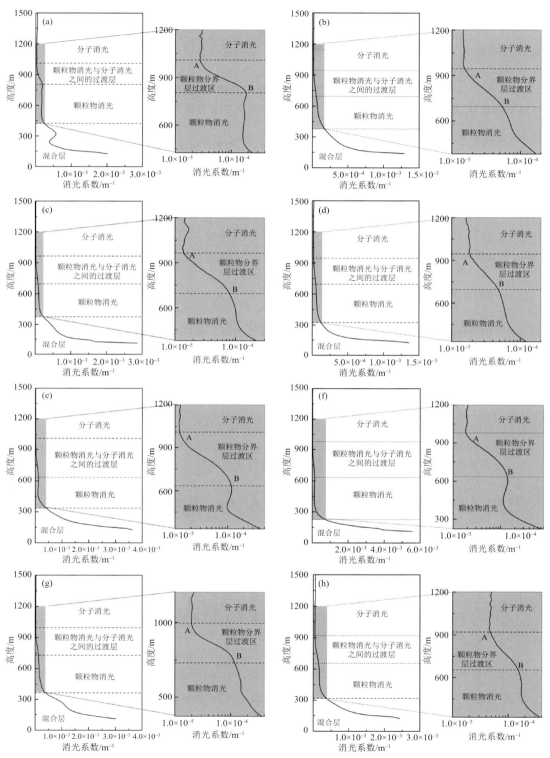

图 4.50 研究样本的大气消光系数廓线

(a)2017 年 7 月 6 日 11:00；(b)2013 年 7 月 10 日 09:00；(c)2013 年 10 月 19 日 08:00；(d)2013 年 10 月 20 日 11:00；
(e)2014 年 1 月 23 日 12:00；(f)2014 年 1 月 27 日 10:00；(g)2014 年 4 月 8 日 09:00；(h)2014 年 4 月 15 日 10:00

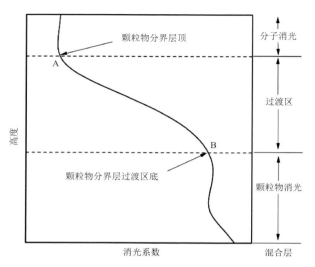

图 4.51 混合层以上大气消光系数 S 型廓线概念模型

根据混合层以上大气消光系数廓线的实测值与模拟值,利用免疫进化算法优化目标函数 f,据此得到模型参数 z_m 和 s。

$$\min(f) = [\sigma(z) - \sigma(z)']^2 \tag{4.45}$$

式中:$\sigma(z)'$ 为高度 z 处实测大气消光系数。

基于混合层以上大气消光系数的模拟廓线 $\sigma(z)$,进一步计算颗粒物分界层 S 型过渡区上、下曲率最大值点所在的高度,记为 H_A 和 H_B。

$$\begin{cases} H_A = z_0 + s \times \ln(2 + \sqrt{3}) \\ H_B = z_0 + s \times \ln(2 - \sqrt{3}) \end{cases} \tag{4.46}$$

(2)sigmoid 算法的模拟效果分析

为检验 sigmoid 算法对混合层以上大气消光系数垂直分布的模拟能力,首先基于式(4.44)~(4.46)计算了表 4.20 中 8 个样本对应的大气消光系数,进一步绘制了颗粒物分界层过渡区附近大气消光系数理论廓线和实测廓线的散点图(图 4.52)。由图 4.52 可见,研究样本大气消光系数实测值与模拟值的相关系数(R)均超过了 0.99,并通过 $\alpha = 0.05$ 的显著水平检验。上述分析表明,利用 sigmoid 算法能够很好地模拟颗粒物分界层过渡区附近大气消光系数实测廓线的变化特征,算法具有良好的稳定性和模拟精度。

针对上述 8 个样本可能存在统计意义上代表性不足这一问题,按气象观测 4 个时次(02、08、14 和 20 时)在每年四个季节中间时段连续选择 15 d(降水或沙尘天除外),即每个时次包括 30 个样本,合计 480 个样本。进一步计算了四季混合层以上实测大气消光系数与模拟结果的相关系数,所有样本均通过 $\alpha = 0.05$ 的显著水平检验,结果见表 4.21。大样本统计结果表明,S 型形态是大气消光系数在颗粒物分界层垂直演变的共性特征,利用 sigmoid 函数对颗粒物分界层过渡区进行模拟是普适的。

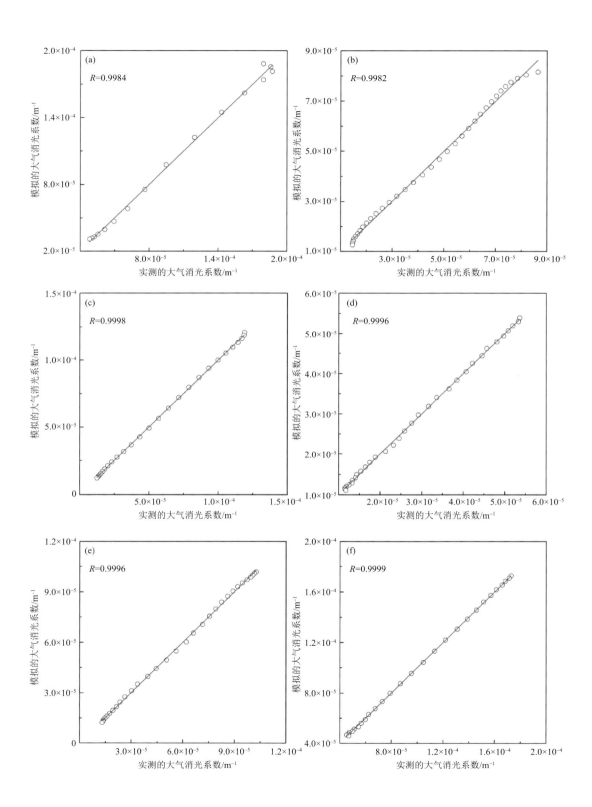

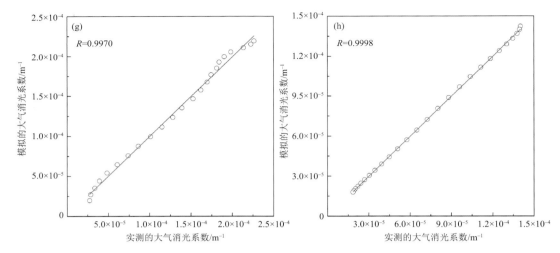

图 4.52 混合层以上实测大气消光系数与模拟结果的散点图

(a)2017 年 7 月 6 日 11：00；(b)2013 年 7 月 10 日 09：00；(c)2013 年 10 月 19 日 08：00；(d)2013 年 10 月 20 日 11：00；(e)2014 年 1 月 23 日 12：00；(f)2014 年 1 月 27 日 10：00；(g)2014 年 4 月 8 日 09：00；(h)2014 年 4 月 15 日 10：00

表 4.21 混合层以上实测大气消光系数与模拟结果的相关系数

季节	相关系数				
	02：00	08：00	14：00	20：00	平均
春	0.9984±0.0027	0.9981±0.0021	0.9931±0.0137	0.9986±0.0021	0.9971±0.0052
夏	0.9954±0.0112	0.9990±0.0005	0.9846±0.0461	0.9951±0.0089	0.9935±0.0167
秋	0.9983±0.0032	0.9976±0.0039	0.9967±0.0060	0.9989±0.0020	0.9979±0.0038
冬	0.9989±0.0028	0.9996±0.0004	0.9986±0.0025	0.9987±0.0027	0.9990±0.0021
平均	0.9978±0.0050	0.9986±0.0017	0.9933±0.0171	0.9978±0.0039	0.9969±0.0069

4.4.4.3 颗粒物分界层气象成因的初步分析

由以上分析可知,在颗粒物消光和分子消光之间存在一个 S 型过渡区,sigmoid 函数对此形态的模拟具备普适性。一般而言,大气颗粒物的主要来源是下垫面,包括自然过程和人为活动两个方面,并通过垂直扩散自下而上形成某种递减廓线形态。颗粒物垂直分布与气象条件的状况密切相关,是大气动力和热力综合作用的结果,通过颗粒物廓线也可反演大气湍流场的结构特征。低云通过其辐射效应作用于边界层垂直热力结构,进而对大气稳定度产生重要影响。综合表 4.21 和图 4.51 可见,低云增强能在统计意义上降低颗粒物分界层过渡区的起始高度,加大颗粒物分界层过渡区的厚度。为进一步探究大气热力因子对研究区颗粒物分界层过渡区的影响,选取表 4.21 中与气象探空时刻最接近的 4 个样本,绘制了温度廓线(实线)和颗粒物分界层过渡区(虚线),见图 4.53。初步的诊断结果表明,温度场的垂直结构特征对颗粒物分界层过渡区有重要的影响。

基于图 4.53 的分析发现,大气边界层顶的逆温与颗粒物分界层过渡区之间存在很好的对应关系。虽然颗粒物分界层过渡区与对应逆温层的位置不完全重合,但温度探空廓线在颗粒物分界层过渡区附近均存在逆温现象,其中颗粒物分界层过渡区的顶部与逆温的关系最为密

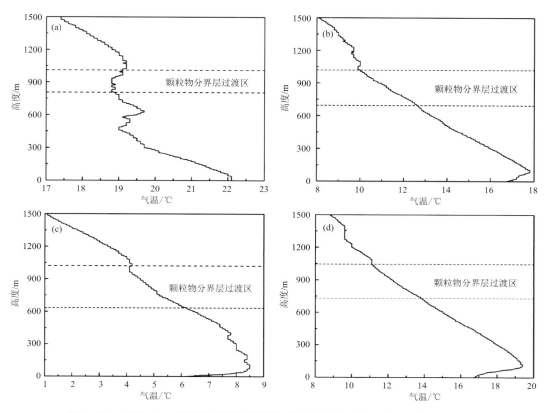

图 4.53　基于 sigmoid 算法识别的颗粒物分界层过渡区与温度探空廓线的对比
(a)2013 年 7 月 10 日 09:00；(b)2013 年 10 月 19 日 08:00；(c)2014 年 1 月 27 日 10:00；(d)2014 年 4 月 8 日 09:00

切。以图 4.53a 为例，颗粒物分界层过渡区的顶部位于该逆温层强度的中心区域，逆温强度达 0.44 ℃/(100 m)，图 4.53b、图 4.53c、图 4.53d 与此类似，在该高度的逆温强度分别为 0.31 ℃/(100 m)、0.22 ℃/(100 m)、0.13 ℃/(100 m)。进一步分析指出，逆温层强度越强，颗粒物分界层过渡区的高度越小，二者存在负相关关系。由上述分析可见，作为一种稳定的层结，逆温层的出现使大气在垂直方向上不易产生对流运动，削弱了颗粒物的垂直扩散能力，由此导致颗粒物垂直分布形态的改变。另外，颗粒物分界层过渡区顶部强逆温中心的存在总体阻断了颗粒物向上散布的穿透，这可能是颗粒物分界层过渡区形成的重要气象成因。

4.4.5　大气消光系数垂直分布模型及其适用性研究

4.4.5.1　大气消光系数垂直分布模型

（1）大气消光系数垂直分布 logistic 模型及其参数计算方法

大气消光系数垂直分布 logistic 模型的数学表达式为

$$\sigma_{(z)} = \frac{\alpha}{1 + \beta \times e^{\gamma z}} \tag{4.47}$$

式中：z 和 $\sigma_{(z)}$ 分别为高度和其对应的大气消光系数；α、β、γ 为大气消光系数垂直分布 logistic 模型的参数。

以 AOD、混合层高度及地面消光系数作为约束条件,大气消光系数垂直分布 logistic 模型的参数计算方法如下。

记 AOD 的值为 τ_a,τ_a 为大气消光系数在垂直方向上的积分。

$$\tau_a = \int_0^\infty \sigma_{(z)} \mathrm{d}z \qquad (4.48)$$

混合层顶是湍流特征不连续界面所在高度,对应于 logistic 曲线的曲率最大点(Luo et al.,2013)。进一步利用 Luo 等(2013)中的方法识别混合层高度,记为 H,由此得到式(4.49)。

$$H = \frac{1}{\gamma} \times \ln\left(\frac{2+\sqrt{3}}{\beta}\right) \qquad (4.49)$$

大气消光系数与大气能见度之间满足 Koschmieder's(克什米德氏)公式(Pahlow et al.,2005),通过该公式反演的近地面大气消光系数为 σ_0,见式(4.50)。

$$\sigma_0 = \frac{\alpha}{1+\beta} \qquad (4.50)$$

利用式(4.48)、式(4.49)、式(4.50)求解模型参数 α、β、γ,据此提出大气消光系数垂直分布 logistic 模型的参数计算方法。

(2)大气消光系数垂直分布负指数模型

消光系数是由大气中气溶胶粒子数目和消光截面两个因子共同确定的,其中消光截面与粒子类型、尺度和波长有关,若气溶胶组分和谱分布不随高度改变(韩道文 等,2006),消光截面随高度 z 也不发生变化,由此得到式(4.51)。

$$\frac{\sigma_{(z)}}{\sigma_{(0)}} = \frac{N_{(z)}}{N_{(0)}} \qquad (4.51)$$

式中:σ_0 和 σ_z 符号的意义同前;某一高度和近地面的气溶胶浓度分别记为 N_0 和 N_z。

假定在地球重力的作用下气溶胶密度随高度呈负指数递减,见式(4.52)。

$$N_{(z)} = N_{(0)} \times \mathrm{e}^{-\frac{z}{H_a}} \qquad (4.52)$$

式中:H_a 表示大气标高(km),可近似用边界层高度替代。根据式(4.51)和式(4.52),由此得到目前普遍应用的大气消光垂直分布负指数模型。

$$\sigma_{(z)} = \sigma_{(0)} \times \mathrm{e}^{-\frac{z}{H_a}} \qquad (4.53)$$

4.4.5.2 大气消光系数垂直分布模型的适用性分析

本节基于成都市 2013 年 6 月—2014 年 5 月温江站的气象观测数据,利用 Pasquill(帕斯基尔)大气稳定度分类方法选取不稳定、中性、稳定 3 类样本各 3 个(表 4.22)。基于表 4.22 给出的相关资料,利用式(4.47)、式(4.48)、式(4.49)和式(4.50)求解待定参数,据此得到不同稳定度条件下大气消光系数 logistic 廓线,如图 4.54 所示。可见大气消光系数在混合层顶附近自下而上均历经急剧下降区、缓变区以及近似不变区,这与实测的大气消光垂直分布形态完全吻合。同样基于表 4.22 给出的相关资料,得到 3 类稳定度条件下的大气消光系数负指数廓线,如图 4.54 所示。为了对比两类大气消光系数垂直分布模型的模拟效果,结合气溶胶的垂直分布范围,表 4.22 进一步给出了不同环境气象条件下边界层内实测消光系数和模型计算结果的决定系数(R^2)。

由表 4.22 可见,在不稳定和中性层结条件下,logistic 模型计算的大气消光系数与对应实测值的平均决定系数(R^2)分别为 0.87 和 0.86,负指数模型计算的大气消光系数与对应实测值的平均决定系数(R^2)分别为 0.87 和 0.86,均通过 $\alpha=0.01$ 的显著水平检验。因此,在大气垂直扩散能力中等或较好的条件下,logistic 模型和目前通用的负指数模型对大气消光系数垂直分布的模拟效果总体相当。在稳定条件下,logistic 模型计算的大气消光系数与对应实测值的平均决定系数(R^2)为 0.84,这与稳定和中性层结条件下的结果基本一致;而负指数模型计算的边界层内大气消光系数与对应实测值的平均决定系数(R^2)为 0.74,虽然也通过 $\alpha=0.01$ 的显著性检验,但模拟能力相比于前者出现了明显的降低。上述分析表明,就对边界层内大气消光系数的模拟效果而言,logistic 模型具备更优的适用性。

表 4.22　不同环境气象条件下边界层内实测大气消光系数与模型计算结果的相关性

大气稳定度	时间	环境气象要素			实测大气消光系数与模型计算结果的决定系数(R^2)		
		温度/℃	风速/(m/s)	云量 低云量/总云量	AOD	logistic 模型	负指数模型
不稳定 (B~C)	2013 年 8 月 8 日 19:00	24.1	1.2	4/10	0.37	0.93	0.92
	2013 年 8 月 12 日 12:00	27.9	0.9	7/10	0.20	0.87	0.88
	2013 年 9 月 12 日 10:00	25.3	0.5	6/10	0.23	0.86	0.89
	平均	25.8	0.9	6/10	0.27	0.89	0.90
中性 (D)	2013 年 8 月 29 日 19:00	23.0	0	10/10	0.20	0.88	0.87
	2013 年 10 月 6 日 11:00	22.7	0.4	10/10	0.54	0.86	0.84
	2013 年 12 月 1 日 11:00	16.9	0.7	10/10	0.84	0.86	0.84
	平均	20.9	0.4	10/10	0.53	0.86	0.85
稳定 (E~F)	2013 年 11 月 30 日 10:00	17.2	0	10/10	0.95	0.88	0.79
	2013 年 12 月 5 日 08:00	8.0	0	10/10	0.82	0.87	0.7
	2014 年 1 月 31 日 07:00	9.4	0.1	10/10	1.16	0.85	0.72
	平均	11.5	0	10/10	0.98	0.84	0.74

为分析 logistic 模型和负指数模型对大气消光系数的模拟效果,记实测的大气消光系数和模型模拟的大气消光系数分别为 σ_m、σ_s,以误差平方和(SSE)以及相对误差为判别依据,对两种模型模拟效果加以分析,其中 SSE 表达式如下。

$$\mathrm{SSE} = \sum (\sigma_s - \sigma_m)^2 \qquad (4.54)$$

考虑到在不同环境气象条件下大气消光系数在近地层附近的差异,进一步提出相对误差的计算公式。

$$\delta = \frac{|\sigma_s - \sigma_m|}{\sigma_{m\_max}} \times 100\% \qquad (4.55)$$

式中:σ_{m_max} 为实测大气消光系数的最大值。

基于大气消光系数垂直分布 logistic 模型和负指数模型的计算结果,结合米散射激光雷达探测的大气消光系数,利用式(4.48)和式(4.49)分别计算表 4.22 中 3 类代表样本在混合层以下误差平方以及相对误差随高度的变化,如表 4.23 所示。统计表明:①从不稳定到稳定状态,实测消光系数与两种模型计算结果的误差平方和(SSE)以及平均相对误差($\bar{\delta}$)均表现出增大

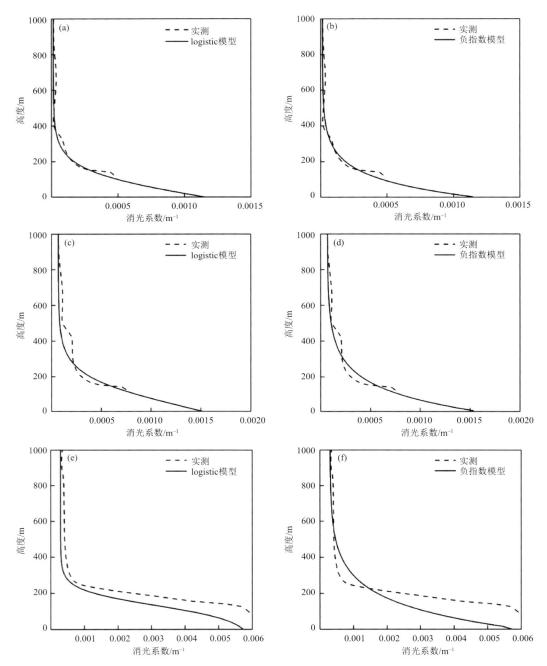

图 4.54　不同大气稳定度条件下实测和模型计算的大气消光系数廓线

(a)2013 年 8 月 8 日 19:00 logistic 模型(不稳定);(b)2013 年 8 月 8 日 19:00 负指数模型(不稳定);
(c)2013 年 8 月 29 日 19:00 logistic 模型(中性);(d)2013 年 8 月 29 日 19:00 负指数模型(中性);
(e)2013 年 12 月 5 日 08:00 logistic 模型(稳定);(f)2013 年 12 月 5 日 08:00 负指数模型(稳定)

的趋势;②不稳定和中性条件下,实测大气消光系数与 logistic 和负指数模型计算结果的误差平方和(SSE)以及平均相对误差($\bar{\delta}$)总体相当,稳定条件下,logistic 模型相较于负指数模型而言,误差平方和(SSE)以及平均相对误差($\bar{\delta}$)显著降低,这与图 4.54 是完全一致的。

表 4.23　实测大气消光系数与两种模型计算结果的误差分析

大气稳定度	时间	误差平方和		平均相对误差	
		logistic 模型	负指数模型	logistic 模型	负指数模型
不稳定(B~C)	2013 年 8 月 8 日 19:00	3.7×10^{-8}	4.0×10^{-8}	4.4%	4.8%
中性(D)	2013 年 8 月 29 日 19:00	1.7×10^{-7}	1.3×10^{-7}	8.0%	8.8%
稳定(E~F)	2013 年 12 月 5 日 08:00	2.5×10^{-5}	3.5×10^{-5}	11.3%	13.8%

综合以上分析,负指数模型模拟的大气消光系数自下而上均呈现出先快速后慢速的递减形态,这仅与不稳定或中性条件下颗粒物质量浓度的垂直分布保持一致(Sun et al.,2013;Chan et al.,2000)。随着大气稳定度的增大,湍流场的输送能力渐进减弱,颗粒物的垂直分布形态会出现显著变化(吕阳 等,2013);基于北京和天津铁塔观测资料的相关诊断结果一致表明,稳定层结条件下的颗粒物在近地层内随高度上升的降幅是很小的,细颗粒物的变化则更小(丁国安 等,2005;孙韧 等,2017);另外,在四川盆地秋、冬季特殊的静稳天气背景下,垂直方向往往存在多重逆温,其中以贴地逆温出现的频率最高和强度最大,这又进一步增加了颗粒物垂直分布形态的复杂程度(周书华 等,2015)。因此,负指数模型不能全面地模拟大气消光系数垂直分布特征,尤其是在稳定大气条件下的计算结果可能会出现较大偏差。由图 4.54 可见,随着参数取值的变化,logistic 模型计算的大气消光系数廓线则表现出与稳定度密切相关的凸凹特征,不仅具备负指数模型在稳定和中性大气条件下对大气消光系数垂直分布的良好模拟能力,又能准确表征在稳定条件下颗粒物在近地层缓慢递减的形态,这已得到诸多观测和应用的验证(朱育雷 等,2017b)。从这个意义上讲,大气消光系数垂直分布 logistic 模型的适用性主要在于其不同参数组合可以产生丰富的曲线形态,这为更好地模拟近地层大气消光系数垂直变化的复杂性提供了可能。因此,相比于大气消光系数垂直分布负指数模型,logistic 模型能全面地表征不同大气稳定度条件下的大气消光系数廓线,具有更优的适用性。

4.5
成都气溶胶吸湿增长特性观测研究

一般用吸湿增长因子(Growth Factor,GF)来表述气溶胶的吸湿增长能力,其被定义为某一相对湿度下气溶胶的粒径[D(RH)]与干状态气溶胶粒径(D_0)的比 [D(RH)/D_0],因此吸湿增长因子随相对湿度而改变。为了便于比较不同气溶胶的吸湿性,Petters 和 Kreidenweis(2007)根据 Köhler(科勒)理论引入了吸湿参数 κ,该参数与气溶胶化学成分有关,且不随相对湿度变化。因此,使用 κ 为比较不同地区、不同时间和不同相对湿度下气溶胶吸湿特性提供了便利。该参数与 GF 的关系可用 κ-Köhler 理论描述。

$$\kappa = (\mathrm{GF}^3 - 1) \times \left[\frac{1}{\mathrm{RH}} \times \exp \left(\frac{4\sigma_{\mathrm{s/a}} M_{\mathrm{w}}}{RT \rho_{\mathrm{w}} D_{\mathrm{p}}(\mathrm{Dry}) \mathrm{GF}} \right) - 1 \right] \qquad (4.56)$$

κ 被广泛应用在数值模式中,表征单一组分或多组分气溶胶的吸湿特性,也是研究气溶胶吸湿特性对光学特性、液水含量和活化特性影响的桥梁 (Zieger et al.,2013;Bian et al.,2014;Chen et al.,2014b;Tao et al.,2014;Kuang et al.,2015;Brock et al.,2016)。

目前,气溶胶吸湿特性的直接观测可分为气溶胶光学性质吸湿增长因子的观测(Carrico et al.,2000;Kuang et al.,2017)和气溶胶粒径的吸湿增长因子的观测(Liu et al.,1978)。光学性质的吸湿增长因子的观测可用吸湿浊度和干浊度仪串联测量得到,得到的是气溶胶总体的吸湿特性。粒径的吸湿增长因子可使用串联吸湿性差分分析仪(H-TDMA)测量得到,其可以得到亚微米不同粒径的气溶胶的吸湿增长因子,由此可以获得不同粒径气溶胶的混合状态和老化程度。

成都信息工程大学于 2018 年秋季购置了 1 套 H-TDMA 用于观测亚微米气溶胶的吸湿特性,开展对中国西南地区高相对湿度城市的气溶胶吸湿增长特性及其粒度谱分布的观测研究。

H-TDMA 主要包括 2 套 DMA 系统(图 4.55),由 1 套加湿系统以及 1 个 CPC 组成。仪器进样口安装了 1 个 PM_1 的旋风式切割头,以保证仅粒径在 1 μm 以下的气溶胶粒子进入系统。采样气溶胶粒子干燥后通过 DMA 1 选出初始粒径为 D_0 的单分散干气溶胶后,在加湿系统中加湿稳定到相对湿度(RH),再用 DMA 2 测量单分散气溶胶粒子加湿后的粒径 $D(RH)$ 的分布,这样即可得到气溶胶的吸湿增长因子的概率分布。

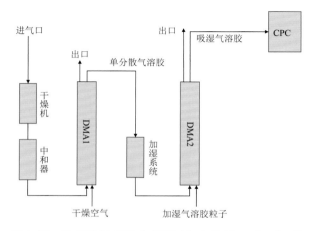

图 4.55　H-TDMA 结构和原理(Swietlicki et al.,2008)

每次观测实验前,H-TDMA 需利用 Tan 等(2013a)的方法对系统进行检漏并使用 PSL 标准粒子标定系统内 DMA 筛选粒径准确度,同时将仪器测量的硫酸铵气溶胶潮解点及其吸湿增长因子 GF 与理论值比对,以验证系统的准确性。实验中,H-TDMA 系统中由于 DMA 2 本身及鞘流管路也需要通过样流加湿,因此需要较大的流量以使湿度较快稳定,因此系统中气溶胶样流固定为 0.6 L/min,鞘流固定为 6 L/min。DMA 1 依次筛选干粒径为 40 nm、80 nm、110 nm、150 nm 和 200 nm 的单分散气溶胶,加湿系统相对湿度设置为 90%。利用软件实时严格控制系统的温度、相对湿度及流量,并保持恒定。由于 DMA 2 扫描一次加湿后的气溶胶谱分布需要 5 min,因此要获得上述 5 个粒径气溶胶的吸湿特征,一个完整的循环周期约为 25 min。

考虑到气溶胶粒子在 DMA 中与鞘流相交汇时会扩散稀释、损失等因素,观测直接测量得到的 GF 分布(Measured Distribution Function,MDF)并不能反映真实的 GF 概率密度分布(Probability Distribution Function,GF-PDF),两者相比,GF 中值位置、不同组分粒子个数比例(Number Fraction,NF)以及组分谱型的半宽(σ)均有差异,因此需要对 MDF 做订正以得到 GF-PDF。本节采用 TDMAfit 算法(Stolzenburg et al.,2008)对直接观测得到的每一个 MDF 样本做订正来得到 GF-PDF。该算法先利用所筛选粒子干粒径、DMA 参数和流量计算传输扩散增宽的影响,并使用对数正态分布拟合 MDF 以修正传输扩散的影响。

2019 年 1—2 月在成都的气溶胶吸湿特性观测研究表明(Yuan et al.,2020):40~200 nm 粒径段粒子吸湿参数平均值在 0.16~0.26(图 4.56),随粒径增大,吸湿性增强,对应各粒径粒子在 90% 相对湿度时的吸湿增长因子(GF)为 1.25~1.46,其中,110~200 nm 的气溶胶粒子的吸湿性要强于北京和广州城区,意味着在成都高相对湿度的条件下,气溶胶对辐射和环境有更大的影响。

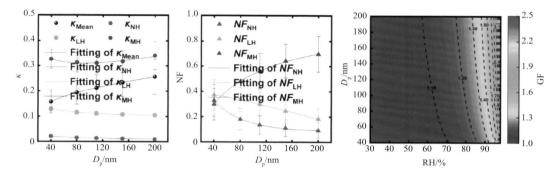

图 4.56　不同组分吸湿参数和比例随粒径的分布及通过拟合参数计算的吸湿增长因子随相对湿度和粒径的变化(Yuan et al.,2020)

成都气溶胶吸湿性和混合状态受到老化程度的影响,具有明显的日变化(图 4.57),白天受光化学反应的影响,老化程度较高,吸湿性较强,混合状态接近内混合,夜间呈现相反的趋势。新鲜排放的气溶胶粒子会导致混合状态和吸湿性的变化,使得污染期间不同阶段混合状态和吸湿性呈现不同的变化(图 4.58)。

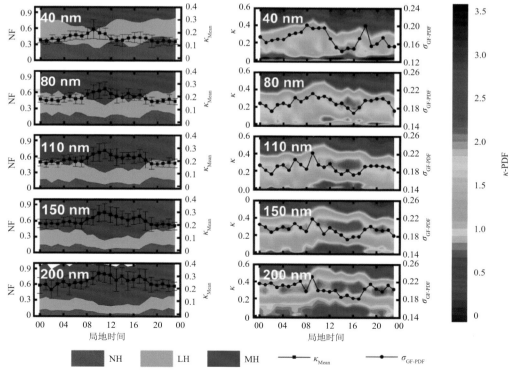

图 4.57　吸湿参数的日变化特征(Yuan et al.,2020)

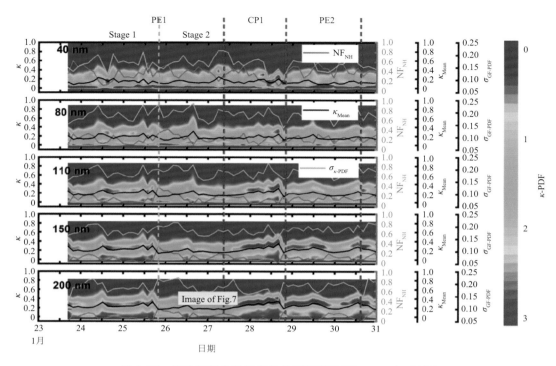

图 4.58　污染期间各吸湿参量的时间序列（Yuan et al.，2020）

此外，成都虽然为禁燃区，但春节成都周边烟花燃放依然会对成都造成影响，烟花燃放气溶胶粒子由于其含有强吸湿性成分，导致气溶胶在该时段内的吸湿性相较于平时城市环境气溶胶粒子更强（图 4.59）。

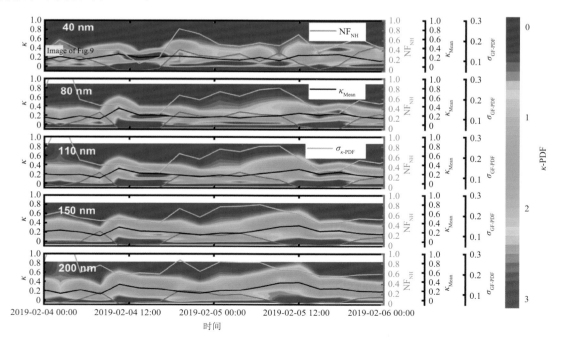

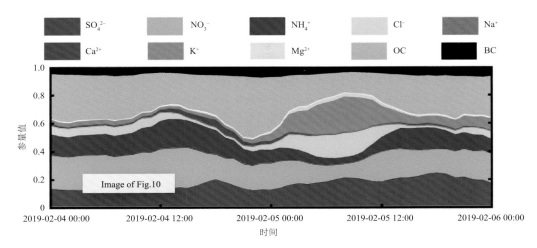

图 4.59　烟花影响期间各吸湿参量和 $PM_{2.5}$ 中化学成分的变化（Yuan et al.，2020）

此外，对比了成都春季和夏季气溶胶的吸湿性，发现成都夏季气溶胶吸湿性日变化与冬季相似，40～200 nm 粒径段粒子吸湿参数 κ 平均为 0.12～0.23，对应各粒径粒子在 90% 相对湿度时的吸湿增长因子（GF）为 1.19～1.43，总体比冬季稍弱，但差别不大，考虑是由夏季强光化学作用产生的二次有机物的影响导致的。

4.6
不同区域气溶胶吸湿增长特性比较

研究表明，区域能见度的演化与气溶胶质量浓度以及气溶胶在高湿条件下的吸湿特性密切相关（Chen et al.，2014）。大气气溶胶的化学组分按照其吸湿性可以分为吸湿性和非吸湿性气溶胶，前者大部分为硫酸盐、硝酸盐、铵盐、海盐以及部分吸湿性有机物，后者主要为黑碳及部分有机物。由于区域之间自然地理背景以及社会经济活动的差异，气溶胶类型及其源解析结果往往差别很大，这必然会对其光学特性的变化产生复杂的影响。为明晰不同区域气溶胶吸湿性的差异，这里汇总了京津冀、长三角、珠三角和国外部分地区的主要成果，并与该研究进行比对。由表 4.24 和图 4.60 可知，与国内其他地区相比，成都地区气溶胶散射吸湿增长因子在各相对湿度条件下均低于珠三角（广州），但总体高于京津冀和长三角（临安），且随着湿度的上升这种差异愈加明显，即气溶胶吸湿性增长特征存在较为显著的区域差别。与国外地区相比，成都地区气溶胶散射吸湿增长因子明显高于巴西和葡萄牙；在相对湿度小于 90% 时，总体低于美国东部海岸，随着相对湿度的升高，成都地区气溶胶的吸湿性增长则变得比美国东海岸更加显著。

一般而言，在相同细颗粒物质量浓度条件下，相对湿度越高，则能见度越低，气溶胶的类型及其理化结构在其中起着至关重要的作用。针对成都的研究表明，当相对湿度大于 70% 时，硫氧化率（SOR）和氮氧化率（NOR）可分别从干燥条件下（相对湿度为 40%）的 0.27 和 0.11 增长至 0.40 和 0.19，有效促进硫酸盐和硝酸盐的生成，进而导致气溶胶组分的改变。成都气溶胶硫酸盐和硝酸盐组分占比相对较高,两者的单独或协同吸湿性增长必然会对其光学效应产生重要影响,导致川西陆地城市型的气溶胶散射吸湿增长存在区域性,并在一定程度上决定了雾、霾的演化进程。

表 4.24 不同地区气溶胶散射吸湿增长特性的对比

地区	气溶胶类型	气溶胶散射吸湿增长模型	$f(RH)$						文献来源	研究时段
			40%	50%	60%	70%	80%	90%		
北京市海淀区	城市型	二次多项式	1.02	1.06	1.11	1.20	1.38	1.96	Yan 等(2009)	2005 年 12 月 7—22 日
天津市武清区	城市型	幂指数	1.06	1.10	1.14	1.34	1.51	1.85	Chen 等(2014)	2009 年 10 月—2010 年 1 月
河北保定	乡村型	幂函数	1.01	1.05	1.10	1.17	1.28	1.48	QI 等(2018)	2016 年 12 月 17—22 日
广州市区	海洋型	幂函数	1.05	1.15	1.37	1.82	2.60	3.89	刘新罡 等(2009)	2006 年 8—9 月
广州市区	混合型	幂函数	1.10	1.23	1.46	1.83	2.38	3.17	刘新罡 等(2009)	2006 年 8 月 10 日—9 月 10 日
广州市区	城市型	幂函数	1.08	1.17	1.33	1.57	1.92	2.41	刘新罡 等(2009)	2006 年 8 月 10 日—9 月 10 日
杭州市临安区	乡村型	幂函数	1.01	1.03	1.08	1.18	1.37	1.70	Zhang 等(2015)	2013 年 3 月
葡萄牙	乡村型	二次多项式	1.00	1.02	1.10	1.22	1.40	1.64	Carrico 等(2000)	1997 年 6—7 月
巴西	混合型	幂函数	1.01	1.02	1.04	1.09	1.18	1.33	Kotchenruther 等(1998)	1995 年 8—9 月
美国东部海岸	城市型	幂函数	1.08	1.16	1.30	1.51	1.80	2.19	Kotchenruther 等(1999)	1996 年 7 月
成都市区	城市型	二次多项式	1.05	1.11	1.19	1.32	1.59	2.40	该研究	2017 年 10—12 月

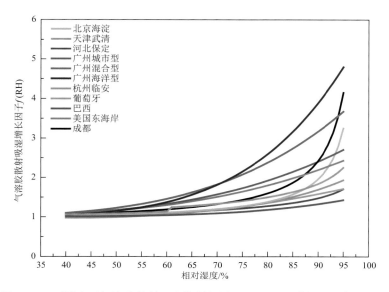

图 4.60 不同地区气溶胶散射吸湿性增长因子($f(RH)$)随相对湿度的变化

4.7
本章小结

①四川盆地 AOD 值总体呈下降趋势，逐年月均值呈现"梯形"周期变化趋势，空间分布整体上表现为盆地中部低海拔地区为高值区，盆地边缘高海拔地区为低值区的特征，热点聚集区分布呈现片状和以成都、自贡为中心两种不同形式，主要是由于城市化和工业化发展水平不均衡引起的。

②成都市观测时段内对应 550 nm 的大气消光系数是（1173.42±641.21）M/m，其中"干"气溶胶散射系数、"干"气溶胶吸收系数、干洁大气散射系数、气态污染物吸收系数和气溶胶吸湿性消光系数对大气消光系数的平均贡献率分别为 53.02％、6.54％、1.50％、1.65％和 37.29％，气溶胶的吸湿性对成都市冬季大气消光以及环境空气质量的演化有重要影响。

③$PM_{2.5}$ 质量浓度对"干"气溶胶散射消光系数的影响比 PM_{10} 质量浓度更为直接，也是导致成都霾天气的重要影响因子。通过米散射理论公式构建目标函数，利用免疫进化算法对其中气溶胶等效复折射率的实部和虚部进行协同优化，创新性地提出了气溶胶等效复折射率反演的新途径。利用逐步线性回归方法分别构建了干气溶胶复折射率实部和虚部的参数化方案。该参数化方案针对干气溶胶复折射率实部和虚部的计算具有较高的精度，并可准确地模拟灰霾演化过程中干气溶胶的散射系数和吸收系数。

④提出了一种针对气溶胶粒径吸湿增长因子的反演算法，建立了成都秋、冬季均匀混合气溶胶吸湿增长模型。相比目前通用的气溶胶吸湿增长模型，该模型显著提升了环境条件下气溶胶散射系数的模拟精度。建立了经验参数的米散射模型、统计模型以及耦合气溶胶复折射率（DACRI）和气溶胶粒径吸湿增长因子（GF(RH)）参数化方案的大气能见度数值改进算法。改进算法通过本地化参数化方案更准确地估计出 DACRI 和 GF(RH)，从而可更准确地模拟出能见度变化。

⑤基于新模型（logistic）反演得到的近地面"湿"消光系数与近地面细颗粒物质量浓度的相关系数在四季均能稳定在 0.6 以上。logistic 曲线识别混合层高度新方法与位温探空曲线计算的混合层高度总体一致，同时也取得了比梯度法、拐点法和 SBH99 算法更好的效果，并利用 sigmoid 函数对大气消光系数 S 型形态进行模拟，据此提出了颗粒物分界层米散射激光雷达识别的 sigmoid 算法。进一步提出了大气消光系数垂直分布 logistic 模型及其参数计算方法。不同稳定度条件下湍流场结构的差异决定了颗粒物质量浓度在大气边界层低层分布的非一致性，大气消光系数 logistic 模型更好的适用性主要在于其对近地层大气消光的复杂垂直形态具有良好的模拟能力。

参考文献

伯广宇，刘东，吴德成，等，2014.双波长激光雷达探测典型雾霾气溶胶的光学和吸湿性质[J].中国激光，41(1):0113001.

曹佳阳,樊晋,罗彬,等,2021.川南四座城市 PM$_{2.5}$ 化学组分污染特征及其源解析[J].环境化学,40(2)：559-570.

陈春江,2019.成渝城市群 PM$_{2.5}$ 污染的时空分布与治理研究[D].重庆：重庆大学.

陈一娜,赵普生,何迪,等,2015.北京地区大气消光特征及参数化研究[J].环境科学,36(10)：42-49.

崔蕾,倪长健,孙欢欢,等,2016.成都颗粒物吸湿增长特征及订正方法研究[J].环境科学学报,36(11)：3938-3943.

丁国安,陈尊裕,高志球,等,2005.北京城区低层大气 PM$_{10}$ 和 PM$_{2.5}$ 垂直结构及其动力特征[J].中国科学：地球科学,35(z1)：31-44.

董骁,胡以华,徐世龙,等,2018.不同气溶胶环境中相干激光雷达回波特性[J].光学学报,38(1)：9-17.

郭婉臻,张飞,夏楠,等,2019.近十年中国陆地 AOD 时空分布及与城市化的关系研究[J].环境科学学报,39(7)：2339-2352.

韩道文,刘文清,刘建国,等,2006.气溶胶质量浓度空间垂直分布的反演方法[J].中国激光,33(11)：1567-1573.

韩道文,刘文清,陆亦怀,等,2007.基于 Madaline 网络的气溶胶散射系数的反演算法[J].光学学报,27(3)：384-390.

何镓祺,于兴娜,朱彬,等,2016.南京冬季气溶胶消光特性及霾天气低能见度特征[J].中国环境科学,36(6)：1645-1653.

黄小刚,邵天杰,赵景波,等,2020.长江经济带空气质量的时空分布特征及影响因素[J].中国环境科学,40(2)：874-884.

李晓静,张鹏,张兴赢,等,2009.中国区域 MODIS 陆上气溶胶光学厚度产品检验[J].应用气象学报,20(2)：147-156.

刘凡,谭钦文,江霞,等,2018.成都市冬季相对湿度对颗粒物浓度和大气能见度的影响[J].环境科学,39(4)：1466-1472.

刘宁微,马雁军,杨素英,等,2015.沈阳地区大气气溶胶消光特性的观测研究[J].大气科学学报,38(4)：458-464.

刘新罡,张远航,曾立民,等,2006.广州市大气能见度影响因子的贡献研究[J].气候与环境研究,11(6)：733-738.

刘新罡,张远航,2009.基于观测的大气气溶胶散射吸湿增长因子模型研究——以 2006 CARE Beijing 加强观测为例[J].中国环境科学,29(12)：1243-1248.

刘新罡,张远航,2010.大气气溶胶吸湿性质国内外研究进展[J].气候与环境研究,15(6)：808-816.

刘新民,邵敏,2004.北京市夏季大气消光系数的来源分析[J].环境科学学报,24(2)：185-189.

刘莹,林爱文,覃文敏,等,2019.1990—2017 年中国地区气溶胶光学厚度的时空分布及其主要影响类型[J].环境科学,40(6)：2572-2581.

吕阳,李正强,尹鹏飞,等,2013.结合地基激光雷达和太阳辐射计的气溶胶垂直分布观测[J].遥感学报,17(4)：1008-1020.

麻金继,杨世植,张玉平,等,2005.厦门海域气溶胶光学特性的观测研究[J].量子电子学报,22(3)：473-476.

倪长健,丁晶,李祚泳,2003.免疫进化算法[J].西南交通大学学报,38(1)：87-91.

宋丹林,陶俊,张普,等,2013.成都城区颗粒物消光系数特征及其与 PM$_{2.5}$ 的关系[J].中国科学院大学学报,30(6)：757-762.

宋连春,高荣,李莹,等,2013.1961—2012 年中国冬半年霾日数的变化特征及气候成因分析[J].气候变化研究进展,9(5)：313-318.

孙景群,1983.湿气溶胶的光散射特性[J].高原气象,2(3)：49-54.

孙景群,1985.能见度与相对湿度的关系[J].气象学报,43(2)：230-234.

孙韧,肖致美,韩素芹,等,2017.天津市冬季近地层颗粒物垂直分布特征研究[J].环境科学学报,37(6):
　　2248-2254.

陶金花,张美根,陈良富,等,2013.一种基于卫星遥感 AOT 估算近地面颗粒物的方法[J].中国科学:地球科
　　学,43(1):143-154.

陶金花,王子峰,徐谦,等,2015.北京地区颗粒物质量消光吸湿增长模型研究[J].遥感学报,19(1):12-24.

王华,郭阳洁,洪松,等,2013.区域气溶胶光学厚度空间格局特征研究[J].武汉大学学报(信息科学版),38
　　(7):869-874.

王劲峰,徐成东,2017.地理探测器:原理与展望[J].地理学报,72(1):116-134.

吴兑,毛节泰,邓雪娇,等,2009.珠江三角洲黑碳气溶胶及其辐射特性的观测研究[J].中国科学:地球科学,
　　39(11):1542-1553.

夏祥鳌.2006.全球陆地上空 MODIS 气溶胶光学厚度显著偏高[J].科学通报,51(19):2297-2303.

徐昶,叶辉,沈建东,等,2014.杭州大气颗粒物散射消光特性及霾天气污染特征[J].环境科学,35(12):
　　4422-4430.

杨寅山,倪长健,张智察,等,2019a.成都冬季"干"气溶胶等效复折射率变化特征研究[J].中国环境科学,39
　　(10):4093-4099.

杨寅山,倪长健,邓也,等,2019b.成都市冬季大气消光系数及其组成的特征研究[J].环境科学学报,39(5):
　　1425-1432.

张静怡,卢晓宁,洪佳,等,2016.2000—2014 年四川省气溶胶时空格局及其驱动因子定量研究[J].自然资源
　　学报,31(9):1514-1525.

张洋,刘志红,于明洋,等,2014.四川省气溶胶光学厚度时空分布特征[J].四川环境,33(3):48-53.

张泽锋,付泽宇,沈艳,等,2017.核壳模型下黑碳的吸收对南京大气消光贡献研究[J].环境科学学报,38(4):
　　1327-1333.

张智察,倪长健,汤津赢,等,2019a."干"气溶胶等效复折射率与其质量浓度指标的相关性研究[J].光学学
　　报,39(5):0501002.

张智察,倪长健,邓也,等,2019b.气溶胶等效复折射率反演的免疫进化算法[J].中国环境科学,39(2):
　　554-559.

张智察,倪长健,邓也,等,2020a.免疫进化算法反演均匀混合气溶胶吸湿增长因子[J].中国环境科学,40
　　(3):1008-1015.

张智察,倪长健,邓也,等,2020b.两种气溶胶消光吸湿增长因子的适用性分析[J].激光与光电子学进展,57
　　(9):090103.

周磊,武建军,贾瑞静,等,2016.京津冀 $PM_{2.5}$ 时空分布特征及其污染风险因素[J].环境科学研究,29(4):
　　483-493.

周书华,倪长健,刘培川,2015.成都地区大气边界层逆温特征分析[J].气象与环境学报,(2):108-111.

朱育雷,倪长健,孙欢欢,等,2017a.MODIS 卫星遥感 AOD 反演近地面"湿"消光系数新模型的构建及应用
　　[J].环境科学学报,37(7):2468-2473.

朱育雷,倪长健,谭钦文,等,2017b.基于 logistic 曲线识别混合层高度的新方法[J].中国环境科学,37(5):
　　1670-1676.

ANDERSON T L,OGREN J A,1998. Determining aerosol radiative properties using the TSI 3563integrating
　　nephelometer [J]. Aerosol Science and Technology,29(1):57-69.

BANDOWE B A M. MEUSEL H. HUANG R J,2014. $PM_{2.5}$-bound oxygenated PAHS,nitro-PAHS and
　　parent-PAHS from the atmosphere of a chinese megacity:seasonal variation,sources and cancer risk assess-
　　ment [J]. Science of The Total Environment,473-474:77-87.

BERGSTROM R W,RUSSELL P B,HIGNETT P,2002. Wavelength dependence of the absorption of black carbon particles: Predictions and results from the TARFOX experiment and implications for the aerosol single scattering albedo [J]. Journal of the Atmospheric Sciences, 59(3): 567-577

BODHAINE B A, 1995. Aerosol absorption measurements at Barrow, Mauna Loa and the south pole [J]. Journal of Geophysical Research, 100(D5): 8967-8975.

BROOKS I M. 2003. Finding boundary layer top: Application of a wavelet covariance transform to lidar backscatter profiles[J]. Journal of Atmospheric & Oceanic Technology, 20(8):1092-1105.

CHAN Y C, SIMPSON R W, MCTAINSH G H, et al, 1999. Source apportionment of visibility degradation problems in Brisbane (Australia) using the multiple linear regression techniques [J]. Atmospheric Environment, 33(19): 3237-3250.

CHAN L Y, KWOK W S, 2000. Vertical dispersion of suspended particulates in urban area of Hong Kong [J]. Atmospheric Environment, 34(26): 4403-4412.

CHEN J, ZHAO C S, MT N, et al, 2012. A parameterization of low visibility for haze days in the North China Plain [J]. Atmospheric Chemistry and Physics, 12: 4935-4950.

CHEN J, XIN J, AN J, et al, 2014a. Observation of aerosol optical properties and particulate pollution at background station in the Pearl River Delta region[J]. Atmospheric Research, 143: 216-227.

CHEN J, ZHAO C S, MA N, et al, 2014b. Aerosol hygroscopicity parameter derived from the light scattering enhancement factor measurements in the North China Plain [J]. Atmospheric Chemistry and Physics, 14(15): 8105-8118.

CHENG Y F, EICHLER H, WIEDENSOHLER A, et al, 2006. Mixing state of elemental carbon and non-light-absorbing aerosol components derived from in situ particle optical properties at Xinken in Pearl River Delta of China [J]. Journal of Geophysical Research: Atmospheres, 111(D20): D20204.

CHENG Y F, WIEDENSOHLER A, EICHLER H, et al, 2008. Aerosol optical properties and related chemical apportionment at Xinken in Pearl River Delta of China[J]. Atmospheric Environment, 42: 6351-6372.

DENTENER F J, CRUTZEN P J, 1993. Reaction Of N_2O_5 on tropospheric aerosols-Impact on the global distributions of NO_x, O_3, and OH[J]. Journal of Geophysical Research Atmospheres, 98(D4): 7149-7163.

GROSSMAN G M, KRUEGER A B, 1992. Environmental impacts of a north American free trade agreement [J]. CEPR Discussion Papers, 8(2):223-250.

HAN Y, LÜ D R, RAO R Z, et al, 2009. Determination of the complex refractive indices of aerosol from aerodynamic particle size spectrometer and integrating nephelometer measurements[J]. Applied Optics, 48(21): 4108.

HÄNNEL G, 1971. New results concerning the dependence of visibility on relative and their significance in a model for visibility forecast [J]. Contributions to Atmospheric Physics, 44: 137-167.

HARTMAN R, KWON O S, 2002. Sustainable growth and the environmental Kuznets curve[J]. Journal of Economic Dynamics & Control, 29(10):1701-1736.

HOFF R M, GUISE-BAGLEY L, STAEBLER R M, et al, 1996. Lidar, nephelometer and in situ aerosol experiments in southern Ontario [J]. Journal of Geophysical Research Atmospheres, 101(D14):19199-19209.

JUN T, JUN J C, REN J Z, 2012. Reconstructed light extinction coefficients using chemical compositions of PM_(2.5) in winter in Urban Guangzhou, China[J]. Advances in Atmospheric, 29(2):359-368.

KABE D G, 1963. Stepwise Multivariate Linear Regression [J]. Journal of the American Statistical Association, 58(303): 770-773.

KASTEN F, 1969. Visibility forecast in the phase of pre- condensation [J]. Tellus, 21(5): 631-635.

KOSCHMIEDER H, 1924. Theorie der horizontalen Sichtweite [J]. Beitr Physik fr Atmos, 12: 33-35.

KOTCHENRUTHER R A, HOBBS P V, HEGG D A, 1999. Humidification factors for atmospheric aerosols

off the mid-Atlantic coast of the United States[J]. Journal of Geophysical Research Atmospheres,104(D2):
2239-2251.

LUO T, YUAN R, WANG Z, 2013. Lidar-based remote sensing of atmospheric boundary layer height over
land and ocean [J]. Atmospheric Measurement Techniques Discussions,6(5):173-182.

PAHLOW M, KLEISSL J, PARLANGE M, et al, 2005. Atmospheric boundary-layer structure observed
during a haze event due to forest-fire smoke [J]. Boundary-Layer Meteorology, 114:53-70.

PANDIS S N, WEXLER A S, SEINFELD J H, 1993. Secondary organic aerosol formation and transport —
II. Predicting the ambient secondary organic aerosol size distribution [J]. Atmospheric Environment. Part
A. General Topics, 27(15): 2403-2416.

PENNDORF R, 1957. Tables of the Refractive Index for standard air and the rayleigh scattering coefficient for
the spectral region between 0. 2 and 20. 0μ and their application to atmospheric optics [J]. Journal of the
Optical Society of America, 47(2): 176-182.

QI X F, SUN J Y, ZHANG L, et al, 2018. Aerosol hygroscopicity during the haze red-alert period in decem-
ber 2016 at a rural site of the North China Plain [J]. Journal of Meteorological Research, 32(1): 38-48.

SLOANE, C S, 1983. Optical properties of aerosols—comparison of measurements with model calculations.
Atmospheric Environment, 17(2): 409-416.

SLOANE C S, WOLF G T, 1985. Prediction of ambient light scattering using a physical model responsive to
relative humidity validation with measurements from Detroit [J]. Atmospheric Environment, 19(4):
669-680.

SUN X, YIN Y, SUN Y, et al, 2013. Seasonal and vertical variations in aerosol distribution over Shijia-
zhuang, China [J]. Atmospheric Environment, 81(4):245-252.

TAO J, ZHANG L, GAO J, et al, 2015. Aerosol chemical composition and light scattering during a winter
season in Beijing [J]. Atmospheric Environment, 110: 36-44.

THURSTON G D, SPENGLER J D,1987. A quantitative assessment of source contributions to inhalable par-
ticulate matter pollution in metropolitan Boston[J]. Atmospheric Environment,19(1):9-25.

TU J, XIA Z G, WANG H S, et al, 2007. Temporal variations in surface ozone and its precursors and mete-
orological effects at an urban site in China [J]. Atmospheric Research, 85(3-4): 310-337.

WATSON J G,2002. Visibility: Science and regulation [J]. Air Waste Management Association,52:628-713.

WEX H, NEUSÜβ C, WENDISCH M, et al, 2002. Particle scattering, backscattering, and absorption coef-
ficients: An in situ closure and sensitivity study [J]. Journal of Geophysical Research: Atmospheres, 107
(D21): LAC 4.

WU Y F, ZHANG R J, PU Y F, et al, 2012. Aerosol optical properties observed at a semi-arid rural site in
northeastern China [J]. Aerosol and Air Quality Research,12(4):503-514.

YAN P, TANG J, HUANG J, et al, 2007. The measurement of aerosol optical properties at a rural site in
Northern China[J]. Atmospheric Chemistry & Physics Discussions, 7(5): 2229-2242.

YAN P, TANG J , HUANG J, et al, 2008. The measurement of aerosol optical properties at a rural site in
Northern China[J]. Copernicus GmbH, 8(8):2229-2242.

YAN P, PAN X, TANG J, et al, 2009. Hygroscopic growth of aerosol scattering coefficient: A comparative
analysis between urban and suburban sites at winter in Beijing [J]. China Particuology, 7(1): 52-60.

YANG L X, WANG D C, CHENG S H, et al, 2007. Influence of meteorological conditions and particulate
matter on visual range impairment in Jinan [J]. China. Science of the Total Environment, 383(1-3):
164-173.

YCC A,RWS A,GHM A, et al, 1999. Source apportionment of visibility degradation problems in Brisbane

（Australia）using the multiple linear regression techniques[J]. Atmospheric Environment，33（19）：3237-3250.

YI S，JIN L，WANG H，2018. Vegetation changes along the Qinghai-Tibet plateau engineering corridor since 2000 induced by climate change and human activities[J]. Remote Sensing，10(1)：95-115.

ZHANG L，SUN J Y，SHEN X J，et al，2015. Observations of relative humidity effects on aerosol light scattering in the Yangtze River Delta of China [J]. Atmospheric Chemistry and Physics，15(14)：8439-8454.

第5章 成渝地区大气颗粒物污染的气象成因

造成大气污染的根本原因虽然是污染物的过量排放,但其污染物浓度的变化乃至重污染事件的发生却主要归结为不利于污染物扩散的气象条件,如逆温层、大气边界层结构、大气环流形势以及独特的天气系统等。通常在较短的时间段内,局地污染物排放量变化不大,但空气污染物浓度变化剧烈,表明气象条件在调节污染物浓度变化方面具有至关重要的作用。人类活动排放的颗粒污染物与气态污染物通常以大气边界层为主要载体,同时会受到大尺度、中尺度、小尺度等多种不同尺度天气系统的影响或控制,通过物理扩散、化学转化等多种过程,形成大气复合污染物的多时、空尺度分布特征。众所周知,在青藏高原、横断山脉和四川盆地等不同尺度特殊地形的热力、动力作用下,成渝城市群上空易形成静稳大气边界层结构、多层逆温、西南涡和高原槽等独特天气系统,导致当地易形成持续性大气颗粒物重污染过程。因此,加强污染背景下气象成因研究,了解气象条件和天气过程对大气颗粒物污染的影响机制,合理利用有利气象条件对大气污染排放实施科学管控,以便显著减缓大气颗粒物的污染程度,有效促进经济社会发展。

5.1
深盆地形污染气象参数及其与大气颗粒物污染的关系

5.1.1 成渝地区多层逆温的总体特征

逆温是影响城市大气污染状况的一个重要的气象条件。它指的是气温随高度的升高而上升的一种现象,是世界各地高污染事件发生的常见特征(Malek et al.,2006)。逆温层的存在抑制了污染物在垂直方向上的扩散,导致近地面污染物浓度升高,空气质量比预期变差(Olofson et al.,2009;吴蒙 等,2013;姚青 等,2018;桂海林 等,2019)。作为重要的污染气象条件之一,逆温是成渝地区大气污染研究中重点关注的方面之一(刘建西 等,1999;李培荣 等,2018)。已有关于成渝地区逆温及其对大气污染影响的研究多数集中在边界层内(唐家萍 等,2012;周书华 等,2015),对边界层以上的逆温研究很少。然而,由于四川盆地特殊的地形和气候条件,以及紧邻青藏高原东缘的特殊位置,使得这一地区的逆温特征具有独特性。尤其是盆沿与盆底海拔高度差最大处超过 2500 m,远高于盆底区域边界层的顶部。对流层低层(边界层之上)逆温频发是四川盆地这一深盆地形的独特之处(Feng et al.,2020)。对于这一深盆盆地而言,仅仅关注其边界层逆温是不够的,还需要研究边界层之上对流层低层的逆温结构。尤其需要关注大气边界层至对流层低层易形成阶段性多层逆温结构,方能深入了解四川盆地的大气温度结构及其对盆地内城市群大气污染的影响。

利用 2015—2018 年成渝地区 4 个高空气象观测站(成都市温江站、宜宾市宜宾站、重庆市沙坪坝站和达州市达川站)的规定等压面和特性层探空观测数据,Feng 等(2020)研究了四川盆地边界层及对流层中低层逆温(地面到 400 hPa 等压面所在高度范围内)的垂直分布情况(图 5.1)。绝大多数逆温出现在 5500 m 高度以下,占总逆温层次数的 91.4%。逆温最容易出现在两个高度范围内,一个是地面到 600 m 高度以下(占总逆温层次数 22.5%),也就是边界层内;另一个距地面 2200~3500 m(占 32.4%),也就是对流层下部。其中,底高为 0 m 的逆温最易出现,逆温频率为 18.7%。随着高度升高,逆温频率逐渐降低。到 800 m 处出现明显低谷,之后再次增大。到距地面 2800 m 处,逆温频率随高度的分布曲线存在次高峰值(为4.5%)。为期 15 d 的成都冬季外场观测试验的结果也表明,对流层低层存在逆温,在 3200~4200 m 高度最为显著(蒋兴文 等,2009)。

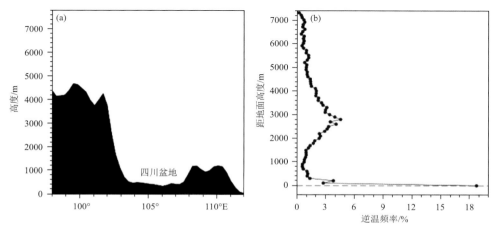

图 5.1 (a) 四川盆地及周边地区的地形剖面(沿盆地中心纬线 30°N);
(b) 2015—2018 年四川盆地逆温频率随高度的分布(引自 Feng et al.,2020)

四川盆地地面至 5500 m 高度的逆温是一种全年发生的常见现象。2015—2018 年平均逆温频率、厚度和强度分别为 74.4%、252.2 m 和 1.3 ℃/(100 m)。08 时和 20 时的年平均逆温频率分别为 78.7% 和 70.0%,即 08 时出现逆温的可能性更大。成都、宜宾、重庆和达州 4 个城市之中,逆温频率最高的是成都。很多地区和城市的低空逆温特征通常存在明显的季节变化。四川盆地亦如此。逆温频率、厚度和强度的季节变化明显(图 5.2)。冬季逆温最多(95.4%)、最厚(289.4 m)、最强(1.6 ℃/(100 m)),夏季最少(55.8%)、最薄(204.8 m)、最弱(1.0 ℃/(100 m))。其中,20 时的逐月逆温频率的分布形势呈单峰型,12 月和 1 月最高(均为95.6%),7 月最低(41.5%)。08 时的分布特征与 20 时相似,但在 7 月、8 月出现一个小高峰。

5.1.2 不同类型逆温的特征

根据逆温频率随高度的分布特征,可将四川盆地地面到 5500 m 高度范围的逆温层按其底高划分为 3 种类型——贴地逆温(surface-based inversion,SI)、脱地逆温(elevated inversion,EI)和对流层低层逆温(lower-troposphere inversion,LTI)(Feng et al.,2020)。贴地逆温是指

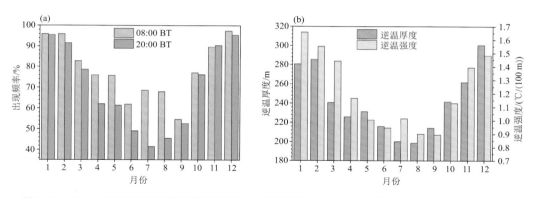

图 5.2　2015—2018 年四川盆地逆温频率(a)、厚度和强度(b)的月变化(引自 Feng et al.,2020)

底高为 0 m 的逆温层。底高大于 0 m 且小于或等于 1000 m 的逆温层定义为脱地逆温。底高大于 1000 m 的逆温层定义为对流层低层逆温。此外,贴地逆温和脱地逆温合称边界层逆温 (boundary layer inversion,BLI),即底高小于或等于 1000 m 的逆温层。2015—2018 年四川盆地 SI、EI、BLI 和 LTI 的年平均频率分别为 24.9%、20.8%、44.3%、62.8%(08 时)和 12.6%、5.8%、18.1%、63.2%(20 时)(图 5.3)。其中,LTI 年平均频率(63.0%)和厚度(264.7 m)最大,而 SI 年平均强度最大(1.8 ℃/(100 m))。EI 频率和强度均最小,BLI 以贴地逆温为主。

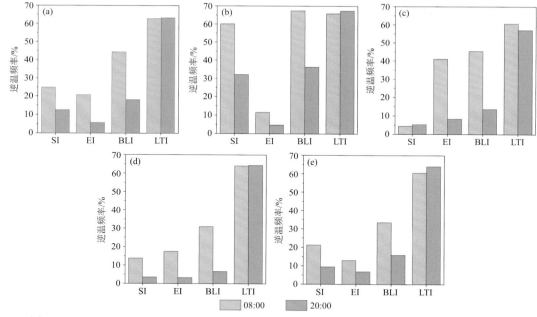

图 5.3　2015—2018 年四川盆地与不同城市不同类型逆温年平均频率(引自 Feng et al.,2020)
(a)四川盆地;(b) 成都;(c)达州;(d)宜宾;(e)重庆

不同类型逆温的频率、厚度和强度的季节特征存在明显差异(图 5.4)。SI 冬季最强(2.5 ℃/(100 m))但最薄(176.8 m),夏季则相反;08 时频率春季高(30.5%),秋、季低(19.5%);而 20 时则是冬季高(17.0%)、夏季低(8.1%)。对于 EI,夏季频率虽然最高,厚度却最小;冬季厚度最大。LTI 频率、厚度和强度均为冬季最高(分别为 92.7%、309.6 m 和 1.5 ℃/(100 m)),夏季最低。LTI 频发是四川盆地这一深盆地形的独特之处。

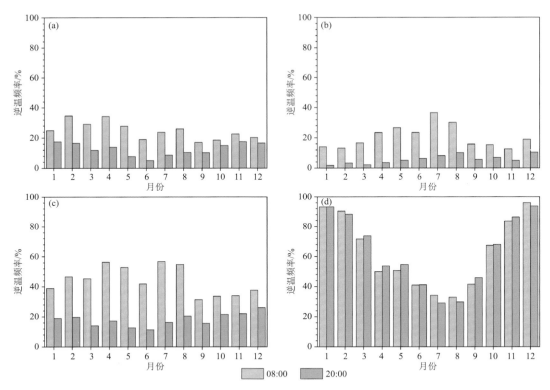

图 5.4　2015—2018 年四川盆地不同类型的逆温逐月月平均频率(引自 Feng et al.，2020)

(a)2015 年；(b)2016 年；(c)2017 年；(d)2018 年

5.1.3　四川盆地多层逆温的垂直结构特征

5.1.3.1　逆温层数及配置特征

四川盆地逆温层数的频率分布如表 5.1 所示。绝大多数为 1～3 层，占总数的 96.7%(08 时)和 98.2%(20 时)。其中，同一时刻仅出现一个逆温层的情况最常见，占 47.4%(08 时)和 58.7%(20 时)；出现 2 层逆温的分别占 36.6% 和 30.9%；同时出现 4 层及以上逆温层的概率

表 5.1　2015—2018 年四川盆地逆温层数的频率分布(引自 危诗敏 等,2021)　　　　　%

	08 时					20 时				
	春	夏	秋	冬	年	春	夏	秋	冬	年
1 层	50.60	61.40	49.60	33.60	47.40	68.40	78.90	56.70	43.90	58.70
2 层	36.30	30.80	35.40	41.70	36.60	26.40	17.90	31.60	39.90	30.90
3 层	11.20	6.80	12.50	18.30	12.70	4.50	2.80	10.30	13.00	8.60
4 层	1.70	1.00	2.20	5.70	2.90	0.50	0.30	1.30	3.10	1.60
5 层	0.20	—	0.40	0.60	0.30	0	0.20	0.10	0.10	0.10
6 层	—	—	—	0.10	0.04	0.10	—	—	—	0.03
—	—	0.10	—	—	0.02	—	—	—	—	—

注：—表示未出现。

很低,仅占 3.3%(08 时)和 1.7%(20 时)。进一步统计不同类型逆温的层数。根据定义,SI
仅有 1 层。EI 若出现几乎只有 1 层,极少出现 2 层及以上(仅占 1.2%~3.0%)。LTI 则以 1
~2 层占绝大多数,08 时和 20 时只出现 1 层 LTI 分别占 65.0%和 65.6%,只出现 2 层的分别
占 28.3%和 28.7%。

鉴于 SI、EI 和 LTI 层数均以 1 层为主,危诗敏等(2021)将多层逆温定义为同时出现 SI、
EI 和 LTI 中的两类或三类逆温的情况,而一般逆温则指仅出现一种类型逆温。多层逆温在四
川盆地属于一种常见现象。基于盆地 4 个探空站的规定数据,2015—2018 年多层逆温年平均
出现频率达到 20.1%,成都冬季更高达 51.6%。其中,一般逆温出现频率宜宾最大、成都最
小;而多层逆温出现频率则是成都最大、宜宾最小。盆地多层逆温 08 时出现频率高于 20 时,
而一般逆温则刚好相反,20 时出现频率高于 08 时。

四川盆地多层逆温频率与一般逆温频率的季节变化明显,均为冬季多、夏季少。多层逆温
和一般逆温逐月出现频率的变化曲线均呈"U"形分布(图 5.5),与四川盆地 AQI 的月变化较
为一致。其中,多层逆温冬季最频发,尤其是 12 月,频率达 30.6%;夏季频率最低,最小值出
现在 6 月,为 12.3%(图 5.5a)。其中,成都冬季多层逆温频率为 51.6%,甚至高于一般逆温出
现频率。四川盆地一般逆温出现频率的季节变化也表现为冬季最频发。此外,成都一般逆温
出现频率夏季高、秋季低,季节变化与其他城市存在一定的差异。

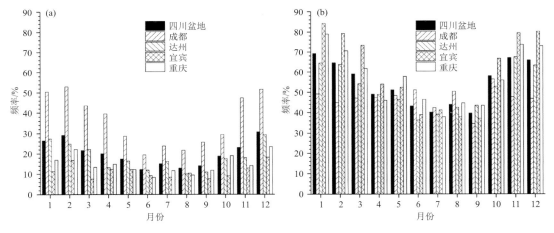

图 5.5　2015—2018 年四川盆地多层逆温(a)和一般逆温(b)出现频率的月变化(引自 危诗敏 等,2021)

5.1.3.2　多层逆温的不同配置特征

根据多层逆温中不同类型逆温的配置情况,可将其垂直结构划分为 4 种亚型(危诗敏 等,
2021)。其中,同时出现 SI 和 EI 定义为第 Ⅰ 类多层逆温,同时出现 SI 和 LTI 定义为第 Ⅱ 类多层
逆温,同时出现 EI 和 LTI 定义为第 Ⅲ 类多层逆温,同时出现 SI、EI 和 LTI 三类逆温则定义
为第 Ⅳ 类多层逆温。四川盆地的多层逆温之中,以第 Ⅱ 类多层逆温为主,占多层逆温总数的
60.5%;其次是第 Ⅲ 类多层逆温,占 35.2%;第 Ⅳ 类、第 Ⅰ 类多层逆温很少,分别占 2.7%
和 1.6%。

为了与多层逆温的特征进行对比,将一般逆温也进一步划分为 3 种亚类型。其中,只出现
SI 定义为仅 SI,只出现 EI 定义为仅 EI,只出现 LTI 定义为仅 LTI。4 类多层逆温亚型(第 Ⅰ、
Ⅱ、Ⅲ、Ⅳ 类多层逆温)以及 3 类一般逆温亚型(仅 SI、仅 EI、仅 LTI),它们出现频率分别为

0.3%、12.2%、7.1%、0.5%、5.7%、5.4%和43.2%。其中,仅 LTI 出现频率(43.2%)明显高于其他逆温;其次是第Ⅱ类多层逆温,出现频率为 12.2%;第Ⅲ类多层逆温再次之,频率为7.1%;仅 SI 和仅 EI 出现频率相近,分别为 5.7%和 5.4%;第Ⅰ、Ⅳ类多层逆温出现频率最低,仅为 0.3%和 0.5%(图 5.6)。

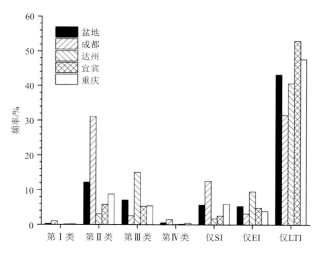

图 5.6   2015—2018 年四川盆地不同结构逆温的出现频率(引自 危诗敏 等,2021)

不同多层逆温结构出现频率的季节变化存在明显差异。第Ⅰ类多层逆温出现频率夏季最高,秋、冬两季最低。而第Ⅱ类多层逆温出现频率的季节变化则相反,表现为冬季最高、夏季最低,月变化曲线呈"U"型,其中,出现频率最大在 2 月(22.3%)、最小在 7 月(4.7%)。相比而言,第Ⅲ、Ⅳ类多层逆温的季节变化不明显,除 12 月出现频率最大外,其余月份变化不大。

5.1.3.3   逆温层厚度和强度

第Ⅱ、Ⅲ类多层逆温较厚(图 5.7a),平均厚度分别为 232.4 m 和 236.7 m,其次是第Ⅳ类多层逆温(193.6 m),第Ⅰ类多层逆温最薄(174.3 m)。就平均强度而言,第Ⅰ类多层逆温最强,为 1.7 ℃/(100 m)(图 5.7b),但出现频率低(0.3%);第Ⅱ、Ⅳ类多层逆温次之,分别为 1.5 ℃/(100 m)和 1.4 ℃/(100 m);第Ⅲ类多层逆温强度最弱(1.0 ℃/(100 m))。

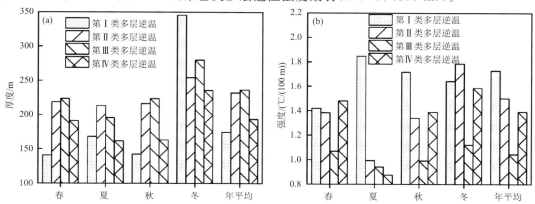

图 5.7   2015—2018 年四川盆地不同结构多层逆温平均厚度(a)、平均强度(b)的季节变化(引自 危诗敏 等,2021)

从季节变化(图 5.7)来看,4 类多层逆温均为冬季最厚,夏、春季最薄。除第 I 类多层逆温外,其他 3 类多层逆温均为冬季最强、夏季最弱。其中,第 II、III、IV 类多层逆温冬季平均强度分别为 1.8 ℃/(100 m)、1.1 ℃/(100 m) 和 1.6 ℃/(100 m)。而第 I 类多层逆温夏季最强(1.8 ℃/(100 m)),春季最弱(1.4 ℃/(100 m)),这与其逆温出现频率的季节变化较为一致。

5.1.4 青藏高原对四川盆地对流层低层逆温形成的影响

对流层低层逆温(LTI)频发是四川盆地的逆温特征有别于国内其他三大重污染区(即京津冀、长三角、珠三角地区)逆温特征的独特之处(Feng et al.,2020)。LTI 冬季最为频发,其出现频率高达 92.7%,夏季最少。它可能是青藏高原抬升、地表加热和冬季盛行西风气流的共同结果(蒋兴文 等,2009;宁贵财,2018;Feng et al.,2022)。

5.1.4.1 高原暖平流作用对对流层中、低层温度场的影响

LTI 的出现可能与青藏高原大地形的关系密切。青藏高原高耸于对流层中,体量巨大,其热力和动力作用不仅对全球大气环流有重要影响,对中国西南地区天气与气候的影响更是不可忽视(Yanai et al.,1992;Webster et al.,1998)。月平均温度场和风场(图 5.8)表明,区域

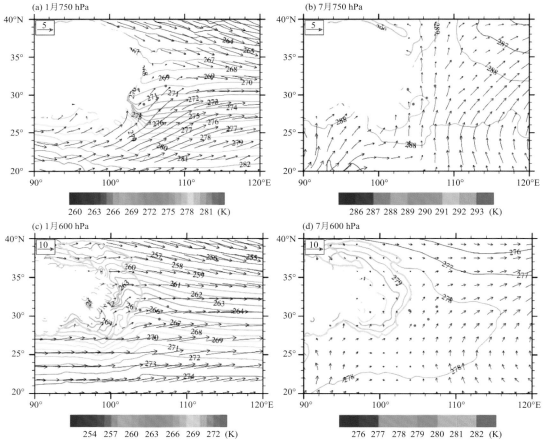

图 5.8 近 6 年(2014—2019 年)1 月和 7 月的月平均温度场和风矢量场(m/s)(a,b:750 hPa,c,d:600 hPa)
(红色圆点为 4 个探空站的位置,c,d 上灰色粗实线大致表示青藏高原轮廓)(引自 Feng et al.,2022)

环流形势存在明显的冬、夏季节差异,是导致 LTI 冬多夏少的重要原因(Feng et al.,2022)。夏季,青藏高原相对下游同一高度的大气是热源,冬季是冷源。冬季 600 hPa 上,整个区域受较强西风气流控制。值得注意的是,温度场上青藏高原东部地区和四川盆地上空出现一个暖脊,几乎覆盖了整个盆地(图 5.8c)。550~500 hPa 上依然明显,但更偏向青藏高原上空。青藏高原东南部地区作为高架热源,在盛行西风作用下,向下游四川盆地上空输送暖气团。750 hPa 上,青藏高原南侧绕流西风气流控制盆地大部分区域,盆地内以西南风为主(图 5.8a)。盛行的西南风和四川盆地西南侧的强温度梯度表明存在西南风暖平流,加热盆地上空大气,有利于这一高度上 LTI 的形成。

为了定量分析温度平流的时间变化,分别计算了两支温度平流的平均强度。西风暖平流在 600~550 hPa 上最为明显,并随高度上升而减弱,在 600 hPa 上最强。两支暖平流存在明显的季节变化(图 5.9)——冬季强、夏季弱,其中 2 月最强,7 月、8 月最弱。这与 LTI 频率的月变化十分一致。因此,LTI 冬季频发与冬季两支强暖平流有密切的关系。其中,西风暖平流可能是 600 hPa 附近 LTI 形成的重要原因;而 750~700 hPa 上西南风暖平流可能对较低高度上 LTI 的形成更重要。

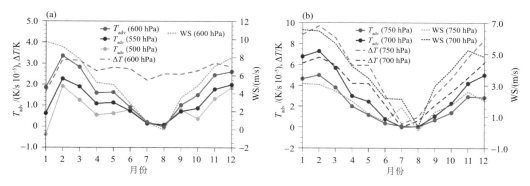

图 5.9 近 6 年平均温度平流(T_{adv})、温差(ΔT)和平均风速(WS)的月变化

(a) 600 hPa 附近西风暖平流;(b) 750 hPa 和 700 hPa 西南风暖平流(引自 Feng et al.,2022)

5.1.4.2 对流层低层逆温的形成及演变机制

描述无特殊天气条件时 LTI 形成及演变机制的一般规律的概念图如图 5.10 所示。LTI 是地形诱发的、日变化驱动的逆温。它的形成和演变是青藏高原—四川盆地多尺度复杂地形导致的不同高度气流分层与青藏高原背风坡地形遮蔽协同作用的结果(Feng et al.,2022)。没有特殊天气事件时,LTI 形成的关键因子是冬季青藏高原东南部高架热源引发的 600 hPa 西风暖平流以及地形动力强迫和地面热源加热产生的 750~700 hPa 西南风暖平流。青藏高原背风坡下沉运动、地形遮蔽作用以及盆地低层东风气流、山地—平原热力环流(MPS 环流)共同调制了 LTI 的发展和演变。其中,700~550 hPa 较强下沉气流起增强和维持 LTI 的作用。LTI 的垂直范围通常限于 750~600 hPa 的西风气流层内。850~775 hPa 东风气流和边界层 MPS 抑制暖平流加热更低层大气,使 LTI 不接地。而青藏高原背风坡地形遮蔽作用是夜间暖平流减弱消失时 LTI 得以维持的重要原因。各种因子共同作用,使 LTI 午后形成、增强,日落前强度达到最大,午夜后减弱或消散,第二天午后随着强暖平流的出现再次增强。

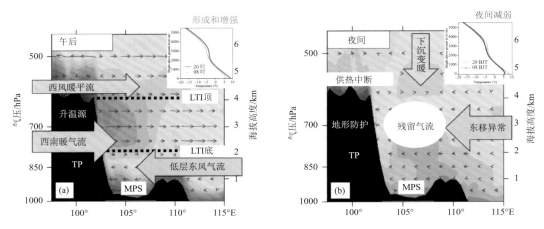

图 5.10 无特殊天气条件时 LTI 形成及演变机制概念图
（a）午后；（b）夜间（引自 Feng et al.，2022）

5.1.5 成渝地区大气边界层高度特征

边界层高度即边界层顶的高度（也称边界层厚度），常被用来描述边界层内垂直混合的尺度，直接受到地球表面和日常辐射交换过程的影响。它极大地影响了近地面大气污染物在垂直方向上的扩散和稀释能力，与灰霾天气的发生、发展存在紧密联系。

5.1.5.1 边界层高度的时空分布特征

混合层高度常用来表征大气边界层高度，多利用气象探空与地面常规观测资料进行计算。2011—2016 年四川盆地平均混合层高度为 587.2 m。并呈现逐年上升趋势（图 5.11），变化范围为 530~660 m，最低值出现在 2012 年，为 530.92 m，之后呈明显上升趋势（周颖 等，2018）。

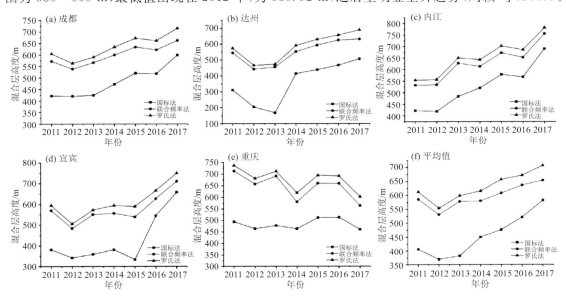

图 5.11 2011—2017 年四川盆地不同地区及区域大气混合层高度的年平均值（引自周颖 等，2018）

混合层高度的季节变化明显,总体表现为春、夏季的混合层高度较高,而秋、冬季较低,平均高度为591.26 m,变化范围为440~770 m。最低值出现在11月,为448.91 m;最高值出现在5月,为767.15 m。一般来说,春、夏季的大气混合层高度较高,秋、冬季较低,这种大气混合层高度的季节变化与湍流的强弱有关,与湍流强弱的季节变化较为一致。秋、冬季,太阳辐射减小,湍流也相应减弱,大气的混合层高度降低。而春、夏季四川盆地的太阳辐射增强,进而导致湍流活动旺盛,相应的大气混合层高度上升。夏季是四川盆地多雨的季节,这个季节多为低压辐合的天气系统所控制,天空被较多的云层覆盖,从而抑制太阳辐射的接收,致使热力湍流活动减弱,与此同时对流活动与降水的发生使得大气中能量迅速释放,引起大气混合层高度的降低,这可能是6月和7月混合层高度出现小低谷的原因。

5.1.5.2 边界层高度的影响因素

四川盆地日最大边界层高度(h_{max})与天气条件、感热通量和风切变等影响因素有关(Cao et al.,2020)。从2014—2019年四川盆地冬季晴天(图5.12a)和阴天(图5.12b)的h_{max}分布可以看到,晴天的h_{max}高于阴天。

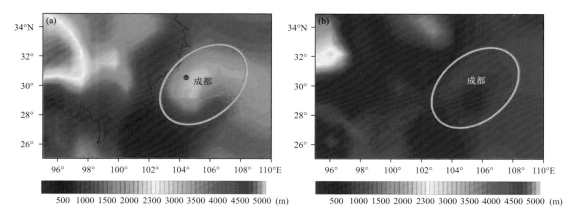

图5.12 2014—2019年冬季(a)晴天和(b)阴天的四川盆地边界层高度分布
(椭圆形的轮廓是四川盆地,红线是青藏高原的边界)(引自Cao et al.,2020)

阴天,对流层低层逆温层对BLH有重要的影响。当阴天变为晴天时,逆温消失,水汽含量降低,风速增大,h_{max}增大。为了进一步分析逆温对h_{max}的影响,对2014—2019年冬季所有阴天的逆温层底高(H_i)、逆温层底部气压(p_{H_i})、逆温层尺寸(S_i)、逆温层厚度(T_i)与h_{max}的关系(图5.13)进行分析。p_{H_i}(H_i)与h_{max}有很强的相关,决定系数(R^2)为0.5(0.5),在95%的置信度下通过了显著性检验。S_i与h_{max}的相关低于p_{H_i}。逆温层的存在显著改变了大气的层结,影响了大气中水汽的分布。大量的水汽在对流层低层积累,达到较高的高度,促成该地区中层云的产生。

感热通量和风切变是晴天的主要影响因素,但感热通量的影响小于风切变。这个很大程度上是由于湍流主要是由次级环流的机械混合引起的。阴天时,青藏高原地形效应诱发的次级环流影响比晴天弱。从四川盆地冬季阴天(图5.14a)和晴天(图5.14b)感热通量与h_{max}相关关系的显著性检验结果可以看出,h_{max}与四川盆地中部晴天感热通量有较好的相关,置信度为95%。而h_{max}与青藏高原感热通量的相关不显著。显著性检验表明,感热通量不是影响阴

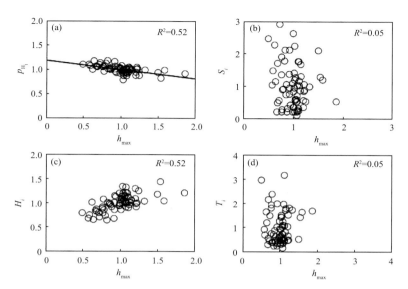

图 5.13　2014—2019 年冬季所有阴天的逆温层底高(H_i)、逆温层底部气压(p_{H_i})、逆温层尺寸(S_i)、

逆温层厚度(T_i)与 h_{max} 的关系

（引自 Cao et al. ,2020）

天 h_{max} 的重要因素,进一步证实了影响阴天 h_{max} 的主要因素是逆温层。成都和重庆晴天的感热通量与 h_{max} 呈明显的线性相关关系,大于阴天的相关关系。h_{max} 值随感热通量的增大而增大,表明相较阴天,晴天 h_{max} 与感热通量的关系较好。

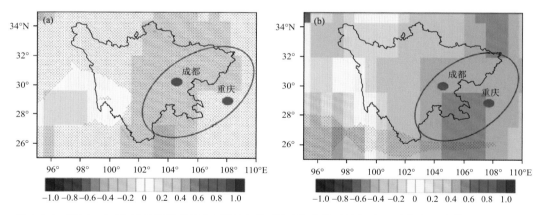

图 5.14　2014—2019 年冬季四川省(a)晴天和(b)阴天的感热通量与边界层高度最大值的相关系数

（椭圆形表示四川盆地的大致轮廓）（引自 Cao et al. ,2020）

对冬季四川盆地晴天(图 5.15a)和阴天(图 5.15b)湍流表面应力与 h_{max} 相关关系进行显著性检验。湍流表面应力可以用来表示风切变。晴天,h_{max} 与四川中部地区湍流表面应力的相关较好,相关系数接近 1.0,通过了显著性检验。h_{max} 随湍流表面应力的增大而增大,表明对边界层的形成有深远的贡献。相比之下,阴天时,只有少数地区湍流表面应力与 h_{max} 的关系通过了显著性检验,表明湍流表面应力不是决定阴天 h_{max} 的重要因素。这一结果进一步证实了逆温层是影响阴天 h_{max} 的主要因素。选择成都作为代表站,进一步研究风切变(湍流表面应

力)与 h_{max} 的关系。晴天,h_{max} 与风切变有很好的相关,相关系数接近 1.0。阴天,相关系数仅为 0.1(不显著)。重庆的结果与成都相似。h_{max} 值随湍流表面应力的增大而增大,表明湍流表面应力对 BLH 起关键作用。

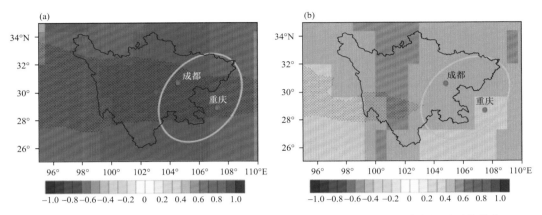

图 5.15　2014—2019 年冬季四川省(a)阴天和(b)晴天风切变与边界层高度相关系数分布
(引自 Cao et al. ,2020)

5.1.6　四川盆地逆温对大气污染的影响

四川盆地冬季大气污染状况最为严重。2015—2018 年颗粒物 1 月的月平均浓度甚至高达 7 月的 3.2 倍($PM_{2.5}$)和 2.6 倍(PM_{10})(冯鑫媛 等,2018)。四川盆地大气重污染事件也集中发生在冬季。究其原因,除了四川盆地冬季污染源排放量高于其他季节(毛红梅 等,2017)外,与逆温冬季最为频发、边界层高度较低密不可分。

(1)逆温对四川盆地空气质量的影响

逆温对四川盆地空气质量有重要影响。为了得到不同逆温条件下大气污染出现的可能,对 2015—2018 年四川盆地逆温与无逆温时各空气质量等级所占的百分比进行了计算。根据空气质量等级标准,空气质量等级为Ⅲ级及以上时表示出现大气污染;空气质量等级为Ⅰ和Ⅱ级时,空气质量优良。结果表明,有逆温时,四川盆地大气污染(即空气质量Ⅲ级及以上)发生率远高于无逆温时(Feng et al. ,2020)。无逆温时,空气质量优良率高达 95.4%,轻度、中度和重度污染分别仅占 4.2%、0.3% 和 0.1%。

逆温的叠加作用对大气污染的影响更大(图 5.16)——多层逆温时大气污染发生率(39.1%)明显高于一般逆温(25.0%)(危诗敏 等,2021)。第Ⅰ、Ⅱ类多层逆温时大气污染发生的可能性最高(分别为 59.6% 和 46.8%),其次是第Ⅲ、Ⅳ类多层逆温以及仅 SI(即仅有 SI 出现),污染发生率分别为 30.1%、30.6% 和 33.5%,而仅 EI、仅 LTI 的大气污染发生率最低(分别为 14.5% 和 25.3%)。此外,就中度污染及重度污染而言,多层逆温时中度和重度污染发生率均高于一般逆温,其中,第Ⅱ、Ⅳ类多层逆温的中度和重度污染发生率最高,分别为 15.9% 和 15.6%;而仅 LTI 和仅 EI 出现时,中度和重度污染发生的可能性最小,分别占 6.7% 和 2.3%。四川盆地极少出现严重污染,只在仅 LTI 和第Ⅱ类多层逆温条件下出现过(发生率仅 0.12% 和 0.04%),并且均发生在 1 月。

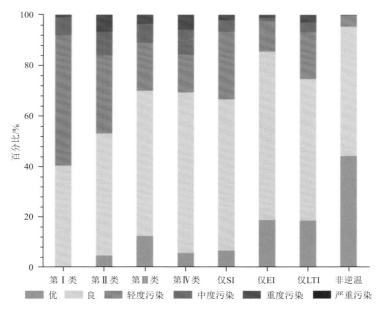

图 5.16　2015—2018 年四川盆地不同逆温条件下各空气质量等级所占比例
（优、良、轻度污染、中度污染、重度污染和严重污染对应的空气质量等级分别为 I、II、III、IV、V 和 VI级）
（引自危诗敏 等,2021）

（2）不同逆温条件下主要大气污染物的浓度特征

考虑到四川盆地大气污染物浓度存在明显的季节变化,危诗敏等(2021)引入去除季节差异的污染物浓度,以便去除季节因素的影响,深入分析不同逆温条件对各种污染物的影响程度及其差异。去除季节趋势的日浓度定义为日浓度与月滑动平均浓度之差(He et al.,2017),其中月滑动平均值指的是当日之前 15 d 和之后 15 d 的算数平均值(首尾 15 d 数据的滑动平均值固定不变)。

逆温日的大气污染物浓度明显高于无逆温日。$PM_{2.5}$、PM_{10}、SO_2、NO_2 和 CO 日均浓度在逆温日分别比无逆温日高 64.8%、64.0%、28.9%、28.5% 和 20.8%,而 O_3 浓度逆温日与无逆温日的差异很小(Feng et al.,2020)。多层逆温以及仅 SI 对当地大气污染物的扩散有明显的抑制作用;而仅 EI 和仅 LTI 对污染物的抑制作用不明显,但发生中度和重度污染的可能仍有 2.3% 和 6.7%(危诗敏 等,2021)。在没有多层逆温出现的情况下,底高较高的 EI 和 LTI 对污染物浓度的影响较小。这与长三角地区冬季边界层逆温的底高与 $PM_{2.5}$ 浓度呈负相关的结论较为一致(Liu et al.,2019)。

（3）逆温厚度和强度对大气污染物浓度的影响

污染物浓度与逆温层的厚度和强度也有一定的关系。考虑到某些逆温日存在多个逆温层的情况,对于这种情况,对逆温厚度、强度分别取最大值和平均值进行相关关系分析(危诗敏等,2020)。结果表明,无论逆温厚度和强度选取最大值或是平均值(大多数相关系数通过 $\alpha = 0.05$ 显著水平检验),除仅 SI 外,其余 6 种逆温条件下逆温的厚度和强度均与 $PM_{2.5}$、PM_{10}、SO_2、NO_2、CO 浓度呈正相关,与 O_3 浓度呈负相关,并且多层逆温的相关系数更大(图 5.17)。而仅 SI 时,6 种污染物浓度与逆温强度呈正相关,但与逆温厚度呈负相关。具体原因还不清楚,可能与仅 SI 时逆温越强厚度越薄有关。

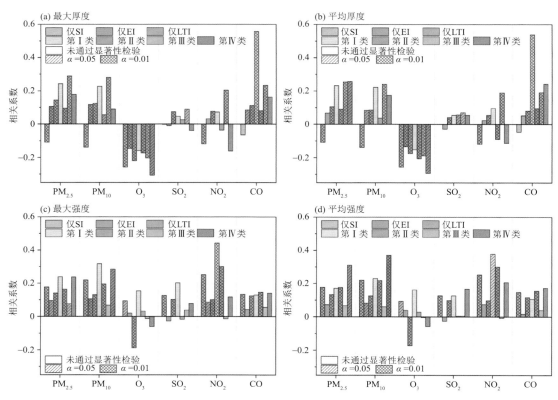

图 5.17　2015—2018 年不同逆温条件下逆温厚度、强度与 6 种大气污染物浓度的相关系数
（引自危诗敏，2020）

（4）逆温对大气重污染的影响

对 2015—2016 年四川盆地大气重污染期间逆温的统计结果表明，大气重污染期间温度廓线出现多层逆温，逆温层大多出现在近地面 925 hPa 以下和 700～600 hPa（蒋婉婷 等，2019）。2015 年（图 5.18a）和 2016 年（图 5.18b）四川盆地重污染期间 08 时和 20 时都存在逆温，重污染时 08 时在 925 hPa 高空容易出现逆温情况，其次在 700～600 hPa 附近；20 时在 700～600 hPa 附近比较容易出现逆温，其次是 925 hPa。逆温层距地面高度越小，$PM_{2.5}$ 污染越严重。2015 年 80% 的重污染日（24 d）于 08 时在 925 hPa 以下出现逆温，21 个重污染日于 20 时在 700～600 hPa 高度层有逆温存在。2016 年重污染期间，65% 的重污染日（11 d）于 08 时在 925 hPa 以下出现逆温，9 个重污染日于夜间 20 时在 925 hPa 以下及 700～600 hPa 高度层均出现

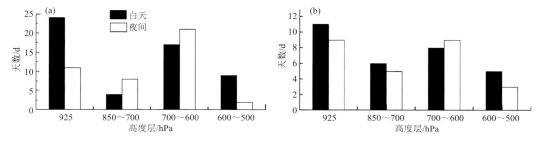

图 5.18　2015 年（a）和 2016 年（b）四川盆地重污染期间不同高度出现的逆温日数（引自蒋婉婷 等，2019）

逆温。925 hPa 对应的高度约为 880 m，即在 1000 m 以下，低层逆温容易出现重污染天气。2015—2016 年四川盆地只有 8 个重污染日 08 时为单逆温层，多层逆温发生频率高，导致大气垂直扩散条件进一步变差，污染物在近地面累积。

5.2
区域性污染的天气分型与边界层结构

　　局地气象条件和边界层结构的演变很大程度上受大尺度环流背景影响，从气候学角度对大气环流形势进行天气分型，深入剖析不同天气型对大气环境的作用具有十分重要的价值。Jiang 等（2005）对影响新西兰奥克兰市交通高峰期氮氧化物浓度的大气环流形势进行天气分型发现，当近地面受反气旋天气系统控制时，表现为静风、低温和高相对湿度，区域氮氧化物浓度高，易触发空气重污染事件。Valverde 等（2015）利用聚类方法将伊比利亚半岛天气型分成 6 类并探究其对当地空气质量的影响时指出，天气型通过控制气流的来源及平流强度影响当地 NO$_2$ 的背景浓度及其传输。中国近些年大气重污染事件频发，国内很多科技工作者对影响空气质量的大气环流型展开了很多细致的研究。关于中国空气质量天气分型的研究大多集中在华北、长三角和珠三角等平原地区，且用于天气分型的气象资料大多为海平面气压场（Ye et al.，2016；Zhang et al.，2012；许建明 等，2016）或 925 hPa 位势高度（Miao et al.，2017；杨旭 等，2017）。Zhang 等（2012）利用 T-PCA 方法将北京市大气环流型分成 9 类，发现伴有偏南气流的环流型有利于大气污染物向北京输送，进而导致当地大气污染物出现高浓度。Ye 等（2016）利用天气分型的手段探究华北平原地区 2013 年 1 月持续性重霾事件气象成因时发现，导致当地 2013 年 1 月形成异常高相对湿度的大气环流型出现频率与过去 10 年相比显著增大，高相对湿度和持续逆温是持续性重霾事件维持的关键气象因素。Miao 等（2017）对北京夏季大气环流及其边界层结构进行研究，认为引起空气重污染事件的天气型主要有 3 类，均呈现出浅薄边界层、脱地逆温以及边界层内主要受偏南气流控制等特征，大气污染物扩散能力差，工业区污染物向北京输送能力强。许建明等（2016）利用 PCT 客观天气分型方法对上海市冬季海平面气压及 10 m 风场进行大样本客观分型，发现冷锋、高压后部弱气压场和高压前部弱气压场均有利于上游地区大气污染物向上海输送以及本地大气污染物的积累。Zhang 等（2014）研究表明，东亚冬季风偏弱会导致中国东部形成有利于污染维持和发展的气象条件。苏秋芳等（2019）通过研究西南涡对四川盆地空气污染的影响后指出，西南干涡的移动对四川盆地冬季空气重污染具有显著贡献。Ning 等（2018）研究四川盆地西北部空气污染天气分型后指出，700 hPa 低值天气系统的东移对四川盆地空气重污染过程的演变具有重要调节作用。

　　有关天气分型的方法大致有两大类：主观分型和客观分型。主观天气分型方法是指人为主观定义一种天气分型标准对大气环流形势进行分型的方法，在很大程度上具有主观人为任意性。与主观分型法不同的是，客观分型方法是根据相似性和最大方差对大气环流形势进行分类；此外，客观分型能够处理大批量数据且不依赖主观经验。常用的客观天气分型方法主要有聚类分析法、非线性方法、Fuzzy 法、相关法和主成分分析法（PCA）5 类。Huth（1996）和 Huth 等（2008）对比分析了上述 5 种客观天气分型方法的效果，发现 T-model 斜交旋转主成分分析法(PCT)能最为准确地反映原始大气环流场的特征,且不会因分型对象的调整而有太大变化,得到的时空场也更加稳定。

5.2.1 四川盆地区域性污染的天气分型

受复杂地形的作用,显著影响四川盆地空气质量的天气系统大多位于 700 hPa 等压面层;此外,相关研究表明再分析资料中 700 hPa 层气象变量受地形的影响小,数据准确度高(Hoffmann et al.,2013;Christiansen,2007;Huth,1996;Sheridan et al.,2010)。因此,Ning 等(2019)利用欧洲中期天气预报中心(ECMWF)ERA-Interim 再分析资料中 700 hPa 层次的位势高度对四川盆地冬季大气环流形势进行天气分型。ERA-Interim 再分析资料的空间分辨率为 $0.75° \times 0.75°$,分型区域为(90°—115°E,20°—40°N)(图 5.19)。通过对 2013 年 12 月 1 日—2017 年 2 月 28 日冬季 08 时 700 hPa 位势高度分型,探究不同天气型背景下空气质量的差异及其气象成因。还收集分析了 2013 年 12 月 1 日—2017 年 2 月 28 日冬季成都市 6 种标准大气污染物逐时浓度数据,温江站地面气象观测及探空资料,ERA-Interim 再分析资料中等压面层的温度、位温、风场数据,ERA-Interim 再分析资料地面层的边界层高度数据。

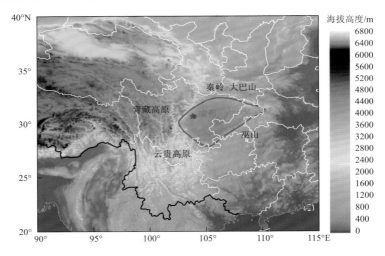

图 5.19 四川盆地及周边地形
(红色线圈表示四川盆地,红色圆点代表成都市的地理位置,蓝色五角星表示成都市温江探空站)
(引自 Ning et al.,2019)

5.2.1.1 四川盆地冬季典型天气型

利用 T-model 斜交旋转主成分分析法(PCT)对成都市 2013 年 12 月—2017 年 2 月冬季 700 hPa 层次的位势高度分别分成 4～17 类,并利用解释聚类方差(ECV)评估各类分型结果的优劣。一般而言,ECV 的值随着天气分型种类数的增多而非线性增大,ECV 的值越大,天气分型结果越接近实际环流型。但确定天气分型种类数需要综合考虑 ECV 值和不同天气型背景下空气质量差异两个因素。利用 ECV 值和不同分型种类数 ECV 的差值两个因子确定分型种类数。由图 5.20 可知,随着天气分型种类数的增多,聚类解释方差 ECV 的值增大,但其增幅是非线性的。当天气分型种类数为 9 时,聚类解释方差 ECV 的增幅最大,为 0.053,显著大于分型种类数为 10 时的增幅(0.005)。因此,将成都市冬季大气环流形势分成 9 类,分别讨论其对应大气污染特征及其与当地空气质量的关联。

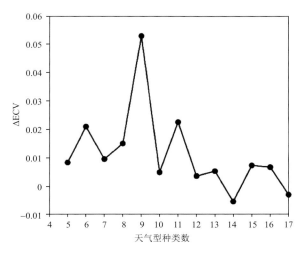

图 5.20　不同种类天气型数对应的 ΔECV 值(引自 Ning et al.,2019)

根据图 5.21 高压和低压系统相对于成都市的位置,将四川盆地 9 种天气型简要描述为:①北部低压型对应西南风(Type NL),②西北部弱高压型对应偏北风(Type NWH⁻),③南部低压型对应西南风(Type SL⁺),④南部弱低压型对应偏西风(Type SL⁻),⑤西部强高压型对应偏北风(Type WH⁺),⑥西部弱高压型对应偏北风(Type WH⁻),⑦西部低涡型对应南北风切边线(Type WV),⑧南部低压型对应西南风(Type SL),⑨低压型对应偏西风(Type L)。9 种天气型发生频率由高到低分别为:Type NL(31.3%)、Type NWH⁻(13.3%)、Type L(12.5%)、Type SL⁻(11.6%)、Type SL(9.1%)、Type WV(8.3%)、Type WH⁻(7.8%)、Type SL⁺(4.7%)和 Type WH⁺(1.4%)。由上述结果可知,四川盆地冬季低压系统出现的频率大于高压系统,这与当地易出现低值系统的天气、气候条件相符。其中低槽天气型 Types NL、L、SL⁻、SL 和 SL⁺ 占当地冬季总天数的 69.2%;而高压前部型 Types NWH⁻、WH⁻ 和 WH⁺ 仅占当地冬季总天数的 22.5%。结合 700 hPa 位势高度场和风场特征,可将上述 9 种天气型大致分为三大类:①低槽型,包括 Types NL、SL⁺、SL⁻、SL 和 L;②高压前部型,包括 Types NWH⁻、WH⁺ 和 WH⁻;③低涡型,Type WV。

5.2.1.2　不同天气型的大气污染特征

图 5.22 为不同天气型控制背景下成都市冬季不同等级空气质量出现频率分布。由图 5.22a 可知,低槽天气型对应的空气质量最差,低涡天气型对应的空气质量最好。2013 年 1 月—2017 年 12 月冬季期间,共有 10 d 严重污染,其中 9 d 发生在低槽天气型控制背景下,只有 1 d 出现在高压天气型控制背景下(Type NWH⁻)。重污染天数共有 76 d,其中 69 d 发生在低槽天气型控制背景下,6 d 出现在高压天气型,1 d 出现在低涡天气型。在气候学中,四川盆地和青藏高原东部边坡上空 700 hPa 由于受复杂地形的热力和动力作用易形成低值天气系统,该低值天气系统在不同季节具有不同性质。夏、秋季,它们属于暖、湿低值天气系统,容易产生降水。在冬、春季,它们则属于干冷低值天气系统,对四川盆地空气重污染事件的发生具

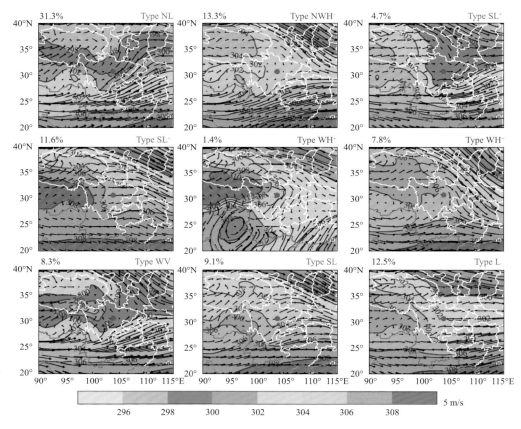

图 5.21　2013 年 12 月—2017 年 2 月冬季四川盆地 9 种天气型对应的 700 hPa 位势高度场(阴影)、
风场(黑色箭头)和发生频率(蓝色等值线为位势高度场,黑色箭头为风场,
红色实心圆点表示成都市位置)(引自 Ning et al.,2019)

有关键作用。在 2013 年 1 月—2017 年 12 月冬季,低槽天气型控制背景下,有超过 71% 的天
数没有出现降水,对应着较差的空气质量。这种不产生降水过程的低槽天气型称之为干低槽
天气型。

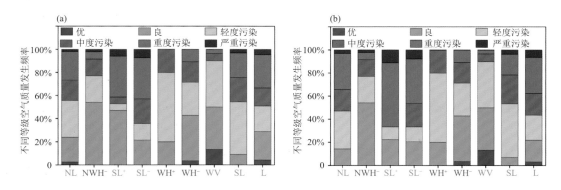

图 5.22　2013 年 12 月 1 日至 2017 年 2 月 28 日冬季,成都市不同天气型背景下不同等级空气污染发生频率
(a) 低槽天气型包含降水;(b) 低槽天气型不包含降水(引自 Ning et al.,2019)

　　5 种干低槽天气型、3 种高压天气型和 1 种湿低涡天气型控制背景下的盆地空气质量差异如图 5.22b 所示。干低槽天气型控制背景下,盆地出现中度及以上等级空气污染(包括中度污染、重度污染和严重污染)的频率显著高于高压天气型和湿低涡天气型。在干低槽天气型作用下,57.8% 的天数出现了中度及以上水平空气污染,比 3 种高压天气型控制背景下的频率高 2.3 倍左右。表 5.2 为 5 种干低槽天气型、3 种高压天气型和 1 种湿低涡天气型控制背景下,盆地 5 种标准大气污染物浓度特征。由表 5.2 可知,干低槽天气型对应的 5 种标准大气污染物浓度均明显高于高压天气型和低涡天气型。干低槽天气型控制背景下 $PM_{2.5}$ 和 PM_{10} 的平均浓度分别为 134.6 $\mu g/m^3$ 和 206.0 $\mu g/m^3$,是高压型和低涡型控制背景下的 1.5～2.0 倍。上述结果均表明,干低槽天气型容易引起空气重污染,而高压天气型和湿低涡天气型分别对应相对中等空气污染和相对较好的空气质量。

表 5.2　不同天气型控制背景下 5 种大气污染物($PM_{2.5}$、PM_{10}、SO_2、CO 和 NO_2)平均浓度(引自 Ning et al.,2019)

Type	NL	NWH^-	SL^+	SL^-	WH^+	WH^-	WV	SL	L
$PM_{2.5}/(\mu g/m^3)$	128±56	82±53	150±80	143±64	89±24	88±44	68±38	121±49	131±76
$PM_{10}/(\mu g/m^3)$	194±83	133±78	221±99	218±84	140±33	141±62	107±55	195±67	202±102
$SO_2/(\mu g/m^3)$	23±12	19±9	27±13	22±12	17±8	17±6	16±8	23±9	23±10
$CO/(mg/m^3)$	1.6±0.4	1.3±0.5	1.6±0.3	1.6±0.5	1.2±0.4	1.4±0.4	1.1±0.3	1.6±0.4	1.6±0.4
$NO_2/(\mu g/m^3)$	65±21	59±17	70±15	71±22	54±6	58±15	49±15	68±13	68±19

5.2.2　区域性大气重污染的边界层结构及气象条件

5.2.2.1　对流层低层热力、动力结构

　　图 5.23 为不同天气型控制背景下四川盆地沿 30.75°N 的 24 h 变温(ΔT 24 h)和风场(u 和 w)东西向垂直剖面。在干低槽天气型控制下(Types NL、SL^+、SL^-、SL、和 L),盆地上空 750～550 hPa 出现增温,而 750 hPa 以下层次出现降温或弱升温。24 h 变温的垂直结构将会导致对流层底层大气稳定度增强。结果引起 Types NL、SL^+ 和 SL 天气型控制背景下盆地上空 2000～3500 m 高度处正位温异常随高度的上升而增强(图 5.24a、c、h),Types SL^- 和 L 控制下盆地上空 1000～3000 m 高度处正位温异常随高度上升增大(图 5.24d,i)。位温正异常最大值出现在盆地上空 3000～3500 m 高度处(约 700 hPa 等高面处)(图 5.24),位温廓线的垂直结构特征表明盆地上空边界层顶以上层次形成了强稳定层。该强稳定层类似于在盆地上空边界层顶以上层铺上了一层锅盖,严重抑制了当地大气污染物的垂直混合,导致当地空气质量变差。

　　在高压天气型(图 5.23b、e、f)和湿低涡天气型(图 5.23g)控制下,四川盆地上空 750～550 hPa 处出现降温,而在 750 hPa 以下层次出现升温或弱降温。24 h 变温的垂直结构与干低槽天气型背景下完全相反,并且能够削弱对流层低层大气稳定度。如图 5.24b 所示,盆地上空 3500 m 高度以下层次均为位温负异常且随着高度上升而增强,在图 5.24e、f 离地面 2000～4000 m 层次内也观察到这些特征。ΔT 24 h 垂直结构和位温廓线特征表明高压天气型和低涡天气型控制下,对流层低层大气稳定度比干低槽天气型弱。较弱的大气层结稳定度提高了大气污染物的垂直扩散能力,有利于空气质量改善。此外,低涡天气型控制下,偏北冷空气与

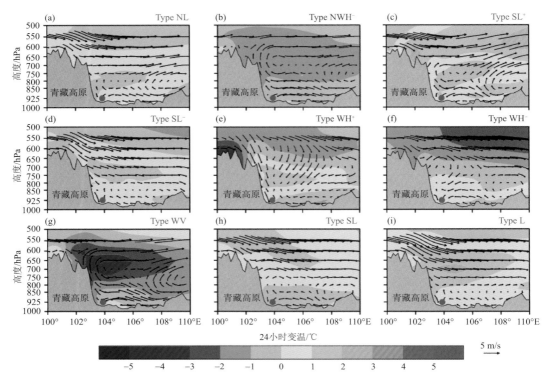

图 5.23　不同天气型控制下四川盆地沿 30.75°N 24 h 变温和风场（u 和 w 合成）东西向垂直剖面图
（红色圆点代表成都市，灰色阴影表示地形）（引自 Ning et al.，2019）

偏南暖湿气流在盆地上空汇合，有利于形成降水天气。低涡天气型发生时，超过 80% 的天数出现降水过程，降水对大气污染物具有显著的湿清除作用。因此，盆地上空的低涡天气系统也称为湿低涡天气型。湿低涡天气型控制下，有利的大气扩散能力和较强的湿清除作用叠加导致盆地空气质量最好。

　　分析图 5.23 还发现，不同天气型控制下，对流层中、低层大气动力结构存在明显差异。在干低槽天气型控制下，盆地上空次级环流的发展受到边界层顶以上层次强稳定层的抑制，次级环流中心高度大致位于 850 hPa（图 5.23a、c、d、h、i）。相反，在高压天气型或湿低涡天气型控制下（图 5.23b、e、f、g），盆地上空次级环流增强抬升，环流中心高度大致抬升至 700 hPa。图 5.25 所示，干低槽天气型控制下的边界层高度均低于 900.0 m，而高压天气型和湿低涡天气型控制背景下的边界层高度均大于 970.0 m。5 种干低槽天气型控制下平均边界层高度为 852.8 m，比高压和湿低涡天气型控制下的平均边界高度低 150.0 m。上述结果表明，四川盆地干低槽天气型控制下大气污染物的扩散能力（浅薄的边界层结构和被抑制的次级环流）显著小于高压型和湿低涡天气型。

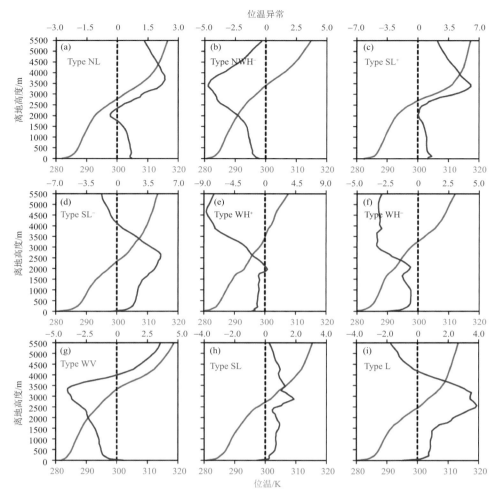

图 5.24 不同天气型控制下盆地上空位温探空垂直廓线

（红色实线表示不同天气背景下位温平均值，蓝色实线表示不同天气型控制
下位温异常值（单位：K））（引自 Ning et al.，2019）

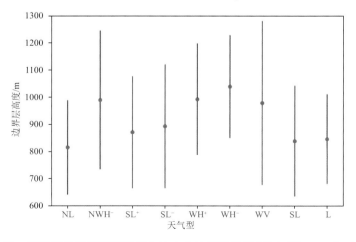

图 5.25 不同天气型控制下四川盆地上空边界层高度（引自 Ning et al.，2019）

5.2.2.2 对流层低层大气稳定度变化机制

对流层低层大气稳定度的变化取决于对流层低层变温的垂直结构。根据天气学中的热力学能量方程可以将垂直层内的变温分解为水平温度平流项、垂直温度对流项和非绝热加热项。图 5.26 为不同天气型控制下四川盆地上空不同垂直层内（700～600 hPa 和 950～850 hPa）内热力学能量方程各项的平均值分布。在 700～600 hPa 垂直层内（图 5.26a），干低槽天气型控制下垂直温度对流项均为正，是导致边界层内大气升温的关键因素，而水平温度平流项和非绝热项却为负或者微小的正值。在气象学中，正的（负的）垂直温度对流项表示垂直下沉（上升）运动。因此，干低槽天气型控制下四川盆地上空边界层顶以上层次强稳定层的形成（图 5.24）主要是由强的垂直下沉运动造成（图 5.23）。相反，在高压天气型和湿低涡天气型控制下，垂直温度对流项均为负，表示盆地上空边界层顶以上层次主要为垂直上升运动（图 5.23）。在 950～850 hPa 垂直层内（图 5.26b），所有天气型控制下非绝热加热项对温度变化的贡献均显著大于水平温度平流项和垂直温度对流项，表明非绝热加热是导致近地层温度变化的关键因素。结果表明，盆地上空边界层顶以上层次的垂直运动对对流层低层大气稳定度的变化起关键作用。

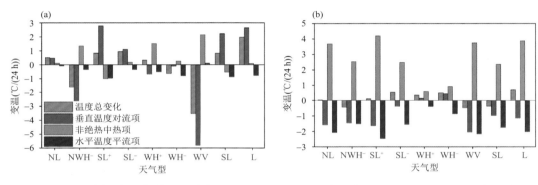

图 5.26　不同天气型控制下四川盆地上 700～600 hPa 垂直层内(a)和 950～850 hPa 垂直层内
(b)热力学能量方程各项平均值分布(引自 Ning et al.，2019)

5.2.2.3 天气型和复杂地形对垂直运动的协同效应

对流层低层垂直运动的变化显著受到天气型和复杂地形协同效应的影响。图 5.27 为不同天气型控制下四川盆地沿 30.75°N 温度和风场(u 和 w)纬向向垂直剖面。在干低槽天气型控制下，四川盆地上空干低槽前部受偏西气流控制，青藏高原上空的冷空气还未侵入盆地上空，盆地上空和青藏高原上空同样高度处存在明显的温度梯度（图 5.27a、c、d、h、i）。青藏高原上空的冷空气在偏西气流的引导下向东输送至盆地上空，冷空气在重力作用下会在盆地上空产生强烈的垂直下沉运动。水平温度梯度导致的强烈垂直下沉运动使得青藏高原东部边坡上空边界层顶以上层次内出现下沉升温。这种现象在气象学中称之为焚风效应，经常出现在高耸山脉的背风坡，比如阿尔卑斯山、中国台湾和新疆地区。在干低槽天气型和青藏高原大地形的协同作用下，四川盆地西部上空易产生焚风效应进而在当地上空边界层顶以上层次形成强稳定层结。在高压天气型和湿低涡天气型控制下，四川盆地上空受偏北气流控制，导致冷空气侵入盆地上空（图 5.23b、e～g）。结果是，盆地上空的温度比青藏高原上空同样高度处低（图 5.27b、e～g），引起盆地上空边界层顶以上层次出现垂直上升运动（图 5.27b、f、g）。高压天气型和湿低涡天气型控制下出现的垂直上升运动为当地大气污染扩散提供了有利条件,比如减弱大气稳定度,增强和抬升次级环流,促进边界层发展(图 5.25、图 5.26、图 5.27)。

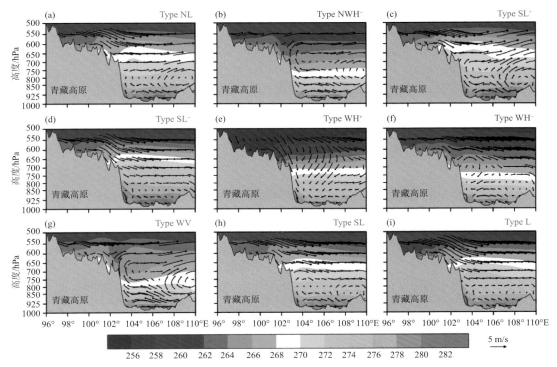

图 5.27　不同天气型控制下四川盆地沿 30.75°N 温度和风场(u 和 w 合成)纬向向垂直剖面
(红色实心圆点代表成都市,灰色阴影表示地形)(引自 Ning et al.,2019)

5.2.3　持续性区域污染发生的高、低空环流型配置

5.2.3.1　四川盆地秋、冬季持续性区域污染特征

针对四川盆地秋、冬季空气污染的首要污染物主要为 $PM_{2.5}$ 的特点,周子涵(2020)构建了区域性 $PM_{2.5}$ 污染分级与指标和持续性区域污染的客观判别指标和等级划分,分析了四川盆地 2014 —2018 年秋、冬季持续性区域空气污染特征以及高、低空环流形势。统计分析四川盆地 2014—2018 年秋、冬季中度及以上区域 $PM_{2.5}$ 污染事件,并从持续时间的长度和发生范围的广度将持续性区域 $PM_{2.5}$ 污染分为四个等级(表 5.3),分别为:Ⅰ级持续性区域污染,Ⅱ级持续性区域污染,Ⅲ级持续性区域污染,Ⅳ级持续性区域污染。按照本节提出的分级标准,四川盆地 2014—2018 年秋、冬季共筛选出持续性区域污染过程 21 次。从表 5.3 可知,四川盆地秋、冬季持续性区域重污染事件集中发生在 12 月和 1 月,且与中国大多数城市的大气污染变化特征一致。

表 5.3　四川盆地持续性区域 $PM_{2.5}$ 污染的客观分级与典型过程(引自 周子涵,2020)

区域污染分级			区域污染过程
等级	覆盖范围	持续时间	
Ⅰ级 (轻度)	50%以下城市(至少满足 3 个相邻城市或 5 个不相邻城市 $PM_{2.5}$ 浓度>115 $\mu g/m^3$)	持续 3 d 及以上	2016 年 12 月 2—4 日 2016 年 12 月 7—10 日 2017 年 2 月 15—20 日
Ⅱ级 (中度)	50%及以上城市 $PM_{2.5}$ 浓度>115 $\mu g/m^3$	持续 3 d 以下	2015 年 2 月 17 日 2015 年 2 月 19 日 2016 年 1 月 29—30 日 2018 年 1 月 20—21 日
Ⅲ级 (重度)	50%及以上城市 $PM_{2.5}$ 浓度>115 $\mu g/m^3$	持续 3~6 d	2014 年 12 月 24—27 日 2014 年 12 月 31 日—2015 年 1 月 5 日 2016 年 2 月 7—12 日 2016 年 12 月 18—21 日 2018 年 1 月 12—15 日 2018 年 2 月 14—17 日 2018 年 12 月 18—20 日 2019 年 1 月 24—28 日
Ⅳ级 (严重)	50%及以上城市 $PM_{2.5}$ 浓度>115 $\mu g/m^3$	持续 7 d 及以上	2015 年 1 月 13—27 日 2015 年 2 月 7—15 日 2015 年 12 月 27 日—2016 年 1 月 6 日 2016 年 12 月 30 日—2017 年 1 月 7 日 2017 年 1 月 21—28 日 2017 年 12 月 21—29 日

依据表 5.3 的持续性区域污染的分级标准,统计分析 2014—2018 年秋、冬季四川盆地各级持续性区域污染发生次数及天数的变化。由图 5.28 可知,Ⅰ级持续性区域污染主要发生在 2014 年和 2016 年秋、冬季且 2016 年秋、冬季发生次数略多;Ⅱ级持续性区域污染主要发生在 2014 年、2015 年和 2017 年秋、冬季,2014 年秋、冬季发生次数最多;Ⅲ级持续性区域污染在近 5 年均有发生,2014 年秋、冬季和 2018 年秋、冬季持续天数最多;Ⅳ级持续性区域污染除 2018 年秋、冬季外均有发生,且 2014 年秋、冬季持续天数最多。总体来看,2014 年秋、冬季 4 个级别的区域污染均有发生,2015 年、2016 年、2017 年秋、冬季均发生 3 类,2018 年秋、冬季仅发生 1 类(Ⅲ级持续性区域污染)。各类区域性污染事件在 2014 年秋、冬季均多发,其次是 2016 年秋、冬季,2018 年秋、冬季最少,这与区域 $PM_{2.5}$ 污染的时间变化特征对应。

图 5.29 为不同级别的持续性区域污染事件的 $PM_{2.5}$ 浓度空间分布,可见,Ⅰ级持续性区域污染主要发生在盆地西部及南部城市群,Ⅱ级持续性区域污染主要发生在盆地南部城市群;持续时间长的Ⅲ、Ⅳ级持续性区域污染盆地全区域均有分布。

5.2.3.2　持续性区域污染发生的高、低空环流型配置

根据天气分型结果,对分级持续性区域污染过程中的高、低空环流型进行一一匹配后,得出了分级持续性区域污染发生时主要的高、低空天气环流型配置,结果如图 5.30 所示。Ⅰ级持续性区域污染下,700 hPa 受西部高压脊变化影响较多,高、低空配置主要表现为冷锋前部型＋西部高压脊发展/减弱型、均压场型＋西部高压脊发展/减弱型,其中地面由均压场控制次

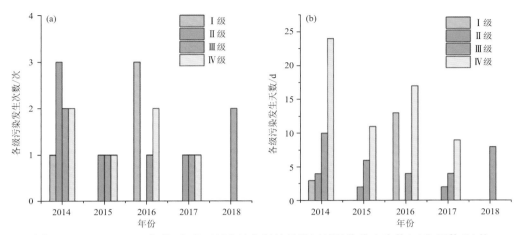

图 5.28　2014—2018 年秋、冬季四川盆地各级持续性区域污染发生次数(a)和天数(b)的
时间变化特征(引自周子涵,2020)

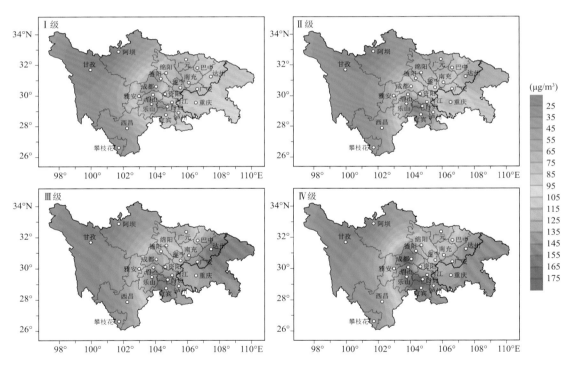

图 5.29　2014—2018 年秋、冬季四川盆地分级持续性区域 PM$_{2.5}$污染浓度的空间分布(引自 周子涵,2020)

数较多;Ⅱ级持续性区域污染受高空槽前天气形势影响次数开始增多,地面配置以冷锋前部型、高压后低压前型及鞍型场型为主;Ⅲ级持续性区域污染地面主要受低压前部型、高压后低压前型和冷锋前部型控制,高空 700 hPa 上多由北部低槽型和东北部低槽型天气形势控制,其中地面受低压前部型控制次数偏多;Ⅳ级持续性区域污染中,高、低空天气形势配置主要为冷锋前部型＋东北部低槽型、高压后低压前型＋东北部低槽型、高压前部型＋西北部高压脊发展型、低压前部型＋东北部低槽型,其中地面受高压前部型天气形势控制时,6 种高空天气形势均有出现。

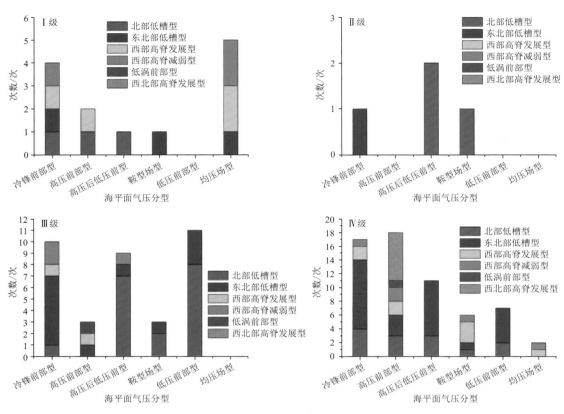

图 5.30　分级持续性区域污染下的高、低空天气型配置(引自 周子涵,2020)

统计各级持续性区域污染发生时 08 时 500 hPa 高空大尺度环流形势发现,持续性区域污染中四川盆地 500 hPa 大尺度环流形势主要为两槽一脊型、一槽一脊型、平直西风带小波动型、移动性多波动型及北脊南槽型。同时,对持续性区域污染减弱消散和清除的机制以及天气系统做了较为细致的分析研究(周子涵,2020),对四川盆地持续污染后期区域污染物平均浓度开始降低且最终下降至 75 $\mu g/m^3$ 以下的这一阶段定作区域污染的减弱清除阶段,并将持续时间在 1 d 之内的污染减弱清除过程称为快速清除过程,持续时间大于 1 d 的污染减弱清除过程称为缓慢清除过程。研究两类污染清除过程期间的 500 hPa 和 700 hPa 环流形势,以及温度、湿度、气压和风速的变化特征。缓慢清除过程 24 h 区域变温平均值(-0.5 ℃)明显小于快速清除过程(-3.3 ℃/(24 h)),快速清除过程中低层辐合运动发展得更高。污染缓慢清除过程中仍存在成渝盆地位于高空槽前的现象,700 hPa 由东北部低槽型和低涡前部型主导,均易在成渝地区高空形成切变,地面受冷锋前部型和低压前部型气压场控制;快速清除过程成渝地区高空均位于槽后,700 hPa 由低涡前部型和西北部高压脊发展型主导,地面受冷锋前部型气压场主导,以湿清除及大风清除为主,风速大于缓慢清除过程。

5.2.4　四川盆地冬季空气质量变化的大气多尺度耦合影响机制及概念模型

受干低槽天气型和青藏高原大地形的协同作用,四川盆地上空垂直下沉运动引起的焚风效应导致当地边界层顶以上层次出现强稳定层结,抑制了次级环流和边界层结构的发展。而在中国平原地区的逆温层常与水平温度平流和高压天气系统引起的下沉运动密切相关。此外,四川盆地属于中国高湿地区,冬季相对湿度均大于77%,且不同天气型控制下的差异很小。因此,相对湿度并不是引起四川盆地冬季空气质量变化的主要因素。而在华北平原地区,相对湿度与当地空气质量密切相关,因为相对湿度能够在很大程度上影响二次气溶胶颗粒物的爆发性增长。四川盆地空气污染形成机制与中国东部平原地区的显著差异进一步表明四川盆地空气污染问题的独特性和复杂性,也说明当地政府在应对空气污染问题时面临更大的挑战。

　　四川盆地冬季 700 hPa 天气环流型大致为干低槽型、高压型和湿低涡型三类。三类天气尺度环流型通过与盆地西侧的青藏高原大地形协同作用,对盆地上空中尺度的逆温层和局地次级环流产生关键影响,进而影响大气污染物垂直、水平扩散,是导致盆地冬季空气质量变化的关键物理成因。综合多方面的研究成果总结出冬季天气型和青藏高原大地形对四川盆地空气质量浓度上升和下降影响机制的概念模型,如图 5.31。

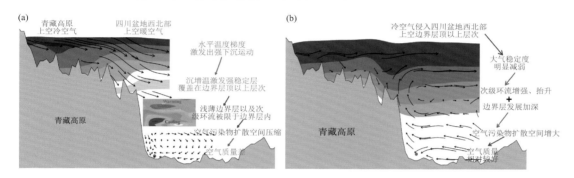

图 5.31　天气型和青藏高原大地形对四川盆地空气质量变差(a)和变好(b)影响机制概念图
(a)干低槽天气型,(b)高压天气型和湿低涡天气型(引自 Ning et al.,2019)

（1）干低槽型

　　冬季,青藏高原属于冷源,高原上空的空气温度显著低于盆地上空同样高度的温度。当四川盆地上空受干低槽天气尺度环流型控制时,主导风为西南风或偏西风。西风气流将高原上空的冷空气向东输送至盆地上空,进而在盆地上空引起强下沉运动,产生焚风效应。焚风增温使得盆地上空形成深厚的逆温稳定层,抑制了局地次级环流和边界层发展,严重压缩大气污染物可扩散空间,进而形成大气重污染事件。

　　（2）高压型和湿低涡型

　　当受高压型或湿低涡型天气尺度大气环流控制时,盆地上空主导风为偏北干冷气流。冷空气侵入,使得盆地上空 750～550 hPa 垂直层内出现显著降温,而盆地近地面至 750 hPa 由于非绝热加热作用表现为升温,大气层结不稳定。大气垂直交换能力显著增强,使得盆地上空局地次级环流增强抬升和边界层发展加深,大气污染物水平和垂直扩散能力增强,盆地冬季空气质量相对较好。

　　（3）湿低涡型

　　当受湿低涡天气尺度大气环流型控制时,偏北干冷空气与偏南暖湿气流在盆地上空汇聚,易触发降水过程。统计表明,湿低涡天气型控制时,盆地 80% 左右天数均出现降水过程,对大气污染物的湿清除贡献大,盆地空气质量最佳。

5. 3
低值天气系统对四川盆地重污染过程的影响

　　四川盆地处于青藏高原东麓,最大海拔落差超过 2000 m,属于深盆地形。因此,影响盆地空气质量的天气系统与其他地区相比,具有自身独特性。受青藏高原动力、热力的作用,青藏高原东部边缘及四川盆地在 700 hPa 等压面上容易形成西南涡、低槽等低值天气系统。此类天气系统在不同季节具有不同特性,夏、秋季为暖湿低值天气系统,对当地降水影响巨大,已倍受关注。而冬季多为干冷低值天气系统,对其研究却甚少,且与当地冬季空气质量的关系并不清楚。

　　紧邻青藏高原东部边坡区域的成都、德阳和绵阳三市,属于高原低值天气系统东移影响的最敏感区,而且这 3 个城市构成了盆地西北部高速发展的城市群。冬季该城市群空气重污染事件频发,尤其是成都市。因而亟需从气象统计学角度深入、系统地探究冬季高原干低值天气系统(尤其是干冷西南涡)东移活动对四川盆地西北部大气扩散能力的影响,进而揭示其对当地空气重污染过程的影响机制。

5. 3. 1　空气重污染事件和气象条件

　　Ning 等(2018)对 2006—2017 年四川盆地西北部城市群 10 次空气重污染事件(PM$_{10}$日均质量浓度≥均质量 μg/m³)特征以及天气系统进行了详细分析,发现除一次空气重污染过程 700 hPa 层未出现低值天气系统外,其他 9 次均伴随有低值天气系统。9 次低值天气系统中,8 次为干过程,仅有 1 次出现弱降水。因此,本节主要研究 8 次干低值天气系统活动对四川盆地西北部冬季空气重污染事件的影响机制。

　　由表 5.4 知,8 次空气重污染事件发生期间,能见度均较低,首要污染物均为颗粒物(PM$_{10}$或 PM$_{2.5}$)。从持续时间来看,盆地空气重污染过程大多为持续性污染过程,其中有 6 次事件属于持续性空气重污染过程,最长持续时间达 10 d,严重危害当地居民健康。此外,盆地空气重污染事件具有区域群发性特征,期间多个城市均出现重污染(PM$_{10}$日均质量浓度≥均质量 μg/m³)的事件有 5 次。从污染最重日期来看,其中两次重污染过程(事件 6 和事件 7)的 PM$_{10}$日均质量浓度最大值出现在春节,由此表明中国传统春节烟花爆竹集中燃放会导致污染物在有限时段内大量排放,对当地空气质量加剧恶化的效应明显。通过对上述 8 次空气重污染事件 700 hPa 天气形势分析发现,在空气污染加重时段,研究区均处于 700 hPa 低值天气系统(低涡或低槽)前部,主要受偏南暖气流控制(图 5.32)对边界层顶之上强逆温的形成至关重要。

　　在气象学中,通常可利用相对涡度来定量表征天气系统的强弱。通常,当相对涡度为正值时,对应低值天气系统;反之,则对应高值天气系统。针对上述 8 次空气重污染过程,对其污染加重时段和消散时段 700 hPa 层相对涡度的变化(表 5.5)、大气边界层高度和对流层低层大气稳定度和风速(表 5.6)进行统计分析。由表 5.5 可知,8 次空气重污染事件在其污染加重时段,盆地西北部上空 700 hPa 层的相对涡度均为正;结合天气形势分析发现,当地均位于低值

表 5.4　2006—2017 年四川盆地西北部城市群 8 次重空气污染事件

（引自 Ning et al.，2018）

事件序号	首要污染城市	污染时间段		污染最重日期状况			污染消散日期状况			期间出现污染的其他城市
		污染起止时间	污染期间 PM$_{10}$ 浓度范围（$\mu g/m^3$）	日期	PM$_{10}$（$\mu g/m^3$）	能见度 /m	日期	PM$_{10}$（$\mu g/m^3$）	能见度 /m	
1	绵阳	2006-01-13—14	284~442	2006-01-13	442	800	2006-01-15	166	12000	成都
2	成都	2006-01-29	407	2006-01-29	407	<50	2006-01-30	190	11000	无
3	成都	2006-12-19—23	348~385	2006-12-23	385	1500	2006-12-24	246	11000	无
4	成都	2007-12-21—24	260~529	2007-12-23	529	800	2007-12-25	174	3000	绵阳
5	成都	2009-01-18—20	264~381	2009-01-19	381	<50	2009-01-21	220	11000	绵阳
6	成都	2011-02-03	403	2011-02-03	403	2000	2011-02-04	190	11000	无
7	成都	2014-01-22—31	282~562	2014-01-31	562	<500	2014-02-01	207	2500	德阳
8	成都	2017-01-01—06	294~480	2017-15-05	480	100	2017-01-07	118	11000	德阳

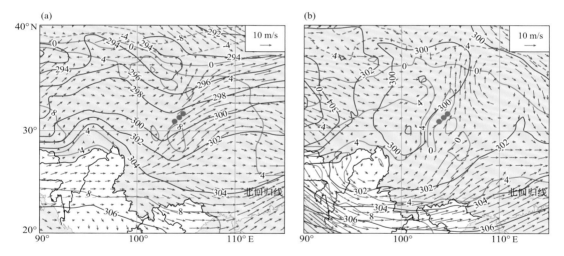

图 5.32　700 hPa 天气图。(a)低槽前部型；(b)低涡前部型

（蓝线为等位势高度线，红线为等温线，黑色箭头为风场；红色实心点代表城市群的地理位置）

（引自 Ning et al.，2018）

天气系统前部，受偏南暖气流控制，导致边界层顶之上升温，有利于大气层结稳定度增强，不利于大气污染物扩散。而在空气污染消散时段，其中 6 次空气重污染事件（事件 6 和事件 7 除外）中盆地西北部上空 700 hPa 层相对涡度均由正涡度变为负涡度，表明低值天气系统东移过境，使当地上空转受偏北干冷气流控制，边界层顶之上降温，大气层结稳定度明显减弱，有利于大气污染物扩散，污染物浓度快速降低。

由表 5.6 可知，多数污染过程中污染物消散时段边界层高度相比污染加重时段虽有一定的升高，但不如东部平原地区边界层高度增加那么显著；甚至少数污染过程（事件 3、事件 4 和事件 6）边界层高度呈现出略有降低的现象，表明 700 hPa 低值天气系统从四川盆地西北部上

表 5.5　重污染过程中污染加重时段和减轻时段 700 hPa 涡度统计（引自 Ning et al.，2018）

事件序号	污染加重时段		污染减消散段	
	时间（北京时）	涡度（$10^{-5}\,s^{-1}$）	时间（北京时）	涡度（$10^{-5}\,s^{-1}$）
1	2006-01-13 02:00	2.58	2006-01-13 20:00	-0.94
2	2006-01-29 02:00	4.15	2006-01-30 08:00	-3.36
3	2006-01-29 02:00	4.64	2006-12-23 14:00	-1.09
4	2007-12-22 14:00	0.59	2007-12-23 14:00	-0.82
5	2009-01-19 02:00	1.75	2009-01-19 08:00	-2.48
6	2011-02-03 02:00	2.96	2011-02-03 14:00	3.16
7	2014-01-31 02:00	9.12	2014-01-31 14:00	5.49
8	2017-01-04 20:00	6.49	2017-01-05 08:00	-5.74

表 5.6　重污染过程中不同污染时段研究区边界层高度、对流层低层大气稳定度和
平均风速改变量（引自 Ning et al.，2018）

事件序号	污染加重时段			污染消散时段与污染加重时段的差		
	边界层高度/m	对流层低层稳定度/K	对流层低层整层平均风速/(m/s)	边界层高度改变量/m	对流层低层稳定度改变量/K	对流层低层整层平均风速改变量/(m/s)
1	278.16	23.13	2.86	144.75	-11.23	0.41
2	375.42	29.45	4.12	139.08	-10.2	1.93
3	279.50	18.54	2.99	-16.45	-5.61	0.34
4	282.61	18.58	1.91	-39.62	-7.23	1.04
5	251.53	19.63	3.11	51.17	-7.88	0.85
6	282.16	25.80	4.22	-16.87	0.55	1.91
7	232.57	25.95	4.21	30.77	-1.97	-1.07
8	266.23	18.88	2.59	107.57	-8.4	0.27

空过境对城市群大气边界层高度的影响较弱。因此，单纯考虑盆地西北部大气边界层范围内的气象条件变化对当地大气污染的影响具有一定的局限性。借鉴先前研究，着眼于高度更高的对流层低层大气层结稳定度，构建对流层低层整层平均风速指数，并统计分析其在上述 8 次空气重污染事件中的变化特征（表 5.6）。不难看出，在空气污染加重时段，700 hPa 高度层与地面位温差均大于 18.5 K，最大值高达 29.45 K，表明对流层低层大气层结非常稳定；此外，8 次空气重污染过程中对流层低层整层平均风速较弱（均小于 4.30 m/s），最小值仅为 1.91 m/s。这种对流层低层呈现出强稳定、弱风速的特征，即为静稳型天气。低值天气系统过境后，其中 6 次空气重污染事件的对流层低层大气稳定度大幅度减弱，最大减幅高达 11.23 K，并且对流层低层整层平均风速也增大。这表明，低值天气系统过境干冷空气的侵入使得对流层低层大气稳定度显著减弱，风速增强，大气热力、动力扩散能力增强，有利于污染物的稀释、扩散。而对于两次出现在春节期间的空气重污染过程（事件 6 和事件 7），在其污染物浓度降低阶段，尽管盆地西北部上空大气热力、动力扩散条件变化并不明显，但由于除夕烟花爆竹集中燃放的停止，由此造成大气污染物排放量大幅度减少，进而导致颗粒物浓度显著下降，事件 7 中 PM_{10} 日

均质量浓度单日下降高达 355 $\mu g/m^3$。因此,将上述 8 次空气重污染事件分成两类,即常规空气重污染事件(事件 1、事件 2、事件 3、事件 4、事件 5 和事件 8)和春节过量排放型空气重污染事件(事件 6 和事件 7)。

5.3.2　低值天气系统对空气重污染事件的影响

从上述两类空气重污染事件中各选取 1 次典型空气污染事件进行分析,深入剖析低值天气系统过境前、后对应的对流层低层大气热力、动力状况以及空气质量的变化特征,以便进一步探究低值天气系统活动对空气重污染事件的影响过程与机理。

(1)常规空气重污染事件

表 5.4 中的空气重污染事件 8 发生在 2017 年 1 月 1—6 日,期间上述城市群中成都市污染最重,其颗粒物(PM_{10} 和 $PM_{2.5}$)日均质量浓度最大值出现在 1 月 5 日,其中 PM_{10} 日均质量浓度高达 380 $\mu g/m^3$。颗粒物质量浓度急剧升高时段为 1 月 3 日 00 时至 5 日 08 时(图 5.33),期间 NO_2 和 CO 质量浓度也呈现上升趋势;1 月 5 日 12 时之后,颗粒物质量浓度大幅度下降。

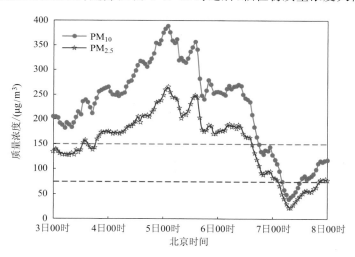

图 5.33　空气重污染过程 2017 年 1 月 3—8 日 PM_{10} 和 $PM_{2.5}$ 平均质量浓度的时间变化
(引自 Ning et al.,2018)

对此次空气重污染过程中污染加重时段和污染物消散时段的 700 hPa 天气形势分析表明(Ning et al.,2018),重污染发生之前,城市群上空 700 hPa 受西北干冷气流控制,无低值天气系统,1 月 2 日 14 时,成都平原城市群上空 700 hPa 西侧有短波槽生成,此后低槽发展、加深,直至 1 月 5 日 02 时之前,城市群上空长时间位于 700 hPa 低槽前部,受西南暖气流控制,四川盆地西北部成都、德阳和绵阳三市颗粒物质量浓度急剧上升,空气质量变差,形成空气重污染事件。1 月 5 日 02 时,700 hPa 低槽进一步发展东移,形成低涡,城市群上空位于低涡后部,受偏北干冷气流控制,大气污染物被迅速稀释扩散,污染物浓度明显降低。

为了探明低值天气系统对盆地西北部对流层低层大气热力、动力扩散能力的作用,制作了当地东西向 24 h 变温和风场(u 和 w 合成)剖面图(图 5.34)、温度和水平风速的探空廓线图(图 5.35),并分别进行深入剖析。当所研究的盆地西北部城市群上空位于 700 hPa 低值天气系统前部时,低空受偏南暖气流控制,而 500 hPa 层呈现为弱下沉运动,暖平流和弱下沉增温双重作用使得该区上空 800～650 hPa 层形成升温中心,最大 24 h 升温高达 10℃(图 5.34a);与此同时,当地近地面至 800 hPa 出现弱降温,上、下两层的共同作用使得对流层低层大气稳定度显著增强(如图 5.35a 所示,当地上空 775～650 hPa 出现强逆温)。此高原低值天气系统长时间稳定维持在城市群西侧上空,导致当地大气边界层顶之上强逆温层长时间维持,这与中国东部平原地区冬季易在大气边界层内出现强逆温不同。强逆温类似于在城市群大气边界层顶之上盖了一个大盖子,严重抑制了当地大气污染物的稀释扩散。此类"锅盖效应"又表现为迫使城市群区局地次级环流限于大气边界层内,该次级环流中心大致位于 850 hPa(约 1500 m)高度层(图 5.34a、b 和 c),由此导致该地区大气污染物可扩散空间缩小。此外,此"锅盖效应"还会阻碍大气垂直交换,造成地面至 800 hPa 层内的水平风速较小(≤2 m/s),大气动力扩散能力弱(图 5.35b)。因此,导致大气污染物在近地面层堆积,颗粒物浓度累积快速上升并达到峰值(图 5.34),形成一次空气重污染事件。

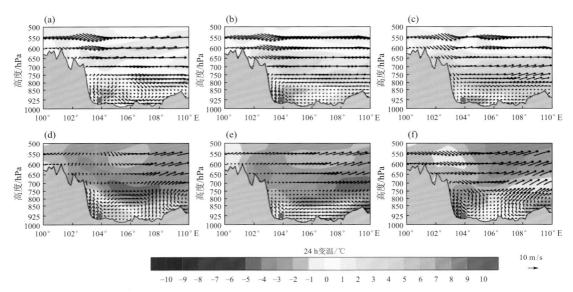

图 5.34　事件 8 空气重污染事件低值天气系统影响期间 2017 年 1 月 3 日 02 时(a)、2017 年 1 月 3 日 14 时(b)、2017 年 1 月 4 日 08 时(c)和低值系统过境后 2017 年 1 月 5 日 14 时(d)、2017 年 1 月 6 日 08 时(e)、2017 年 1 月 6 日 14 时(f)的 24 h 变温及 u、w 合成风矢量沿 30.75°N 的纬向剖面图
(红色实心圆点代表城市群,灰色阴影表示地形,黑色箭矢表示 u、$w \times 100$ 合成风矢量)
(引自 Ning et al.,2018)

当 700 hPa 低值天气系统过境后,城市群区上空转受西北干冷气流控制,导致当地上空 800～650 hPa 出现降温中心（图 5.34d、e 和 f)。与此同时,近地面至 800 hPa 出现升温(图 5.34d),对流层低层大气稳定度显著减弱,具体表现如图 5.35a 所示,盆地西北部城市群上空原有的 775～650 hPa 强逆温的"锅盖效应"也逐渐减弱、消失,大气垂直混合、扩散能力增强。此外,"锅盖效应"的减弱、消失,也进一步导致原有局限于大气边界层内的局地次级环流明显增强抬升,其中心抬升至 775 hPa 高度层(图 5.34d、e 和 f),动量下传效应增强,使得对流层低层风速增大(图 5.35b),大气污染物可扩散空间显著增大,整体热力、动力扩散能力增强,污染物浓度迅速降低,此次空气重污染过程结束。

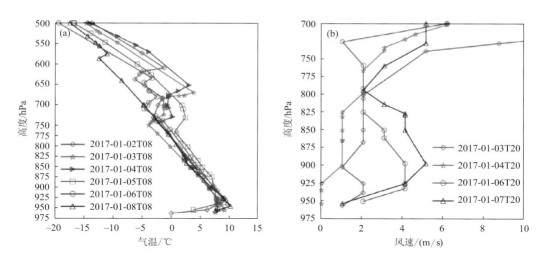

图 5.35　空气重污染过程在低值天气系统影响期间和低值天气系统过境后的成都温江气温(a)和
水平风速(b)的垂直廓线(引自 Ning et al.，2018)

（2）春节烟花爆竹燃放过量排放型空气重污染事件

如表 5.4 所示的污染事件 6 和事件 7，其空气污染最重时段均出现在春节期间，表现为颗粒物浓度急剧上升，气态污染物浓度均较低。究其原因，中国传统春节烟花爆竹燃放引发大气污染物在除夕夜至农历正月初一的集中、大量排放，是导致当地颗粒物浓度大幅度上升的主要原因。此外，上述两次空气重污染过程中，在颗粒物浓度急剧上升时段，盆地西北部上空700 hPa 层上也均伴有低值天气系统活动。事件 6（2011 年 1 月 3 日）空气重污染过程中污染加重时段和污染减轻时段 700 hPa 天气形势分析表明，在空气污染加重前，四川盆地西北部城市群上空 700 hPa 受反气旋和偏北干冷气流影响。2011 年 1 月 2 日 02 时，当地上空西侧700 hPa 有短波槽生成，受槽前西南暖气流影响，当地大气边界层顶之上升温明显，导致大气稳定度增强，使大气污染物在边界层内逐渐累积；与此同时，中国传统节日春节烟花爆竹集中燃放，两者的双重影响造成当地空气污染急剧加重。但在大气污染物浓度降低时段，与常规空气重污染事件相比，700 hPa 低值天气系统对春节过量排放型空气重污染过程的影响具有不同的特征。2011 年 2 月 3 日 14 时—4 日 02 时，尽管盆地西北部上空仍位于 700 hPa 低槽前部，并非处在其过境后部，但由于中国传统春节烟花爆竹大量燃放停止所造成的人为大气污染物排放量大幅度减少，导致颗粒物浓度显著下降（日均 PM_{10} 质量浓度每日降幅高达 213 $\mu g/m^3$）。此后，低值天气系统过境，盆地西北部上空 700 hPa 才转受西北干冷气流控制，大气污染状况进一步减轻。由春节大量烟花爆竹集中燃放所造成的空气重污染事件的分析结果证实，不论是从防火安全来考虑或是从大气环境保护的角度来衡量，适度禁止燃放烟花爆竹都是非常必要的。

进一步分析 2011 年春节重污染过程，在其污染加重时段，由于受来自高原低值天气系统的影响，盆地西北部上空 800～650 hPa 同样出现升温中心，而近地面至 800 hPa 则出现弱降温，两者的共同作用使得当地对流层低层大气稳定度显著增强，如图 5.36a 所示，775～700 hPa高度层也呈现出强逆温的"锅盖效应"，迫使当地局地次级环流限于大气边界层内，其中心大致位于 850 hPa 高度（图 5.36a、b、c 和 d），由此也造成对流层低层风速减小（图 5.37b），大气稀释扩散能力降低,其整体大气热力、动力特征与常规空气重污染事件相似。春节集中燃放烟花爆竹停止后污染物浓度开始降低,之后,随着 700 hPa 低值系统过境,盆地西北部重污染区上空 800~650 hPa 出现降温中心（图 5.36d）,促使空中强逆温的"锅盖效应"逐渐消失（图 5.37a）,使得局地次级环流增强抬升（图 5.36e）,对流层低层水平风速增大（图 5.37b）,污染物质量浓度进一步降低,空气重污染过程结束。

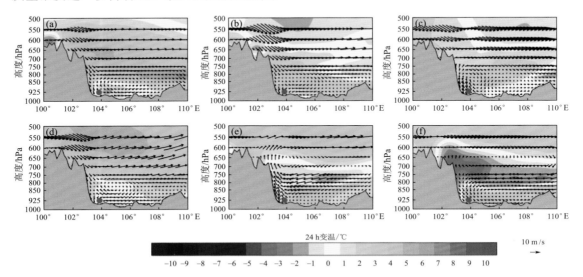

图 5.36　空气重污染过程在低值天气系统影响期间的 24 h 变温和 u、w 合成风矢量沿 30.75°N 的
纬向剖面图（红色实心圆点代表研究区,灰色阴影表示地形,黑色箭矢表示 u、w×100 合成风矢量）
(a)2011 年 2 月 2 日 08 时、(b)2011 年 2 月 3 日 14 时、(c)2011 年 2 月 3 日 14 时和(d)2011 年 2 月 4 日 08 时,
以及低值系统过境后 2011 年 2 月 4 日 14 时(e)和 2011 年 2 月 4 日 20 时(f)
（引自 Ning et al.，2018）

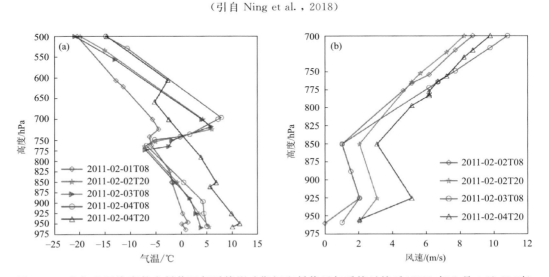

图 5.37　空气重污染事件在低值天气系统影响期间和低值天气系统过境后（2011 年 2 月 4 日 20 时）
成都温江温度(a)和水平风速(b)的探空廓线比较（引自 Ning et al.，2018）

5.4
特殊天气对四川盆地大气颗粒物污染的影响

5.4.1　降水对大气颗粒物污染的影响

　　研究表明,降水对大气污染物能有清除和冲刷作用,对大气污染物浓度的影响最为直接,可以有效降低颗粒物的浓度(袁志扬,2014;陈小敏,2013)。大气中的一些气溶胶颗粒污染物可以作为降水粒子的凝结核随降水粒子下落至地面,降水粒子在下落过程中对气溶胶颗粒污染物的碰并、冲刷作用会降低大气中颗粒污染物的浓度(董继元 等,2009)。近年来,已有研究通过统计分析,发现降水与大气颗粒物($PM_{2.5}$、PM_{10})浓度存在强负相关;且不同的降水形式、降水强度和降水时长等对大气污染物的清除效果亦有所不同(胡敏 等,2006;李霞,2003)。陈小敏等(2013)从颗粒物质量浓度谱角度的研究表明,夏季降水过程对粗粒子和细粒子都有去除作用,对 $PM_{2.5}$ 和 PM_{10} 的湿清除作用最明显。韩力慧等(2017)指出,降水强度较小时,对污染物冲刷作用较弱,容易造成污染物的积累。此外,刘新罡等(2006)指出降水对颗粒物的清除效率受降水前污染物本底浓度的影响,颗粒物本底浓度很低时甚至会出现反弹现象。可见降水对颗粒物的清除作用还存在很多不确定性,此亦为一些污染天气过程预报不准的重要原因之一。

　　针对四川盆地区域,杨柳(2018)利用 2014 年 1 月—2016 年 12 月成都、重庆、达州和自贡 4 个典型重污染代表城市的 5 种空气污染物($PM_{2.5}$、PM_{10}、NO_2、CO 和 SO_2)和降水的逐时资料,探析了 4 个地区的空气污染物质量浓度的年变化和日变化特征以及降水的特征,并分析了不同等级的降水对 5 种空气污染物的清除率及其差异。研究结果发现,就降水总量而言,重庆最大,达州和成都次之。自贡最小;就月降水而言,重庆、达州和自贡受伏旱影响,年内降水变化曲线呈现"M"型,成都呈倒"V"型,夏、秋季为降水集中期和高峰期;就日内降水时段而言,成都、重庆和自贡表现出典型的"夜雨"特征;4 个城市中雨和小雨出现频次均最高。分别讨论有无降水时的空气污染物日质量浓度变化发现:降水期间的空气污染物质量浓度不但低于非降水期的空气污染物质量浓度,而且整体低于全年的质量浓度。有降水时段内的各污染物质量浓度明显低于无降水期间,气态污染物质量浓度降低的程度小于颗粒污染物质量浓度的降低程度。在微量降水的条件下,颗粒污染物会出现吸湿增长现象,当降水量大于 0.1 mm 时对空气污染物产生净化作用,其中,对 $PM_{2.5}$、PM_{10} 的净化作用要强于对 NO_2、CO 与 SO_2 的净化作用。

　　成都市从全年的清除率变化来看,不同降水等级对污染物的清除效果排序为:暴雨＞中雨＞大雨＞小雨,成都中雨清除率高于大雨清除率是由于:中雨发生前降水量明显小于大雨发生前,中雨多发生于连续性降水的第 2 天;在全年中大雨发生的季节主要集中在夏季,夏季大气污染物质量浓度属于全年最低,且其变化幅度也较小,结合夏季的清除率发现,该季节大雨的清除效率也就不如其他季节,春季中雨的清除率最高,秋季也是中雨的清除率高于大雨,则中雨的净化效果在全年均显著。

重庆全年内整体呈现随着降水等级的增大,平均清除率在上升,在大雨到暴雨等级平均清除率有明显涨幅,且暴雨量级时平均清除率达到最大;在四个季节中的清除率特征为暴雨的清除效率最高,春季中雨等级的降水对空气污染物的清除效果开始体现,夏季由于空气质量较好,量级小的降水清除率较低。

达州市在全年的清除率特征为中雨到大雨清除率增大,到暴雨清除率降低。分季节讨论,夏季的清除率低于其他 3 季,小雨在冬季的清除率最高,冬季无大雨和暴雨,大雨在秋季存在高清除率。自贡全年的不同等级降水的清除率特征显示为,大雨的清除效果最佳,结合季节分析发现,夏季降水对空气污染物有很好的清除效果,并且大雨的清除率最大,春季与冬季由于降水量偏少且强度较弱导致降水的清除效率低。

于人杰等(2020)对 2014—2016 年成都市降水与 $PM_{2.5}$、PM_{10} 的关系进行了分析,以探讨降水对 $PM_{2.5}$、PM_{10} 的清除作用。从总体上看,月、季尺度下,降水时段 $PM_{2.5}$、PM_{10} 浓度整体低于非降水时段,平均值分别降低 17.1% 和 15.8%(图 5.38)。冬季、夏季、春季,都出现有降水时段的 $PM_{2.5}$、PM_{10} 浓度低于无降水时段的情况;其中冬季降水时段的降幅最为明显,$PM_{2.5}$ 和 PM_{10} 浓度分别降低约 19.8% 和 20.1%,夏季降水时段的降幅次之($PM_{2.5}$ 和 PM_{10} 的降幅分别为 10.5% 和 10.3%),春季降水时段的降幅最小($PM_{2.5}$ 和 PM_{10} 的降幅分别为 9.3% 和 9.5%)。1 月降水时段的 $PM_{2.5}$ 和 PM_{10} 质量浓度较非降水时段分别降低了 42.3%、41.7%,可见,清除效果最明显的是 1 月,这可能与冬季颗粒物初始浓度较高有关。秋季总体出现了降水时段的 $PM_{2.5}$ 和 PM_{10} 质量浓度较非降水时段均有上升的现象,分别升高了 17.2% 和

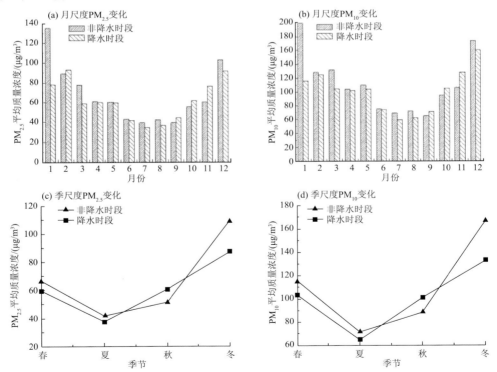

图 5.38 2014—2016 年成都市各月和各季有降水和无降水时段 $PM_{2.5}$、PM_{10} 平均浓度变化

(引自 于人杰 等,2020)

14.1%,其中 11 月 $PM_{2.5}$ 和 PM_{10} 的平均质量浓度上升了 25.8% 和 20.5%,为全年增幅最大的月份。长时间降水过程中,湿度增大带来的颗粒物吸湿增长作用强于降水对颗粒物的冲刷作用,造成秋季降水时段颗粒物浓度高于非降水时段。

对 2014—2016 年成都市观测到的 472 次降水过程的 $\Delta PM_{2.5}$、ΔPM_{10} 月均值分析发现(于人杰 等,2020),36 个月中,约 2/3 的月份降水对颗粒物起到一定的净化作用,而其余约 1/3 的月份,降水对颗粒物反而会起增长作用;若以单次降水过程来看:其中对于 $PM_{2.5}$ 质量浓度变化,243 次起增长作用,229 次起削减作用;对于 PM_{10} 质量浓度变化,234 次起增长作用,238 次起削减作用。以上分析表明降水过程能对 $PM_{2.5}$、PM_{10} 起净化作用,但不是所有过程都可以,有时候反而会起增长作用。

降水强度对颗粒物清除效果如表 5.7 所示,从表 5.7 中来看,对 $PM_{2.5}$ 和 PM_{10} 削减效果最为明显的是大雨,小雨的削减效果最差,削减效果大致呈降水强度越大,净化作用越为明显的趋势。但从 2014—2016 年各强度降水过程的频次分布来看,小雨频次(442 次,占总频次 93.64%)远多于中雨(23 次)、大雨(4 次)、暴雨(3 次)的频次,这说明 2014—2016 年,成都市连续性降水过程多为小雨。

表 5.7 2014—2016 年成都各降水强度下降水过程的 $PM_{2.5}$、PM_{10} 质量浓度平均变化情况
(引自 于人杰 等,2020)

降水等级	降水强度/(mm/h)	$\Delta PM_{2.5}$/($\mu g/m^3$)	合计频次	$PM_{2.5}$削减频次	$PM_{2.5}$增长频次	ΔPM_{10}/($\mu g/m^3$)	合计频次	PM_{10}削减频次	PM_{10}增长频次
小	≤2.5	−2.25	442	214	228	−3.76	442	220	222
中	2.6~8.0	2.55	23	10	13	−1.69	23	13	10
大	8.1~15.0	0.41	4	3	1	−1.65	4	3	1
暴	≥15.0	−19.50	3	2	1	−26.40	3	2	1

注:借鉴 Monjo 等(2016)对雨量等级的划分,以降水强度 Q 作为衡量标准,即:小雨($Q \leq 2.5$ mm/h)、中雨($2.6 \leq Q \leq 8.0$ mm/h)、大雨($8.1 \leq Q \leq 15.0$ mm/h)、暴雨($Q > 15.0$ mm/h)。

降水过程前、后颗粒物质量浓度的变化与降水强度(Q)、降水前颗粒物初始浓度有关。图 5.39 为不同季节 $PM_{2.5}$ 降水前、后的变化随降水强度和初始浓度的分布,其中空心圆点表示 $\Delta PM_{2.5} > 0$,实心圆点表示 $\Delta PM_{2.5} < 0$,且原点越大代表变化量绝对值越大。各季节中,空心圆主要集中在颗粒物初始浓度较低的区域,实心圆主要集中在颗粒物初始浓度较高的区域。单次降水过程也证明,当颗粒物初始浓度较高时,降水对颗粒物削减作用更明显。这是因为在连续降水过程前期,若颗粒物初始浓度较高,降水对颗粒物的清除以惯性碰撞和冲刷为主,所以降水后颗粒物浓度降幅较大。降水过程后期,随着颗粒物浓度的下降,其粒径不断减小,降水对颗粒物的清除机制主要是布朗扩散和迁移,降水对颗粒物清除作用存在一个极限。在降水过程前,若颗粒物初始浓度较低,降水的清除能力也会大幅度减弱。可见降水过程结束后颗粒物质量浓度是否下降与降水过程开始前的初始浓度关系密切,这和李凯飞(2018)在京津冀中南部的研究结论一致。

不同时长降水过程对颗粒物清除效应的影响分析(于人杰 等,2020)表明,降水持续时间为 1 h 时,颗粒物质量浓度的变化为正值,且其颗粒物的增长频次高于削减频次,这主要是因为短时降水尚不足以完全发挥对颗粒物的冲刷和溶解作用。持续时间为 5~7 h 的降水过程后,颗粒物浓度亦存在增长,且增长频次数 ≥ 削减频次数。持续时间为 2~4 h 和 ≥8 h 的降水

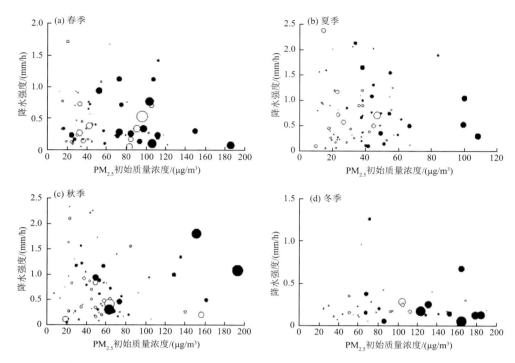

图 5.39　降水过程前后 $\Delta PM_{2.5}$ 与 $PM_{2.5}$ 初始质量浓度、降水强度的关系(引自 于人杰 等,2020)
(空心圆点表示 $\Delta PM_{2.5}$ 为正值,实心圆点表示 $\Delta PM_{2.5}$ 为负值,且圆点越大 $\Delta PM_{2.5}$ 绝对值越大)

过程对颗粒物起削减作用。持续时间≥8 h 的降水过程对颗粒物的削减效果明显强于持续时间为 2～4 h 的降水过程。

　　基于分析中发现秋季颗粒物浓度在降水过程中出现增长的情况,查看成都地区各季降水时长差异,发现三年秋季降水累积时长最长(秋季(823 h)>夏季(763 h)>春季(504 h)>冬季(370 h)),大于 11 h 的降水过程频次最高(秋季(28 次)>夏季(24 次)>春季(8 次)=冬季(8 次)),且秋季大于≥24 h(1 d)的降水过程频次达 6 次(春、夏、冬各一次)。这与罗霄等(2013)指出的华西秋雨一般出现在 9—11 月,雨日多,以绵绵细雨为主的主要特征相符。在此背景下,长时间降水过程中湿度增大带来的颗粒物吸湿增长作用强于降水对颗粒物的冲刷作用,造成秋季降水过程中颗粒物浓度较无降水时段大。

5.4.2　沙尘天气对颗粒物污染的影响

5.4.2.1　典型沙尘过程对四川省污染物浓度的影响

　　(1)2016 年 3 月四川省主要城市颗粒物浓度的变化

　　四川省共有 7 个工业城市,分别是达州、广元、成都、南充、宜宾、内江、自贡、泸州,从中选取 4 个有代表性的工业城市(达州、成都、南充和自贡)进行 2016 年 3 月 PM_{10} 浓度变化分析(图 5.40),发现 2016 年 3 月 PM_{10} 浓度的变化有 3 个峰值时段,分别在 3 月 4—5 日、3 月 18—19 日和 3 月 29 日。在第 1 个峰值时段,达州在 3 月 4 日首先达到最大值(PM_{10} 浓度为 165 $\mu g/m^3$),其他 3 个城市在次日达到最大值,并且 PM_{10} 浓度值均大于达州市,成都和自贡的浓度值分别为 264 μg/m³ 和 226 μg/m³，均大于 200 μg/m³，此次峰值时段内成都市的浓度最大，4 个城市 PM₁₀ 浓度值均大于 24 h 平均限值；第 2 个峰值时段，自贡和南充在 3 月 18 日达到最大值，分别为 200 μg/m³ 和 135 μg/m³，成都和达州在次日达到最大值，分别为 206 μg/m³ 和 123 μg/m³，自贡和成都市的 PM₁₀ 浓度值均大于 200 μg/m³，此时段内依然是成都市的浓度最大；第 3 个峰值时段，达州在 3 月 28 日首先达到峰值，浓度为 89 μg/m³，其他 3 个城市在次日达到峰值，其中成都和自贡两个城市的 PM₁₀ 浓度大于 150 μg/m³，分别为 179 μg/m³ 和 153 μg/m³，此时段内，仍然是成都市的浓度最大。3 个峰值时段内达到最大值的城市都是成都。

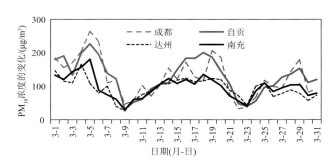

图 5.40　四川省主要城市 2016 年 3 月 PM₁₀ 浓度的变化（引自 朱蓉，2018）

（2）2017 年 12 月四川省主要城市颗粒物浓度的变化

达州、成都、自贡和南充 4 个城市 2017 年 12 月 PM₁₀ 浓度变化整体呈上升趋势（图 5.41），12 月有 3 个峰值时段，分别为 12 月 4—5 日、12 月 11—12 日、12 月 28—30 日，从 12 月 18 日开始，4 个城市 PM₁₀ 浓度上升趋势十分明显。第 1 个峰值时段，成都、达州、南充在 12 月 4 日达到最大值，其中，成都和达州市的 PM₁₀ 浓度均为 125 μg/m³，南充市的 PM₁₀ 浓度为 119 μg/m³，自贡市次日达到最大值，浓度为 160 μg/m³，是此峰值时段内 PM₁₀ 浓度的最大值；第 2 个峰值时段，南充在 12 月 11 日达到最大值（137 μg/m³），其他 3 个城市次日达到最大值，其中自贡市的 PM₁₀ 浓度最大，为 179 μg/m³，第 2 峰值时段的最大值高于第 1 时段，两个时段中达到最大值的城市相同，都是自贡；第 3 个峰值时段，达州在 12 月 28 日达到最大值（287 μg/m³），自贡市次日达到最大值，为 293 μg/m³，成都和南充在 12 月 30 日达到最大值，浓度分别为 278 μg/m³ 和 192 μg/m³，此峰值时段中，最大值依然是自贡市。3 个峰值时段内达到最大值的城市都是自贡。

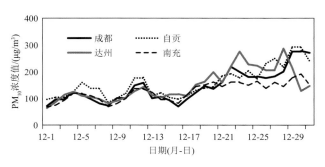

图 5.41　四川省主要城市 2017 年 12 月 PM₁₀ 浓度的变化（引自 朱蓉，2018）

与 2016 年 3 月 PM$_{10}$ 浓度的变化相比,2017 年 12 月 3 个峰值时段 PM$_{10}$ 浓度的最大值均是自贡市,而 2016 年 3 月 3 个峰值时段 PM$_{10}$ 浓度的最大值均是成都市,分析可能的原因为 2 方面。①盆地浮尘来源于中国西北地区沙尘的长距离输送,虽然达州和南充等城市处于沙尘输送通道的入口,但是受盆地北部秦岭对沙尘输送的阻挡作用,进入盆地的沙尘以高空覆盖式输送为主,输送较快,沉降区反而集中在成都等下游城市。②浮尘气溶胶到成都平原及周边后,受平原东南部龙泉山脉阻挡,移动缓慢,在龙泉山脉以西(成都)滞留时间更长,沉降更多。以上是导致成都市 PM$_{10}$ 浓度较高的原因,受上游输送来的浮尘影响期间 PM$_{2.5}$/PM$_{10}$ 的比值迅速降低至 0.4 以下(图 5.42),而前期静稳条件下本地污染和二次气溶胶污染为主期间 PM$_{2.5}$/PM$_{10}$ 值为 0.6~0.8。对于自贡市 PM$_{10}$ 浓度偏高的现象,已有的研究结果表明,进入盆地后,浮尘以边界层输送为主,盆地内边界层气流在自贡等地形成局地涡旋汇流,入川浮尘随气流进入涡旋区沉降是自贡市 PM$_{10}$ 浓度升高的主要原因(廖乾邑 等,2016)。

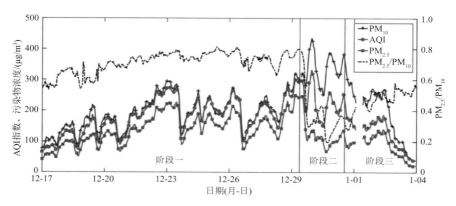

图 5.42 2017 年 12 月 17 日—2018 年 1 月 3 日成都市 PM$_{2.5}$、PM$_{10}$ 浓度、AQI 和 PM$_{2.5}$/PM$_{10}$ 变化
(引自 宋明昊 等,2020)

5.4.2.2 四川盆地沙尘天气影响的轨迹分析

利用美国 NOAA 研制的轨迹模型 HSPLIT4 (Hybrid Single Particle Lagrangian) 计算颗粒物浓度增长期间到达采样点的气团 120 h 后向轨迹,来研究北方沙尘对四川盆地大气污染物浓度的贡献。后向轨迹模型是以多种气象场为基础,结合物理扩散、沉降等过程,对气团输送路径进行数值模拟和分析的模型,该模型宏观上可以定量地反映污染物的空间区域输送特征(黄毅 等,2016)。由于大气颗粒物主要分布在大气边界层中,为了更全面、有效地反映近地空间内大气颗粒物污染气团的输送特征,并且考虑到边界层的扩散和混合,气团后向轨迹的起始高度分别设在海拔 500 m、1500 m、2000 m,分别对应该地区的大气低层和中、高层。

利用后向轨迹模拟,结合四川省主要城市颗粒物及气态污染物的实测数据,分析不同方向来源的气团对四川省空气质量造成的影响。研究选取成都市中心(104.06°E,30.67°N)作为后向轨迹模拟的起始点,该点所在区域是成都市的行政、经济中心,人口密度大、颗粒物平均浓度比较大,因此本节主要研究市区的颗粒物污染状况。研究时段选取 2016 年 3 月和 2017 年 12 月 PM$_{10}$ 浓度呈增长趋势的峰值区分别作后向轨迹模拟,分析此时段内 PM$_{10}$ 浓度增长的原因及北方沙尘过程对此时段的颗粒物浓度是否有影响。

（1）2016 年 3 月的后向轨迹模拟分析

2016 年 3 月 4—5 日，达州在 3 月 4 日首先达到最大值（PM_{10} 浓度为 165 $\mu g/m^3$），其他 3 个城市在次日达到最大值，并且 PM_{10} 浓度均大于达州市，成都和自贡的浓度分别为 264 $\mu g/m^3$ 和 226 $\mu g/m^3$，均大于 200 $\mu g/m^3$，此峰值时段内成都市的浓度最大，4 个城市 PM_{10} 浓度均大于 24 h 平均限值。轨迹推算起始时间是北京时间 2016 年 3 月 4 日 11 时，5 d 的后向轨迹模拟显示（图 5.43a），2016 年 3 月 4 日 2000 m 的颗粒物来源于哈萨克斯坦高空传输到中国新疆地区，沿青海扩散到四川盆地，此次四川盆地颗粒物浓度的升高确实与北方沙尘的传输有关系。

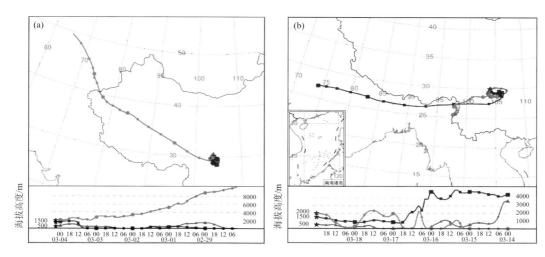

图 5.43　（a）2016 年 3 月 4 日 11 时成都市后向轨迹模拟；（b）2016 年 3 月 19 日 08 时成都市后向轨迹模拟（引自 朱蓉，2018）

2016 年 3 月 18—19 日，自贡和南充在 3 月 18 日达到最大值，PM_{10} 浓度分别为 200 $\mu g/m^3$ 和 135 $\mu g/m^3$，成都和达州在次日达到最大值，PM_{10} 浓度分别为 206 $\mu g/m^3$ 和 123 $\mu g/m^3$，自贡和成都市的 PM_{10} 浓度均大于 200 $\mu g/m^3$，PM_{10} 浓度突增，但此时段内北方并无沙尘过程。为了探究 PM_{10} 浓度突增的原因，选取北京时间 2016 年 3 月 19 日 08 时进行 5 d 的后向轨迹模拟，结果（图 5.43b）显示，2016 年 3 月 19 日四川盆地确实有外来污染物输送，1500 m 的颗粒物来源于印度，沿缅甸传输到四川盆地，造成颗粒物浓度的升高。此次四川省颗粒物浓度的升高与北方沙尘传输无关。

（2）2017 年 12 月天气形势和后向轨迹模拟分析

成都、达州、南充在 12 月 4 日 PM_{10} 浓度达到最大值，其中，成都和达州市的 PM_{10} 浓度均为 125 $\mu g/m^3$，南充市的 PM_{10} 浓度为 119 $\mu g/m^3$，自贡市次日达到最大值，浓度为 160 $\mu g/m^3$，是此峰值时段内 PM_{10} 浓度的最大值。2017 年 12 月 4—5 日成都、达州、南充在 12 月 4 日达到最大值，其中，成都和达州市的 PM_{10} 浓度均为 125 $\mu g/m^3$，南充市的 PM_{10} 浓度为 119 $\mu g/m^3$，自贡市次日达到最大值，浓度为 160 $\mu g/m^3$，但是此时段内北方没有沙尘过程发生（图 5.44a）。12 月 17—29 日四川盆地以静稳天气为主，污染物浓度不断累积上升。12 月 28 日静稳天气下的气团运动缓慢，运动轨迹范围很小，且在低层运动（图 5.44c），四川盆地内风速小、湿度大、边界层高度低，受四川盆地特殊地形的影响，污染物不易向周边和上空输送扩散，在盆地内不断积累,形成以细颗粒物 PM$_{2.5}$ 为主的重污染。2017 年 12 月 28—30 日达州在 12 月 28 日 PM$_{10}$ 浓度达到最大值为 287 $\mu g/m^3$,自贡市次日达到最大值,为 293 $\mu g/m^3$,成都和南充在 12 月 30 日达到最大值,地面天气资料显示 2017 年 12 月 29 日 20 时北方有沙尘过程,冷锋已经入四川省北部(图 5.45)。

选取北京时间 2017 年 12 月 30 日 08 时点到达成都地区上空的 48 h 后向轨迹模拟(图 5.44d),可以看出影响成都地区的气团运动轨迹源于青海东部及甘肃中部,并且气团轨迹的移动高度可达 3.5 km。在冷锋的引导下,气团携带大量的沙尘粒子越过秦岭,从盆地偏北方向输送至成都,PM$_{10}$ 浓度快速上升。2017 年 12 月 31 日 08 时 5 d 的后向轨迹模拟(图 5.44c):2017 年 12 月 31 日 500 m 和 1500 m 的颗粒物来源于新疆,低层 500 m 的气团由新疆一带从 3000 m 的高空输送过来,1500 m 高度的气团轨迹则展示了污染物的长距离输送,2000 m 高空的气团来自欧洲,从 3000 m 的高空沿甘肃传输到四川盆地。

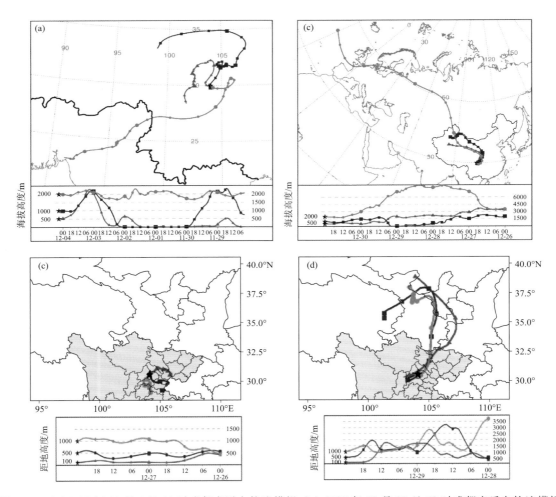

图 5.44 (a)2017 年 12 月 4 日 11 时成都市后向轨迹模拟;(c) 2017 年 12 月 31 日 08 时成都市后向轨迹模拟(引自 朱蓉,2018);(b)和(d)分别为成都 12 月 28 日 08 时和 12 月 30 日 08 时 48 h 后向轨迹(引自 宋明昊 等,2020)

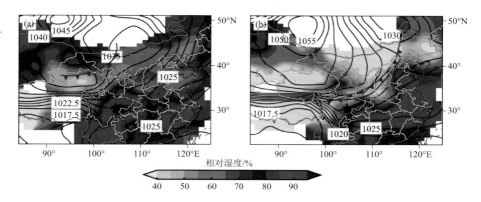

图 5.45 地面天气形势(黑色实线为海平面气压(hPa),色阶为相对湿度(%),橙色天气符号为沙尘天气)
(a)12 月 22 日 20 时;(b)12 月 29 日 20 时(引自 宋明昊 等,2020)

5.4.2.3 浮尘期间气溶胶消光系数和退偏比的垂直结构

第 2 章中阐述了 2017 年 12 月 22 日—2018 年 1 月 3 日成都地区气溶胶激光雷达监测得到的气溶胶消光系数和退偏比的垂直结构连续演变过程。对不同污染过程期间气溶胶激消光系数和退偏比的更精细空间和时间变化进一步对比分析,揭示这些物理参数有显著的变化特征。图 5.46 为 12 月 22—25 日污染第一阶段的消光系数垂直分布的日变化结构,22 日(图 5.46a)1.5 km 以下消光系数明显高于其他 3 d,垂直结构有明显日变化。凌晨及上午,呈双峰型结构,在 200 m 和 700 m 两个高度上达到峰值。22 日中午时段,消光系数随高度升高,在 1 km 处,消光系数高达 4.05 km^{-1}(为 22—25 日期间的消光系数最大值)。23 日消光系数整体数值明显低于 22 日(图 5.46b),下午及晚间时段 105 m 处消光系数为 22—25 日最低(0.62 km^{-1}、0.83 km^{-1}),与 26 日一样,24 日也为明显的高温低湿天气(17 时与 20 时气温比阶段一同时段平均高出 2.4 ℃ 及 0.8 ℃,相对湿度分别下降 14.6%、16.1%),消光系数的下降可能与气溶胶的吸湿增长效应减弱有关。24 日的垂直廓线结构(图 5.46c)与 23 日类似,总体强度小幅回升。25 日白天呈现三峰结构(图 5.46d),峰值高度分别位于 250 m、800 m、1300 m,且上午至中午强度大,最大值达到 3.07 km^{-1}。此外,这 4 d 近地面消光系数总体呈现上午>中午>下午的现象,这可能是由于午后太阳辐射较强,导致地表温度升高,气溶胶被上升气流输送至较高高度。该阶段退偏比垂直廓线在各高度上数值均很小(低于 0.1),表明此时成都上空大粒径颗粒物很少。

图 5.47a 为 12 月 29—30 日成都市不同时段的平均消光系数垂直廓线日变化。与第一阶段相比,其数值和垂直结构有明显的不同,500 m 以下强度有明显下降,高值集中在 250 m 和 2 km 高度附近,其中 2 km 出现的高值可能是由于随着冷空气输送至成都的颗粒物中也包含一部分粒径较小的气溶胶。30 日白天高值区域与 29 日类似,250 m 附近的消光系数最大值较 29 日同时段有明显降低,夜间随高度升高消光系数呈缓慢下降的趋势。退偏比垂直廓线(图 5.47b)显示,29—30 日的退偏比较第一阶段明显增大,29 日上午开始,退偏比随时间逐渐增大,并于晚间达到最大。2.5 km 以下各时段退偏比结构类似,近地面数值略低于高空,峰值高度在 2 km 附近。

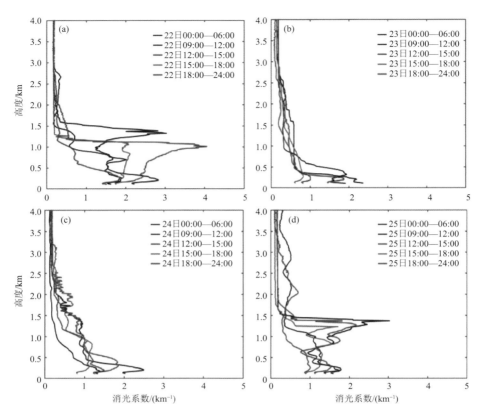

图 5.46　2017 年 12 月 22—25 日成都市气溶胶消光系数垂直廓线（引自 宋明昊 等，2020）

5.4.2.4　浮尘期间气态污染物的浓度变化

对 2017 年 12 月 31 日的北方沙尘影响个例进行浮尘期间气态污染物浓度变化的分析，依然选用达州、南充、成都、自贡 4 个有代表性的工业城市，选取 2017 年 12 月 29 日 00 时—2018 年 1 月 1 日 02 时的逐时资料。图 5.48 显示，2017 年 12 月 29 日 4 个城市 CO 的浓度整体呈现下降趋势，2017 年 12 月 29 日 00 时达州市 CO 浓度达到当日最大（3.78 mg/m³），自贡市在 11 时达到最大，为 2.33 mg/m³，成都和南充在 12 时达到最大，12 月 29 日南充、成都和自贡的 CO 浓度有一个小的峰值，出现在当日 12 时。12 月 30 日 CO 的浓度有两个小峰值出现，分别在 09—15 时和 21 时前后。在 12 月 31 日 08 时沙尘输送到四川盆地，除了成都市，其他 3 个城市在沙尘输送期间 CO 的浓度均呈下降趋势，12 时之后达州市 CO 浓度升高，其他 3 个城市浓度下降，在 21 时之后 4 个城市 CO 的浓度又出现一个小峰值。将浮尘时段（12 月 30—31 日）CO 的浓度与浮尘前一天对比发现，12 时和 21 时前后容易出现峰值。

将浮尘期间（12 月 30—31 日）SO_2 的浓度与浮尘前一天 12 月 29 日作对比（图 5.49）发现，3 d 中 SO_2 的浓度变化曲线均有波峰出现，但是 SO_2 浓度的增长幅度是增大的。4 个城市 29 日 SO_2 逐时浓度的最大值高于日均值的百分比中成都市最小，为 14%，其他 3 个城市为 40%～58%。30 日 SO_2 逐时浓度的最大值高于日均值的百分比中，成都市最大（142%），4 个城市在 15—16 时先后达到日最大值。南充市和自贡市的百分比也比较高，分别为 90% 和 99%。31 日 SO_2 逐时浓度的最大值高于日均值的百分比，南充、成都和自贡市都大于 100%，增加幅度最大，成都市的百分比最高（157%），达州市的百分比最小（68%）。这 3 d 中 SO_2 逐时浓度

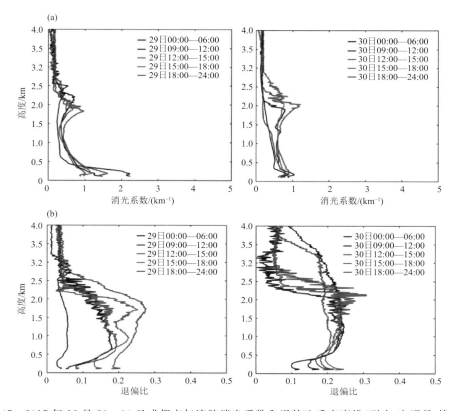

图 5.47　2017 年 12 月 29—30 日成都市气溶胶消光系数和退偏比垂直廓线(引自 宋明昊 等,2020)

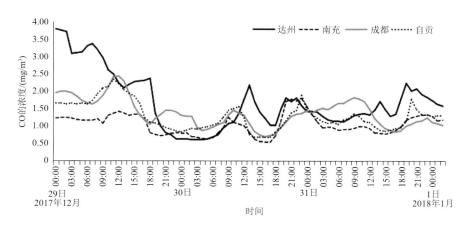

图 5.48　2017 年 12 月 29—31 日 CO 小时浓度的变化(引自 朱蓉,2018)

的最大值高于日均值的百分比 31 日最高,北方沙尘的输送会造成四川盆地 SO_2 浓度的升高。

　　浮尘期间(12 月 30—31 日) NO_2 的浓度与浮尘前一天(12 月 29 日)作对比(图 5.50)发现,3 d 中 NO_2 的浓度变化曲线均有波峰出现,但是增长幅度是增大的,NO_2 的变化趋势与 SO_2 类似。29 日 NO_2 逐时浓度的最大值高于日均值的百分比南充市最小(18%),其他 3 个城市为 28%~88%。30 日 NO_2 逐时浓度的最大值高于日均值的百分比中,成都市最大(88%),4 个城市在 20 时先后达到日最大值,其他 3 个城市在 23%~58%。31 日 NO_2 逐时浓度的最

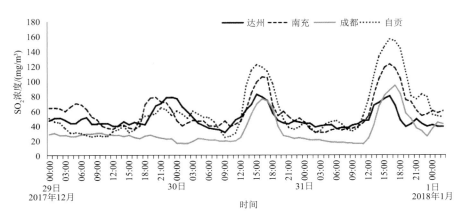

图 5.49　2017 年 12 月 29—31 日 SO₂ 逐时浓度的变化(引自 朱蓉,2018)

大值高于日均值的百分比,成都最高(103%),增加幅度最大,达州市的百分比最小,为 30%。这 3 d 中 NO₂ 逐时浓度的最大值高于日均值的百分比 31 日最高,北方沙尘的输送会造成四川盆地 NO₂ 浓度的升高。

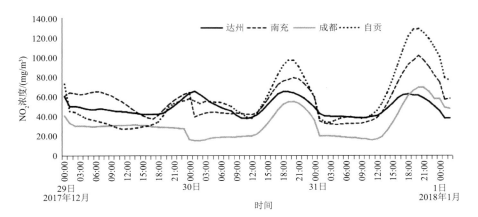

图 5.50　2017 年 12 月 29—31 日 NO₂ 逐时浓度的变化(引自 朱蓉,2018)

5.5
本章小结

①受青藏高原和深盆地形影响,四川盆地上空易形成贴地逆温、脱地逆温和对流层低层逆温 3 种典型逆温结构,且呈现出明显的季节变化,冬季频发。值得注意的是,上述 3 种类型逆温易构成多层逆温结构,且表现为冬季出现频率高、强度最强的特点,是导致盆地大气颗粒物污染最重的关键气象因子。揭示了四川盆地多层逆温结构和大气边界层结构的演变机理,同时剖析了盆地上空逆温结构和边界层结构的演变对当地空气质量的作用过程。

②利用客观天气分型、典型空气污染事件统计诊断和数值模拟相结合的方法,揭示了冬季

干西南涡对四川盆地空气污染的加剧效应,这与夏、秋季湿润西南涡降水对大气的净化效应截然不同;至此探明了区域大气环流(南支槽)、天气尺度系统(短波槽)、中尺度系统(西南涡)、局地次级环流等多尺度气象条件的配置关系与协同作用及其对四川盆地城市大气环境的综合影响,构建出了盆地冬季城市大气环境污染的多尺度耦合影响机制概念模型,丰富和发展了盆地空气质量演变的理论内涵。具体机制如下:当四川盆地西北部城市群上空受来自于青藏高原短波槽等低值天气系统东移空降(或背风坡焚风)效应的影响时,其降至700 hPa层,形成干暖低值(低涡等)天气系统,在当地大气边界层顶之上形成低层强逆温层,产生"锅盖效应",迫使当地次级环流局限于大气边界层内,严重抑制了当地大气污染物的稀释扩散,加剧大气污染物浓度在前期积累的基础上快速升高,引发空气重污染事件。

③四川盆地持续性区域污染形成的高、低空环流配置以及减弱消散清除过程均与天气系统密切相关。持续性区域污染中,四川地区高空500 hPa主要受平直西风小波动型和两槽一脊型控制。比较严重的持续性区域污染过程中高空受印度半岛低涡及南支槽东移影响,700 hPa受槽前类天气影响频繁,地面天气形势主要以高压前部型、冷锋前部型、高压后低压前型为主。污染缓慢清除过程中仍存在四川盆地位于高空槽前或槽上的现象,700 hPa由东北部低槽型和低涡前部型主导,均易在高空形成切变,地面受冷锋前部型和低压前部型气压场控制;污染快速清除过程高空均位于槽后,700 hPa由低涡前部型和西北部高压脊发展型主导,地面受冷锋前部型气压场主导,以湿清除及大风清除为主,风速大于缓慢清除过程。

④剖析了降水和沙尘两类典型天气过程对四川盆地大气颗粒物污染的影响。结果表明,降水对大气污染物的质量浓度具有显著的影响,微量的降水由于其吸湿增长效应会导致大气污染物质量浓度升高;整体上随着降水量的增大其质量浓度都会逐渐降低,表明降水量越大对大气污染物的湿清除效应越明显。此外,比较而言,随着降水量的增大,其对颗粒污染物PM$_{10}$和PM$_{2.5}$的湿清除效率比气态污染物更显著。此外,研究表明四川盆地大气颗粒物污染还受北方沙尘传输的影响。利用后向轨迹模型及观测数据统计分析发现,沙尘天气发生时,四川盆地颗粒物浓度在北方沙尘传输的作用下急剧升高;且沙尘天气对大颗粒(PM$_{10}$)浓度的影响远大于其对细颗粒物(PM$_{2.5}$)的影响,进而导致当地PM$_{2.5}$/PM$_{10}$值迅速降低,呈现出以大颗粒物污染为主的特征。值得注意的是,北方沙尘的输送也会导致盆地气态污染物(CO、SO$_2$和NO$_2$)浓度升高,进而对当地气态污染具有加剧效应。

参考文献

陈小敏,邹倩,周国兵,2013.重庆主城区冬春季降水强度对大气污染物影响[J].西南师范大学学报(自然科学版),38(7):113-121.

董继元,王式功,尚可政,2009.降水对中国部分城市空气质量的影响分析[J].干旱区资源与环境,23(12):43-48.

冯鑫媛,张莹,2018.川渝地区大气污染物质量浓度时空分布特征[J].中国科技论文,13(15):1708-1715.

桂海林,江琪,康志明,等,2019.2016年冬季北京地区一次重污染天气过程边界层特征[J].中国环境科学,39(7):2739-2747.

韩力慧,张海亮,张鹏,等,2017.北京市春夏季降水及其对大气环境的影响研究[J].中国环境科学,37(6):2047-2054.

胡敏,刘尚,吴志军,等,2006.北京夏季高温高湿和降水过程对大气颗粒物谱分布的影响[J].环境科学,27

(11):2293-2298.

蒋婉婷,谢汶静,王碧菡,等,2019.2014—2016 年四川盆地重污染大气环流形势特征分析[J].环境科学学报,39(1):180-188.

蒋兴文,李跃清,王鑫,等,2009.青藏高原东部及下游地区冬季边界层的观测分析[J].高原气象,28(4):754-762.

李凯飞,2018.京津冀地区大气污染云下湿清除作用研究[D].南京:南京信息工程大学.

李培荣,向卫国,2018.四川盆地逆温层特征对空气污染的影响[J].成都信息工程大学学报,33(2):220-226.

李霞,杨青,吴彦,2003.乌鲁木齐地区雪和雨对气溶胶湿清除能力的比较研究[J].中国沙漠,23(5):84-88.

廖乾邑,罗彬,杜云松,等,2016.北方沙尘对四川盆地环境空气质量影响和特征分析[J].中国环境监测,32(5):51-55.

刘建西,周和生,魏袁立,1999.四川盆地大气边界层风温场特征[J].四川气象,19(3):39-45.

刘新罡,张远航,曾立民,等,2006.广州市大气能见度影响因子的贡献研究[J].气候与环境研究,11(6):733-738.

罗霄,李栋梁,王慧,2013.华西秋雨演变的新特征及其对大气环境的响应[J].高原气象,32(4):1019-1031.

毛红梅,张凯山,第宝锋,等,2017.成都市大气污染物排放清单高分辨率的时空分配[J].环境科学学报,37(1):23-33.

宁贵财,2018.四川盆地西北部城市群冬季大气污染气象成因及其数值模拟研究[D].兰州:兰州大学.

史海琪,曾胜兰,李浩楠,2020.四川盆地大气污染物时空分布特征及气象影响因素研究[J].环境科学学报,40(3):763-778.

宋明昊,张小玲,袁亮,等,2020.成都冬季一次持续污染过程气象成因及气溶胶垂直结构和演变特征[J].环境科学学报,40(2):408-417.

苏秋芳,冯鑫媛,韩晶晶,等,2019.2014 年冬季至 2017 年春季干、湿西南涡活动对四川盆地空气污染影响的对比研究[J].气象与环境科学 42(3):78-85.

唐家萍,谭桂容,谭畅,2012.基于 L 波段雷达探空资料的重庆市区低空逆温特征分析[J].气象科技,40(5):789-793.

危诗敏,2020.四川盆地逆温特征研究[D].成都:成都信息工程大学.

危诗敏,冯鑫媛,王式功,2021.四川盆地多层逆温特征及其对大气污染的影响[J].中国环境科学,41(3):1005-1013.

吴蒙,范绍佳,吴兑,2013.台风过程珠江三角洲边界层特征及其对空气质量的影响[J].中国环境科学,33(9):1569-1576.

许建明,常炉予,马井会,等,2016.上海秋冬季 PM$_{2.5}$ 污染天气形势的客观分型研究[J].环境科学学报,36(12):4303-4314.

杨柳,王式功,张莹,2018.成都地区近 3a 空气污染物变化特征及降水对其影响[J].兰州大学学报(自然科学版),54(6):731-738.

杨旭,张小玲,康延臻,等,2017.京津冀地区冬半年空气污染天气分型研究[J].中国环境科学,37(9):3201-3209.

姚青,刘敬乐,蔡子颖,等,2018.天津大气稳定度和逆温特征对 PM$_{2.5}$ 污染的影响[J].中国环境科学,38(8):2865-2872.

于人杰,康平,任远刘瑞,等,2020.成都市降水对大气颗粒物湿清除作用的观测研究[J].环境污染与防治,42(8):990-995.

袁志扬,2014.不同强度降雨过程对东莞 PM$_{2.5}$ 质量浓度的影响[J].广东气象,36(5):32-35.

周书华,倪长健,刘培川,2015.成都地区大气边界层逆温特征分析[J].气象与环境学报,31(2):110-113.

周颖,向卫国,2018.四川盆地大气混合层高度特征及其与 AQI 的相关性分析[J].成都信息工程大学学报,33

(5):562-571.

周子涵,2020.成渝地区秋冬季持续性污染过程的成因及减弱消散机制研究[D].成都:成都信息工程大学.

朱蓉,杨丽桃,柳志慧,等,2018.春季沙尘天气对内蒙古地区颗粒物污染影响研究[J].沙漠与绿洲气象,12(3):18-25.

朱育雷,倪长健,崔蕾,2017.成都市污染边界层高度的演变特征分析[J].环境工程,35(1):98-102.

CAO BANGJUN, WANG XIAOYAN, NING GUICAI, et al, 2020. Factors influencing the boundary layer height and their relationship with air quality in the Sichuan Basin, China[J]. Science of The Total Environment, 727: 138584.

CHRISTIANSEN B, 2007. Atmospheric circulation regimes: Can cluster analysis provide the number? [J]. Journal of Climate, 20: 2229-2250.

FENG XINYUAN, WEI SHIMIN, WANG SHIGONG, 2020. Temperature inversions in the atmospheric boundary layer and lower troposphere over the Sichuan Basin, China: Climatology and impacts on air pollution[J]. Science of the Total Environment, 726: 138579.

FENG XINYUAN, WANG SHIGONG, GUO JIANPING, 2022. Temperature inversions in the lower troposphere over the Sichuan Basin, China: Seasonal feature and relation with regional atmospheric circulations [J]. Atmospheric Research, 271: 106097.

HE J, GONG S, YU Y, et al, 2017. Air pollution characteristics and their relation to meteorological conditions during 2014-2015 in major Chinese cities[J]. Environmental Pollution, 223: 484-496.

HOFFMANN P, Schlünzen K H, 2013. Weather pattern classification to represent the urban heat Island in present and future climate[J], Journal of Applied Meteorology and Climatology, 52: 2699-2714.

HUTH R, 1996. An intercomparison of computer-assisted circulation classification methods[J]. International Journal of Climatology, 16: 893-922.

HUTH R, BECK C, PHILIPP A, et al, 2008. Classifications of atmospheric circulation patterns: recent advances and applications[J], Annals of the New York Academy of Sciences, 1146: 105-152.

JIANG N, HAY J, FISHER G, 2005. Synoptic weather types and morning rush hour nitrogen oxides concentrations during Auckland winters[J]. Weather Climate, 25:43-69.

LIAO T, WANG S, AI J, et al, 2017. Heavy pollution episodes, transport pathways and potential sources of $PM_{2.5}$ during the winter of 2013 in Chengdu (China)[J]. Science of the Total Environment, 584-585:1056-1065.

MALEK E, DAVIS T, MARTIN R S, et al, 2006. Meteorological and environmental aspects of one of the worst national air pollution episodes (January, 2004) in Logan, Cache Valley, Utah, USA[J]. Atmospheric Research, 79:108-122.

MIAO Y, GUO J, LIU S, et al, 2017. Classification of summertime synoptic patterns in Beijing and their associations with boundary layer structure affecting aerosol pollution[J], Atmos Chem Phys, 17: 3097-3110.

NING GUICAI, WANG SHIGONG, YIM STEVE HUNG LAM, et al, 2018. Impact of low-pressure systems on winter heavy air pollution in the northwest Sichuan Basin, China [J]. Atmos Chem Phys, 18: 13601-13615.

NING GUICAI, YIM STEVE HUNG LAM, WANG SHIGONG, et al, 2019. Synergistic effects of synoptic weather patterns and topography on air quality: a case of the Sichuan Basin of China[J]. Climate Dynamics, 53: 6729-6744.

OLOFSON K F G, ANDERSSON P U, HALLQUIST M, et al, 2009. Urban aerosol evolution and particle formation during wintertime temperature inversions[J]. Atmospheric environment, 43(2): 340-346.

SHERIDAN S C, LEE C C, 2010. Synoptic climatology and the general circulation model[J]. Progress in Physical Geography：Earth and Environment，34：101-109.

VALVERDE V，PAY M T，BALDASANO J M，2015. Circulation-type classification derived on a climatic basis to study air quality dynamics over the Iberian Peninsula［J］. International Journal of Climatology，35：2877-2897.

WEBSTER P J，MAGANA V O，PALMER T N，et al，1998. Monsoons：processes，predictability，and the prospects for prediction［J］. Journal of Geophysical Research，103(C7)：14451-14510.

YANAI M，LI C，SONG Z，1992. Seasonal heating of the Tibetan Plateau and its effects on the evolution of the Asian summer monsoon［J］. J Meteorol Soc，70：319-351.

YE X，SONG Y，CAI X，et al，2016. Study on the synoptic flow patterns and boundary layer process of the severe haze events over the North China Plain in January 2013［J］. Atmos Environ，124：129-145.

ZHANG X Y，WANG Y Q，NIU T，et al，2012. Atmospheric aerosol compositions in China：spatial/temporal variability，chemical signature，regional haze distribution and comparisons with global aerosols［J］. Atmospheric Chemistry & Physics Discussions，12：6273-6273.

ZHANG R H，LI Q，ZHANG R N，2014. Meteorological conditions for the persistent severe fog and haze event over eastern China in January 2013［J］. Earth Science，57(1)：26-35.

第6章　区域臭氧污染的天气分型与成因

本章聚焦成渝地区持续性臭氧污染特征及其天气气象成因机制,围绕春、夏季臭氧污染的天气分型,不同尺度天气系统对臭氧污染的影响,地面天气形势与气象条件对盆地内不同城市群臭氧污染的影响,以及持续性臭氧污染典型个例分析展开研究论述。成渝地区持续性臭氧污染事件发生时,春季的天气形势为地面高压后部型和高空低槽前部型,夏季为高压控制型和西风槽后部型;青藏高压系统、西太平洋副热带高压和西南涡等不同尺度的天气系统对成渝地区的臭氧污染均有显著影响;四川盆地海平面气压场可分为 6 种类型,城市群臭氧污染比较严重的海平面气压类型呈西高东低,盆地受低压系统控制;太阳辐射、气温、相对湿度和风速均对臭氧浓度变化有一定影响,强辐射、高温及低湿条件下易形成高浓度的臭氧污染;三次典型污染个例分析发现:2017 年和 2019 年成渝地区发生的两次区域性臭氧污染事件均伴随高温、低湿、少雨和静小风天气;2020 年 COVID-19 疫情管控期间成都市臭氧浓度异常上升,后向轨迹分析表明该污染事件同时也受到来自成都偏东一带以及川南地区高污染气团短距离输送的影响。

6.1
成渝地区春季和夏季臭氧污染天气分型

6.1.1　春季臭氧污染天气分型

从成渝地区多年的臭氧污染监测数据分析表明,成都平原城市群臭氧浓度和超标率均最为显著,卢宁生等(2021,2023)分别针对成都平原春季和夏季的臭氧污染天气进行了研究,深入探究成渝地区臭氧污染的气象成因,了解不同天气型的边界层大气热力及动力特征。本节和 6.1.2 节基于欧洲中期天气预报中心再分析资料(ERA-interim)数据集,运用斜交旋转 T 模态主成分分析方法(PCT),分别对研究区域 2015—2019 年春季和夏季的不同高度层的大气环流形势分型,揭示不同天气系统及其协同作用对区域臭氧污染形成和维持的影响,总结主要的污染天气形势。

通过比较不同地区春、夏季易发生臭氧污染的天气形势(表 6.1),发现天气型在不同季节和地区均存在差异,主要表现在近地面主导气流以及天气尺度系统上的变化。因此,区分春、夏季臭氧污染的主导天气型,对于准确开展臭氧污染预报、预警具有指导作用。

表 6.1　不同季节容易发生臭氧污染的天气形势比较

地区	时段(年)	春季	夏季	参考文献
福州市	2009—2010	高压底部、后部	副高控制、台风外围	王宏等(2011)
杭州市	2011—2016	地面东南风型	地面西南风型、气旋型	梁卓然等(2017)
北京市	2014	地面低压、高空西北气流	地面均压、高空偏西气流	程念亮等(2016a)
	2013—2017	地面低压场	气旋前部型	Liu 等(2020)
上海市	2016—2017	高压后部、均压场	地面低压场、副高控制	余钟奇等(2019)
河源市	2014—2017	高压后部	副高控制、台风外围	巫楚等(2019)
广东省	2014—2016	/	副高控制、台风外围	高晓荣等(2018)
成渝地区	2014—2018	(地面低压场或东南气流、高空平直西风)	(地面低压场或东南气流、高空平直西风)	常美玉等(2020)
葡萄牙	2002—2010	地面东风、北风型	地面东风型、气旋型	Russo 等(2014)

6.1.1.1　春季海平面气压场天气分型

利用 PCT 方法对研究区域 2015—2019 年春季的海平面气压场进行天气分型,将地面天气形势归纳为 4 类 9 型,4 类分别为高压场、低压场、均压场和倒槽型。各分型结果发生频率及主要特征见表 6.2。

表 6.2　2015—2019 年春季海平面气压场分型结果及主要特征

类别	天气分型	频率	主要特征
高压场	Type1:高压后部	15.7%	冷高压中心位于中国东南地区,主体减弱并东移南下,成渝地区处于其后部,地面以较弱的东南风为主
	Type2:高压底部	32.8%	冷高压位于蒙古国及中国北方地区,成都平原处于其南部,期间冷锋自北向南经过本地,常伴随较强偏北风
	Type9:高压中部	3.4%	中国大部分地区受冷高压控制,高压中心分别位于长江流域和蒙古地区,成渝地区地面以偏北风为主
低压场	Type3:东北型	10.5%	中国北方气压场呈东低西高,成渝地区与东北低压区相接呈东北—西南走向,孟加拉湾及中国南海的偏南气流沿低压区向北输送
	Type4:西北型	7%	中国北方气压场呈东高西低,成渝地区与河西走廊低压区相接呈西北—东南走向,孟加拉湾和河西地区两股气流于成渝地区交汇
	Type8:冷锋前部	7.9%	高压主体位于蒙古高原西部,冷锋位于河套地区,呈东北—西南走向,成渝地区处于冷锋前部的低压中心附近
均压场	Type5:	6.9%	成渝地区处于黄河以南均压场中,有偏南气流向北方低压区输送
	Type6:	8.9%	中国大部分地区呈均压形势,无明显气压系统活动,水平风弱
倒槽型	Type7:	6.9%	中国东部及西北地区为高压区,中部地区为倒槽区,成渝地区处于倒槽区中,地面气流呈气旋性旋转

根据各地面分型下成都市臭氧日最大 8 h 平均(O_3_8h)浓度分布,结合天气形势和气象要素特征进一步表明(表 6.3)。

①高压场,成都平原多受到冷空气影响。Type1 冷高压影响结束,太阳辐射增强,气温升高,水平风小,有利于地面 O_3 生成和积累,超标率为 19.1%;Type2 冷锋过境,伴随明显的降

温和降水,较强偏北风利于污染物扩散,O₃ 超标率仅为 4.1%;Type9 冷高压活动频繁,气温维持在较低水平,地面 O₃ 浓度难以升高,此分型无 O₃ 污染事件发生。

②低压场,成都平原近地面存在明显的暖气流。Type3 成都平均最高气温和总辐射分别达 28 ℃ 和 54.6 MJ/m²,O₃_8h 浓度达 146.1 μg/m³;Type4 可向 Type3 或 Type8 转变,延长了 O₃ 污染持续时间,其超标率可达 45.4%;Type8 前期受冷锋前暖低压影响,后期冷锋靠近,污染仅维持 1～2 d,其超标率为 20.8%。

③均压场,天气形势稳定,无明显冷、暖气流影响本地,相对湿度低,天空云量少,辐射强,白天升温迅速,容易造成地面 O₃ 超标,且夜间较明显的辐射逆温,可能造成近地面前体物的积累。Type5、Type 6 的超标率分别为 23.8% 和 21.4%。

④倒槽形势下西南暖湿气流较强,受地形作用及辐合抬升影响,易成云或产生降水,地面相对湿度较大,气温较低,O₃ 超标率仅为 14.2%。

在 2015—2019 年的 4—5 月,成都共有 54 d 发生 O₃ 超标,其中 27 d 发生在低压场背景下,12 d 出现在均压场,高压后部型为 9 d。地面污染型表现出高温、低湿、强辐射等特点,有利于光化学速率加快,使本地 O₃ 在短时间内迅速生成,这与国内外的相关研究一致(Wang et al.,2017;赵伟 等,2019;陈培章 等;2016)。暖低压辐合运动易发生周边 O₃ 向成渝地区的区域输送,且高压后部、均压场的静稳小风天气不利于污染物的水平扩散,易造成 O₃ 积累(刘健 等,2017;程念亮 等,2016b)。白天混合层高度与 O₃_8 h 浓度呈正相关(廖志恒 等,2019)。

表 6.3 2015—2019 年春季各地面天气型下成都市 O₃_8h 浓度及气象要素特征

天气类型	气象要素				O₃_8h			
	最高气温/℃	相对湿度	降水概率	风速/(m/s)	总辐射/(MJ/m²)	混合层高/m	平均浓度/(μg/m³)	超标概率
1	25.2	71.0%	4.3%	1.8	49.9	1088	127.7	19.1%
2	22.6	76.6%	27.0%	2.3	28.9	851	94.1	4.1%
3	28.0	70.5%	6.3%	1.7	54.6	1176	146.1	34.5%
4	26.2	77.6%	13.6%	1.7	50.4	1051	142.6	45.4%
5	27.3	70.2%	4.8%	1.7	55.0	1131	143.1	23.8%
6	27.5	68.8%	14.3%	2.1	55.5	1242	144.3	21.5%
7	23.6	79.5%	23.8%	2.1	32.5	880	98.7	14.2%
8	26.6	75.7%	20.8%	1.9	40.9	965	133.5	20.8%
9	21.8	73.2%	0	1.6	41.9	832	97.4	0

注:降水概率=该天气分型下日降水量大于 3 mm 降水天数/该天气分型总天数;混合层高度时段:北京时间 14 时。

6.1.1.2 春季 700 hPa 天气分型

受复杂地形的作用,显著影响成渝地区空气质量的天气系统多位于 700 hPa 等压面层,因此利用 ERA-interim 每日 08 时 700 hPa 的位势高度进行客观分型,并将其大气环流分成 9 种天气型,并可归为西风槽型(出现中高纬度 30°—50°N 西风带上的低槽系统)、南支槽型(出现在青藏高原以南 15°—20°N 附近)和高原低涡(低压)型三大类,其环流形势特点和发生频率统计如下。

① Type 1、Type 2、Type 3、Type 4、Type 9 西风槽型(频率 83.2%):其中,Type 1、Type 4、Type 9

西风槽后部(频率66.5%),成渝地区气流较弱,其南、北的两支气流于长江中下游交汇;Type2西风槽后高压型(频率7.5%),新疆南部至青海地区为高压区,成渝地区处于其东南部,偏北气流明显;Type3西风槽前/过境(频率9.2%),平原上空存在西南向西北气流的转变。

②Type5、Type6南支槽型(频率3.3%):成渝地区处于低纬度南支槽前,以西南气流为主。

③Type7、Type8高原低涡型(频率13.5%):低涡中心位于青海地区附近,成渝地区处于其东南部。低涡呈暖性结构,其前部以西南暖气流为主。

分析9类天气分型下的温度和相对湿度场分布可知,西风槽后部Type2和Type4成渝地区上空存在明显的冷平流,前者相对湿度较低,主要受干冷气流控制,而后者冷、暖气流交汇,易发生阴雨天气;随着西风槽东移(Type1、Type9),暖区自西南向东北发展。南支槽型和高原低涡型(Type8)下,中国西南地区暖湿气流输送明显,相对湿度高,暖区明显北抬。在西风槽前暖平流作用下,成渝地区上空温度场呈东高西低分布。此外,云南、四川交界处的金沙江河谷附近为高山所环绕,当南支槽前盛行的西南暖气流越过这些山脉后会发生下沉,使得河谷温度高于其他地区,形成热低压,低压区向北部的四川盆地发展,可能加重区域 O_3 污染。

6.1.1.3 春季 500 hPa 天气分型

利用 ERA-interim 每日08时500 hPa的位势高度进行客观分型,将其大气环流分成6种环流形势,也可归纳为3类,即西风槽型、平直纬向型和南支槽型。其各自特征和发生频率如下。

①Type1、Type3、Type4西风槽型(频率66.5%):Type1、Type4西风槽后部(频率56%),槽区位于中国东北地区,成渝地区受西北气流控制;Type3西风槽底部(频率10.5%),贝加尔湖附近为宽广槽区,随着槽区东移,成渝地区存在西南向西北气流的转变。500 hPa西风槽后冷平流明显,地面不易发生 O_3 污染,当西风槽远离时,西北冷平流减弱,地面可能发生 O_3 污染。

②Type2平直纬向型(频率26.6%):120°E以西的中、高纬度为平直西风带,成渝地区处于该环流形势下,以稳定的偏西气流为主,大尺度天气系统稳定,有利于地面污染天气的维持,延长 O_3 污染的持续时间。

③Type5、Type6为南支槽型(频率6.9%):中国西南地区及中东部地区有明显的西南暖气流输送,整层大气升温,有利于边界层内 O_3 生成,易造成地面 O_3 超标。

近5年春季,成渝地区 O_3 污染与700 hPa西风槽、南支槽和高原低涡以及500 hPa南支槽和平直西风等天气系统或大尺度环流形势相关联。①700 hPa西风槽:槽前暖平流利于地面低压形成,弱辐合促使污染物向成渝地区积聚,易致 O_3 超标;槽过境时冷、暖气流交汇,阴雨天气使得污染减轻,该天气形势下成都 O_3 超标率为22%,此后受槽后冷平流影响,成都平均 O_3_8h浓度降至100 $\mu g/m^3$,超标率10%~12%;随着西风槽东移,受槽后下沉气流影响,天气转晴、气温升高, O_3 污染有加重的趋势, O_3_8h浓度升至120 $\mu g/m^3$,超标率16%~18%(图6.1a)。②700 hPa高原低涡(低压)前部存在暖平流输送,易发生 O_3 污染,其中 Type8 成都 O_3 超标率达38%(图6.1a)。③500 hPa西风槽底部和后部型下,成渝地区受低层冷平流的影响较多,平均 O_3_8h浓度较低, O_3 超标率不到15%(图6.1b)。④700 hPa 和500 hPa 南支槽下,成都平均 O_3_8h浓度达130 $\mu g/m^3$, O_3 超标率高于25%,其中,500 hPa 北脊南槽的环流形势下(Type5), O_3 超标率达39%(图6.1b)。

700 hPa 和500 hPa 易造成 O_3 污染的天气型较为相近,即南支槽为成渝地区上空输送西南暖平流,槽前正涡度平流辐合抬升作用有利于地面低压形成,成渝地区 O_3 浓度和超标率均比较高(图 6.1);而在西风槽后冷平流影响下,O_3 污染相对较轻,随着西风槽远离及南支槽靠近,成渝地区上空暖平流加强,O_3 污染呈发展的态势。

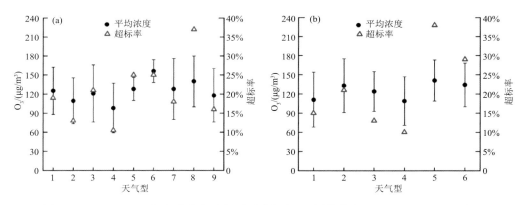

图 6.1　2015—2019 年春季高空天气型下成都市 O_3 污染特征(a)700 hPa,(b)500 hPa
(实心圆点为 O_3_8h 浓度,空心三角形为该分型下 O_3 超标率,黑色线杆代表浓度±标准差)

通过对成渝地区范围内城市群臭氧污染与春季天气分型的相应分析,发现地面处于低压场或均压场,以及高空 500 hPa 处于平直纬向或北脊南槽(西风绕流作用促使青藏高原北侧形成脊区,南侧形成槽)的天气形势下,重庆、川南(内江、自贡、宜宾、泸州)和成都平原城市群 O_3_8h 平均浓度和超标率较高(图 6.2)。因此,本节研究所得天气分型同样适用于整个成渝地区。

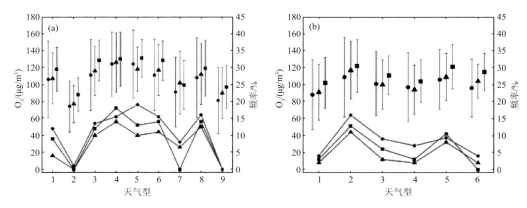

图 6.2　2015—2019 年春季天气型下重庆、川南和成都平原城市群 O_3 污染特征(a)地面,(b)500 hPa
(图中圆形、三角形和方形分别代表重庆、川南和成都平原城市群)

6.1.2　夏季臭氧污染天气分型

臭氧的形成及输送与天气系统和气象条件密切相关,由于夏季成渝地区地面天气场分型结果较为相近,且与春季臭氧污染的地面形势相似(呈低压或均压场)。因此,本节对夏季的天气分型将着眼于大气中、高层,利用 ERA-interim 每日 08 时 700 hPa、500 hPa 和 100 hPa 的位势高度进行成渝地区臭氧污染天气客观分型,分型可将 700 hPa 天气形势分成 9 种天气型,将 500 hPa 和 100 hPa 天气形势分成 6 种环流型。

6.1.2.1　夏季 700 hPa 天气分型

700 hPa 天气型可归为高压型、低槽型和鞍型场型三大类,其环流形势特点和发生频率见表 6.4,其中高压东部型出现频率最高(18.9%),其次为西风槽底部和后部型。

表 6.4　2015—2019 年夏季 700 hPa 天气形势分型结果及主要特征

天气类别	天气分型	频率	主要特征
高压型	Type1 东部型	18.9%	高压区位于我国中东部,呈经向分布,偏南气流明显
	Type3 中部型	7.6%	中国东部至西北地区呈纬向分布的高压区,气流微弱
	Type6 东北型	11.5%	成渝地区处于华北平原高压区西南部,有弱偏东气流
	Type9 西北型	11.3%	成渝地区处于青藏高原高压区东南部,有弱西北气流
低槽型	Type4 西风槽底部	14.1%	西风槽位于内蒙古地区附近,成渝地区处于其南部,有弱的偏北气流
	Type5 西风槽过境	7.1%	西风槽位于成渝地区地区附近,气流呈气旋式转变,伴有冷平流南下
	Type7 西风槽后部	13.1%	西风槽位于华北平原地区以东,成渝地区在其后部,偏南气流加强
	Type8 高原槽过境	8.1%	高原短波槽东移,成渝地区气流呈气旋式转变,存在冷、暖平流交汇
鞍型场	Type2 鞍型场	8.3%	成渝地区处于鞍型场中,气流微弱,无明显冷、暖平流

近 5 年夏季,成渝地区 O_3 污染与 700 hPa 上的天气系统或大尺度环流形势相关联,具体表现在以下几方面。

①700 hPa 低槽系统:受西风槽过境时南下的冷平流影响,成都平均 O_3_8h 浓度降至 112 $\mu g/m^3$,该天气形势下成都 O_3 超标率低于 15%;高原短波槽过境时,冷、暖气流交汇容易产生阴雨天气,该天气形势下成都平均 O_3_8h 浓度和 O_3 超标率仅为 100 $\mu g/m^3$ 和 10%;随着西风槽东移远离,暖平流逐渐加强,成都 O_3_8h 浓度和 O_3 超标率分别升至 140 $\mu g/m^3$ 和 25%(图 6.3a)。

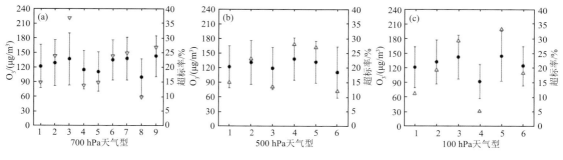

图 6.3　2015—2019 年夏季不同天气型下成都市臭氧污染特征(a)700 hPa,(b)500 hPa,(c)100 hPa
(实心圆点为 O_3_8h 平均浓度;线杆代表浓度±标准差;空心三角形为超标率)

②700 hPa 高压系统:高压系统边缘区域暖平流输送明显,中心附近区域气流微弱,地面升温明显,同时大气扩散条件变差。其中,高压西北部和中部型形势下,成都 O_3_8h 浓度和 O_3 超标率分别达 145 $\mu g/m^3$ 和 38%。

6.1.2.2 夏季 500 hPa 天气分型

500 hPa 的 6 种环流形势可归纳为西风槽、平直纬向、两槽一脊、蒙古低涡型,环流特征和出现频率见表 6.5,可见夏季 500 hPa 环流形势以西风槽后部(38.8%)为主。

表 6.5 2015—2019 年夏季 500 hPa 天气形势分型结果及主要特征

类别	分型	频率	主要特征
西风槽	Type1	38.8%	槽区位于贝加尔湖至中国东北地区,成渝地区受西北气流影响
	Type2	22.1%	槽区位于巴尔喀什湖附近,成渝地区以偏西气流为主
	Type3	11.6%	槽区位于贝加尔湖附近,成渝地区在其南部,有南北气流交汇
平直纬向	Type4	17.2%	中、高纬处于平直西风形势,副高西伸北抬,脊线位于 33°N
两槽一脊	Type5	5.8%	脊区位于贝加尔湖附近,副高西伸北抬,脊线位于 32°N
蒙古低涡	Type6	3.3%	低涡位于蒙古中部,成渝地区在其南部,以偏北气流为主

成渝地区 O_3 污染与 500 hPa 上的天气系统或大尺度环流形势的关联如下。

①500 hPa 西风槽:当成渝地区处于高空西风槽底部时,受冷平流南下影响,成都平均 O_3_8h 浓度较低,O_3 超标率不到 15%;随着西风槽东移,地面 O_3 污染呈发展态势(图 6.3b)。

②500 hPa 副热带高压:近 5 年夏季平均的,西太副高脊线和西伸脊点分别位于 26.2°N 和 103.9°E。当 500 hPa 环流为平直纬向和两槽一脊型时,成都平均 O_3_8h 浓度均超过 130 $\mu g/m^3$,O_3 超标率高于 25%(图 6.3b),这两类天气型下的西太副高脊线分别为 32.6°N 和 31.5°N,西伸脊点为 99.5°E 和 107.8°E。可见,西太副高脊线的南北移动对成渝地区 O_3 污染的影响较大,这是由于副高脊线附近盛行下沉气流,使区域内大气呈静稳形势。

6.1.2.3 夏季 100 hPa 天气分型

100 hPa 的 6 种环流形势可归纳为南亚高压南部、西部、东部和中部型。以上环流特征和出现频率统计见表 6.6,可见夏季 100 hPa 以南亚高压中部型(49.2%)为主。

表 6.6 2015—2019 年夏季 100 hPa 天气形势分型结果及主要特征

类别	分型	频率	主要特征
南部型	Type1	36.4%	南亚高压位于恒河平原附近,脊线 25°N,中心强度较弱
	Type2	32.2%	南亚高压在青藏高原西部,脊线 30°N,沿渤海方向延伸
中部型	Type3	8.5%	南亚高压在青藏高原西北部,脊线 35°N,中心强度较强
	Type6	8.5%	与 Type2 形势相似,脊线沿东海及贝加尔湖方向延伸
西部型	Type4	4.2%	南亚高压中心位于伊朗高原,脊线 35°N,向东南方向延伸
东部型	Type5	10.2%	南亚高压位于中国中部,脊线 30°N,并沿东西方向延伸

成渝地区 O_3 污染与 100 hPa 上的天气系统或大尺度环流形势的关联为:成渝地区 O_3 污染状况与南亚高压中心位置及强度相关联,其中心位于中国中部地区上空时,成都平均 O_3_8h 浓度和 O_3 超标率分别达 144 $\mu g/m^3$ 和 34%;此外,高压中心位于青藏高原西北部且强度较强时(Type3),地面 O_3 污染亦较重(图 6.3c)。

综上得出,100 hPa 南亚高压中部型和东部型,500 hPa 西风槽后部和平直纬向型,700 hPa 西风槽后部和高压型为成渝地区 O_3 污染易发生天气形势。当成渝地区处于西风槽后部或在高压系统的影响下,地面容易出现晴热且静稳的天气,造成 O_3 污染的形成与发展。此外,100 hPa

南亚高压与 500 hPa 西太副高呈相向发展,有利于中、低层污染天气形势的维持。

6.2
不同尺度天气系统对成渝臭氧污染的影响

6.2.1　青藏高压对成渝臭氧污染的影响

青藏高压是青藏高原上空出现的高压反气旋天气系统,它的反气旋环流强、尺度大,位置相对稳定少变,是副热带对流层上部最主要的环流系统之一,亦是影响中国西南地区、华南、江淮流域甚至华北高温天气及旱涝的重要系统之一。每年 4—9 月,是青藏高压的盛行时期,是其在 100 hPa 附近发展最强的主要时段。青藏高压系统对成渝地区春、夏季近地层天气气象条件有显著影响,从而也能影响 O_3 污染,且青藏高压系统与成渝地区春、夏季 O_3 污染的联系是成渝地区 O_3 污染问题有别于中国其他重点地区的重要特征。为研究青藏高压系统对成渝地区春、夏季 O_3 污染的影响机制,对 2015—2018 年每年 4—9 月的中国气象局高空全要素填图数据(MICAPS PLOT High)、成渝 14 个城市的国控环境监测站点 O_3 监测数据及气象台站数据进行了分析研究。

6.2.1.1　青藏高压中心对 O_3 污染的影响

为探讨 100 hPa 青藏高压系统对成渝城市群 O_3 浓度的影响机制,对 2015—2018 年逐日 Micaps PLOT High 数据、地面气象观测数据和 O_3 日最大 8 h 平均浓度(MAD8)数据进行时空匹配,并求取了月均值来进行分析讨论。高压中心数量与 MAD8 超标天数及 MAD8 月均浓度的变化趋势较为一致(图 6.4)。中心数量越多,使得成渝地区气温越高,从而 O_3 污染越严重。青藏高压中心位置较为集中出现在 100°E 和 28°N 附近的月,成渝地区均出现高温天气,且中心分布越集中,越易出现高温现象,使得 MAD8 浓度升高。2015—2018 年中心位置分布的趋势为逐渐趋于紧凑,MAD8 月均浓度亦呈逐年上升趋势,超标天数也逐年增多。但 2016 年较 2015 年超标天数增加幅度最大,与 2016 年青藏高压中心位置分布最为集中匹配,且 2016 年 4—9 月平均气温为 4 年最高。2015—2018 年中,MAD8 超标天数超过 20 d 的月(如 2015 的 7 月、2016 年的 6 月、2018 年的 4 月和 6 月),中心位置在 28°—30°N 附近均有一个峰值,且同期温度较高。而每年 4 月高压中心位置的分布则更能通过影响日照时数来影响臭氧浓度,如 2018 年 4 月出现的中心个数虽为这几年 4 月最少(仅 5 个),但基本上都是分布在 28°N,MAD8 超标天数却较多,其平均日照时数高达 6.2 h。

为研究高压中心对 O_3 浓度高值的影响,将 MAD8 浓度超过 190 $\mu g/m^3$ 称为 O_3 浓度高值。分析发现,成都 4 年超标天数均非常高,超标天数总数为 145 d(位居第一),同时 O_3 浓度高值时段成都占 55%,泸州为 12%,宜宾和内江均为 10%。成都的 O_3 浓度高值 4 年情况均不同:2015 年主要分布在 5 月,最高值 220 $\mu g/m^3$ 在 6 月出现;2016 年主要分布在 8 月,同月出现最高值 276 $\mu g/m^3$;2017 年主要分布在 7 月,同月出现最高值 267 $\mu g/m^3$;2018 年主要分布在 5 月和 8 月,在 5 月出现最高值 247 $\mu g/m^3$。结合同期青藏高压系统特征,发现在 2015 年

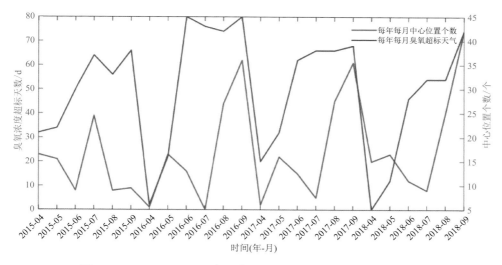

图 6.4　2015—2018 逐月高压中心数量与成渝 O$_3$ 超标天数的变化

5 月中心位置在 100°E 有一个峰值,且在 6 月中心位置大都处于 28°N,在 2016 年 8 月中心位置在 75°E 有一个较大峰值,2017 年 7 月中心位置集中在 100°E,2018 年 5 月中心位置也在 100°E 出现极值,8 月中心位置主要在 28°N。分析其气象要素,我们发现这 4 个城市的温度比 4 年 4—9 月的月均温度均高了 1～2 ℃。而阿坝州、甘孜州和凉山州等西部山区,MAD8 浓度与超标天数均较少,其同期对应月均温度均较低(低于 15 ℃,图 6.5)。

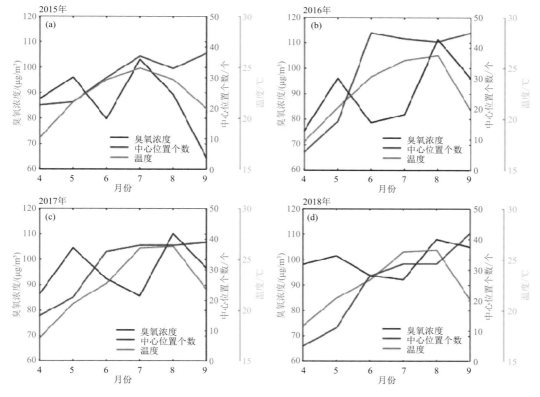

图 6.5　2015—2018 年 4—9 月逐月高压中心位置数量与温度、O$_3$ 浓度的变化

6.2.1.2 青藏高压脊线对 O₃ 污染的影响

青藏高压脊线偏移主要影响日照时数从而影响 O_3 污染状况:脊线北跳,日照时数增多,有利于加重 O_3 污染;脊线南移,降水量增大,日照时数减少,有利于减轻 O_3 污染。这与罗四维等(1974)的研究结论一致,凡青藏高压脊线位置偏北者,或对应长江流域大范围的严重干旱(如 1961 年、1964 年、1971 年及 1972 年),或对应着长江下游地区的干旱(如 1963 年及 1973年);而脊线位置偏南的 1965 年、1968 年及 1970 年,长江流域都是多雨偏涝,其中长江流域 1969 年大涝,脊线也最偏南。同时,亦与俞亚勋等(2000)的动力解释相符:重旱年初夏在高原东北侧区域辐散下沉气流增强,不利于降水的形成。青藏高原上空和云贵高原上空的对流辐合上升气流非常强盛,造成其南、北两侧区域辐散下沉气流相应加强。而多雨年在高原东北侧河套平原至华北平原上空辐合上升气流增强,有利于降水的形成,从而减少日照时数。如图6.6 所示,2015 年 5 月脊线相较前月北跳约+3 RO(脊线偏移量指标,RO,向北偏移为正值,向南偏移为负值),日照时数增加了 0.49 h,MAD8 月均浓度增大了约 9 $\mu g/m^3$,6 月脊线南移,此时日照时数明显减少,MAD8 超标天数与浓度亦开始下降,7 月脊线继续南移,日照时数继续减少,平均温度也有所下降,相应的 MAD8 超标天数逐渐减少。2016 年 8 月脊线相较 7月北跳,MAD8 超标天数由 12 d 迅速增至 32 d。2017 年 5 月脊线北跳,MAD8 月均浓度与超标天数增多,6 月脊线南移,日照时数减少了 0.32 h,MAD8 月均浓度由 104 $\mu g/m^3$ 降至93 $\mu g/m^3$,7 月脊线又转北跳,此时日照时数大幅上升(增加了 1.1 h),MAD8 月均浓度又升至114 $\mu g/m^3$。2018 年各月脊线南北跳动方向变化较大,日照时数为 4 年最长(高达 4.50 h),故2018 年 MAD8 超标天数最多。2018 年月均脊线位置 8 月位于最北(32°N),日照时数达7.40 h,MAD8 月均浓度也为该年最高(113 $\mu g/m^3$)。

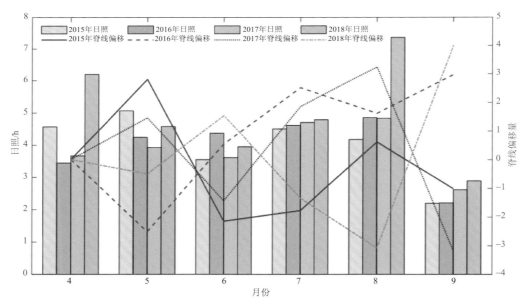

图 6.6　2015—2018 各月高压脊线偏移情况与日照时数的关系

6.2.1.3 青藏高压中心和高压脊线对 O₃ 浓度的共同作用

在研究中发现,高压中心位置的数量和分布以及脊线偏移均与 MAD8 浓度存在不一致的情况,因此从气象因子方面对两者的共同作用进行了更深入的探讨(表6.7)。得出青藏高压是通过影响川渝城市群的气象因子进而影响其 O_3 浓度。但并不能同时对所有气象因子进行控制,只能影响其中一部分,例如,对温度、日照有较大控制,亦或是对降水、湿度有较大控制。而 O_3 浓度的高低是多种气象要素的相互作用造成的,由前文青藏高压中心数量及高压脊线偏移与MAD8浓度的关系可以发现,高压中心数量多,川渝地区温度较高,但日照时数受到的影响并不显著(4月除外);而高压脊线的北跳,更能造成日照时数增多(降水减少)。两者在同一时段对川渝地区 O_3 污染的影响可能是协同作用也可能是反之。所以存在脊线北跳,日照时数减少;中心数量多,温度较低的情况,也有可能是其他天气系统(如西南涡等)的影响,亦有待进一步深入研究。

表 6.7 青藏高压系统与川渝地区 O_3 浓度和气象要素的相关关系

气象要素	Pearson(皮尔逊)相关系数			
	高压中心数	脊线偏移量	O_3 浓度	O_3 超标天数
温度	0.4537	0.0013	0.1166	0.0998
降水量	0.3092	0.0140	0.0070	0.0270
相对湿度	0.4818	0.0054	0.3577	0.2664
日照时数	0.0675	0.0143	0.6687	0.4499

2015—2018年各年9月中心数量在该年均最多,但平均日照时数约2.5 h,故MAD8超标天数最少。2018年4月中心数量较少,但MAD8超标天数却较多,因为该月日照比较长(>6.2 h)。2018年4—9月总中心个数最少,但MAD8总超标天数与月均浓度分别达到了137.0 d和100 μg/m³,均为4年最高,究其原因,是因为该年日照时数最多。2015年7月脊线南移,MAD8超标天数却较多,原因是温度较高(月均温将近25 ℃)。2018年6月脊线北跳,但由于相对湿度较高,日照较少,所以MAD8超标天数均比5月少,8月脊线大幅度南移,但8月温度很高(将近26 ℃),故 O_3 生成比7月多;9月脊线北跳,但本月温度比8月低了将近4 ℃,故超标天数比8月少。计算得出的月均脊线位置5月比4月南移了,但5月MAD8浓度和超标天数均比4月高,由于5月的温度比4月高,温度越高,越利于 O_3 产生。6月比5月更北,但MAD8浓度和超标天数均比5月少,6月的日照时数比5月少,且相对湿度比5月大,这两个因素使得6月 O_3 生成少于5月。逐年比较,发现2017年的脊线南移,但MAD8浓度和超标天数依然较2015年和2016年同比要高,原因是2017年降水量最低,降水量越低,越利于 O_3 产生,所以2017年MAD8浓度依旧较高,其余年份脊线偏北者,MAD8浓度较高。

6.2.2 西太平洋副热带高压对成渝臭氧污染的影响

从每年4月开始,中国 O_3 浓度开始大幅度上升。据统计, O_3 浓度超标天数主要聚集在暖季(4—10月),且存在"白天高,夜间低"的日变化特征,同时4—10月是南亚高压和西太平洋副热带高压(简称WPSH或副高)在大陆上空活动最剧烈的时段,其WPSH特征线(5880 gpm等值线)控制区域内,经常造成长时间持续高温天气,易形成区域 O_3 污染。而在副热带高压北部的雨区和南部的热带辐合带,经常与空气质量优良天气相对应。众多研究表明,与中国夏季极端高温事件有直接联系的主要天气系统是西太平洋副热带高压(WPSH),其强度和位置的变化与高温范围和强度密切相关(IPCC,2007)。中、高纬度由低层到高层稳定维持的异常高压系统是影响高温热浪的主要因子(余钟奇 等,2019;林小华,2019)。西太平洋副热带高压(WPSH)作为东亚夏季风重要的组成部分,在控制中国东部的天气和气候方面起着重要作用,其强度变化被认为是中国东部地区影响地面 O_3 浓度的一个气象驱动因素(Zhao et al.,2017),由于其位置的南北移动,O_3 浓度在东亚夏季风和 WPSH 表现强的地方会呈现双峰型。WPSH 的位置,强度变化会改变区域的气候条件,如风速、温度、降水等。He 等(2012)用 2010 年 8 月数据研究发现,夏季 WPSH 中心位于上海崇明观测点的东南部,且强度较弱时,地面 O_3 混合比较高。而当 WPSH 中心位于该站点东北部且强度较强,地面 O_3 浓度较低。余钟奇等(2019)对 2017 年夏季 O_3 污染进行天气分型发现,上海地区 500 hPa 受 WPSH 控制时,以高温晴好天气为主,多为小风、少云、强辐射以及较长的日照时间,有利于促进上海本地光化学反应;而深厚高压系统下的下沉气流,也会带动上层高浓度的 O_3 向下层输送。Mao 等(2020)针对 2017 年中国东部一次大规模的 O_3 污染事件发现,WPSH 的移动在长江三角洲地区上空 O_3 的空间分布中起重要作用,持续的高相对湿度不利于 O_3 的形成,导致长三角上空 O_3 浓度相对较低。在对流层中、高层异常高压系统的控制下,由南风引起的暖平流使得京津冀地面出现正温度异常,也促进了污染气团向京津冀北部的输送,使得当地 O_3 及其前体物浓度上升(Xu et al.,2019)。Gao 等(2021)更是通过研究 2014—2019 年季风的三个不同时期探讨华北地面 O_3 的变化,发现在梅雨期间华北的 O_3 污染最严重,这主要是中、高纬度大气波动与 WPSH 共同调节华北 O_3 浓度波动异常导致的。祁宏(2022)通过研究近年来 WPSH 的强度变化和位置移动,结合地面 O_3 形成机制,探究 WPSH 与中国夏季 O_3 污染的关系。

成渝地区(四川盆地)O_3 污染主要发生在 PreF(前汛期)、MYF(梅雨期)以及 PostF(后汛期)阶段。分析 2015—2020 年四川盆地 PreF 阶段的 21(13)个高(低)浓度 O_3 天,MYF 阶段的 19(8)个高(低)浓度 O_3 天,LastF(秋雨期)阶段的 23(14)个高(低)浓度 O_3 天(图 6.7)。气象变量同样是在高和低浓度 O_3 天合成得到的。四川盆地不仅会受到 WPSH 的影响,南亚高压的作用也不容忽视。

图 6.8 为第一个阶段 PreF 时期四川盆地高浓度 O_3 天和低浓度 O_3 天的天气环流配置对比。WPSH 整体均维持在 20°N 以南(图 6.8a、b),且南亚高压整体强度较弱。高、低浓度 O_3 天,南亚高压中心位置有较大的变化(图 6.8d~f)。在低浓度 O_3 天,四川盆地位于西风带南支槽槽前的位置,低层易产生对流。南亚高压主体位于云、贵、广等地,相比于高浓度 O_3 天偏北、偏东,四川盆地位于南亚高压北侧副热带西风急流带出口区,有利于低层对流加强,在 1000~200 hPa 有较强的上升运动(图 6.8h),有利于 O_3 的扩散和输送。这个阶段,孟加拉湾的水汽会随着西南季风输送至四川盆地及江淮流域。动力条件与水汽条件共同使得四川盆地及长江中下游地区产生丰富的降水(图 6.8n),降低了四川盆地 O_3 浓度。而在高浓度 O_3 天,南亚高压强度较弱,这时的南亚高压处于 25°N 以南的位置,南亚高压偏南、偏西,副热带在 500 hPa 平直西风气流控制下,温度场在 1000~700 hPa 有明显的正压结构,且异常中心从近地面维持到 850 hPa 左右(图 6.8j),使得四川盆地高浓度 O_3 天容易造成对流层低层深度升温,有利于 O_3 的生成,同时较强的下沉气流使得 O_3 及其前体物被限制在地表附近,导致 O_3 污染加重(图 6.8g)。

MYF 阶段,WPSH 和南亚高压的异常偏西或东伸会共同影响四川盆地 O_3 浓度的变化。6—7 月,南亚高压强度逐渐增强,且南亚高压的东西振荡是影响四川盆地及长江中下游地区异常降水或干旱的重要原因(Lin et al.,2015;He et al.,2018)。南亚高压在低浓度 O_3 天东

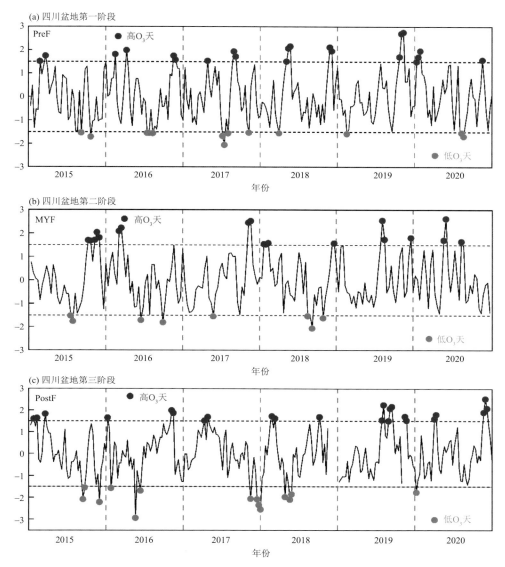

图 6.7　2015—2020 年四川盆地第一至第三阶段（PreF-PostF）的标准化 O₃ 浓度
（图中红点表示每个周期筛选出来的高浓度 O₃ 天，而蓝点表示低浓度 O₃ 天）

伸，其边缘会东伸至 110°E。南亚高压这种异常的东伸会影响 WPSH 的位置（图 6.9b），导致西伸的 WPSH 北部边缘带来水汽（图 6.9e）。四川盆地及江淮地区会受到异常高压的影响（郭志荣 等，2014；葛家荣 等，2019），出现对流天气（图 6.9n）。这时高浓度 O₃ 天，受到偏西南亚高压的影响，四川盆地整个平流层以下都处于稳定的大气结构，较强的下沉气流使得四川盆地处于少雨的状况（图 6.9g）（钟中 等，2020；刘还珠 等，2006），高浓度 O₃ 天降雨中心主要位于华南沿海地区。相较于高浓度 O₃ 天，低浓度 O₃ 天南亚高压的异常东伸会使得中国南部沿海地区更多的水汽输送到四川盆地以及长江中下游地区（徐海明 等，2001；Han H et al.，2020），加上四川盆地存在异常上升运动，同时温度场的结构会给四川盆地地区带来有利的通风条件，这些因素共同使得四川盆地降水偏多，有利于 O₃ 的扩散和湿沉降。

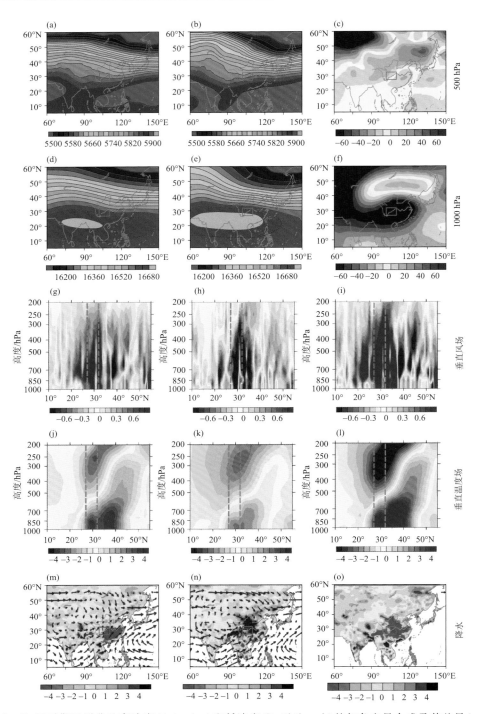

图 6.8　PreF 时期四川盆地高浓度 O_3（a、d、g）和低浓度 O_3 天（b、e、h）的气象变量合成及其差异（c、f、i）（a~c：阴影部分表示 500 hPa 位势高度场及其差异（单位：gpm）；d~f：阴影部分表示 100 hPa 位势高度场及其差异（单位：gpm）；g~i：相较于平均状态下垂直风速异常及高、低浓度 O_3 天的差值场，正值表示下沉运动，负值表示上升运动（单位：Pa/s）；j~l：相较于平均状态下温度剖面异常及高、低浓度 O_3 天的差值场（单位：℃）；m~o：相较于平均状态下降水量异常及高、低浓度 O_3 天的差值场（单位：mm/d），剖面为 102°—110°E 的平均）

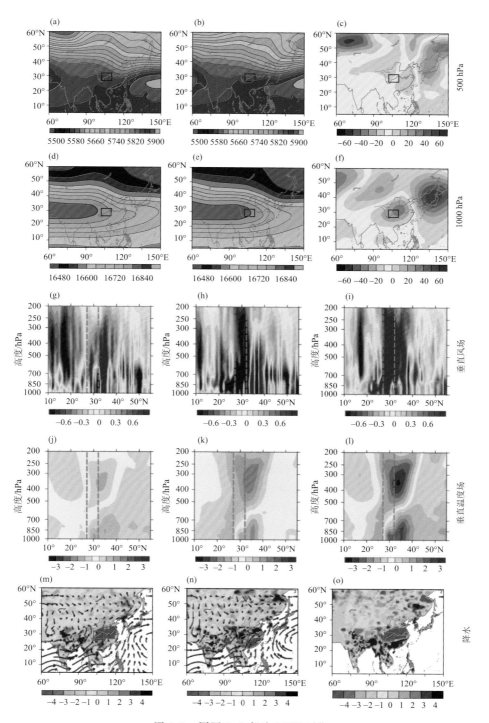

图 6.9　同图 6.8,但为 MYF 时期

在 PostF 阶段,四川盆地的 O_3 污染相较于平均状态有显著的加重。这个阶段四川盆地高 O_3 浓度天的发生频率最为显著(图 6.10)。从 500 hPa 位势高度场中可以看到高、低 O_3 浓度天的下 WPSH 位置存在明显的差别。在低 O_3 浓度天,WPSH 位置西伸至 110°E,控制着江淮地区,四川盆地位于 WPSH 北侧对流区,与南亚高压的共同影响下(陈朝晖,2008;陶诗言 等,1964),不稳定的大气条件会使得四川盆地低 O_3 浓度天发生更多的降水;而在高 O_3 浓度天,WPSH 位置较低 O_3 浓度天位置偏东,对四川盆地的影响较小。同时由于南亚高压边缘位于川西,使得四川盆地低层的温度升高。从温度场的结构可以看到,高 O_3 浓度天温度场的异常在整个对流层中、低层升温,有利于近地面温度升高。配合较强的下沉气流,使得 O_3 及其前体物被限制在盆地低层。高 O_3 浓度天四川盆地处于少雨或干旱阶段,使得该阶段四川盆地的 O_3 污染处于研究阶段最严重的时期。

6.2.3 西南涡对成渝地区臭氧污染的影响

西南涡对成渝地区大气污染有着重要的影响,且影响机理与其过境期间各种气象要素以及逆温情况关系密切,利用 2015—2018 年 4—9 月共 189 个西南涡个例数据与同期的 O_3 浓度数据进行时、空匹配,对比分析西南涡过境各时期成渝地区 O_3 浓度空间分布的变化,并结合同期对流稳定度指数和风场三维空间分布,深入研究西南涡对低层 O_3 垂直分布的影响机理。

6.2.3.1 不同类型西南涡对 O_3 的影响

总体来看,干涡过境使 O_3 浓度略微升高,降水涡使 O_3 浓度下降,弱降水对 O_3 的削减程度大于强降水涡(图 6.11)。将西南涡对 O_3 作用过程分成两个阶段:过境前到过境期间的 O_3 浓度变化认为的第一个阶段,是受西南涡影响的阶段;把过境期间到过境后 O_3 浓度的变化认为是第二个阶段,是西南涡影响过后的阶段。对于第一个阶段,三种西南涡对盆地的 O_3 都有削减的作用,其中强降水涡的削减作用最强,干涡最弱。而对于第二个阶段,干涡和强降水涡使 O_3 浓度上升,而弱降水涡则使 O_3 浓度继续下降。干涡在第二阶段对 O_3 的升幅大于第一阶段,总体表现使 O_3 浓度升高 18.37 $\mu g/m^3$ 的作用,而强降水涡在第二阶段使 O_3 浓度升高部分抵消了其第一阶段使 O_3 浓度削减的作用,因此就整个过程而言,强降水涡(−53.75 $\mu g/m^3$)较弱降水涡(−70.44 $\mu g/m^3$)对于 O_3 的清除能力弱。但总体来看三类西南涡对成渝地区地 O_3 浓度的消减作用皆不明显。

进一步对三类西南涡过境各时期 O_3 垂直分布的变化进行分析(表 6.8 及图 6.12),发现三类西南涡过境前、中、后,O_3 的垂直廓线呈现一致的趋势,即在地面到 850 hPa 之间,O_3 浓度逐渐升高,到 850 hPa 达到 O_3 浓度峰值,而在 850 hPa 以上,O_3 浓度又随着高度的升高而缓慢降低。而在强降水涡过境前,850 hPa 的 O_3 浓度为最高,干涡最低。有研究表明,对于 3 km 以下的对流层,O_3 浓度先增大后减小,在大约 1.5 km 的位置出现最大值,而在随后的高度范围内 O_3 浓度随高度上升缓慢增大。

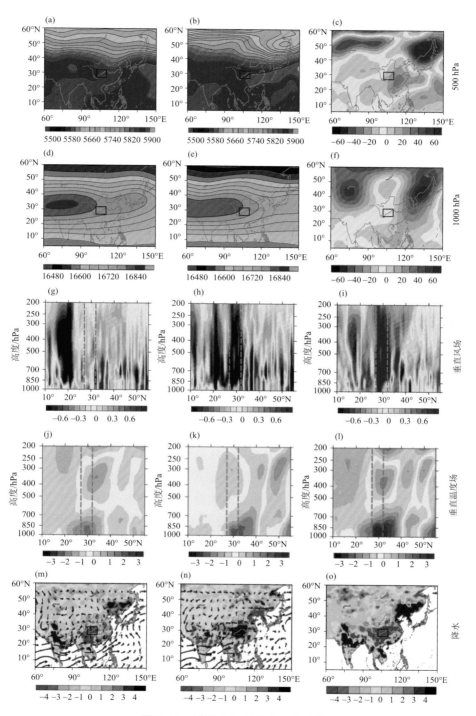

图 6.10　同图 6.8,但为 PostF 时期

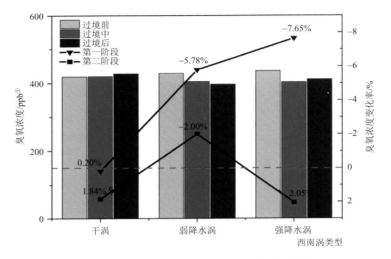

图 6.11　三类西南涡过境前、后臭氧柱浓度变化

表 6.8　2015—2018 年 4—9 月三类西南涡过境前、后各高度层次臭氧变化量占比

	低涡类型	1000 hPa	950 hPa	925 hPa	900 hPa	850 hPa	800 hPa	700 hPa	柱浓度变化
前后对比	干涡	1.94%	17.15%	21.19%	22.49%	18.55%	14.13%	4.54%	8.59
	弱降水涡	12.88%	10.66%	15.40%	17.53%	18.01%	16.12%	9.40%	−32.92
	强降水涡	16.13%	10.75%	14.48%	16.84%	19.90%	17.90%	4.01%	−25.12
前中对比	干涡	−75.66%	32.44%	46.95%	57.83%	23.76%	−7.09%	21.78%	0.85
	弱降水涡	10.33%	13.07%	18.46%	19.57%	18.08%	14.17%	6.34%	−24.83
	强降水涡	12.48%	14.74%	19.10%	20.82%	19.48%	12.51%	0.87%	−33.39
中后对比	干涡	10.48%	15.47%	18.36%	18.60%	17.98%	16.47%	2.64%	7.73
	弱降水涡	20.74%	3.27%	6.01%	11.27%	17.79%	22.13%	18.79%	−8.09
	强降水涡	1.39%	26.85%	33.11%	32.92%	18.21%	−3.84%	−8.64%	8.27

　　而对于不同层次的 O_3 变化而言:干涡过境使各个高度层 O_3 浓度都略有上升,其中 925 hPa 到 850 hPa 高度层 O_3 增量略多于其他高度层,对增加 O_3 浓度的贡献大于 60%。地面和 700 hPa 高度层的 O_3 浓度几乎没有变化;降水涡过境在各高度层次都显示出 O_3 浓度的一致下降,对 O_3 的影响主要集中在 900 hPa 到 800 hPa,即最大的下降层次在 O_3 浓度最高的三个高度层,而在 O_3 浓度较低的高度层次影响不大。即西南涡的清除作用体现为在 O_3 浓度高的地方强清除作用,在 O_3 浓度低的地方弱清除作用。

6.2.3.2　西南涡过境期间 O_3 垂直输送情况

　　将成渝地区沿 30°N 作剖面图(图 6.13)。在西南涡过境期间,干涡过境时成渝地区城市群所处位置整体是弱的正涡度区,低层为偏东风,700 hPa 层以上逐渐转变为西风,但总体而言风速较小,除在 103°—104°E 附近由于地形作用爬坡上升,其他地区的风速垂直分量都较小,不利于 O_3 的垂直传输;在弱降水涡过境期间,正涡度区的强度有所增强,风速加大且风的

---

① 1 ppb=10^{-9},下同

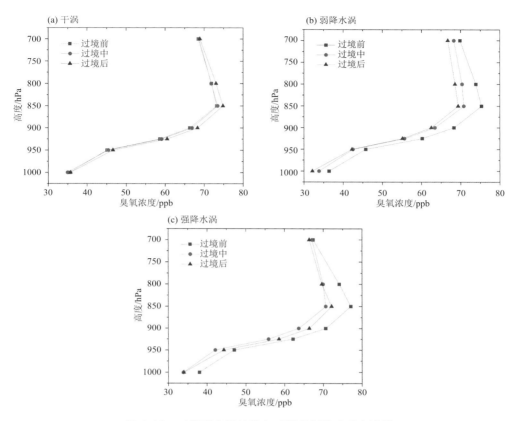

图 6.12　三类西南涡过境各时期臭氧浓度垂直廓线

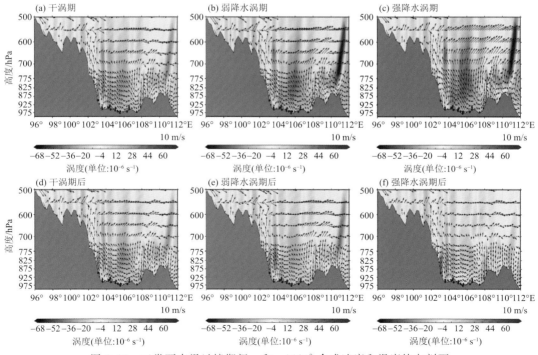

图 6.13　三类西南涡过境期间 u 和 $w \times 10^2$ 合成速度和涡度纬向剖面

垂直分量增大;在强降水涡过境期间,正涡度区大幅度加强,对应西南涡的强度最强,直至500 hPa的大气主要以上升气流为主,合成风的垂直分量很大,尤其在104°—106°E区域,整层风皆为垂直向上,对流活动很强,而106°E以东区域在825 hPa以下层次垂直分量并不明显,对应着O₃清除作用较弱的盆地东部的重庆等地区。而在三类西南涡过境后,降水涡的正涡度区范围缩小、强度减弱。弱降水涡和强降水涡风速整体减小,垂直风速也减小。

综合来看,三类西南涡在108°E附近皆有一个由于背风坡地形的空气俯冲,这使冷空气下沉,逆温层结使得O₃污染不易扩散,三类西南涡过境期间,成都地区皆为上升气流,有利于O₃的扩散(污染减轻),而重庆地区则有利于O₃的累积(污染加重)。在104°—106°E区域900~850 hPa有一个强的正涡度中心且该经度上整层大气的涡度皆为正,700 hPa以下整层皆有辐合作用,有较强的上升运动,而到700 hPa高度,O₃污染物的积累使得700 hPa并无明显的O₃清除作用。

6.3
地面天气形势与气象条件对盆地不同城市群臭氧污染的影响

杨显玉等(2021)结合地面观测资料,ERA5再分析数据的海平面气压场和PCT客观分型法,分析了2014—2019年四川盆地O₃区域性污染特征以及天气形势与O₃污染的关系,并利用分型结果预测了四川盆地主要城市群O₃浓度的年际变化以定量评估环流形势对O₃浓度的影响。

6.3.1 四川盆地三大城市群臭氧区域污染过程

图6.14是2014—2019年四川盆地三大城市群发生O₃区域污染过程的频数(下称污染频数),其中成都平原城市群发生污染频数最高,占总频数的57.6%,这主要是由于成都平原城市群与川南和川东北城市群相比工业化程度更高,污染物排放量更大。周子航等(2018)利用自下而上的方法估算了四川省各城市大气污染物排放清单,指出成都市对于O₃生成的两大重要前体物NO$_x$和VOCs的排放量远超其他城市,德阳、绵阳为VOCs排放量较大城市,乐山为NO$_x$排放量较大城市,使得成都平原城市群的光化学反应更强,容易引起O₃区域污染。图

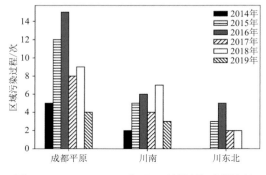

图6.14 2014—2019年O₃区域污染过程统计

6.15 为 2014—2019 年四川盆地发生 O_3 区域性污染天数的月际变化,其中 3—10 月均有区域性污染过程发生,主要集中在春季(3—5 月)和夏季(6—8 月),分别占总区域性污染天数的 39.9% 和 55.0%,这是因为这两个季节气温较高,太阳辐射强,光化学反应与秋、冬两季相比更活跃。此外,四川盆地 5 月 O_3 区域污染的天数为全年最高,春季 O_3 污染高峰现象仍有待进一步研究。

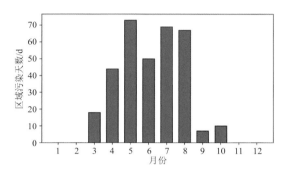

图 6.15　2014—2019 年各月 O_3 区域性污染过程统计

6.3.2　海平面气压场环流类型与臭氧区域污染的关系

利用 PCT 法对四川盆地及周边地区(25°—40°N,95°—110°E)2014—2019 年 O_3 污染月(3—10 月)逐日海平面气压场进行分型,得到 6 种环流类型(图 6.16)。其中类型 1、2、5、6 环流型类似,海平面气压呈西高东低,四川盆地主要受低压系统控制,约占所有环流型的

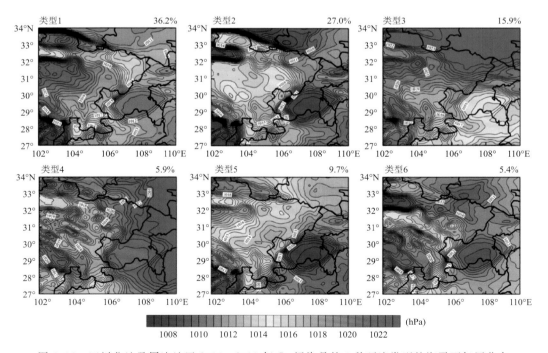

图 6.16　四川盆地及周边地区 2014—2019 年 O_3 污染月的 6 种环流类型的海平面气压分布
(右上角的数值代表每种环流类型的发生频率)

78.3%。类型1的总体海平面气压值偏高,在青藏高原区域有一个较大范围的高值区,为发生频率最高的一种类型(占36.2%)。类型2在青藏高原区域为强度较弱的高值区,四川盆地的海平面气压较低,为发生频率第二高的类型,占27.0%。类型5在四川盆地处的低压系统气压最低,且在四川盆地西部的川西高原也存在小范围的低压中心,发生频率为9.7%。类型6在四川盆地处的低压中心气压较低,在青藏高原的高气压区与类型1、2相比范围较小、强度较高,发生频率为5.4%。类型3的海平面气压总体呈北高南低,且在四川盆地东部有一个低值区,发生频率为15.9%。类型4的海平面气压呈东高西低,在青藏高原区域存在一些小范围的高压中心,发生频率为5.9%。

由6种环流类型对应的正常天数和O_3区域污染过程(下称污染过程)发生天数(图6.17)可知,类型2、6为污染型天气类型,污染过程发生比例分别为45.8%和70.0%。这两种环流形势的海平面气压呈西高东低,控制四川盆地的低压系统中心气压较低。在大尺度运动系统中,低压系统与气旋性环流相结合,低压中心就是气旋性环流中心,在一定程度上不利于盆地污染物的稀释扩散。类型3、4为清洁型天气类型,其中类型4对应的污染过程发生比例最低(5.8%),其海平面气压场呈东高西低,四川盆地的海平面气压值较高,高压系统控制下的风场为反气旋性环流,与低压系统控制区相反,高压系统控制区通常为气流的辐散区,扩散条件较好。不同海平面气压场类型对各城市群臭氧浓度的影响存在一定的差异(表6.9)。

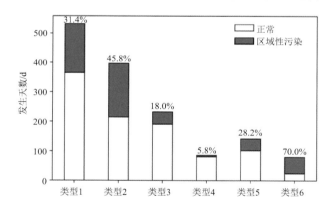

图6.17　2014—2019年海平面气压各环流类型对应的正常天数和O_3区域污染天数

表6.9　三大城市群在各环流类型下O_3平均浓度

单位:μg/m³

	类型1	类型2	类型3	类型4	类型5	类型6
川南城市群	104.3	116.7	83.3	67.5	103.3	121.2
川东北城市群	97.1	108.0	78.8	69.7	90.5	102.8
成都平原城市群	114.6	122.7	89.0	74.5	107.7	128.3

各环流类型气象要素特征研究(杨显玉 等,2021)表明,类型1、2、5、6在四川盆地的温度较高,高温中心均在26 ℃以上,其中类型2的高温中心超过30 ℃。高温有利于加快光化反应速率,有利于O_3的生成。而发生污染过程比例最低的类型3、4中心温度分别低于22 ℃和18 ℃,在四川盆地上空总云量最高超过了9.6成,相对湿度较高,地表紫外辐射低。各环流类型的风场如图6.18所示,其中类型3、5的风场分布与罗青等(2020)对四川盆地春、夏季平均风场的研究结论基本一致,有两条分别从广元和重庆北部进入四川盆地的气流在眉山附近汇

合。此外,类型 3 在四川盆地有较强的偏北气流,风速较大有利于污染物的稀释扩散。而类型 2、4、6 在四川盆地盛行东南气流。Yang 等(2020)研究指出,当四川盆地被东南气流控制时,重庆等地区产生的 O_3 及其前体物将会被传输至气流的下风向区域,造成 O_3 在成都平原城市群聚集。因此,由东南气流造成的 O_3 及其前体物的输送是类型 2、6 发生 O_3 区域性污染过程比例高的原因之一。

综上所述,类型 2、6 对应的气象条件温度高、云量低、地面接收到的紫外辐射强以及相对湿度低使得光化学反应强度更强,加速了 O_3 的生成,再加上盛行的东南气流对 O_3 及其前体物的输送,造成类型 2、6 发生 O_3 区域性污染过程的比例明显高于其他几种类型。

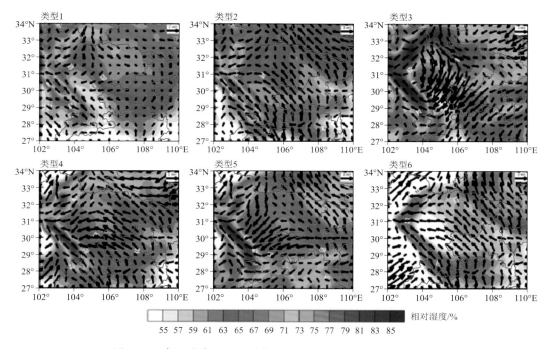

图 6.18　各环流类型下四川盆地 950 hPa 相对湿度和风场分布

6.3.3　基于海平面环流类型的 O_3 浓度预测

2014—2019 年各城市群 O_3 浓度的实测值和基于环流分型的预测值如图 6.19 所示,其中实线为实测值,点线为仅考虑不同环流类型发生频率的预测值,虚线为考虑不同环流类型的发生频率及强度的预测值;右上角 r_1 为仅考虑各环流型发生频率的预测值与实测值的相关系数,r_2 为考虑各环流型发生频率及强度的预测值与实测值的相关系数。川南、成都平原、川东北城市群在引入各环流类型发生强度对 O_3 浓度的影响后,预测值与观测值的相关系数分别由 0.46、0.59、-0.05 上升至 0.94、0.84、0.93,明显改善了仅考虑环流类型发生频率的预测值,环流发生强度对于 O_3 浓度的影响显著。对整个研究区域而言,O_3 浓度的实测值和考虑环流类型的发生频率及强度的预测值如图 6.20a 所示。由于预测值是基于环流分型结果以及环流类型与 O_3 浓度的关系计算得到,所以预测值的变化与观测值的变化的比值可近似为环流形势对 O_3 浓度变化的贡献率。贡献率的年际变化如图 6.20b 所示,2014—2019 年环流形势

对 O_3 浓度变化的贡献率在 34.8%~66.3%,其中 2017—2018 年环流形势对 O_3 浓度变化的贡献率最高,为 66.3%。

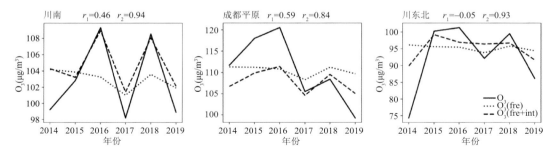

图 6.19　四盆地三大城市群 O_3 浓度实测值和基于环流型分类的预测值

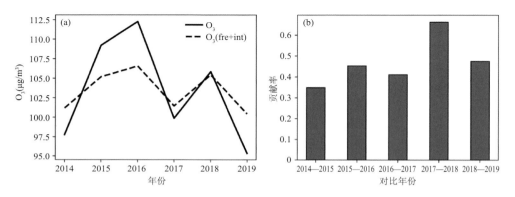

图 6.20　四川盆地 O_3 浓度的实测值和考虑环流类型的发生频率及强度的预测值(a);
环流形势对 O_3 浓度变化的贡献率(b)

由此可以看出,成都平原城市群发生 O_3 区域污染过程的频数最多,在 6 种天气类型中,类型 1、2、6 为污染型,其海平面气压呈西高东低,四川盆地受低压系统控制。类型 3、4 为清洁型,其中类型 3 呈北高南低,且在四川盆地东部存在一个低值中心;类型 4 呈东高西低,在青藏高原区域存在一些小范围的高压中心。在污染型天气形势下,四川盆地的气象条件为温度高、云量低、地面接收到的紫外辐射强、相对湿度低使得光化学反应强度更强,加速了 O_3 的生成,再加上类型 1 的静风条件不利于污染物扩散;类型 2、6 盛行的东南气流对 O_3 及其前体物的输送,造成污染型天气类型发生区域性 O_3 污染比例明显高于其他几种类型。

6.3.4　持续性臭氧污染的气象条件

对于持续性 O_3 污染的气象条件以及 O_3 与气象因子的关系研究,不同地区略有差异,但中外在对太阳辐射、气温、相对湿度、降水等对 O_3 浓度的影响方面都有大致相同的结论(Toh et al.,2013;宋从波 等,2016)。马文静(2014)对西安市 O_3 污染特征分析表明,太阳辐射是决定 O_3 产生的关键因素,姜峰等(2016)进一步分析太阳辐射强度同 O_3 浓度的关系,认为 O_3 浓度会滞后于太阳辐射强度本身的变化,Jasaitis 等(2016)基于长时间监测,对辐射强度和 O_3 浓度的实验数据分析,认为太阳辐射强度同 O_3 的生成有着密切的关系,在统计学上显著正相关。程念亮等(2016)、王开燕等(2012)认为,O$_3$浓度与相对湿度、能见度呈负相关,与气温、风速和日照时数呈正相关。气象因子通过影响光化学反应的发生,从而引起近地面 O$_3$浓度的变化,因此研究气象因子对 O$_3$污染的影响,有助于揭示气象因子对 O$_3$污染的规律及其内在变化和联系。

6.3.4.1　太阳辐射

如图 6.21 所示,成渝地区较高的 O$_3$浓度主要集中在太阳辐射(SR)较强的情况下。太阳辐射每增加 3.0 MJ/m^2,O$_3$平均浓度升高 25.0 μg/m^3 左右,O$_3$浓度超标率也逐渐升高。当太阳辐射小于 3 MJ/m^2 时,O$_3$平均浓度最低,仅为(38.6±14.7) μg/m^3,且未出现 O$_3$超标情况。在太阳辐射高于 9.0 MJ/m^2 时,开始出现 O$_3$浓度超标现象,可见该值是成渝地区发生臭氧污染的关键太阳辐射阈。当太阳辐射大于 15.0 MJ/m^2 时,O$_3$平均浓度高于 100.0 μg/m^3 且超标率为 13.9%;当太阳辐射大于 21.0 MJ/m^2 时,O$_3$超标率明显增大,为 31.9%。最大 O$_3$平均浓度出现在太阳辐射高于 24.0 MJ/m^2 时,高达(149.2±29.4)μg/m^3。进一步研究发现,太阳辐射大于 24.0 MJ/m^2 多发生于春末和夏季,此时为成渝地区 O$_3$污染较为严重的时期,这主要是春末和夏季气温较高、太阳辐射强,光化学反应活跃所造成(修天阳 等,2013)。

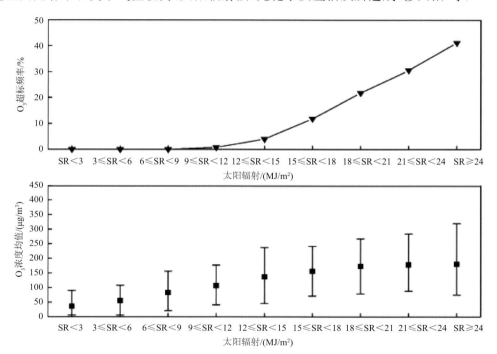

图 6.21　成渝地区不同辐射强度对应的 O$_3$超标频率和 O$_3$平均浓度

6.3.4.2　气温

由成渝地区不同气温(T)下 O$_3$超标频率(图 6.22)可以看出,当气温高于 18 ℃时,成渝地区开始出现 O$_3$超标现象。当温度高于 28 ℃时,O$_3$超标率已经较高,如当大气温度分别为 28～30 ℃、32～34 ℃时,O$_3$超标率分别为 17.0%和 23.7%。O$_3$平均浓度的变化趋势与 O$_3$超标率的变化趋势相似,温度较低时,O$_3$的平均浓度变化较低,当温度高于 18 ℃时,其增加趋势较为明显,且当温度高于 24 ℃时,O$_3$平均浓度高于 100.0 μg/m^3,并在 32～34 范围内达到最大(135.5 μg/m³)。这是因为温度越高,太阳辐射越强,光化学反应的强度越大,导致光化学反应的产物 O₃ 浓度也随之升高(陈漾 等,2017)。进一步计算 Spearman 相关系数可知,O₃ 逐时浓度与气温相关系数为 0.67,通过双侧 0.01 水平的显著性检验。

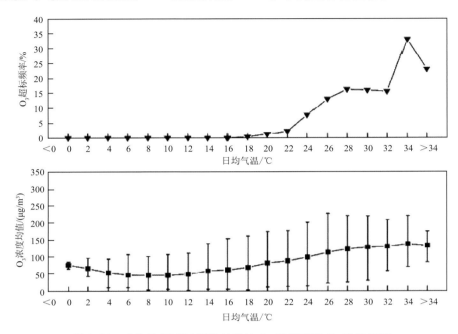

图 6.22 成渝地区不同气温对应的 O₃ 超标率和 O₃ 平均浓度

6.3.4.3 相对湿度

从成渝地区不同相对湿度(RH)下的 O₃ 超标频率(表 6.10)可以看出,当相对湿度小于60%时,O₃ 浓度随着相对湿度升高而升高,并且在相对湿度为 50%~60%时,O₃ 浓度达到最大 119.3 μg/m³。这与安俊琳等(2009)发现的当相对湿度在 60% 左右时,光化学反应强度存在极限值这一结论相符。而在 RH≥60%时,O₃ 浓度随相对湿度的进一步上升呈现逐渐下降,另外,O₃ 超标率同浓度的变化呈现相似的变化趋势,在相对湿度为 40%~60%时,O₃ 超标率呈上升趋势,RH≥60%以后,O₃ 超标率开始出现明显下降,且在 RH≥90%以后,没有出现O₃ 超标的情况,表明较高的相对湿度不利于 O₃ 的生成,这主要是因为大气中的水汽对 O₃ 浓度变化有以下三个方面的影响:一是太阳辐射作为光化学反应发生的重要条件之一,在水汽的作用下会因消光机制而发生衰减(刘晶淼 等,2003);二是高湿度有利于 O₃ 的干沉降,从而达到清除 O₃ 的作用(Sarah et al.,2017);三是在较高的湿度条件下,光化学反应中消耗 O₃ 的反应过程占主导(式(6.1)~(6.8))(Gallimore et al.,2011)。

$$O_3 + NO \rightarrow NO_2 + O_2 \tag{6.1}$$
$$O_3 + h\nu \rightarrow O^1D + H_2O \rightarrow 2 \times OH \tag{6.2}$$
$$O_3 + OLE(olefins) \rightarrow products \tag{6.3}$$
$$O_3 + OH \rightarrow HO_2 + O_2 \tag{6.4}$$
$$O_3 + HO_2 \rightarrow OH + O_2 \tag{6.5}$$
$$HO_2 + NO \rightarrow NO_2 + OH \tag{6.6}$$

$$RO_2 + NO \rightarrow \varphi NO_2 + HO_2 \tag{6.7}$$

$$NO_2 + h\nu \rightarrow NO + O_3 \tag{6.8}$$

表 6.10　2015—2016 年成渝地区不同相对湿度下 O_3 超标频率和浓度均值

相对湿度	O_3 超标天数/d	监测天数/d	O_3 超标频率	O_3 浓度均值/$(\mu g/m^3)$
RH<40%	2	36	5.56%	81.33
40%≤RH<50%	15	107	14.02%	107.40
50%≤RH<60%	99	526	18.82%	119.34
60%≤RH<70%	208	1748	11.90%	111.52
70%≤RH<80%	185	2851	6.49%	93.20
80%≤RH<90%	57	3137	1.82%	65.17
RH≥90%	1	1732	0.06%	49.20

6.3.4.4　风场

　　风场对污染物的输送具有重要的作用,不同的风向决定了污染物输送的不同来向,而风速大小则能反映污染物的输送效率或者污染物的清除效率(陈渤黎 等,2017)。分析气象资料发现,2015—2016 年成渝地区盛行偏北风,风速整体季节分布为:春季＞夏季＞秋季＞冬季,且风速主要分布在 0～3.00 m/s,整体平均风速为 1.36 m/s,可见成渝地区静风及小风天气频发,占比达到 87.3%,这也是导致该地区大气污染较为严重的主要因素之一(曾胜兰 等,2016)。

　　成渝地区特殊的南高北低地形导致北部地区形成了气旋式流场,从而污染物难以远距离扩散输送并形成涡旋——在自贡、内江、泸州等城市范围内造成了污染物滞留区。春季,涡旋中心主要在泸州与宜宾交界处;夏季,受青藏高原夏季风影响,涡旋中心向西北移动到内江北部和资阳南部一带;秋、冬季,涡旋中心则处于泸州北部与宜宾北部。可以发现,盆地内城市间逆时针方向旋转的上、下层风关系——内江和泸州平均风速较城市群其他区域高,而内江及乐山盛行北风,泸州盛行南风,进而导致自贡和内江交界地带形成了辐合区,O_3 在风和流场的影响下在自贡和内江附近汇集,从而导致内江和自贡的 O_3 浓度普遍偏高。同时乐山、宜宾和泸州等与内江、自贡接壤的地区也会受到一定的 O_3 局地传输影响。

6.4
成渝地区持续性臭氧污染典型个例分析

6.4.1　2019 年 8 月成渝地区臭氧污染过程分析

6.4.1.1　臭氧污染特征与气象条件

　　2019 年 8 月,成渝地区发生了高臭氧污染事件。根据此次过程中污染物浓度的变化特征(图 6.23),可知 2019 年 8 月 10—18 日污染物浓度变化具有稳静型大气污染特征:即由当地大气污染源的过量排放和不利于污染物扩散的天气条件共同影响,各污染物浓度逐渐上升,属于慢过程;而短时间内由于当地大气污染源变化不大,因此 CO 和 NO_2 浓度与 O_3 浓度变化情况比较相似。由成渝地区平均 O_3_8h 值变化可知,本次污染过程在 2019 年 8 月 10 日起达到轻度污染($160.00 < O_3\_8h \leqslant 215.00\ \mu g/m^3$),标志着污染过程开始,之后 O_3_8h 值逐渐升高,于 8 月 12 日达到最大($240.35\ \mu g/m^3$),为中度污染,标志着成渝地区进入区域性臭氧污染阶段。8 月 13—14 日,由于受到降温和降水的影响(14 日盆地平均风速为 1.3 m/s,最大小时平均降水量为 1.18 mm),盆地 O_3_8h 值下降,但在 8 月 15 日起又有所回升,并在 8 月 17 日达到 $232.62\ \mu g/m^3$,直到 8 月 19 日大幅度降低至 $133.57\ \mu g/m^3$,盆地内空气质量转好,本次污染过程结束。

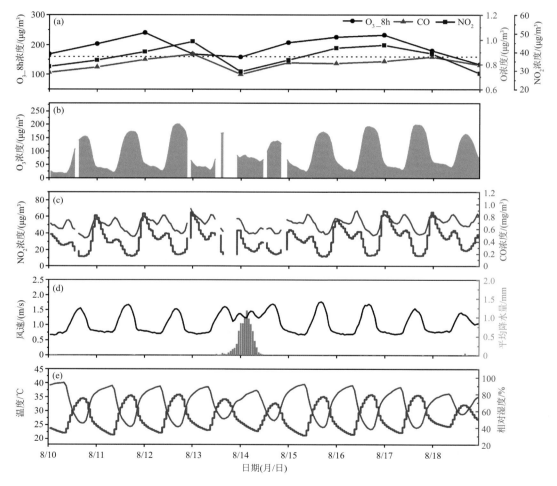

图 6.23 成渝地区 2019 年 8 月 10—18 日大气污染物及气象要素日均值变化

为了解本次过程不同城市群污染情况的时、空变化,将成渝地区 18 个城市 242 个污染监测站的 O_3_8h 浓度进行反距离权重插值(图 6.24)并结合成渝地区 126 个地面气象观测站的日均温度和相对湿度分布特征(图 6.25)及风向、风速(图 6.26)分布。将污染时段分为开始阶段(8 月 10 日、11 日、15 日)、污染扩散阶段(8 月 12 日、16 日、17 日)、污染减弱阶段(8 月 13 日、14 日、18 日)。可以看出,污染开始阶段(图 6.24a 和 e),盆地内主要为东南盛行风,成都

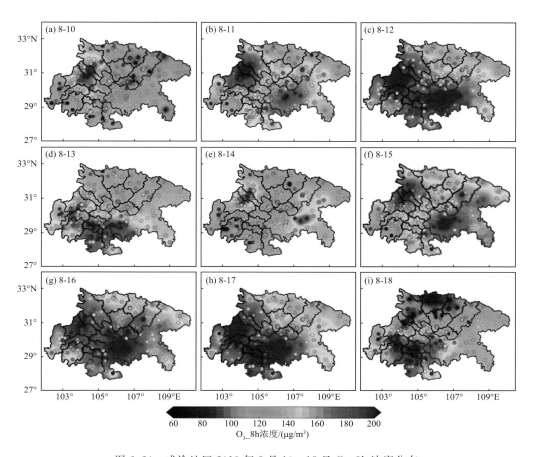

图 6.24　成渝地区 2019 年 8 月 10—18 日 O_3_8h 浓度分布

平原北部地区为下风向区域,东南主导风易将臭氧及其前体物输送至下风向区域,并在山前堆积,造成 O_3 热点(O_3_8h 高于 200.00 $\mu g/m^3$)主要位于德阳和成都;在污染扩散阶段,污染区域随时间向周边城市扩大,加上盆地底部为高温、低湿,盆地边缘为低温、高湿以及静小风的气象条件,导致除少数高海拔站点及川东北城市群外,几乎整个成渝地区都面临 O_3 污染的风险,区域平均 O_3_8h 超过 160.00 $\mu g/m^3$,同时在成都、重庆西部地区形成污染高值中心,O_3 浓度和受影响地区表明本次事件已达到极限。温度的升高和紫外线的增强主要通过两种机制增加地表臭氧的产生(Jacob et al.,2009;Doherty et al.,2013)。①通过加速硝酸丙酯(PAN,一种主要的 NO_x 储存物种)的热分解,提高 NO_x 的光解速率;②有利于对温度具有依赖性的生物排放异戊二烯(在高氮氧化物条件下光化学反应的 VOC 主要前体物)。污染消散阶段,受到降水和降温的影响(气象站最大累计降水量为 151 mm,达到暴雨级别),盆地内近地表主要为偏北风控制,污染区域则有自东北向西南缩小的趋势,川南城市群为 O_3_8h 浓度的高值区域,19 日盆地空气质量全面转好,本次持续时间长达 9 d 的区域性臭氧污染过程才彻底结束。

2019 年 8 月 22—29 日成渝地区再次发生持续性臭氧污染,共 11 个城市出现臭氧污染,连续 8 d 臭氧超标。由成渝地区平均 O_3_8h 变化(图 6.27a)可知,2019 年 8 月 23—26 日为持续性臭氧区域污染(O_3_8h>160.00 $\mu g/m^3$),并在 24 日达到最大(172.16 $\mu g/m^3$),盆地 O_3 逐

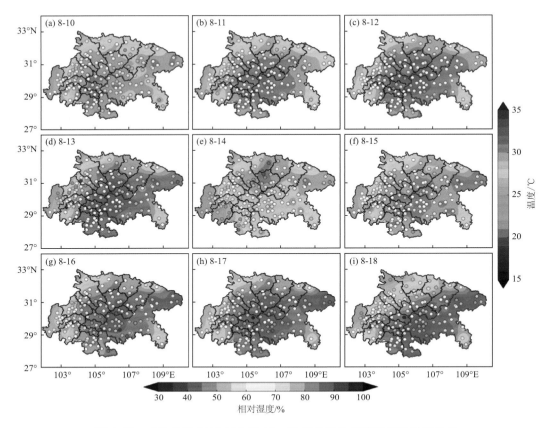

图 6.25 成渝地区 2019 年 8 月 10—18 日监测站温度和相对湿度分布

时平均最大浓度达到了 184.28 μg/m³。臭氧的前体物（CO 和 NO₂）浓度变化特征与臭氧浓度变化基本一致，由于 8 月 27 日起温度降低、相对湿度增大、降水偏多，前体物浓度明显下降，臭氧浓度也随之降低，盆地内空气质量全面转好，本次污染过程结束。

在整个污染过程的初期，即 8 月 22—23 日，盆地底部日均气温较高，温度、湿度整体分布特征为东部和中部高温、低湿，西部低温、高湿。盆地主要受到东北气流和西北气流的影响，将臭氧及其前体物输送至下风向区域，造成局地污染。O₃ 高值区主要在成都和重庆西部地区，低值区主要位于川东北、雅安、乐山等盆地边缘城市；8 月 24 日起，随着温度和气态前体物浓度的不断升高，且近地表大于 1 m/s 的风场减小，不利于污染物的扩散和消除，导致污染区域随时间推移向周边城市扩大，盆地 O₃ 呈片状污染，盆地底部的臭氧浓度普遍高于盆地边缘地区。值得注意的是，由于受到降水的影响，湿清除作用导致气态前体物浓度降低（尤其是 NO₂ 浓度降低明显），8 月 27 日起，盆地以偏北风为主并汇集在重庆，风速增大，盆地臭氧浓度降低明显，空气质量开始转好。

6.4.1.2 高、低空环流形势特征

除本地源排放的影响外，稳定的大尺度天气型式和不利的气象条件是 O₃ 持续污染的维持机制（Hu et al.，2021）。因此，深入探究成渝地区臭氧污染的气象成因，了解持续性臭氧污染的边界层大气热力及动力特征，对研究区域夏季典型污染过程不同高度层的大气环流形势及边界层气象要素进行分析，揭示不同高、低空环流配置及其协同作用对区域臭氧污染形成和

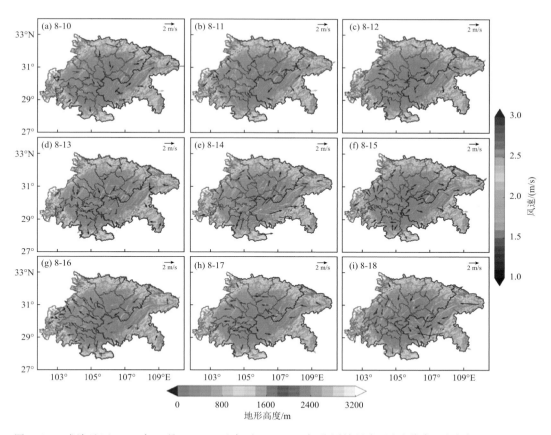

图 6.26　成渝地区 2019 年 8 月 10—18 日白天(08—19 时)监测站风向、风速分布(风速大于 1.0 m/s)

维持的影响机制,能更合理有效地控制城市群臭氧浓度变化,为当地大气污染的区域联防联控提供科学依据。

2019 年 8 月 10—18 日高空环流背景场显示,南亚高压脊线位于 30°N 附近,沿西太平洋方向延伸,其主体呈带状横向覆盖中国大部分地区,稳定地控制在成渝地区上空,受到南亚高压反气旋控制,盛行下沉气流,降水偏少,促使高温发展。污染后期,由于槽、脊的加深发展,南亚高压断裂成两部分,一部分形成闭合高压中心位于青藏高原上空,成渝地区位于南亚高压的东部;另一部分位于西太平洋上空。500 hPa 夏季副热带高压(以下简称副高)的位置和强度显著影响成渝地区的高温天气(王文 等,2017),由于槽、脊的发展,副高断裂成两部分,东段位于西太平洋上空,西段位于青藏高原上空,形成孤立闭合的大陆高压单体,成渝地区位于高压中心的东部。500 hPa 脊区位于贝加尔湖附近,副高西伸北抬,脊线位于 35°N,西太副高 588 dagpm 等值线位于东海、黄海附近;成渝地区位于槽后脊前,西风槽后部干燥的西北气流在高原背风坡一侧下沉,导致地面静小风、低湿、强辐射,有利于加快光化学速率,使本地 O_3 迅速生成(赵伟 等,2019;Mao et al.,2020)。

此外,内蒙古以北地区为平直的纬向环流,致使冷空气南下受阻,促使高温发展和维持。700 hPa 位势高度上成渝地区处于鞍型场中,气流微弱,无明显冷、暖平流,700 hPa 及以上高空受反气旋性气流控制,850 hPa 及以下的近地面受气旋性气流影响;近地面大气层结稳定,温度较高,容易导致前体物 NO_x、CO、VOCs 等迅速积累,光化学反应生成更多的臭氧(Hu et

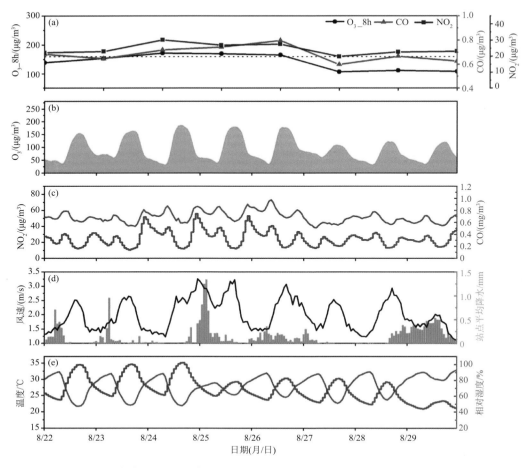

图 6.27 成渝地区 2019 年 8 月 22—29 日大气污染物及气象要素日均值变化

al.，2018)；结合地面风场和温度场，地面盛行东南气流，易将上游地区的 O_3 及其前体物输送至成都、德阳等下风向区域，并在山前堆积，导致 O_3 污染的形成与发展。

整体而言，污染过程 1 中 100 hPa 上南亚高压东进，500 hPa 上西太副高呈东退形势，成渝地区位于西风槽后部，700 hPa 受高压反气旋气流控制，850 hPa 及以下的近地面受气旋性气流影响，因此，将污染过程 1 的天气形势定义为西风槽后部型。

在高、低空天气环流背景场的控制下，臭氧浓度的变化主要与当地气象因子的变化有关，这些变化影响臭氧的光化学反应生成、扩散和消散过程(Dong et al.，2020)。在污染初期(8 月 10 日、8 月 15 日)，成渝地区主要为逆时针旋转气流，成都平原位于下风向区域，这些风将温暖干燥的空气从重庆带到成都平原，由于北面和西面山脉的阻挡，污染物及其前体物在山前堆积；由于盆地温度、太阳辐射升高，降水量、云量和相对湿度下降，使盆地内形成有利的光化学条件。而在污染减弱期(8 月 13 日、8 月 18 日)，成渝地区主要受东北风控制，偏北风加强了成都平原污染物的扩散和运输，盆地北部及西北部地区太阳辐射明显降低，同时伴随降水过程以及云量和相对湿度的升高。总之，较高的温度、较低的相对湿度、降水量和云量都对地表臭氧浓度有正贡献。因此，此污染事件反映了气象变量和区域输送的重要性，一方面温度、湿度、辐射、降水和云量等气象因子通过影响当地光化学反应速率来影响臭氧污染；另一方面，地面臭氧浓度的分布也取决于区域输送,其中气团的运动起关键作用。

8 月 22—27 日不同高度的环流背景结果显示,100 hPa 南亚高压中心控制着盆地上空,1680 dagpm 等值线不断西退,成渝地区受到强烈的下沉气流控制。500 hPa 西太副高脊线不断西伸北抬,控制着整个成渝地区,维持着盆地内高温、干燥的天气,有利于 O_3 的气相化学反应;此外,西太副高脊线可以阻挡冷空气扩展南下到达南方地区,导致四川上空冷空气长期不足,有利于高温的发展和维持。污染后期,副高输送的暖湿气流容易与干冷的西北气流在成渝地区相遇,形成降水,湿清除作用使地面 O_3 浓度降低。700 hPa 和 850 hPa 均受到高压控制,气流呈反气旋性,受到强烈的下沉气流控制,成都平原城市群由本地人为源污染物排放量最大,同时位于高压中心,气压梯度小,表现为静稳天气,气象条件不利于污染物的扩散,使得 O_3 浓度较高;而川东北城市由于本地排放较小,且位于高压系统的边缘,风速较大,不利于污染物的积累。低层高压系统、高层南亚高压中心以及西太副高控制西伸北抬控制着成渝地区,在这种天气形势配置下,地面气温较高,成渝地区易发生臭氧污染事件,夏季臭氧超标率可达 69%。

综上所述,污染过程 2 中 100 hPa 上南亚高压西退,500 hPa 上西太副高西伸北抬,稳定地控制着成渝地区,700 hPa 及 850 hPa 受高压反气旋气流控制,因此,将污染过程 2 的天气形势定义为高压控制型。

近地面的扩散条件对区域污染的维持及减弱影响显著。8 月 25—26 日,盆底部区域温度较高,风场分布与杨显玉等(2021)对成渝地区臭氧区域性污染不同环流类型的风场的研究结果基本一致,两条气流路径分别为从广元和重庆北部进入成渝地区并汇聚在眉山附近,但由于气温高、风速较小,水平条件不利于污染物的扩散。27 日起,成渝地区内偏北气流明显加强、温度降低,较大的风速有利于污染物的稀释扩散,盆地内相对湿度升高、降水增多,较低的温度和太阳辐射不利于 O_3 的光化学反应,空气质量转好,污染过程结束。

6.4.1.3　边界层气象特征

大气边界层(Atmospheric boundary layer,ABL)是造成严重污染的另一个关键因素。大多数大气污染物及其前体物都是在大气边界层中释放的,空气质量在很大程度上取决于大气边界层中湍流缓冲区的混合能力(Jin et al.,2021)。由于中尺度气象动力学和高原山地陡峭地形—盆地—平原过渡区等之间的陆面和边界层相互作用十分复杂,地表 O_3 浓度的变化受到大气边界层演化和发展引起的高空空气混合的强烈影响。因此,研究大气边界层结构特征以及边界层气象要素的变化规律,有助于更好地预测空气质量变化。

污染物浓度的演变乃至重要污染事件的发生与边界层垂直混合及气象要素的变化密切相关。本研究利用 2019 年 8 月成都温江站和重庆沙坪坝站的探空观测资料,分析成渝地区臭氧污染事件地面及高空的气象条件变化(图 6.28),可以看出污染发展过程中:①污染期间大气边界层(100 m～1.5 km)以西北风和偏北风为主,且 2 km 以下近地面风速较小;②污染时期易出现多层逆温,主要发生在 15—18 日,20 ℃温度层可达到 2 km 高度;③污染期间出现多个相对湿度低值区(相对湿度可低于 40%),这与 500 hPa 和 700 hPa 成渝地区处于高压系统的控制下,下沉气流导致温度升高有关。

对臭氧污染过程中不同高度上气象要素的垂直剖面特征分析可知:污染开始阶段:地面至高空 500 hPa 升温明显,单日升幅最大达 4 ℃;850 hPa 至 500 hPa 存在下沉运动,由地形原因引起的局地环流不利于近地面污染物及其前体物的扩散。污染扩散阶段:由于西太副高的东

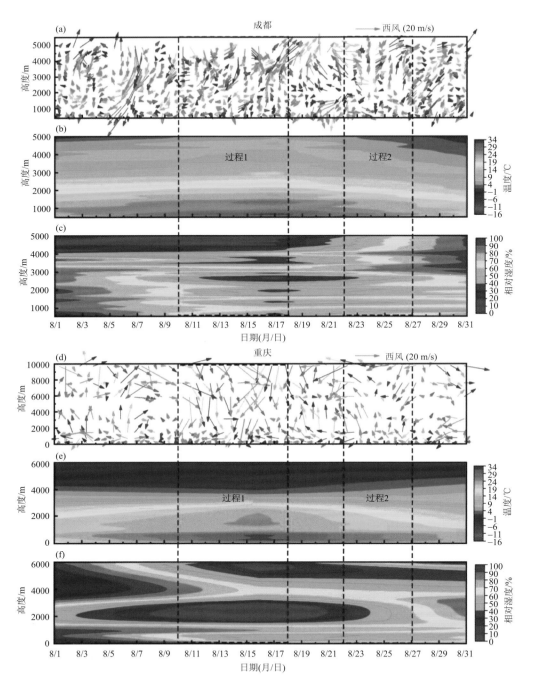

图 6.28　2019 年 8 月成渝地区污染过程中成都(温江)和重庆(沙坪坝)近地面温度、湿度、风速变化

退,8 月 12 日盆地上空升温不明显,但地面仍出现单日 2 ℃的升温,最大单日升温出现在 450 hPa 高空(4 ℃);同时盆地中部上空形成一个顺时针闭合环流,闭合环流的上支气流位于 700 hPa(自西向东),下支气流位于 900 hPa 附近(自东向西),成都上空为下沉气流,近地面风速较小。污染减弱阶段:随着冷空气由高空入侵到近地面,整个盆地出现较明显的降温,成都单日降温幅度可达 4 ℃,并在近地面形成一个逆时针的局地环流,受地形影响,成都西部的下

沉支气流将冷空气带入地面并转为较强的偏西气流,盆地臭氧污染减弱。

8 月 22—27 日,500 hPa 西太副高西伸控制成渝地区,同时低层 700 hPa 附近成渝地区处于高压系统的控制下,由垂直剖面可以看到,900～500 hPa 附近升温明显,单日最大升温幅度可达 3 ℃,且随着副高脊线的西伸,最高升温中心从 300 hPa 高度下降至 500 hPa 再到 900 hPa,盆地内存在明显的局地环流,上升支气流位于成都东部,下沉支气流位于重庆上空,同时,由于成都西部山脉的阻挡,在成都上空形成一个逆时针的次级环流圈。8 月 27 日,盆地降温明显,单日最大降温幅度达 4 ℃,成都上空形成一个顺时针的次级环流圈,冷空气输送导致温度降低,并伴随降水过程的发生,一方面抑制了本地臭氧的生成,另一方面湿清除作用降低了臭氧浓度。

6.4.2　2017 年 7 月成都及周边地区一次臭氧重污染过程分析

选取 2017 年 7 月 8—15 日发生在成都市及周边地区的一次 O_3 持续重污染过程开展臭氧污染特征与天气分析。表 6.11 为 2017 年 7 月 8—15 日成都市 O_3 浓度日最大 8 h 平均值(MAD8)及 O_3 逐时浓度最大值。可以看出,本次臭氧污染事件表现为峰值浓度高,持续时间长的特点(连续 6 d 发生臭氧污染),且 7 月 10 日 O_3 日 MAD8 值高达 282 $\mu g/m^3$,超出国家二级标准 0.76 倍。进一步分析该期间成都市 O_3 逐时浓度变化(图 6.29),可见 O_3 逐时浓度在 11—17 时均有可能出现峰值,时间跨度较大,表明此次持续污染过程中 O_3 浓度不仅受局地光化学反应影响,还可能受到区域输送的影响。

由图 6.29 可知,7 月 9—12 日重污染期间成都及周边地区的 NO_2 浓度均显著高于其他时段,其中成都市与眉山市 NO_2 浓度平均值分别高达 55 $\mu g/m^3$ 与 42 $\mu g/m^3$,表明剧增的臭氧前体物浓度为臭氧污染事件的形成提供了基础,加之 7 月 9—12 日持续高温、强辐射等气象条件,进一步促进了此次持续臭氧污染事件的形成。

表 6.11　2017 年 7 月 8—15 日成都市 O_3 日最大小时浓度和 MAD8 超标情况

日期 (月/日)	O_3 日最大小时浓度值 /($\mu g/m^3$)	O_3 日最大 8 h 滑动平均值 /($\mu g/m^3$)	O_3 日最大 8 h 滑动平均值 超标比率
7/8	118	104	未超标
7/9	241	208	30.0%
7/10	323	282	76.3%
7/11	284	249	55.6%
7/12	237	204	27.5%
7/13	221	181	13.1%
7/14	234	207	29.4%
7/15	176	159	未超标

臭氧污染过程期间的天气形势分析表明,7 月 9 日,500 hPa、700 hPa 西太副高控制着中国东南和华南地区,青藏高原有大陆暖高压维持,两高压形成"对峙形势"且稳定少动,成渝地区处在大陆高压东缘,与之相对应,850 hPa 川渝地区受反气旋环流控制,地面上四川受热低压影响,在上述环流配置下,成渝地区天气晴好且 9—12 日气温缓慢升高但相对湿度逐渐下

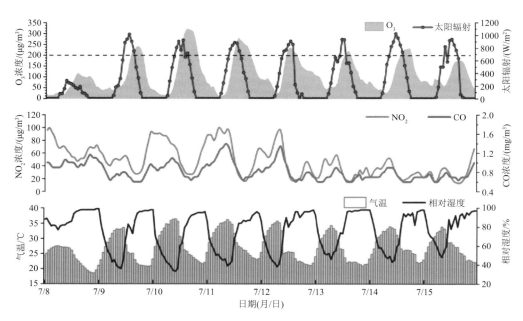

图6.29 2017年7月8—15日成都市 O_3、NO_2、CO浓度及气象要素逐时变化(引自 杨显玉 等,2020)

降,受下沉气流影响,成渝地区天气晴好,10—12日地面气温较9日有明显升高,且日间气温均高于33 ℃,相应的相对湿度也有所下降,最低仅为36%(图6.29)。这种晴朗少云、高温低湿的环境有利于光化学反应的发生。此外,中、低层大气表现为下沉气流,建立了静稳天气形势,有利于污染物在近地层积聚进而形成持续污染。7月13日大陆高压势力减弱,副高西伸北抬,盆地转受切变线影响,低层(850 hPa)偏南风加强且在川西高原地形影响下出现气旋曲率,有利于对流天气的发生。14日500 hPa副高西退,成渝地区受脊前偏北气流影响。15日因降水湿清除的影响,成都及周边地区臭氧污染得到缓解。

选取污染较重的两天(7月9日和10日),观察到在白天时段,盆地地面至500 hPa均存在明显的升温,其中以850 hPa附近升温幅度最大,14时两天累计升温达8 ℃,表明在污染加重时期,本地上空存在较明显的暖平流输送,利于地面气温的升高;此外,重污染期间垂直扩散条件不佳,污染物多受限于700 hPa,同时成都平原次级环流的存在,使得白天形成的 O_3 及其前体物在本地区不断循环,难以向高空或周围地区输送,导致污染的加重。夜间垂直扩散条件同样不佳,高空的下沉气流以及次级环流的存在,使得近地面气流在成都地区产生了明显的辐合,前体物不断积累,利于白天 O_3 的生成。

杨显玉等(2020)分析了此次持续臭氧污染形成的环流背景和天气系统以及有利臭氧污染形成的气象条件,结合 WRF-CMAQ 空气质量数值模式,重点分析了此次过程中成都持续 O_3 污染过程的特征及成因,量化了各个物理化学过程对此次污染过程的相对贡献,并通过敏感性实验分析了四川盆地内 O_3 及其前体物的区域传输和本地光化学反应对此次污染过程的影响。数值模式敏感性试验结果显示此次成都市臭氧持续污染的形成受区域输送影响较受本地光化学反应影响更为明显。成都市臭氧污染爆发前上游地区高浓度 O_3 及其前体物沿流场输送并在成都及周边地区不断积累,导致日间 O_3 浓度不断升高。图6.30为成都市近地面(0~60 m高度)臭氧生成贡献率的日变化特征,表现为:夜间化学贡献为负,因为夜间光解反应停止,且由于 NO 的"滴定作用"导致 O_3 浓度持续下降,而夜间的沉降贡献不明显,传输贡献总为正,这是因为夜间大气边界层高度降低,有利于高层的 O_3 向下传输,加之成都市静小风频率高,容易导致 O_3 在近地面积累。图 6.31 为 CMAQ 模式模拟的 7 月 8—16 日四川盆地臭氧浓度空间分布及 10 m 高的平均流场。结合图 6.30 与图 6.31 可将此次 O_3 持续污染过程分为 3 个阶段:(Ⅰ)前体物积累阶段(7 月 8—10 日)、(Ⅱ)区域输送+局地光化学反应阶段(7 月 11—13 日)、(Ⅲ)前体物消耗阶段(7 月 14—15 日)。阶段Ⅰ时四川盆地以东风和东北偏北为主导风向,且风速较大,成都及周边地区位于下风向,容易导致上风向地区的高浓度 O_3 及其前体物的气团在区域传输的作用下在成都及周边地区积累。7 月 9 日日间气相化学过程贡献为稳定的正值,加之输送过程贡献出现爆发式升高,进而导致近地面($0\sim60$ m 高度)O_3 逐时净增量迅速上升且高达 50 $\mu g/(m^3 \cdot h)$,随之 O_3 浓度迅速响应,产生爆发式上升,从而导致成都及周边地区开始出现臭氧污染。阶段Ⅱ时,7 月 11 日盆地盛行东风,四川盆地北部、重庆及周边城市出现连片状臭氧污染,O_3 日最大 8 h 滑动平均浓度均超过 180 $\mu g/m^3$(图 6.31d),相应地由于阶段Ⅱ期间 O_3 变化表现为稳定的化学贡献叠加较高且持续的传输贡献,O_3 污染在 13 时前后出现并在 15 时前后达到峰值,表现为典型的输送型污染,且此阶段成都及周边地区臭氧污染呈逐渐加重趋势。12—13 日四川盆地转受东南风控制且风速较大,盆地中部地区臭氧污染有所减弱,此时成都及周边地区臭氧浓度达到此次污染事件的最大值。阶段Ⅲ,7 月 14 日成都及周边地区出现小风天气,且边界层高度降低,形成静稳天气,O_3 日最大 8 h 滑动平均浓度高达 200 $\mu g/m^3$,同时四川盆地其他城市臭氧浓度水平较低。

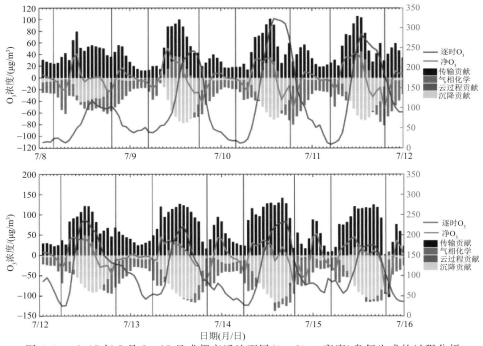

图 6.30　2017 年 7 月 8—15 日成都市近地面层($0\sim60$ m 高度)臭氧生成的过程分析
(引自 杨显玉 等,2020)

进一步结合数值模式和敏感性试验结果分析区域传输和本地生成分别对成都市 O_3 浓度的相对贡献。结合图 6.31 与图 6.32 分析可知,阶段Ⅰ期间,由于太阳辐射强度较低(仅为

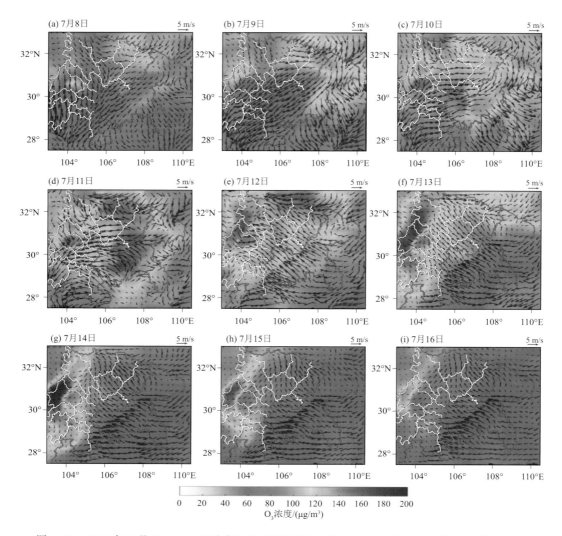

图 6.31 2017 年 7 月 8—16 日四川盆地 O_3 浓度空间分布及 10 m 风场(引自 杨显玉 等,2020)

150 W/m^2),7 月 8 日成都市 O_3 浓度较低且主要源自本地光化学反应生成,区域传输贡献相对较小;而 7 月 9—10 日太阳辐射强度显著增强(日均太阳辐射强度均高于 400 W/m^2),导致本地光化学反应有所增强,且区域传输贡献开始逐渐升高。在第 Ⅱ 阶段,尽管成都市气温有所下降,但持续的强辐射仍导致本地光化学反应生成的 O_3 浓度高于 70 $\mu g/m^3$,加之持续而稳定的区域传输作用,导致阶段 Ⅱ 期间的严重 O_3 污染。阶段 Ⅱ 期间区域传输的贡献始终大于本地生成(分别为 59.0% 和 41.0%)。阶段 Ⅲ 期间,随着盆地内盛行风向由阶段 Ⅱ 的强东南风变为弱偏东风,该阶段区域传输对成都市 O_3 浓度的相对贡献由 59.0% 下降到 44.0%,即从阶段 Ⅱ 的区域传输主导转为受本地光化学反应主导。综上可知,此次成都及周边地区的臭氧持续污染的形成主要受区域传输影响,且重污染期间区域传输贡献更为显著。在盛行东南风的影响下,盆地东部和南部城市群的高浓度 O_3 及其前体物沿流场输送并因静稳天气在成都及周边地区不断积累是引起此次持续 O_3 污染的主要原因。

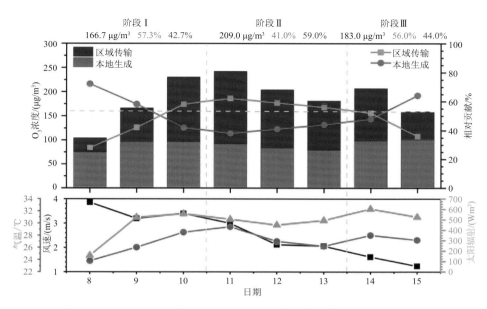

图 6.32 2017 年 7 月 8—16 日成都市局地光化学生成及区域传输对 O₃ 浓度相对贡献及相应的
成都市气象要素的日变化特征

6.4.3 2020 年 COVID-19 疫情管控期间成都市地表臭氧污染特征及气象成因

2020 年 1 月,新型冠状病毒肺炎疫情（COVID-19）在中国武汉爆发并快速传播（Sun et al.,2020;Pierre et al.,2020）。为抑制疫情的进一步恶化,中国政府采取了严格管制,其中包括道路交通管制、关闭景区商区,停止集市、集会限制居民外出,以及非必要工厂停工、停产等措施（Carlos et al.,2020;乐旭 等,2020）。由于在 COVID-19 期间,主要大气污染物排放衰减的强度、持续时间等都是前所未有的,这为不少学者研究人为排放减少对大气污染物浓度的影响提供了一个独特的机会（Carlos et al,2020）。以成都市为例,祁宏等（2021）分析了 2020 年上半年的气象条件和污染物浓度特征,重点对臭氧浓度的变化及同期对比做了细致分析。

6.4.3.1 疫情期间各类污染物浓度同期对比

对比 2020 年上半年（1—6 月）成都市 6 种大气污染物与 2019 年和过去 5 年平均同期的变化情况（表 6.12）,2020 年上半年各种污染物（除 O₃_8h 外）浓度同比 2019 年同期均有下降,其中污染物浓度平均降幅最大为 NO₂（14.33%）,其次为 CO（10.69%）,SO₂、PM₁₀ 和 PM₂.₅ 同比分别下降 5.29%、4.80% 和 2.50%;同比过去 5 年平均的同期水平,降幅最大的为 SO₂（45.93%）,其次为 CO（33.73%）、PM₁₀（30.59%）、NO₂（29.52%）、PM₂.₅（27.57%）。而 O₃ 浓度却呈显著上升的趋势,同比 2019 年同期上升了 46.54%,同比过去 5 年平均上升了 16.13%。

进一步研究 2020 年上半年各种污染物逐月变化及其同比 2019 年和过去 5 年平均的变化情况。由图 6.33 可见,同比 2019 年,CO 和 NO₂ 的降幅最大发生在 2 月（分别为 23.8% 和 42.0%）,与成都实施疫情一级响应的时段吻合,这可能与期间政府采取停工、停产,限制车辆、人口流动等措施有关;而 PM₁₀ 和 PM₂.₅ 变化较为一致,随着防控措施逐渐放松,降幅趋于平缓,与 2019 年相比,3 月 PM$_{10}$ 和 PM$_{2.5}$ 的平均浓度仅仅下降了 4.5%、9.2%,这可能还与 3 月中旬成都开始实行"地摊经济"政策有关,虽然有利于经济复苏,但对周边环境造成了很大的压力,尤其是露天餐饮业极大地增高了空气中可吸入微粒(PM$_{2.5}$、PM$_{10}$)和挥发性有机物(VOCs)的浓度;4—6 月全面复产、复工的工作指南增高后,整个成都地区交通量大规模增加,各个行业全面恢复生产、生活,NO$_2$、PM$_{10}$、PM$_{2.5}$ 的浓度值逐渐回升,甚至高于 2019 年同期水平,尤其是 5 月增幅分别高达 14.6%、32.1%、30%。

同比 2019 年同期,O$_3$ 浓度在 2020 年整体呈现异常升高的趋势,其中最大增幅分别出现在 2 月和 5 月,分别达到了 35.1%、36.1%(图 6.33),值得注意的是,2020 年 4 月的 O$_3$ 浓度同比 2019 年均呈现下降的趋势。这可能与当月较为良好的气象条件有关。

表 6.12　2020 上半年成都市 6 种污染物浓度与 2019 年及 2015—2019 年平均的同期变化百分率

时间	6 种污染物浓度及同比百分率					
	PM$_{2.5}$ /(μg/m³)	O$_3$_8h /(μg/m³)	PM$_{10}$ /(μg/m³)	SO$_2$ /(μg/m³)	NO$_2$ /(μg/m³)	CO /(mg/m³)
2020 年	44.38	185.00	69.79	6.20	36.35	1.10
同比 2019 年	−2.50%	46.54%	−4.80%	−5.29%	−14.33%	−10.69%
同比 5 年平均	−27.57%	16.13%	−30.59%	−45.93%	−29.52%	−33.73%

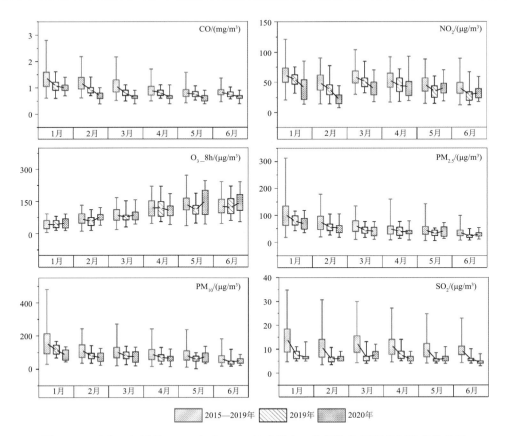

图 6.33　过去 5 年平均、2019 年和 2020 年成都市 6 种污染物同期(逐月)变化特征
(箱型图从上至下依次为:最大值,75% 分位数,平均值(折线),25% 分位数,最小值)(引自 祁宏 等,2021)

不同类型站点的臭氧浓度亦有不同,郊区站点(清洁对照站)的 O_3_8h 浓度最大,上半年平均值达到了 117 $\mu g/m^3$,其次为交通站点和城区站点,O_3_8h 浓度分别为 105 $\mu g/m^3$、102 $\mu g/m^3$,与 2019 年同期相比(图 6.34),城区、交通和郊区站点 O_3_8h 的浓度分别上升了 20%、12%、12%。而城区站点其余 5 种污染物相比于 2019 年同期均呈现减少的趋势,且 NO_2 和 CO 的浓度在城区和交通站降幅相当,均降低了 14%、16%左右,这主要是由于疫情的原因,使交通运输部门和第二产业排放的 NO_2 和 CO 大幅度减少;交通站点 SO_2、$PM_{2.5}$ 的浓度与 2019 年同期相比变化不大,这可能与 SO_2、$PM_{2.5}$ 浓度的降低主要与工业源和民用源贡献较大有关(周亚端 等,2020);郊区站点却有所不同,除了 NO_2 和 PM_{10} 同比分别降低 14.5%、3.7%外,其他污染物均呈不同程度的上升趋势,尤其是 SO_2、$PM_{2.5}$,升高了约 17%、11%,这可能是由于郊区 O_3 浓度的升高,增强了大气中的氧化性,使得该区域 SO_2、NO_x、NH_3 和 VOCs 转化为硫酸盐、硝酸盐、铵盐和二次有机气溶胶等二次细颗粒物(Sun et al.,2020),此外还可能受生物质燃烧等区域输送作用或本地自然源排放增强的影响(乐旭 等,2020)。

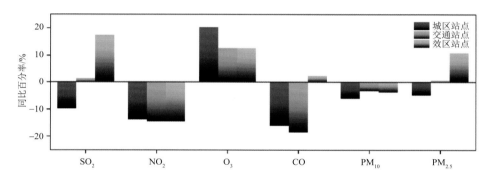

图 6.34　2020 年和 2019 年(1—6 月平均)6 种污染物在各类站点的同比百分率

6.4.3.2　疫情期间臭氧浓度变化特征分析

在上文污染物的同期对比中已经发现,尽管由于疫情期间成都市进行一系列的减排措施,但 O_3_8h 浓度上升趋势却异常明显。根据《环境空气质量标准》(GB 3095—2012)中 O_3_8h 二级标准浓度限值(160.0 $\mu g/m^3$)对成都市 2020 年上半年及往年同期的 O_3 浓度进行评价,如表 6.13 所示,2020 年上半年超标天数为 43 d(图 6.35a),且 13 d 到达了中度污染,最大超标日数出现在 5 月(18 d)、6 月(16 d),为近年来 5 月、6 月超标天数最多的一年(图 6.35),且 $O_3\_$ 8h 月平均浓度分别达到了 166.0 $\mu g/m^3$ 和 158.0 $\mu g/m^3$。同时,2020 上半年超标日平均浓度为 199.9 $\mu g/m^3$,最高浓度达到了 267.5 $\mu g/m^3$,均位于过去 5 年前列。此外,2020 年前三月 O_3_8h 浓度虽然没有出现超标的现象,但相比于 2019 年和过去 5 年平均值,O_3_8h 浓度明显高出不少,且 O_3_8h 浓度在 3 月中旬出现了一次明显上升(图 6.36),可以看出 2020 年成都市臭氧浓度的上升阶段较往年有所提前,且 O_3 污染更为严重。从逐月对比可以进一步了解到(图 6.35b),O_3_8h 浓度在 5 月最高,平均浓度达到 151.0 $\mu g/m^3$,其次为 6 月,平均浓度为 145.0 $\mu g/m^3$,而 4 月浓度仅为 118.0 $\mu g/m^3$,均低于 2019 年和过去 5 年平均。

表 6.13　2015—2020 年 1—6 月成都市 O_3_8h 浓度特征(引自 祁宏 等,2021)

年份	O_3_8h			
	超标天数 /d	超标日平均浓度 /(μg/m³)	最高浓度 /(μg/m³)	中度污染天数 /d
2020	43	199.9	267.5	13
2019	27	190.3	257.6	5
2018	27	190.1	270.0	5
2017	19	180.1	204.5	0
2016	13	193.5	233.2	2
2015	34	191.2	239.8	4

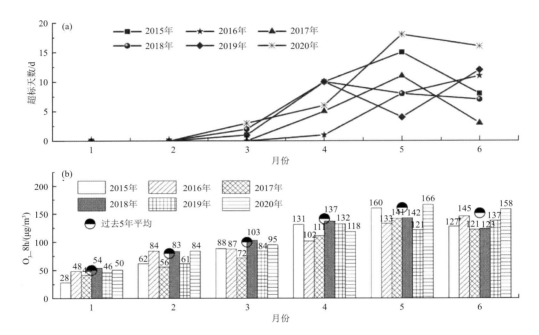

图 6.35　2020 年上半年和过去 5 年同期 O_3_8h 逐月变化特征(a)超标天数;(b)O_3_8h 浓度
(引自 祁宏 等,2021)

6.4.3.3　疫情期间的臭氧变化气象成因分析

气象条件可以通过直接(在高温下增大光化学反应速率)和间接(在更高温度下增加生物源排放)的影响来调节 O_3 浓度(Liu et al.,2020)。现有研究表明,高温、强辐射及低湿条件下易形成高浓度的 O_3 污染(吴锴 等,2017;曹庭伟 等,2018),2020 上半年 O_3_8h 浓度与各个气象因子的相关系数表明,温度、日照时数和最高温度与 O_3 浓度呈现显著正相关,相关系数分别为 0.778、0.595、0.862;气压、相对湿度与臭氧浓度呈现明显负相关;降水和风速与 O_3 浓度的相关虽然没有通过显著性检验,然而却能在一定程度上反映污染物传输和清除效率,从而间接影响污染物浓度。这均与前述研究的结论一致。

为进一步了解 2020 年上半年成都市的气象条件,本节给出各个气象要素逐日的时间序列(图 6.36),在 2020 年疫情期间成都市的降水量较小,平均风速为 1.44 m/s,整体不利于污染物的清除和扩散;同时,气温、日照时数以及最高气温均高于 2019 年同期,且从 3 月开始成都地区整体的 O₃ 浓度上升趋势日趋明显,出现一次明显的 O₃ 浓度高值阶段,较往年同期有所提前,而 5 月、6 月为 2020 年上半年臭氧污染主要阶段,期间对应较高温度和较低的湿度,气象条件均有利于 O₃ 生成,此外,还可以大致看出,当日照时数较少、温度较低而降水量较大时,与 O₃_8h 浓度低值区对应。

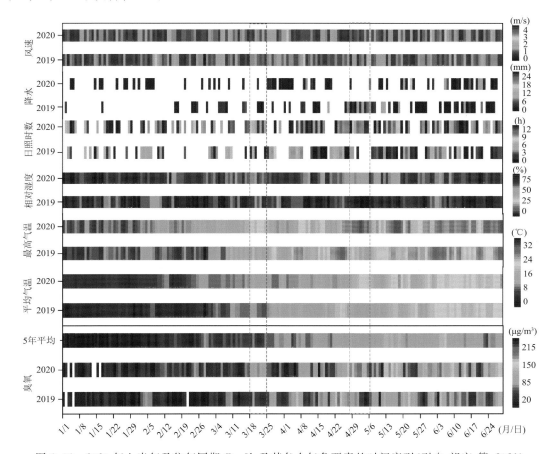

图 6.36　2020 年上半年及往年同期 O₃_8h 及其各个气象要素的时间序列(引自 祁宏 等,2021)

　　从 100 hPa 和 500 hPa 平均位势高度场和距平场(2020 年 1—6 月高度场与 2010—2019 年同期平均高度场的差值)(图 6.37)可以看出,在 2020 年上半年,成都地区 100 hPa 和 500 hPa 位势高度距平较往年平均偏高 10～20 gpm,这种天气形势不利于冷空气影响亚洲中纬度地区,而有利于地面出现高温晴热天气(周长春 等,2014;王磊 等,2018;余钟奇 等,2019)。结合地面气象要素的同期对比(图 6.38a)来看,无论是与过去 5 年或是与 2019 年的平均值相比,2020 年上半年成都市地面气温(平均气温、最低气温、最高气温)上升明显,相对湿度和降水量有所下降,风速变化不大,且日照时数比 2019 年同期增加了 18%,而与过去 5 年平均相比却略微减少,这说明 2020 年上半年所接收到的太阳辐射较强,有利于提高 O₃ 光化学反应速率从而提升近地面臭氧浓度。

　　分析图 6.38b 进一步发现,同比 2019 年,臭氧浓度在 2 月和 5 月增幅较大,分别为 35%、36%。2 月各种气象要素变化明显,气温(最高、最低及平均气温)上升了 26%～36%,日照时

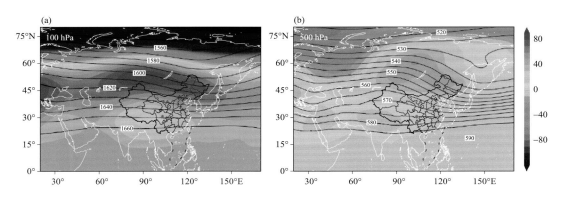

图 6.37 2020 年上半年平均位势高度(等值线,单位:dagpm)及其距平场(色阶,单位:dagpm)(引自 祁宏 等,2021)

(a)100 hPa;(b)500 hPa

(异常:2020 年 1—6 月相对于 2010—2019 年同期的异常;绿色圆点:成都)

数增加了 48%,相对湿度减小了 5%,与过去 5 年平均相比,平均气温也上升 26%,说明 2020 年 2 月的气象条件相较于往年同期更加有利于 O_3 生成;同时由于处于疫情前、中期(1—3 月),NO_2 和 CO 等前体物浓度均低于往年同期(图 6.33),尤其是 2 月为整个研究时段下降幅度最大的 1 个月,而 O_3 浓度不降反增,可以说明期间气象要素对 O_3 浓度升高有很大的贡献;4 月的整体气象条件较前期有一些变化,尤其是气温和日照时数下降较为明显,使得当月 $O_3_$8h 浓度比往年下降 10%左右;而 5 月、6 月属于疫情后期,由于复工复产排放了大量前体物,加之气温上升较快,且日照时数增加,湿度下降,使其成为上半年主要的 O_3 污染时期。说明气象条件在 2020 年上半年 O_3 浓度异常上升中起至关重要的作用,在人为大幅度减排控制的措施下,不利的气象条件虽然能使 O_3 浓度上升,然而在前体物和气象条件共同作用下更易发生臭氧污染事件。

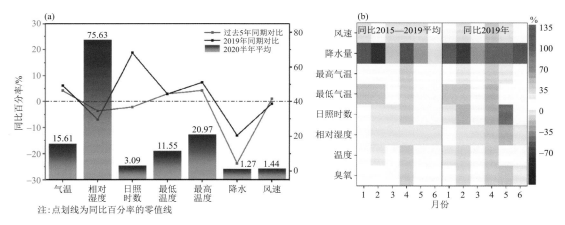

图 6.38 2020 年 1—6 月成都市基本气象要素同期对比(引自 祁宏 等,2021)

(a)半年平均;(b)逐月平均

6.4.3.4 疫情期间的臭氧污染典型个例分析

受疫情影响,成都市工业以及交通排放大规模减少,能显著降低当地污染物浓度,尤其是 NO_2 和 $PM_{2.5}$,而对 O_3 浓度的降低却不明显,相关研究曾表明 O_3 浓度的短时(逐日/时)变化主要取决于气象因子(Pu et al.,2017;Lu et al.,2019;胡成媛 等;2019)。由图 6.36 可知,成

都市在 O_3 浓度高值阶段均经历了有利光化学反应的气象条件,为了更清晰地了解气象条件对 2020 年上半年 O_3 污染的影响,选取 2020 年 4 月 27 日—5 月 6 日成都及周边地区一次 O_3 持续污染过程进行分析,此次 O_3 污染的时间较长,区域性污染明显,即 4 月 25 日从四川绵阳、德阳等地 O_3 浓度开始升高后,逐渐向周边扩散,期间成都平原和川南大部分地区污染较为严重。

图 6.39 为成都市四种污染物逐时的时间序列,以 $PM_{2.5}$ 日均浓度二级标准限值($75\ \mu g/m^3$)和 O_3_8h 浓度二级标准限值($160\ \mu g/m^3$)作为标准,4 月 25 日起,成都市 O_3 及前体物(CO、NO_2)浓度开始逐渐上升,4 月 27 日臭氧污染在成都地区发生,5 月 7 日该污染过程结束,期间(4 月 29 日)有一次弱打断。整个污染阶段 O_3 超标日均浓度为 $194.3\ \mu g/m^3$,O_3 逐时最大浓度达到了 $260\ \mu g/m^3$(5 月 3 日),且在 5 月 1—6 日成都市出现了 O_3 和 $PM_{2.5}$ 交替污染,大气复合型污染明显,这可能是由于高浓度的 O_3 和 NO_2 增强了大气氧化性($O_x = O_3 + NO_2$)(Chen et al. ,2020),促进了无机盐等二次气溶胶粒子的转换,导致期间 $PM_{2.5}$ 浓度较高。CO和 NO_2 浓度的变化趋势较为一致,从 4 月 25 日开始以来,CO 和 NO_2 的夜间浓度持续偏高,为白天 O_3 的光化学生成提供了有利条件,同时也可以看出成都市从全面复工复产到稳产满产的过程中,本地臭氧前体物排放量的增加也是造成本次 O_3 污染事件的原因之一。

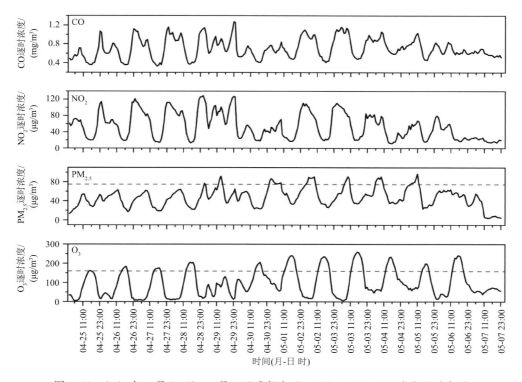

图 6.39　2020 年 4 月 25 日—5 月 7 日成都市 O_3、$PM_{2.5}$、NO_2、CO 浓度逐时序列

由于此次污染过程持续时间较长,本节将分为污染前期(4 月 25—26 日)、开始阶段(4 月 27—28 日)、发展阶段(4 月 30 日—5 月 6 日)、结束阶段(5 月 7 日)。在污染前期,中国东北部500 hPa 被高空冷涡控制,成都地区高空主要受冷涡底部西北气流影响,低层(700 hPa 和850 hPa)受东北气流的控制,有利于将成都地区东北方向绵阳、德阳等地的污染物及其前体物输送到成都本地,且地面风速较小,扩散条件差;污染开始阶段,冷涡中心东移至海上,成都地

区在 500 hPa 高空受到蒙古高压脊前较强的偏北气流控制,低层受到弱的气旋性环流的影响,使得污染物进一步累积。4 月 29 日,由于青藏高原的阻挡作用,500 hPa 呈现南槽北脊的形势,成都地区受到南支槽槽前西南气流的影响,将孟加拉湾的水汽输送到成都地区,湿度上升,地面气温下降,臭氧的光化学反应速率较小,导致当天臭氧浓度的下降,然而,由于成都本地不利的扩散条件,并未造成前体物浓度(CO、NO_2)的降低(图 6.39),为臭氧污染提供了充分的条件。

污染发展阶段:成都地区在 500 hPa 多为纬向环流型,受平直西风气流或高压脊前弱的西北气流控制。高纬度地区的干燥空气有利于相对湿度的降低和云量的减少,更多的太阳辐射到达地面使其达到更高的温度(Mao et al.,2017),从地面气象要素逐时序列(图 6.40a)可以看出,从 25 日开始,地面气温升高、气压降低,整个污染时期,成都市地面日最高气温基本都维持在 30 ℃ 以上,其中 5 月 3 日的日最高气温达到 35 ℃,而当日 O_3 逐时最高浓度也高达 260 $\mu g/m^3$,且白天平均相对湿度在 40%～60%,为 O_3 的光化学生成提供了有利条件;成都地区在 700 hPa 和 850 hPa 上多受弱的气旋性环流的影响,且温度场变化和地面气温变化趋势较为一致,在污染开始阶段气温明显升高,在 5 月 3 日达到最高,其中 850 hPa 温度达到 25 ℃ 左右;海平面气压场多位于暖低压后部,整体气压梯度场较小,使得近地面大气较为稳定,以静、小风为主(频率为 64.5%),地面盛行风向多为西北偏西和西南偏西(图 6.40b),污染阶段平均风速为 1.3 m/s 左右,阻碍了污染物的水平扩散;此外,还可以发现,边界层高度日变化明显,夜间边界层平均高度在 50 m 左右,常伴随逆温现象,有利于夜间近地面 O_3 前体物的累积,加之其不利的气象条件,使得 O_3 浓度迅速上升。而到了 5 月 7 日,500 hPa 和 700 hPa 均受到脊后西南气流的影响,向四川盆地输送大量的水汽,成都地区地面风速增大,气温降低,湿度升高,同时伴随一次降雨过程,气象条件转好,此次污染过程结束。

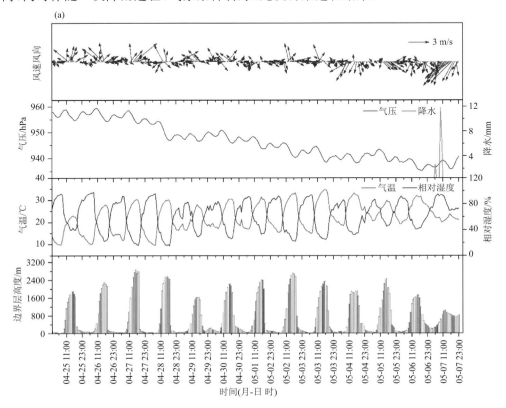

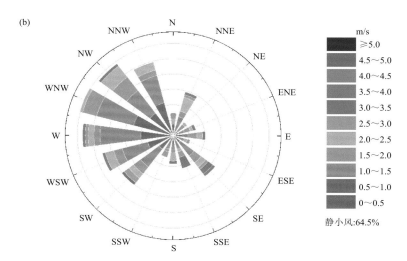

图 6.40　2020 年 4 月 25 日—5 月 7 日成都市地面气象要素特征(引自 祁宏 等,2021)
(a)风场、气压、降水、气温、相对湿度、边界层高度逐时序列;(b)风玫瑰图

为讨论气流输送对本次污染过程的影响,以成都市为受体点,选取 500 m 和 1000 m 两个高度,利用 HYSPLIT 对 4 月 25 日—5 月 6 日 08 和 20 时进行 72 h 的后向轨迹计算,并将计算结果聚类为 4 类,进行气流输送路径分析(图 6.41~图 6.42)。输送路径和方向表示气流到达受点前经过的区域,输送距离可判断气流移动速度。由图 6.41a 可知,在 500 m 高度上最主要的路径是来自东南偏东方向,经重庆、内江、眉山一带的短距离输送(占 54.17%),其次为来

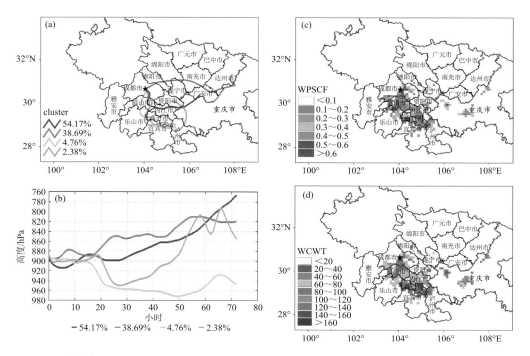

图 6.41　成都市 4 月 25 日—5 月 6 日(500 m)后向轨迹聚类及潜在源区分析(引自 祁宏 等,2021)
(a)后向轨迹聚类分析;(b)对应该高度上的气压变化;(c)PSCF 值分布;(d)WCWT 值分布

自东北偏东方向,经广安、南充、德阳等地的短距离输送(占 38.69%),在 1000 m 高度上来自偏东方向,经资阳、遂宁一带的短距离输送为最主要的输送路径,占比高达 91.67%(图 6.42a),从空间分布上可以看出,在两个高度上成都市本次污染气团后向轨迹均多集中在川南和川东南一带,说明影响成都市本次 O_3 污染外来输送的源区主要集中在川南和川东部分地区。而聚类轨迹 72 h 移动过程中垂直方向气压均值变化曲线(图 6.41b、6.42b)则表明来自川南地区的短距离输送可能更易受到近地面污染源的影响。

用 PSCF 值对此次 O_3 污染潜在源区进行判断,而 CWT 值能给出潜在源区对受体点的浓度贡献大小。WPSCF 高值区域(>0.6)(图 6.41c、6.42c),表明该区域对成都市 O_3 污染的贡献较大,定义为最主要的潜在源区(雷雨 等,2020),而 WCWT 值(图 6.41d、6.42d)大于 160 $\mu g/m^3$ 定义为主要贡献区。结果表明:在 2 个高度上,WCWT 与 WPSCF 分析得到结果具有较好的一致性,在成都市本次 O_3 污染事件中主要潜在源区和高浓度 O_3 贡献区域大多数聚集在成都本地和眉山、自贡、内江等部分川南地区,说明在复工复产的同时除了强化本地污染防控之外,周边区域联防联控也不可忽视。

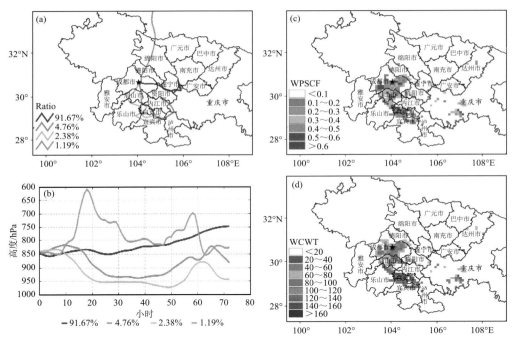

图 6.42　成都市 4 月 25 日—5 月 6 日(1000 m)后向轨迹聚类及潜在源区分析

(a)后向轨迹聚类分析;(b)对应该高度上的气压变化;(c)PSCF 值分布;(d)WCWT 值分布

6.5

本章小结

本章对成渝地区持续性臭氧污染特征从春、夏季天气分型、不同尺度天气系统对臭氧的影响、地面天气形势及持续性污染的气象条件对四川盆地臭氧污染的影响进行探讨分析,并进行污染个例成因和传输贡献的数值模拟以及 COVID-19 疫情管控不同阶段对臭氧污染的影响研究,得到以下结论。

稳定的大尺度环流有利于低层易污染天气型的形成和维持,污染天气型占比影响着成渝地区 O_3 污染的变化趋势。O_3 区域持续性污染事件发生时,春季的天气形势为地面高压后部型和高空低槽前部型,夏季为高压控制型和西风槽后部型。各类天气形势主导 O_3 污染的天气系统不同,但均容易形成稳定的边界层结或局地次级环流,这不仅抑制了污染物向高层扩散,还促使混合层上部 O_3 下传并堆积于成渝地区,其形成与不同天气系统的相互配合以及与高原—盆地地形的相互作用有关。

青藏高压系统对成渝地区春、夏季近地层天气气象条件有显著影响,从而也能影响 O_3 污染。青藏高压中心与高压脊线分别对川渝地区的温度和日照时数两个气象要素控制较强,但同一时段对两者的控制强弱存在较大差异。且青藏高压系统在 4 月逐渐形成并在 7—9 月达到鼎盛。四川盆地高、低 O_3 浓度天更多取决于西太平洋副热带高压(WPSH)和南亚高压东西振荡和强度共同作用。前汛期 WPSH 偏南,四川盆地受到西风带南支波动和南亚高压的共同影响。高浓度 O_3 天,南亚高压偏西、偏南,四川盆地主要受到平直西风的控制;低浓度 O_3 天,南亚高压偏北、偏东,四川盆地位于南亚高压北侧副热带西风带急流出口处,高空辐散加强,有利于低层对流发展。在梅雨期和后汛期,WPSH 和南亚高压的东西振荡会共同影响四川盆地 O_3 浓度。在高 O_3 浓度天,WPSH 和南亚高压相离运动,四川盆地被平直气流或者稳定高压控制,常与对流层低层下沉气流和异常升温配合;低 O_3 浓度天,WPSH 和南亚高压相向移动,南亚高压东伸,WPSH 西伸,四川盆地分别位于 WPSH(南亚高压)西伸(东伸)点北部边缘,多处于对流区,对应上升气流和对流层中、低层异常降温及降水天气。西南涡会对成渝地区 O_3 污染产生不同的影响:干涡过境使 O_3 浓度略微升高,降水涡使 O_3 浓度下降,弱降水对 O_3 浓度的削减程度大于强降水涡,但总体来看三类西南涡对成渝地区 O_3 浓度的削减作用皆不明显。

四川盆地海平面气压场可分为 6 种类型,城市群 O_3 污染比较严重的类型 2 和 6 为污染型,海平面气压呈西高东低,四川盆地受低压系统控制。清洁类型 3 海平面气压呈北高南低,且在四川盆地东部存在一个低值,类型 4 呈东高西低,在青藏高原区域存在一些小范围的高压中心。在污染型天气形势下,四川盆地的气象条件为温度高、云量低、地面接收的紫外辐射强、相对湿度低使得光化学反应强度更强,加速 O_3 的生成,再加上盛行的东南气流对 O_3 及其前体物的输送。2014—2019 年环流形势对四川盆地 O_3 浓度变化的贡献率在 34.8%~66.3%,其中 2017—2018 年环流形势对 O_3 浓度变化的贡献率最高,为 66.3%。因此,同时考虑源排放和天气形势的演变对提升四川盆地重污染潜势预报能力具有重要意义。太阳辐射、气温、相对湿度和风速均对 O_3 的浓度变化有一定的影响,强辐射、高温及低湿易形成高浓度的 O_3,此外相对湿度对 O_3 浓度的影响呈先升后降的效果。

2017 年和 2019 年成渝地区发生两次区域性 O_3 污染事件,污染物浓度变化具有稳静型大气污染特征。整体而言,O_3 超标日常伴随高温、低湿、少雨和静(小)风天气,地面 O_3 的生成与累积与高压系统控制下的下沉气流使得大气升温和盆地内形成的局地次级环流有关。

COVID-19 疫情期间成都市 O_3 浓度异常上升,高值出现提前。复工复产臭氧前体物排放的增加、不利的气象条件导致 4 月 25 日—5 月 7 日 O_3 污染过程持续时间较长。后向轨迹分析表明该污染事件同时也受到来自成都偏东一带以及川南地区高污染气团短距离输送的影响。

参考文献

安俊琳，王跃思，孙扬，2009. 气象因素对北京臭氧的影响[J]. 生态环境学报，18(3)：944-951.

曹庭伟，吴锴，康平，等，2018. 成渝城市群 O_3 污染特征及影响因素分析[J]. 环境科学学报，38(4)：1275-1284.

常美玉，向卫国，钱骏，等，2020. 成渝地区空气重污染天气形势分析[J]. 环境科学学报，40(1)：43-57.

陈渤黎，晶璐，刘银峰，等，2017. 2012—2014 年常州市大气污染特征分析研究[J]. 环境科学与管理，1：114-119.

陈培章，陈道劲，2016. 兰州主城臭氧污染特征及气象因子分析[J]. 气象与环境学报，35(2)：46-54.

陈漾，张金谱，黄祖照，2017. 广州市近地面臭氧时空变化及其与气象因子的关系[J]. 中国环境监测，33(4)：99-109.

陈朝晖，2008. 区域大气环境质量问题的研究[D]. 北京：北京工业大学.

程念亮，李云婷，张大伟，等，2016a. 2013—2014 年北京市 NO2 时空分布研究[J]. 中国环境科学，36(1)：18-26.

程念亮，李云婷，张大伟，等，2016b. 2014 年北京市城区臭氧超标日浓度特征及与气象条件的关系[J]. 环境科学，37(6)：2041-2051.

高晓荣，邓雪娇，谭浩波，等，2018. 广东四大区域污染过程特征与影响天气型分析[J]. 环境科学学报，38(5)：1708-1716.

葛家荣，任雪娟，2019. 南亚高压次季节尺度东西振荡对我国长江流域降水及水汽输送的影响[J]. 气象科学，39(6)：711-720.

郭志荣，江燕如，彭丽霞，等，2014. 5 月南亚高压与云南地区夏季降水的关系[J]. 气象科学，34(4)：397-403.

胡成媛，康平，吴锴，等，2019. 基于 GAM 模型的四川盆地臭氧时空分布特征及影响因素研究[J]. 环境科学学报，39(3)：809-820.

姜峰，王福伟，2016. 夏季城市臭氧浓度变化规律分析[J]. 环境与可持续发展，41(1)：62-64.

乐旭，雷亚栋，周浩，等，2020. 新冠肺炎疫情期间中国人为碳排放和大气污染物的变化[J]. 大气科学学报，43(2)：265-274.

雷雨，张小玲，康平，等，2020. 川南自贡市大气颗粒物污染特征及传输路径与潜在源分析[J]. 环境科学，41(7)：3021-303.

梁卓然，顾婷婷，杨续超，等，2017. 基于环流分型法的地面臭氧预测模型[J]. 中国环境科学，37(12)：4469-4479.

廖志恒，孙家仁，范绍佳，等，2015. 2006—2012 年珠三角地区空气污染变化特征及影响因素[J]. 中国环境科学，2：329-336.

廖志恒，许欣祺，谢洁岚，等，2019. 珠三角地区日最大混合层高度及其对区域空气质量的影响[J]. 气象与环境学报，35(5)：85-92.

林小华，2019. 中国东部地区极端气象事件对臭氧污染的影响研究[D]. 广州：华南理工大学.

刘还珠，赵声蓉，赵翠光，等，2006. 2003 年夏季异常天气与西太 WPSH 和南亚高压演变特征的分析[J]. 高原气象(2)：169-178.

刘建，吴兑，范绍佳，等，2017. 前体物与气象因子对珠江三角洲臭氧污染的影响[J]. 中国环境科学，37(3)：813-820.

刘晶淼，丁裕国，黄永德，等，2003. 太阳紫外辐射强度与气象要素的相关分析[J]. 高原气象，22(1)：

45-50.

卢宁生，张小玲，康平，等，2021. 成都平原城市群春季臭氧污染天气客观分型与典型过程分析[J]. 环境科学学报，41(5):1610-1627.

卢宁生，张小玲，杜云松，等，2023. 成都平原城市群夏季臭氧污染天气形势与潜在源分析[J]. 高原气象，42(2):515-528.

罗青，廖婷婷，王碧菡，等，2020. 四川盆地近地面风场及污染物输送通道统计分析[J]. 环境科学学报，40(4):1374-1384.

罗四维，钱正安，王谦谦，1974. 夏季 100 毫巴青藏高压与我国东部旱涝关系的天气气候研究[J]. 高原气象，1(2):1-10.

马文静，2014. 西安主城区近地面大气中臭氧浓度时空分布特征分析[D]. 西安:西安建筑科技大学.

祁宏，2022. 西太平洋副热带高压活动对中国臭氧浓度的影响研究[D]. 成都:成都信息工程大学.

祁宏，张小玲，康平，等，2021. COVID-19 疫情期间成都市地面臭氧污染特征及气象成因分析[J]. 环境科学学报，41(10):4200-4211.

宋从波，李瑞芃，何建军，等，2016. 河北廊坊市区大气中 NO、NO₂ 和 O₃ 污染特征研究[J]. 中国环境科学，36(10):2903-2912.

陶诗言，朱福康，1964. 夏季亚洲南部 100 毫巴流型的变化及其与西太平洋副热带高压进退的关系[J]. 气象学报，34(4):385-396.

王宏，林长城，陈晓秋，等，2011. 天气条件对福州近地层臭氧分布的影响[J]. 生态环境学报，20(Z2):1320-1325.

王开燕，邓雪娇，张剑，等，2012. 广州南沙区 O₃ 浓度变化及其与气象因子的关系[J]. 环境污染与防治，6:23-26.

王磊，刘端阳，韩桂荣，等，2018. 南京地区近地面臭氧浓度与气象条件关系研究[J]. 环境科学学报，38(4):1285-1296.

王文，许金萍，蔡晓军，等，2017. 2013 年夏季长江中下游地区高温干旱的大气环流特征及成因分析[J]. 高原气象，36(6):1595-1607.

巫楚，汪宇，林小平，等，2019. 河源市 2014—2017 年空气污染特征及天气类型分析[J]. 环境监控与预警，11(3):40-43.

吴锴，康平，王占山，等，2017. 成都市 O₃ 污染特征及气象成因研究[J]. 环境科学学报，37(11):4241-4252.

修天阳，孙扬，宋涛，等，2013. 北京夏季灰霾天臭氧近地层垂直分布与边界层结构分析[J]. 环境科学学报，33(2):321-331.

徐海明，何金海，周兵，2001. 江淮入梅前后大气环流的演变特征和西太平洋 WPSH 北跳西伸的可能机制[J]. 应用气象学报，12(2):150-158.

杨显玉，易家俊，吕雅琼，等，2020. 成都市及周边地区严重臭氧污染过程成因分析[J]. 中国环境科学，40(5):2000-2009.

杨显玉，吕雅琼，王禹润，等，2021. 天气形势对四川盆地区域性臭氧污染的影响[J]. 中国环境科学，41(6):2526-2539.

俞亚勋，谢金南，王宝灵，2000. 青藏高原东北侧初夏干湿年 500hPa 环流场特征分析[J]. 高原气象，19(1):43-51.

余钟奇，马井会，毛卓成，等，2019. 2017 年上海臭氧污染气象条件分析及臭氧污染天气分型研究[J]. 气象与环境学报，35(6):46-54.

曾胜兰，王雅芳，2016. 成都地区污染天气分型及其污染气象特征研究[J]. 长江流域资源与环境，25(S1):59-67.

赵伟，高博，刘明，等，2019. 气象因素对香港地区臭氧污染的影响[J]. 环境科学，40(1)：55-66.

钟中，王天驹，胡轶佳，2020.2019 年 6 月西太平洋副热带高压脊线位置异常的机制分析[J]. 气象科学，40
　　(5)：639-648.

周长春，汪丽，郭善云，等，2014. 四川盆地高温热浪时空特征及预报模型研究[J]. 高原山地气象研究，34
　　(3)：51-57.

周亚端，朱宽广，黄凡，等，2020. 新冠肺炎疫情期间湖北省大气污染物减排效果评估[J]. 环境科学与技
　　术，43(3)：228-236.

周子航，邓也，谭钦文，等，2018. 四川省人为源大气污染物排放清单及特征[J]. 环境科学，39(12)：
　　5344-5358.

CARLOS ORDÓEZ，GARRIDO-PEREZ J M，GARCÍA-HERRERA R，et al，2020. Early spring near-surface
　　ozone in Europe during the COVID-19 shutdown：Meteorological effects outweigh emission changes[J]. Sci-
　　ence of the Total Environment，747(10)：141322.

CHEN H，HUO J，FU Q，et al，2020. Impact of quarantine measures on chemical compositions of $PM_{2.5}$ dur-
　　ing the COVID-19 epidemic in Shanghai，China[J]. Science of the Total Environment，743(15)：140758.

DOHERTY R M，WILD O，HESS P，et al，2013. Impacts of climate change on surface ozone and interconti-
　　nental ozone pollution：A multi-model study[J]. Journal of Geophysical Research：Atmospheres，118(9)：
　　3744-3763.

DONG Y，LI J，GUO J，et al，2020. The impact of synoptic patterns on summertime ozone pollution in the
　　North China Plain[J]. Science of The Total Environment，735：139559.

GALLIMORE P J，ACHAKULWISUT P，POPE F D，et al，2011 . Importance of relative humidity in the
　　oxidative ageing of organic aerosols：case study of the ozonolysis of maleic acid aerosol [J]. Atmos Chem
　　Phys，11：12181-12195.

GAO L，WANG T，REN X，et al，2021. Subseasonal characteristics and meteorological causes of surface O_3
　　in different East Asian summer monsoon periods over the North China Plain during 2014—2019[J]. Atmos-
　　pheric Environment，264：118704.

HAN H，LIU J，SHU L，et al，2020. Local and synoptic meteorological influences on daily variability in sum-
　　mertime surface ozone in eastern China[J]. Atmospheric Chemistry and Physics，20(1)：203-222.

HE B R，ZHAI P M，2018. Changes in persistent and non-persistent extreme precipitation in China from 1961
　　to 2016[J]. Advances in Climate Change Research，9(3)：177-184.

HE J，WANG Y，HAO J，et al，2012. Variations of surface O_3 in August at a rural site near Shanghai：influ-
　　ences from the West Pacific subtropical high and anthropogenic emissions[J]. Environmental Science and
　　Pollution Research International，19(9)：4016-4029.

HU J，LI Y，ZHAO T，et al，2018. An important mechanism of regional O_3 transport for summer smog over
　　the Yangtze River Delta in eastern China[J]. Atmospheric Chemistry and Physics，18(22)：16239-16251.

HU Y，WANG S，2021. Associations between winter atmospheric teleconnections in drought and haze pollu-
　　tion over Southwest China[J]. Science of the Total Environment，766：142599.

JACOB D J，WINNER D A，2009. Effect of climate change on air quality[J]. Atmospheric environment，43
　　(1)：51-63.

JASAITIS D，VASILIAUSKIENE V，CHADYŠIENE R，et al，2016. Surface ozone concentration and its re-
　　lationship with UV radiation，meteorological parameters and radon on the eastern coast of the Baltic Sea[J].
　　Atmosphere，7(2)：27.

JIN X，CAI X，YU M，et al，2021. Mesoscale structure of the atmospheric boundary layer and its impact on
　　regional air pollution：A case study[J]. Atmospheric Environment，258：118511.

LIN W，WEN C，WEN Z，et al，2015. Drought in Southwest China：A review[J]. Atmospheric and Oceanic Science Letters，8(6)：339-344.

LIU Y M，WANG T，2020a. Worsening urban ozone pollution in China from 2013 to 2017 -Part 1：The complex and varying roles of meteorology [J]. Atmospheric Chemistry and Physics，20(11)：6305-6321.

LIU Y M，WANG T，2020b. Worsening urban ozone pollution in China from 2013 to 2017-Part 2：The effects of emission changes and implications for multi-pollutant control [J]. Atmospheric Chemistry and Physics，20(11)：6323-6337.

LU X，ZHANG L，SHEN L，2019. Meteorology and climate influences on tropospheric ozone：A review of natural sources，chemistry，and transport patterns[J]. Current Pollution Reports，5(4)：238-260.

MAO J，WANG L，LU C，et al，2020. Meteorological mechanism for a large-scale persistent severe ozone pollution event over eastern China in 2017[J]. Journal of Environmental Sciences，92：187-199.

PIERRE S，ALESSANDRA D M，EVGENIOS A，et al，2020. Amplified ozone pollution in cities during the COVID-19 lockdown[J]. Science of the Total Environment，735(15)：139542.

PU X，WANG T J，HUANG X，et al，2017. Enhanced surface ozone during the heat wave of 2013 in Yangtze River Delta region，China[J]. Science of the Total Environment，603：807-816.

RUSSO A，TRIGO R，MARTINS H，et al，2014. NO_2，PM_{10} and O_3 urban concentrations and its association with circulation weather types in Portugal [J]. Atmospheric Environment，89：768-785.

SARAH C，KAVASSALIS，JENNIFER G，et al，2017. Understanding ozone-meteorology correlations：A role for dry deposition[J]. Geophysical Research Letters (44)：1-10.

SUN Y，LEI L，ZHOU W，et al，2020. A chemical cocktail during the COVID-19 outbreak in Beijing，China：Insights from six-year aerosol particle composition measurements during the Chinese New Year holiday[J]. Science of the Total Environment，742(10)：140739.

TOH Y Y，SZEFOOK L，GLASOW R V，et al，2013. The influence of meteorological factors and biomass burning on surface ozone concentrations at tanah rata，malaysia[J]. Atmospheric Environment，70(70)：435-446.

WANG T，XUE L K，BRIMBLECOMBE P，et al，2017. Ozone pollution in China：A review of concentrations，meteorological influences，chemical precursors，and effects [J]. Science of the Total Environment，575：1582-1596.

XU KE，LU R Y，MAO J Y，et al，2019. Circulation anomalies in the mid-high latitudes responsible for the extremely hot summer of 2018 over northeast Asia[J]. Atmospheric and Oceanic Science Letters，12(4)：231-237.

YANG X Y，WU K，WANG H L，et al，2020. Summertime ozone pollution in Sichuan Basin，China：Meteorological conditions，sources and process analysis[J]. Atmospheric Environment，226：117392.

ZHAO Z，WANG Y，2017. Influence of the West Pacific subtropical high on surface ozone daily variability in summertime over eastern China[J]. Atmospheric Environment，170：197-204.

第7章 特殊地形与城市化对成渝地区大气污染的影响

中国雾、霾的变化与青藏高原的机械和热力强迫有关,特别是青藏高原的气候变暖引起大气环流变化,从而加剧了包括四川盆地在内的中国中东部地区的雾、霾事件。四川盆地位于中国西南部,紧邻青藏高原,属于深盆地形,由于封闭的地形,四川盆地上空天气条件较为静稳,表现为低风速和高湿的温和气候特征,有利于霾和污染的形成。同时,成渝城市群呈现出极化与扩散共存的生长壮大特征,各城市的建成区规模不断扩大,聚集程度逐渐提高,成渝城市群进入快速发展阶段。城市化的发展改变了下垫面结构和土地利用属性,人类生产、生活过程中能源消耗量增大,污染物的排放量增大,增加城市人为热排放,导致城市热岛效应、极端天气、城市和区域污染等现象频发,对区域气候与环境气象条件也产生一定的影响。在高原大地形和大尺度环流背景影响下,复杂下垫面(高原、盆地、山地、丘陵、平原、城市、森林等)的热力强迫和动力作用以及陆-气相互作用对边界层气象条件和大气污染物的形成、输送、迁移等有重要影响。本章总结了近年来四川盆地污染物的传输通道、大地形影响、城市间污染物的相互传输,以及城市化发展和人为排放与自然植被排放对主要污染物浓度的影响研究成果,利用数值模式比较系统地揭示和定量化研究了该区域复杂地形的影响和城市化的效应。在制定成渝城市群空气污染改善和城市发展规划政策时,应考虑盆地特殊地形对空气质量的影响和大气环境容量,帮助决策者有效调控空气污染、减缓城市热岛效应,构建适宜的人居环境和公园城市。

7.1
四川盆地大气污染输送通道

四川盆地位于中国西南部,西邻青藏高原,北邻秦岭和黄土高原,东邻巫山,南邻云贵高原,其中盆地面积达 26 万 km²,周围山地海拔多在 $1000 \sim 3000$ m,面积约为 10 万 km²,中间盆地地势低矮,海拔 $250 \sim 750$ m,面积约为 16 万 km²,可明显分为边缘山地和盆地底部两大部分,具有不同的地貌形态。四川盆地气候温和,小风、高湿的静稳天气频发,有利于霾的形成(Xu et al.,2016;Liao et al.,2018)。四川盆地是人口密集地区,被认为是中国污染严重的地区之一,几十年来多次被雾、霾笼罩(Lin et al.,2012;Ning et al.,2018b)。地形效应对我国黄土高原(Hu et al.,2014)、美国洛杉矶盆地(Poulos et al.,1994;Stauffer et al.,1993)、墨西哥河谷(Jazcilevich et al.,2005)和圣地亚哥盆地(Schmitz,2005)等不同规模山区的空气污染物传输和扩散有显著影响。美国洛杉矶盆地周围的山地屏障和起伏的地形可以禁锢住空气污染物,导致盆地外的区域几乎不受盆地排放的空气污染物的影响(Poulos et al.,1994)。成渝地区受到高污染物排放和四面环山封闭地形的限制(Liao et al.,2017),是中国污染最为严重的区域之一(Zhai et al.,2019)。以往的研究仅从重污染的气象成因、基于重点城市的后向轨迹分析污染物传输来源或仅从大尺度的环流形势研究污染物输送特征,方法相对单一,尚未有通过地面季节风场特征与污染物浓度相互验证的统计方法,通过城市站点数据之间的同步变化,统计分析污染物地面传输路径,本节使用基于风场再分析数据、多种统计方法和数值模式方法交叉验证,确定较为可靠的成渝地区各季节传输通道,可为控制成渝地区大气污染、制定大气污染联控策略提供更为精细和可靠的科学依据。

7.1.1　四川盆地区低层风场特征

　　近地面风场是决定大气污染物扩散能力的最重要参数之一。罗青等(2020)分析讨论了四川盆地不同季节不同高度的风场分布特征及区域大气污染物输送规律。成渝地区冬季主要以$PM_{2.5}$污染为主,夏季主要以臭氧(O_3)污染为主,因此重点分析 1 月和 7 月的近地面 10 m 平均风场。颗粒物污染最严重的冬季(1 月)风场(图 7.1a)表明,气流基本由川东北进入四川盆地,由于受到周围高山阻拦和下垫面的摩擦作用,风速减小,并分为三条路径通道:第一条路径:从广元进入四川盆地的气流,沿广元→绵阳东南部→德阳→成都、眉山北部→雅安北部流动,且在雅安转向流向甘孜地区,污染物在山前边缘(川西城市圈)容易累积;第二条路经:从巴中进入四川盆地的气流,沿巴中→南充北部→遂宁北部、绵阳东南部→资阳中部→眉山东部→乐山流动;第三条路径:从重庆北部经达州进入四川盆地的气流,沿着达州→南充南部、广安→遂宁中部→资阳东部→内江→自贡→宜宾、泸州流动。在泸州与重庆交界处有风场辐合,因此川南城市地区污染物浓度较高。

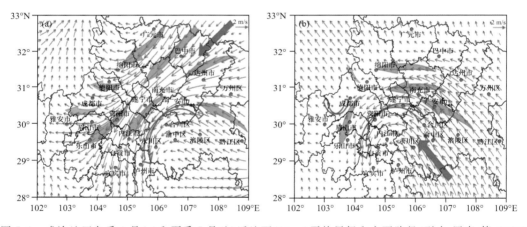

图 7.1　成渝地区冬季 1 月(a)和夏季 7 月(b)近地面(10 m)平均风场和主要路径(引自 罗青 等,2020)

　　夏季(7 月)近地面风场(图 7.1b)表明,四川盆地有四条路径,分别为:第一条路径:盆地东部以一致的东南季风为主,并以季风为盆地气流的主要驱动力。进入盆地之后风向逆时针旋转,风速由东向西逐渐减小。第二条路径:东南季风沿渝中→遂宁→资阳→自贡→宜宾,在川南形成弱辐合涡旋。第三条路径:邻近川西盆地边缘,气流分流为偏北和偏南两分支。其中偏北分支即成都→德阳→绵阳的偏北通道,该通道只在夏季出现。第四条路径:另一支转为偏南风沿眉山→乐山通道,眉山附近形成一个小涡流。950 hPa(海拔高度约为 700 m)的平均风场与 10 m 平均风场体现出的传输路径大体一致(罗青 等,2020)。

7.1.2　成渝地区传输通道特征

为研究污染物输送通道特征及城市间污染物的传输关系,使 用 分 异 指 数 CD(Coefficient of Divergence) 来衡量两个城市大气污染物浓度的差异。分异指数是一种自归一化参数,分异指数越接近 0,表明两城市的变化趋势越一致;分异指数越接近 1,说明两城市的变化趋势差异越大(Zhang et al. ,2000) 。罗青等(2020)利用四川盆地 18 个城市,23 个点位 2017年 $PM_{2.5}$ 各城市的逐时浓度计算了每两个城市之间的 $PM_{2.5}$ 的分异指数(图 7.2)。分异指数值低于参考值(注:参考值为所计算的分异指数平均值 0.17)的使用黄色线及黄色标注突出显示,每个城市与相邻城市的分异系数最小值所对应的线用黄色显示,分异指数不低于参考值的用白色线和白色标注表示。按照每个城市与相邻城市分异系数最小来进行组合,可以得出污染物变化趋势最为近似的城市组合,即图 7.2 中黄线连接的城市组合,盆地边缘城市分异指数较小,川西城市带、川东城市带和盆地中部 $PM_{2.5}$ 浓度变化很相似,说明这些城市之间具有较强的大气传输。

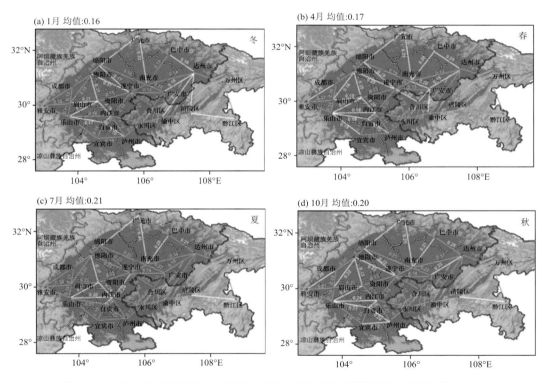

图 7.2　四川盆地不同季节 18 个城市 $PM_{2.5}$ 城市间分异指数(引自 罗青 等,2020)

计算城市间 $PM_{2.5}$ 浓度的 Pearson 相关系数,得到四川盆地 18 个城市之间的 $PM_{2.5}$ 时均浓度均呈现显著正相关,表明颗粒物具有广泛的空间分布。图 7.3 是 $PM_{2.5}$ 强相关系数城市组合图,可见,除了广元与绵阳之间的相关系数为 0.74,其他城市组合的相关系数值均超过0.85,为突出此特点,高于 0.85 的城市组合用黄色线与黄色值标出,小于 0.85 的相关系数用白色值与黄色线表示。按表中的列来取每个城市与其他城市之间的相关系数最大值,由于是系数矩阵,剔除相同的城市组,可以得出污染物变化相关强的城市组合(表7.1)。

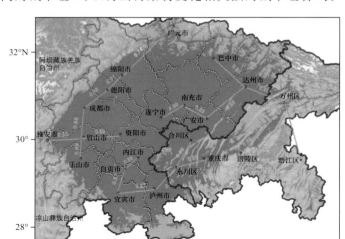

图 7.3　四川盆地城市间 $PM_{2.5}$ 强相关系数城市组合(引自 罗青 等,2020)

表 7.1　四川盆地 $PM_{2.5}$ 相关强的城市组合(引自 罗青 等,2020)

城市组合	相关系数	城市组合	相关系数
德阳—绵阳	0.91	宜宾—泸州	0.87
南充—遂宁	0.90	宜宾—乐山	0.86
乐山—眉山	0.89	宜宾—眉山	0.86
南充—广安	0.89	达州—巴中	0.86
自贡—内江	0.88	宜宾—内江	0.85
成都—德阳	0.88	雅安—眉山	0.85
成都—眉山	0.88	内江—遂宁	0.85
达州—广安	0.88	内江—资阳	0.85
广安—重庆	0.88	广安—巴中	0.85
自贡—宜宾	0.87	广元—绵阳	0.74

7.1.3　传输通道交叉验证

　　通过四川盆地近地面风场特征、城市间分异指数以及相关关系分析四川盆地污染物输送特征。将由近地面风场得出的路径与分异指数得出的城市组合进行对比。分异指数的分析中(图 7.4a),绵阳和德阳、德阳和成都、成都和眉山、眉山和雅安这些污染物变化趋势近似相同的城市组合,与近地面风场分析(图 7.4b)所总结出的第 1 条路径(广元→绵阳东南部→德阳→成都、眉山北部→雅安)一致,广元与巴中较广元与绵阳的分异指数小,这可能与天气背景有关,需要进一步分析不同天气形势下的传输模式。第 2 条路径中污染物会随着气流沿着巴中→南充北部→遂宁北部、绵阳东南部→资阳中部→眉山东部→乐山北部传输,而由分异指数得出的城市组合与之符合的是南充和遂宁、南充和绵阳、遂宁和资阳、眉山和乐山。

大气环流是影响一定区域内污染物输送特征的关键因素,因此基于气象场,以四川盆地近地面风场特征为基础,加上分异指数及相关关系分析,讨论了 3 种方法的自洽性并总结出四川盆地大气输送规律。通过总结研究发现,四川盆地存在四条主要大气输送通道:①西部盆地边缘,以绵阳—德阳—成都—眉山—乐山为主;②盆地中部丘陵地区空气流动性较好,以南充—遂宁为主;③川东,巴中—达州—广安—合川—重庆市区通道;④川南,内江—自贡—宜宾—泸州—永川通道。

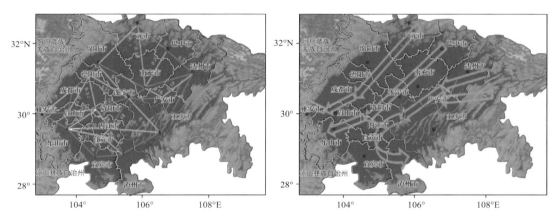

图 7.4　分异指数城市组(a)与近地面风场路径(b)对比情况(引自 罗青 等,2020)

7.2
高原大地形对成渝地区空气质量的影响模拟试验

7.2.1　四川盆地地形对 PM$_{2.5}$浓度变化的影响

地形与气象条件的相互作用可能加剧中国东部低海拔地区的 PM$_{2.5}$污染,与中国其他污染地区相比,四川盆地对流层下部受青藏高原的遮蔽,其大气停滞现象更为频繁(每年超过40%)(Wang et al.,2018)。Shu 等(2021,2022)利用 WRF-Chem 对照试验及填充四川盆地地形敏感性试验,评估了盆地地形对区域 PM$_{2.5}$浓度变化影响的三维结构和季节特征,表明盆地地形的存在显著促进四川盆地及周边地区 PM$_{2.5}$浓度升高,地表 PM$_{2.5}$浓度高值区集中在盆地西部和南部城市群的人为污染物高排放区域,反映了四川盆地地形强迫和人为源排放对PM$_{2.5}$污染变化的影响。同时,模拟给出了地形效应对不同季节 PM$_{2.5}$浓度的定量贡献,以及盆地 PM$_{2.5}$向邻近的青藏高原和云贵高原边缘跨区传输影响的过程。

Zhang 等(2019)利用 WRF-Chem 通过有无盆地地形的两组模拟探究了 2014 年 1 月14—19 日重度霾污染变化中盆地地形影响及其潜在机制。模拟结果表明,盆地的存在使重霾污染期间四川盆地平均 PM$_{2.5}$浓度升高约 48 $\mu g/m^3$,对 PM$_{2.5}$的上升贡献约 44%,这表明盆地地形对盆地内空气质量有非常不利的影响。地面 $PM_{2.5}$ 浓度的上升从盆地东部的 $0\sim30\ \mu g/m^3$ 到盆地西部的 $60\sim120\ \mu g/m^3$，相对于没有盆地地形时的地面浓度分别增加 $0\sim20\%$ 和 $50\%\sim70\%$，这说明盆地西部受青藏高原的影响更显著。地形效应通过降低风速，使对流层下部升温和湿度升高以及抑制盆地边界层发展来加剧霾污染。从盆地上空的大气环流形势来看，由于青藏高原对中纬度西风的影响，盆地上空出现背风涡流，这种环流形势加剧了盆地西部地面 $PM_{2.5}$ 的累积，充分说明高原与盆地这种复杂的地形分布对盆地内部尤其是盆地靠近青藏高原的一侧（西部）的大气污染物的累积具有显著作用。

模拟试验选取的区域和试验方案如图 7.5，Terr-real 试验采用图 7.5b 中的实际地形，Terr-alter 试验将盆地地形平均升高了 2000 m，川西盆地地区的海拔与图 7.5c 相当，这意味着原本的盆地地表将暴露在高风速的高层大气中，青藏高原对四川盆地的"港湾"效应会减小。通过 Terr-real 和 Terr-alter 两组试验模拟气象和化学变量的差异可分析四川盆地地形对霾污染的影响。由于四川盆地频繁的多云天气（特别是冬季），一般会导致大气边界层处于稳定，昼

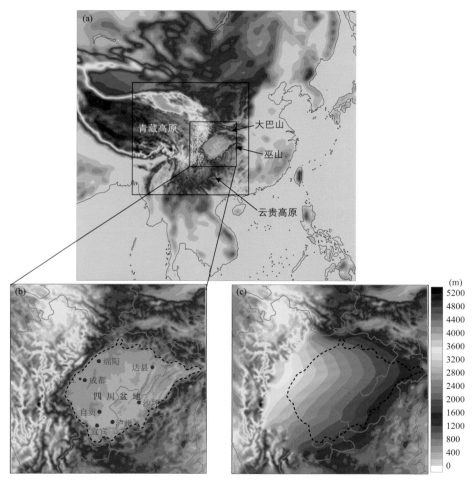

图 7.5 （a）模型边界和地形高度；（b）地形高度和最内区域的绵阳、成都、自贡、泸州、温江、宜宾、沙坪坝和达县的位置（虚线表示四川盆地周围 750 m 的高度）；（c）最内侧域的盆地填充地形高度（引自 Zhang et al.，2019）

夜变化不明显,所以仅取变量的日平均值进行分析。

图 7.6a 给出了两组模拟试验中污染阶段近地面 PM$_{2.5}$ 浓度的差异,百分比差异表明了盆地地形的贡献比例。可以看出,除了四川盆地东北的小片区域外,四川盆地的 PM$_{2.5}$ 浓度普遍呈上升趋势(图 7.6a)。与东部地区($0\sim30$ $\mu g/m^3$)相比,西部地区的增加($60\sim120$ $\mu g/m^3$)更为显著,这表明封闭的地形可能加剧四川盆地的污染程度,特别是在靠近青藏高原的盆地西部。Terr-real 模拟试验结果还表明,细颗粒物主要限制在盆地区域内,风速远小于盆地外部,此外,在基本为东风的情况下,盆地西部和中部地区 PM$_{2.5}$ 浓度较东部地区更为集中(图 7.6c)。贡献比例与绝对值呈现出一致的空间格局,盆地东部从 $0\sim20\%$ 增加到盆地西部 50% $\sim70\%$(图 7.6a)。由于地形的影响,绵阳、成都、自贡和泸州的 PM$_{2.5}$ 平均浓度分别增大 88 $\mu g/m^3$、156 $\mu g/m^3$、69 $\mu g/m^3$ 和 91 $\mu g/m^3$,贡献比例分别为 63%、76%、49% 和 49%。平均而言,盆地地形强迫作用使近地表 PM$_{2.5}$ 平均浓度增大 52 $\mu g/m^3$,相应的贡献比例为 45%。在四川盆地的西部边界处,地形强迫对 PM$_{2.5}$ 浓度增量的贡献为 70 $\mu g/m^3$,其贡献比例高达 75%(图 7.6a)。然而,在四川盆地的东北部外围,盆地的地形作用存在改善空气质量的情况,使 PM$_{2.5}$ 平均浓度下降 10 $\mu g/m^3$ 左右,贡献约 30%(图 7.6a)。

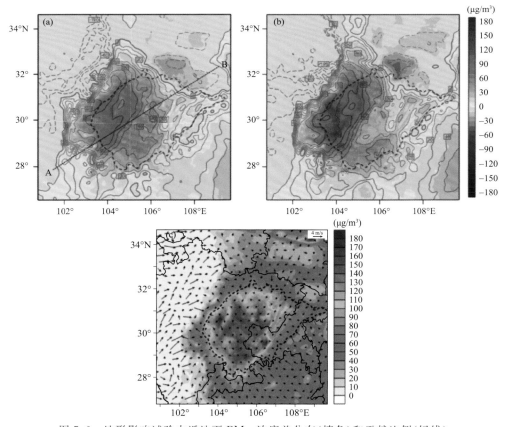

图 7.6　地形影响试验中近地面 PM$_{2.5}$ 浓度差分布(填色)和贡献比例(绿线)

(a)整个污染阶段;(b)重度污染日(1 月 16—18 日);(c)近地面 PM$_{2.5}$ 浓度和风矢量(引自 Zhang et al.,2019)

初步分析表明,四川盆地地表的 PM$_{2.5}$ 浓度在重霾阶段平均增大 54 $\mu g/m^3$,地形的贡献比例为 42%,基本上与整个事件相当(52 $\mu g/m^3$ 和 45%)。但是,盆地东、西部地区存在明显差异，地形对霾污染影响在盆地西部更为显著，PM$_{2.5}$浓度的增大作用高达 $90\sim140~\mu g/m^3$，贡献率高达 $70\%\sim80\%$，在中部和东部盆地变化不大，这表明空气污染物浓度与青藏高原地形的东部边缘高度相关。

在两个模拟试验中，四川盆地 PM$_{2.5}$ 平均浓度在垂直方向上随着地面高度的升高呈指数下降(图 7.7)。两组试验中 PM$_{2.5}$ 差异在高度 4.0 km 以下时更为明显，这意味着在青藏高原地形东边缘的相同高度下，低于该水平的地形效应较为显著。在离地 $1.0\sim4.0$ km 高度，差异从 $2.0~\mu g/m^3$ 单调增加至 $32.3~\mu g/m^3$，然后在地表高度以上 $0.3\sim1.0$ km，保持在 $33~\mu g/m^3$ 左右。最后在近地表层差异迅速从 $34.7~\mu g/m^3$ 增大到 $54.6~\mu g/m^3$。总体而言，由于封闭地形的影响，对流层下部 4.0 km 以下的 PM$_{2.5}$ 浓度显著提高。之前的研究表明，冬季四川盆地边界层高度一般为 0.3 km(Guo et al.，2016；Liao et al.，2018)。本研究中，由于盆地地形影响使 PM$_{2.5}$ 浓度差异在这一高度范围内平均增大 $40.0~\mu g/m^3$。

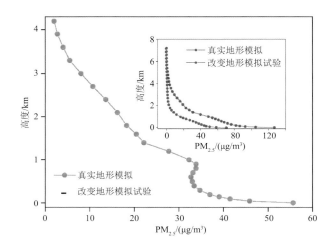

图 7.7　Terr-real 和 Terr-alter 模拟中 PM$_{2.5}$ 浓度的垂直分布及其差异
(引自 Zhang et al.，2019)

7.2.2　四川盆地地形影响颗粒物污染的机制

结合四川盆地上空对流层下部的大气动力和热力变化，讨论了地形效应，以探索四川盆地地形影响霾污染的潜在机制。图 7.8 为 Terr-real 和 Terr-alter 试验之间的近地面气象条件的差异，包括水平风速、边界层高度、温度和比湿。在 Terr-real 模拟试验中的地表风速在整个盆地区域内降低了约 2 m/s，而在中部和西部地区降低 3 m/s 以上，表明地形效应减弱了风速并随后抑制污染物的水平输送。此外，行星边界层在盆地上空通常会受到抑制，平均高度下降 30 m。高大山体的阻塞抑制了对流层上层动量的向下传输，导致较弱的机械湍流(Wang et al.，2018)，并随后抑制行星边界层的发展，加剧近地面霾污染。较高的地表温度和湿度也加剧了四川盆地的空气污染，较高的温度可以加速二次气溶胶的生成，二次气溶胶在 PM$_{2.5}$ 中占比较高，并且由于四川盆地拥有大量植被，因此可以提高生物排放量。而在高湿度的情况下，PM$_{2.5}$ 的非均相反应也可能加剧(Zheng et al.，2015a)。

图 7.9 为风场和 PM$_{2.5}$浓度的垂直剖面。由于青藏高原和四川盆地的地形影响，以及四川盆地周围的山脉影响，四川盆地上空的垂直环流呈现出相当复杂的结构。从盆地表面到 2.0 km 高度的风速明显限制在一个较低的水平，导致动量从上层向下的传递较弱。此外，在盆地上方还发现了紧邻青藏高原的背风涡旋。且无论是白天或是晚上，背风涡旋似乎主要是由西南高原以下的西部高原引发的，其强度和规模较大(图 7.9c 和 d)。

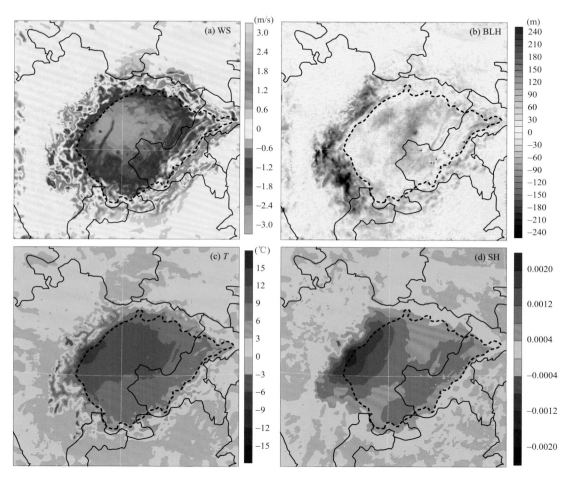

图 7.8 Terr-real 和 Terr-alter 模拟之间的近地表气象要素差异(引自 Zhang et al.，2019)
(a)风速(WS)；(b)边界层高度(BLH)；(c)温度(T)；(d)比湿(SH)

为了证明上述环流结构的存在，在 4 个站点收集了风速和风向垂直数据。如图 7.10 所示，霾污染期间水平风向的垂直结构显示四川盆地呈现 2.0 km 以上的西风和 2.0 km 以下的东风为主，证实了四川盆地地形作用下背风涡的存在。此外，靠近(<1.5 km)青藏高原的温江和宜宾两地的低空大气风速比远离青藏高原的沙坪坝和达县两地的风速小，这进一步表明青藏高原在盆地西部的影响效应更强。研究表明，冬季的西南涡通常与类似的垂直环流结构有关(Feng et al.，2016)。本研究中模拟的四川盆地边界层高度为 200~300 m(图 7.9a)，与之前的研究(Guo et al.，2016；Liao et al.，2018)相当。这也表明盆地西南部的行星边界层较深，盆地东北部的行星边界层较浅。

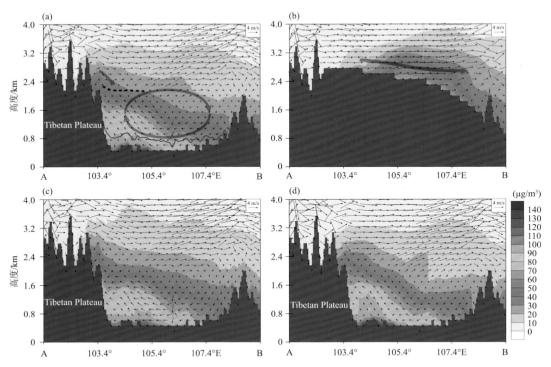

图 7.9　沿图 7.6a 中 AB 线的垂直剖面风矢量和 $PM_{2.5}$ 浓度(等值线颜色,单位:μg/m³),
在(a)Terr-real 和(b)Terr-alter 中的模拟结果,以及在 Terr-real 中(c) 09—17 时和
(d) 22—次日 06 时(当地时)的模拟结果(引自 Zhang et al.,2019)

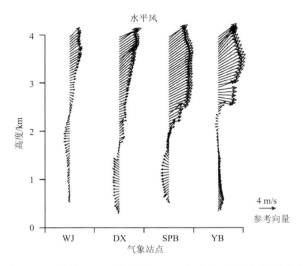

图 7.10　四川盆地温江(WJ)、达县(DX)、沙坪坝(SPB)和宜宾(YB)气象探空站在霾污染事件期间
平均水平风场的垂直剖面(引自 Zhang et al.,2019)

7.3
区域及城际间污染物输送对成渝地区 PM$_{2.5}$的影响

7.3.1　季节平均贡献

在气象条件的输送作用下,污染物会向水平和垂直空间扩散输送,形成区域污染。为了给四川盆地设计有效的 PM$_{2.5}$控制策略,有必要量化盆地及其周边地区的 PM$_{2.5}$及其前体的源贡献以及区域间和区域内的输送。Qiao 等(2020)采用改进的多尺度空气质量(CMAQ 版本5.0.1)模型,同时跟踪来自多个源部门和地区的一次颗粒物(PPM)和二次无机气溶胶(SIA,包括 NH$_4^+$、NO$_3^-$ 和 SO$_4^{2-}$)。对于 SIA,在气相和粒子相中引入多个源标记反应物种,以代表来自不同源区或地区的同一物种。利用嵌套域设置,对四川盆地 18 个城市冬季(2014 年 12月—2015 年 2 月)和夏季(2015 年 6—8 月)9 个污染源区域对 PM$_{2.5}$及其成分(PPM 和 SIA)的贡献进行了量化。模拟结果表明,冬季成都全市平均 PM$_{2.5}$浓度和重庆西部分别为 99 $\mu g/m^3$ 和110 $\mu g/m^3$,分别有 44%和 52%来自外地排放。外地排放在其他四川盆地城市中也有很高的贡献,全市冬季和夏季的平均排放量分别为 39%~66%和 25%~52%。在四川盆地以外的 4个区域中,只有位于四川盆地东北部、东部和东南部的区域在两个季节对四川盆地的 PM$_{2.5}$浓度有较大的贡献(10%~80%),从四川盆地的东北部、东部和东南部向其他地区的贡献较少。冬季高 PM$_{2.5}$浓度天气,四川盆地外的排放可在市中心贡献高达 99 $\mu g/m^3$,这表明区域排放控制不仅对降低平均 PM$_{2.5}$浓度,而且对预防严重污染事件有重要意义,降低 PM$_{2.5}$浓度并防止高浓度 PM$_{2.5}$污染,应该同时控制当地的排放和四川盆地内及跨四川盆地的空气污染物的输送。

图 7.11 给出了四川盆地 18 个城市中心的 PM$_{2.5}$浓度模拟值和污染源贡献。在所有的城市中心,模拟的 PM$_{2.5}$浓度在冬天比夏天要高得多。冬季和夏季,城市中心都受到当地和区域排放的显著影响。四川盆地内部的排放是 PM$_{2.5}$的主要来源,对于 R3 城市来说,在两个季节,四川盆地内部的排放量(64%~83%)也要大于外部的排放量(8%~26%)。地方排放在 R3城市中是最大的贡献者(40%~60%),但遂宁由于其本地区域的关系,其排放量仅约 13%。北部 5 个城市(R2)的污染指数在两个季节中都占 40%~70%,其中当地污染指数占 37%~57%。同时,四川盆地对 R2 城市的贡献也很大(冬季分别为 21%~36%,夏季为 17%~28%),因为 R2 所处的地区之一来自 R7 的风侵入盆地(图 7.11a)。冬季,来自二次有机气溶胶(SOA)和其他组分(包括 IC、BC、风尘和海盐)对 PM$_{2.5}$的贡献各不到 8%。综上所述,除了遂宁以外,两个季节的城市中心地区的排放都是最大的。外地对市中心的贡献冬季为 25%~52%(遂宁 75%除外),夏季为 14%~40%(遂宁 61%除外)。

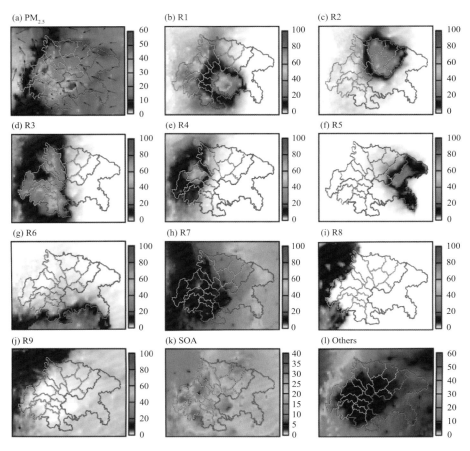

图 7.11　（a）模拟的冬季 PM$_{2.5}$ 浓度（μg/m³）空间分布；（b～l）不同源区和气溶胶组分对 PM$_{2.5}$ 浓度
贡献（％）的空间分布（引自 Qiao et al.，2019）

（SOA：二次有机气溶胶；Others：IC、BC、风尘和海盐等）

7.3.2　污染过程中区域输送的贡献

利用气象化学耦合模式 WRF-Chem 和 MEIC 人为污染排放清单（http://www.meicmodel.org/），对四川盆地 2018 年 12 月一次污染积累过程进行模拟研究，并试验了不同区域排放源对主要城市 PM$_{2.5}$ 浓度的贡献。分 4 种盆地内区域排放情景处理源排放清单，用于模拟四川盆地西、北、东、南 4 区域人为排放导致的 PM$_{2.5}$ 浓度以及对盆地总体 PM$_{2.5}$ 浓度的贡献率。以 PM$_{2.5}$ 的人为排放量为例，参比情景 R 为：在模拟中考虑盆地内所有人为源排放量；情景 S1 为：关闭盆地西区域排放量（不考虑成都平原城市群人为源排放量）；情景 S2 为：关闭盆地北区域排放量（不考虑四川盆地北部城市群人为源排放量）；情景 S3 为：关闭盆地东区域排放量（不考虑盆地东部，即重庆地区人为源排放量）；情景 S4 为：关闭盆地南区域排放量（不考虑川南城市群人为源排放量）。通过计算不同排放情景和参比情景下 PM$_{2.5}$ 浓度以及差异变化，获得了不同区域污染排放对四川盆地 PM$_{2.5}$ 浓度的贡献率（图 7.12）。

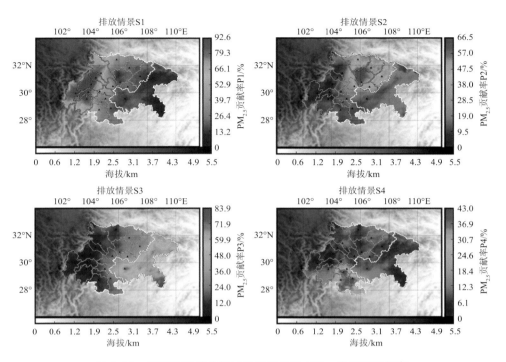

图 7.12 四种区域排放情景对四川盆地 PM$_{2.5}$ 浓度的贡献率

表 7.2 四种区域排放情景对四川盆地以及盆地内各区域 PM$_{2.5}$ 浓度的贡献率

	排放情景 S$_1$ 贡献率/%	排放情景 S$_2$ 贡献率/%	排放情景 S$_3$ 贡献率/%	排放情景 S$_4$ 贡献率/%
全盆地	37.72	22.63	29.73	11.34
盆地西	68.33	14.93	11.34	7.83
盆地北	26.88	44.26	26.71	8.89
盆地东	15.79	18.01	56.99	8.71
盆地南	32.26	13.83	17.60	30.24

结合表 7.2,进一步分析不同区域排放情景对全盆地以及其他区域人为 PM$_{2.5}$ 浓度的贡献大小,表明以成都平原经济带为代表的盆地西部区域的人为源排放对盆地内人为 PM$_{2.5}$ 浓度的贡献最大(37.72%);以重庆市为代表的盆地东部区域的贡献次之(29.73%);以川南四市(宜宾、自贡、内江、泸州)为代表的盆地南部区域的贡献最小(11.34%)。就区域贡献而言,若不考虑各区域排放情景对本区域的贡献,则盆地西部区域人为源排放对盆地南部区域 PM$_{2.5}$ 的浓度贡献最高(32.26%),对盆地东部区域的贡献最低(15.79%);盆地北部区域人为源排放对盆地东部区域 PM$_{2.5}$ 的浓度贡献最高(18.01%),盆地东部区域人为源排放对盆地北部区域 PM$_{2.5}$ 的浓度贡献最高(26.71%);盆地南部区域人为源排放对盆地内其他三区域 PM$_{2.5}$ 的浓度贡献相当(7.83%~8.89%)。

7.4
成渝地区臭氧污染的区域传输和排放源贡献

气象因素可以显著调节 O_3 浓度的长期变化,研究结果表明,高 O_3 污染事件通常与高温、强辐射、低风速和低相对湿度等气象条件有关,容易导致 O_3 及其前体物在本地积累循环。温度越高光化学反应的速度越大,生物排放量进一步增加, O_3 前体物的质量浓度也随之升高,从而促进 O_3 浓度的升高。风场通过改变 O_3 及其前体在不同地区之间的扩散和传输来影响臭氧污染。通过空气质量数值模式模拟研究大气污染物的生成、输送、扩散、沉降规律,是研究大气污染成因、机制的重要手段之一。Tan 等(2018)研究发现,成都相对较高的本地臭氧生成速度,不仅维持了臭氧的上升,而且可水平传输到下风地区或垂直传输到上层。Yang 等(2020)分析了成都两次高浓度臭氧污染事件,发现臭氧及其前体物的垂直混合和水平输送作用以及局地高排放造成了成都的高臭氧浓度。Zhang 等(2022)发现,由于盆地东南风盛行,臭氧及其前体物的区域传输是成都及周边地区臭氧高浓度形成的重要因素,虽然成都及周边地区的生物源排放相对较低,但川南地区的 BVOCs(生物挥发性有机化合物)在区域风场的影响下可以输送到成都及周边地区,从而促进臭氧的形成。Yang 等(2022)利用多尺度空气质量(WRF-CMAQ)模型结合综合源分配方法(ISAM),对四川盆地一次极端 O_3 污染事件演化机制研究和源归因,发现弱通风条件和滞流条件以及工业和交通运输业的前体物排放对 O_3 浓度的上升影响最大。Qiao 等(2019)提出了一种改进的 WRF-CMAQ 建模系统,用于模拟四川盆地冬季和夏季的 $PM_{2.5}$ 和 O_3,为研究四川盆地空气污染物的健康效应、来源解析和控制策略提供了依据。

2019 年 8 月,四川盆地区域臭氧污染的过程比较明显,其天气系统和气象条件的影响在第 6 章典型个例中已有分析。研究污染期间臭氧的区域输送贡献和排放贡献比较有效的方法是利用精细化的数值模拟技术。Lei 等(2023)利用 WRF-CMAQ 空气质量模式对 2019 年 8 月上旬成都平原臭氧污染的区域输送和边界层过程进行了模拟研究,利用综合过程速率(IPR)模块研究四川盆地夏季典型臭氧污染事件的形成和不同过程的影响,评估每个化学和物理过程对 O_3 浓度的影响,利用 CMAQ 和来源解析(ISAM)模块,定量分析盆地内城市彼此间 O_3 水平的相对贡献。揭示了成都平原上空传输通道上 O_3 浓度随大气环流和风场向下游和空间传输的特征。模拟研究表明成都平原城市群低层(100~1000 m) O_3 的主要来源为气相化学反应,说明边界层中存在强烈的光化学反应,高浓度 O_3 主要在地表上方形成,然后通过垂直混合向地面输送,从而升高表面 O_3 浓度。

本节选取 2019 年 8 月 10—18 日四川盆地 O_3 污染过程,利用 WRF-CMAQ 三层嵌套系统和 IPR 模块以及 ISAM 模块,模拟研究污染过程 O_3 浓度的时空演变、城市间的传输贡献以及不同排放源的贡献。

7.4.1　不同城市间臭氧区域传输的相对贡献

7.4.1.1　模拟结果分析

研究使用 WRF v4.1.1 模拟气象场,为 CMAQ v5.2.1 提供离线气象条件。模拟区域设置如图 7.13 所示:第一层(d01)为东亚地区,网格数为 232×132;第二层(d02)覆盖中国中部地区,网格数为 196×153;第三层(d03)涵盖四川盆地,网格数为 182×232,包含了四川盆地的 18 个主要城市。WRF 模式水平网格设置与化学传输模式一致,采用地形追随坐标,垂直方向分为 30 层,从地表延伸到 100 hPa。WRF 的气象初始条件和边界条件由 NCEP FNL 分辨率为 1°×1° 的再分析数据提供。人为排放数据来源于 2019 年中国多分辨率排放清单(MEIC)(http://www.meicmodel.org/),包括五个部门:电力、工业、居民、交通和农业(Zheng et al.,2018),生物排放由来自自然的气体和气溶胶排放模型(MEGAN 2.1)计算(Guenther et al.,2012)。

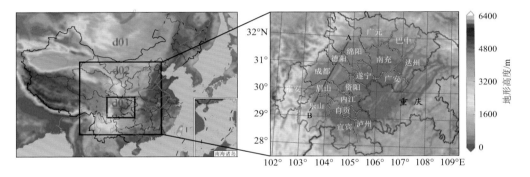

图 7.13　WRF-CMAQ 模式模拟区域及地形高度(AB 线为绵阳-乐山的连线)

模式对地面 O_3 和 NO_x 浓度的空间分布及随时间的变化有比较好的模拟(图 7.14、图 7.15)。模拟结果显示,四川盆地发生区域性 O_3 污染期间,大部分地区 O_3_8h 浓度超过 160.0 $\mu g/m^3$,而成都平原城市群和重庆主城区 NO_x 呈片状分布,这主要与该地区密集的工业排放和交通移动源的排放有关(钱骏 等,2021),而其他 NO_x 高值区呈现出团状或点状分布,非城市地区离散的点状 NO_x 高值主要与大型工厂的排放有关。8 月 12 日形成严重的盆地 O_3 区域性污染(图 7.14c),O_3_8h 最高浓度 269.3 $\mu g/m^3$,成都平原、川南地区和重庆西部地区的 NO_x 均呈片状分布(图 7.15c)。8 月 13—14 日,近地表风速增大,四川盆地以偏东北风为主,由于降水的湿清除作用,成都平原和重庆地区的 NO_x 及 O_3 浓度均降低(图 7.14e、图 7.15e))。8 月 15日,高压系统主导四川盆地,地面主要是偏南风,导致 O_3 及其前体物被输送到下风区;O_3 高点首先出现在德阳和成都地区(图 7.14f),O_3_8h 最高浓度达到 304.6 $\mu g/m^3$。8 月 16—17 日,受高温、强太阳辐射等不利气象条件影响,污染区明显扩大((图 7.14g、图 7.14h)。随着东北气流的加强,O_3 及其前体物继续向南移动,导致 8 月 18 日四川盆地北部 O_3 浓度下降,O_3_8h 高点出现在川南城市群,最高浓度达到 220.7 $\mu g/m^3$。

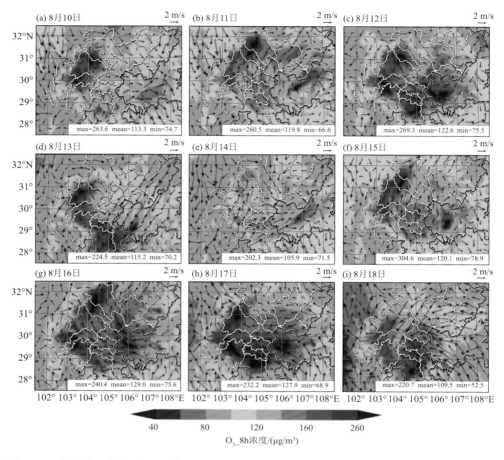

图 7.14　模拟的四川盆地 2019 年 8 月 10—18 日 10 m 风和地面 O_3_8h 浓度（引自 雷雨，2022）

7.4.1.2　区域臭氧污染的水平和垂直传输特征

此次典型污染过程中，盆地内主要以东北风或东南风为主，而水平传输和边界层的垂直传输对下风向区域臭氧浓度的时间和空间分布尤为重要。因此，选择臭氧污染较为严重且位于盛行风通道上的 8 个城市（德阳、成都、眉山、乐山、自贡、宜宾、重庆、达州），对边界层臭氧的传输机制进一步研究。

图 7.16 为 2019 年 8 月 10—18 日 8 个城市的 O_3 浓度、风场随时间的变化（这次过程的环流形势为西风槽后部型）。由于白天的光化学反应，臭氧浓度急剧上升，最大逐时浓度可达 210 $\mu g/m^3$，850 hPa 及以下的近地面受气旋性气流影响，伴随有强烈的辐合上升运动，将边界层内高浓度的 O_3 输送至高空。日落后，由于没有光化学反应，近地表 O_3 浓度急剧下降。夜间，由于 NO"滴定"和干沉降作用消耗了地表 O_3，在地表附近形成了稳定的低 O_3 浓度边界层，而在残留层 0.5~2.0 km 高度形成了富 O_3 储层。值得注意的是，第二天早上日出后，稳定的浅边界层随着边界层的发展而消失；在 11 时前后，富含 O_3 的气团与在地面附近产生的 O_3 混合，升高了地面 O_3 浓度；16 时前后，地表 O_3 浓度达到峰值，并有较强烈的 O_3 垂直混合。因此，夜晚残留层中的 O_3 对次日近地面 O_3 浓度有增强作用。行星边界层（PBL）的高度影响污染物的垂直扩散和混合，白天高温有利于产生 O_3 的光化学反应，也加强边界层的发展，促进

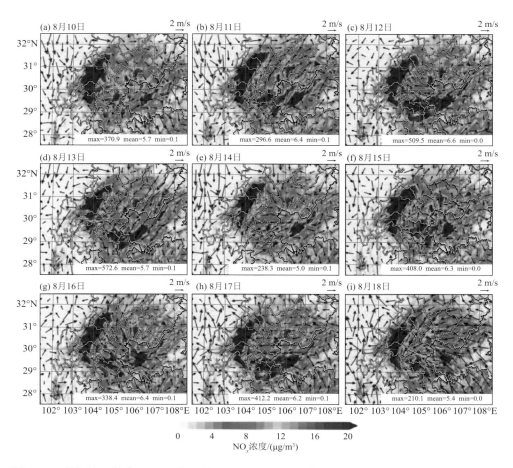

图 7.15　模拟的四川盆地 2019 年 8 月 10—18 日 10 m 风场和地面 NO_x 浓度（引自 雷雨，2022）

污染物在垂直方向上的扩散和混合；日出后，残留层中富含 O_3 的气团与靠近地面的低 O_3 气团混合，提高了次日近地面 O_3 浓度。

　　图 7.17 为四川盆地夜间（20 时—次日 07 时）1000 m 高度上风场和 O_3 浓度分布，夜间 1000 m 高度上 O_3 浓度水平和空间分布特征受白天地面 O_3_8h 浓度分布特征以及风场传输作用的影响较大。污染初期 O_3 高值区位于成都、德阳地区；污染扩散期，盆地大部分地区为 O_3 污染；污染减弱期，川南城市群为 O_3 高值区。根据夜间地面 O_3 分布特征（图 7.18）可知，夜间地面 O_3 的高、低值分布特征与白天 O_3_8h 和 NO_x 的高、低值分布特征相反，夜间 O_3 低值主要为盆地底部地区，成都及重庆市区受 NO"滴定"消耗 O_3，为两大低值中心，O_3 高值中心主要位于盆地边缘地区。这进一步验证了白天 O_3 主要在高排放的盆地底部地区形成，受水平传输扩散的影响，将市区高浓度 O_3 输送至郊区，由于受到山脉的阻挡，O_3 在山前堆积，沿山脉走势呈带状分布。

　　图 7.19 为污染过程中 O_3 沿 AB（图 7.13b 中）传输通道的垂直剖面，N 代表包括绵阳、德阳和成都在内的成都平原北部地区，S 代表眉山和乐山在内的成都平原南部地区。受东南风影响（风向从 B 点吹向 A 点），8 月 10—11 日夜间，近地面为 O_3 浓度低值区，800~2000 m 为富含 O_3 的残留层（图 7.19a~c）。残留层中的 O_3 不断地从南向北输送，这反映了盛行风对残

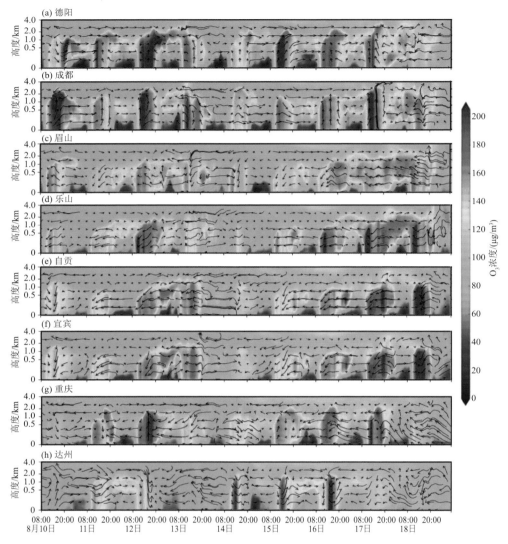

图 7.16 四川盆地 8 个城市的 O_3 浓度和风场垂直剖面的时间变化(矢量为 u、w×10 合成)

(引自 雷雨,2022)

留层中 O_3 传输有重要贡献;次日日出后,随着边界层的不断发展,稳定的边界层和残留层被破坏(图 7.19e),加强了大气的垂直混合作用,使残留层中富含 O_3 的气团与地面附近产生的 O_3 混合,提升了次日地表 O_3 水平(Klein et al.,2014)。8 月 12 日,受风速下降和高温、高太阳辐射影响,白天光化学反应产生大量 O_3,导致夜间富 O_3 气团高度达到 3 km。8 月 13—14 日,盆地受偏北风(从 A 点吹向 B 点)的影响,O_3 浓度显著下降。8 月 15—16 日,受东南风影响,夜间残留层中富 O_3 气团由南向北输送;减弱阶段(8 月 17—18 日),夜间 O_3 由北向南持续输送。

总结盛行风对下风向区域臭氧污染影响的机制可描述如下:污染初期,四川盆地主要受东南风控制,残留层中富 O_3 气团在夜间由南向北输送,与日出后地面产生的 O_3 混合,增大地面 O_3 的浓度。在污染加剧阶段,O_3 浓度主要受局部生成和极低风速下光化学反应的影响。在污染减弱阶段,盆地主要受东北风控制,导致残留层中的 O_3 在夜间由北向南输送。随后,O_3 污

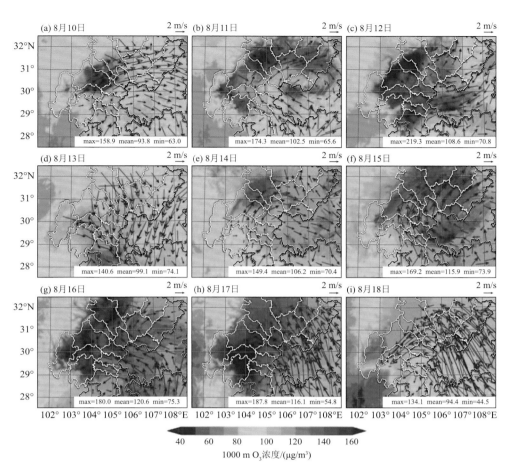

图 7.17 8 月 10—18 日四川盆地夜间(20 时—次日 07 时)1000 m 高度风场和 O_3 浓度

(引自 雷雨,2022)

染区向南移动,盆地北部地区 O_3 浓度下降。

7.4.1.3 城市间区域传输的相对贡献评估

ISAM 被用来标记和追踪所有来源地区的 O_3 及其前体物(NO_x 和 VOCs),以量化四川盆地内 18 个城市彼此间 O_3 浓度的贡献。臭氧污染在白天最为严重,但是它的前体物 NO_2 会影响全天的 O_3 浓度。图 7.20 是此次臭氧污染过程期间四川盆地各城市间 O_3_8h 和 NO_2 浓度传输的相对贡献。

模式边界(BCO)输入的 O_3 是各城市 O_3 浓度的最大贡献者,达到 32.48%~64.87%,模式边界输入主要包括模式边界向城市区域传输的 O_3 前体物和 O_3。此外,在大尺度对流层沉降的影响下,来自对流层上部的富含 O_3 的气团的贡献也不应被忽略。与模式边界的重要贡献相反,初始条件 ICO 对 O_3_8h 的影响在整个污染期间几乎可以忽略。因为初始条件下的标记物种在几天内迅速经历物理和化学过程,因此,其效果随着模拟时间的推移而逐渐降低(Hogrefe et al.,2017)。与四川盆地川东北城市群相比,成都平原位于盆地底部,有相对较低的模式边界(BCO)输入的 O_3 贡献(40.74%),同时成都平原拥有最大的 VOCs 和 NO_x 排放源,本地人为排放对 O_3 污染起关键作用,而大量的交通运输和工业排放是成渝地区 O_3 的两

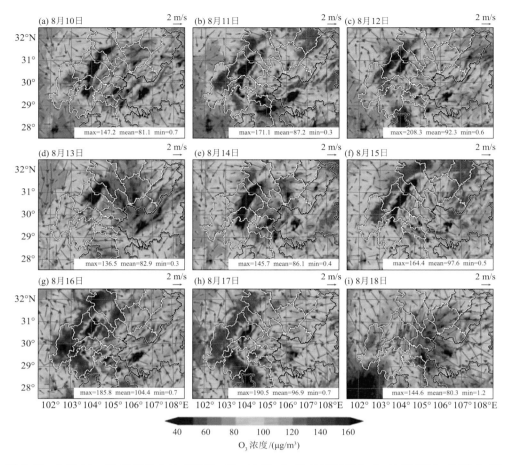

图 7.18　8 月 10—18 日四川盆地夜间（20 时—次日 07 时）地面风场和 O_3 浓度（引自 雷雨，2022）

个最重要的贡献者（Wu et al.，2021）。除模式边界的影响外，城市自身的贡献较大，污染过程中各城市自身贡献为 8.39%～17.03%，其中重庆、成都、宜宾等城市的自身贡献均超过 15%。

与 O_3 的传输贡献不同，NO_2 在输送过程中容易与空气中的水结合生成硝酸（HNO_3）：$3NO_2 + H_2O = 2HNO_3 + NO$。因此，$NO_2$ 贡献的来源主要为自身贡献和周边城市的区域传输。污染过程中城市自身 NO_2 贡献为 22.24%～38.96%，其余 17 个城市对该城市的 NO_2 的贡献为 31.41%～60.78%；成都和重庆作为成渝地区 NO_x 排放最大的两个城市，对自身 NO_2 贡献分别为 37.44%（41.95%）、38.96%（44.96%），主要原因是受到该地区汽车保有量增长的影响（Zhou et al.，2019）。川东北城市群的氮氧化物排放低于成渝地区其他区域，来自模式边界以及重庆地区输入的 NO_2 浓度对川东北城市群有较大的贡献，进一步说明成渝地区北部城市 O_3 及其前体物浓度的升高主要源于区域输送。

7.4.2　不同物理、化学过程对臭氧生成的贡献

图 7.21 为臭氧污染过程中 7 个大气物理化学过程对四川盆地 18 个城市市区臭氧生成的贡献。由于臭氧污染事件期间云量小且降水少，湿沉降和云过程（CLDS）的贡献可以忽略不

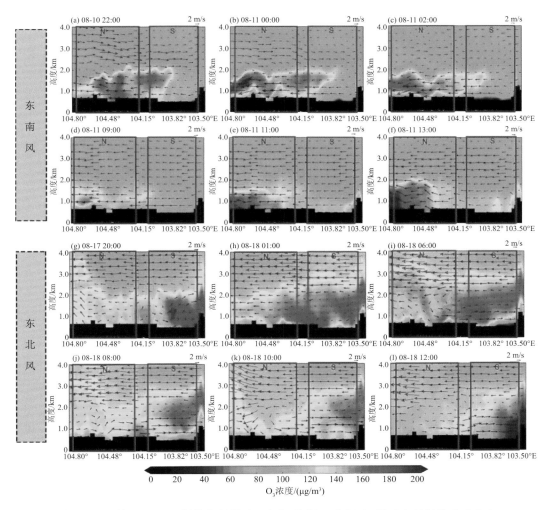

图 7.19　8 月 10—18 日污染期间沿 AB 方向(绵阳—乐山)O$_3$ 浓度和风场的垂直分布

(矢量为 u、w×10 合成)(引自 Lei et al.，2023)

计。如图 7.21 所示,白天四川盆地内 O$_3$ 的主要来源包括气相化学(CHEM)、湍流混合(VDIF)和垂直平流(ZADV),这主要与白天强烈的光化学反应以及垂直混作用有关,同时人类活动和工业生产在白天更加活跃,进一步增大了臭氧前体物的排放量;而干沉降(DDEP)和水平平流(HADV)为主要的汇,分别占盆地白天 O$_3$ 消耗的 94.52% 和 3.57%,这主要与动力学导致的大气稳定度有关。此外,在交通高峰期和夜间,由于 NO 的"滴定"效应消耗掉 O$_3$,气相化学对 O$_3$ 的贡献为负。相反,水平输送(HADV 和 HDIF)和垂直输送(ZADV 和 VDIF)是O$_3$ 浓度升高的主要原因,在模拟时段内,盆地水平输送和垂直输送对 O$_3$ 生成的贡献分别为0.50 $\mu g/(m^3 \cdot h)$ 和 12.09 $\mu g/(m^3 \cdot h)$。VDIF 作为地面 O$_3$ 浓度上升最大的来源,这表明高浓度的 O$_3$ 主要在地表以上对流层的高空形成,然后通过垂直混合传输向近地面,从而提升地表 O$_3$浓度。此外,在排放多、O$_3$ 浓度高的盆地底部地区(成都、德阳、乐山、自贡、泸州、内江、重庆等),白天水平输送表现为负贡献,而在盆地边缘地区(雅安、达州、广元),白天水平输送表现为正贡献,这可能与局地环流及谷风有关,进一步验证了低排放区域受到 O$_3$ 区域传输的影响。

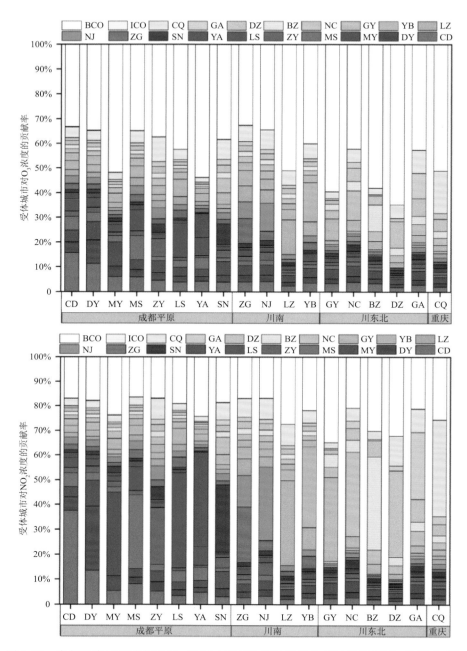

图 7.20　臭氧污染过程城市间 O_3_8h（上）和 NO_2（下）浓度的相对贡献（引自 雷雨,2022）
（横坐标上的字母是各个城市拼音缩写;BCO:模式边界;ICO:初始条件）

7.4.3　不同部门来源对臭氧污染的贡献研究

　　除气象条件对 O_3 的传输贡献外,不同行业部门排放对 O_3 污染作用也有很大区别,本节研究了不同部门来源对盆地各城市 O_3 污染的贡献。图 7.22 表明生物源(Bio)、工业源和交通源对成渝地区 O_3 浓度的贡献显著,过程中居民能源和发电厂的贡献较低。污染期间,人为源

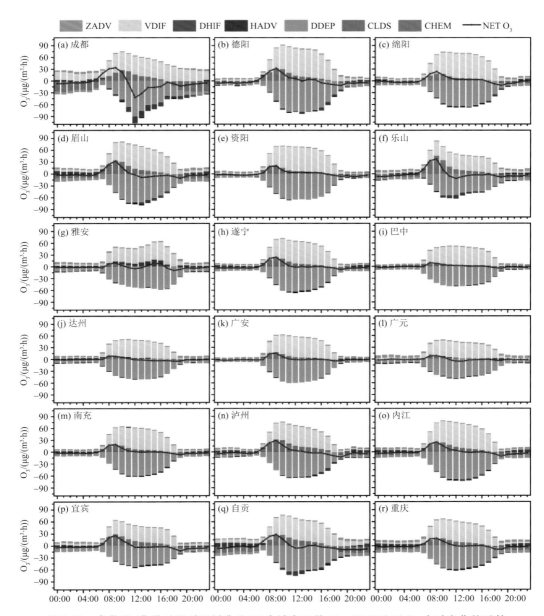

图 7.21　各物理/化学过程对四川盆地 18 个城市 8 月 10—18 日地面 O₃ 小时变化的贡献

(NET O₃:所有大气过程引起的 O₃ 小时净生成速率变化值)

排放部门中工业源、发电厂、交通源和居民源对各城市 O₃ 贡献最大(51.91%～61.81%);其次是生物源排放,贡献率为 26.15%～36.66%,这与成渝地区南部和重庆周围亚热带常绿阔叶林和亚热带常绿针叶林的广泛分布,导致当地生物源 VOCs 排放增加有关,这些树木具有极高的生物源 VOC(BVOC)排放潜力(Wu et al.,2020)。值得注意的是,成都、德阳、绵阳等城市生物源排放对 O₃ 的贡献在成渝地区城市中较低,这主要与城市化、工业化发展,植被覆盖率较低有关,成都平原上及城市市区的 BVOC 排放贡献可能与盛行风场下 BVOC 及其氧化产物从成渝地区南部的区域输送有关。此外,污染过程太阳辐射和气温可间接增加挥发性有机化合物的生物排放,从而提高 O_3 浓度。交通源排放对成渝地区 O_3 贡献为 14.87 $\mu g/m^3$,尤其是成都和重庆市区贡献最大(图 7.23),这主要受到该地区汽车保有量呈指数增长的影响。另一个重要贡献者是工业源(14.79 $\mu g/m^3$),由于成都、德阳、重庆、眉山、内江、宜宾等广泛分布着大型燃煤电厂(Tang et al.,2019),这些城市工业部门的贡献率较高(均超过 17%),说明该地区大型工业设施是影响成渝地区高浓度 O_3 污染的关键排放部门,这与 Deng 等(2019)描述的炼油厂来源的强烈影响一致。研究还表明,污染过程中工业源和交通排放是 NO_2 的主要贡献者(图 7.23),交通源排放对成都和重庆市区贡献最大,分别为 20.77% 和 22.89%,工业源排放贡献最大值主要在成都、重庆市区以及大型工业点源区。因此,应该加大力度控制成渝地区 O_3 前体物的工业源和交通源部门排放。

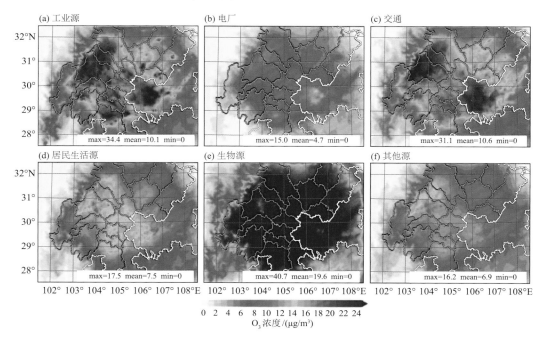

图 7.22 臭氧污染过程不同部门源排放对 O_3_8h 平均浓度的相对贡献(引自 雷雨,2022)

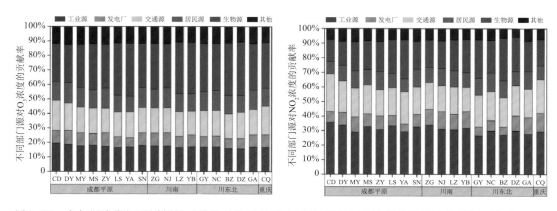

图 7.23 臭氧污染期间不同部门源排放对各城市 O_3(左)和 NO_2(右)浓度的相对贡献(引自 雷雨,2022)

7.5
成渝城市群发展对气象条件和大气污染的影响

城市群发展导致的局地气象条件变化对城市空气质量以及人类健康带来的负面影响越来越大(Calfapietra et al.,2015)。1990 年以后,随着中国"西部大开发"战略的不断深入,成都市作为西部龙头城市遵循着极为迅速的城市化发展历程,并在近年间跻身中国"新一线"城市榜单,此种发展速度致使人工下垫面面积急剧增大,对陆面过程产生重要影响,最终导致成都市区域气候发生剧烈变化。根据四川省测绘地理信息局测绘结果显示,仅在 2000—2016 年的17 年间,成都市建成区面积由 210 km² 增长至 600 km²。根据 Yang 等(2020)对四川盆地夏季臭氧污染的溯源分析发现,成都市机动车保有量在四川盆地臭氧污染过程中产生了很大的影响,说明城市化带来的不仅仅是下垫面类型的改变,更重要的还有人为排放的增加。因此,有必要研究城市群发展对气象条件以及空气质量带来的影响。吴浪等(2018)利用 1998—2013 年卫星遥感影像反演的 PM₂.₅ 全球高精度产品数据集,结合 GIS 空间分析、地理加权回归(GWR)以及地理探测器等方法,分析了成渝城市群城市化与 $PM_{2.5}$ 浓度分布的关系。结果表明,成渝城市群发展和人类活动对 $PM_{2.5}$ 的分布有明显影响;夜间灯光数据与 $PM_{2.5}$ 在空间分布上具有较高的一致性;2006—2013 年城区人口密度和建成区绿化覆盖率逐渐成为成渝城市群 $PM_{2.5}$ 分布的主要影响因子。Wang 等(2022)通过集成了城市冠层模型的 WRF-CMAQ系统,研究了成都城市化发展对气象和空气质量的影响。研究结果有助于提高对城市群发展如何调节区域气象以及后续如何影响空气质量的认识。

7.5.1　成都市城市化发展特征

通过卫星遥感数据对近 40 年的成都市下垫面情况进行解译,根据解译结果对成都市城市扩张面积和城市建筑密度进行深化处理,构建成都市 1992 年、2000 年、2009 年和 2018 年的考虑了建筑密度的精细化城市下垫面数据集,研究成都地区城市发展特征,并为后期城市气象数值模拟奠定基础。图 7.24 为成都市行政区划图,为了清晰描述空间位置特征,将成都市划分为市区、近郊、郊区三个部分。

图 7.25 是经过精细化处理后的成都市下垫面情况,可以看到,1992—2018 年,成都城市群的面积明显扩大,而且从郊区到市区有相当大的过渡,反映了成都地区快速的城市化进程。到 2018 年,成都市区被高密度城市地表完全覆盖,龙泉山脉以西的区(县)均有高密度城市表面出现,以东的区(县)以中密度城市为主。

图 7.26 为成都市城市下垫面的分区统计结果,1992 年成都市区由高密度城市地表和低密度城市地表组成,并以低密度城市地表为主,占地面积约 70 km²;郊区有少量低密度城市地表出现。2000 年,成都市区低密度城市地表面积增长至 1992 年的 2 倍,高密度城市地表增长幅度较小,另外出现了约 20 km² 的中密度城市地表。2009 年,成都市区发展迅速,高密度城市地表由 2000 年的 60 km² 增高至 140 km²;中密度城市地表增加至 60 km²,低密度城市地表

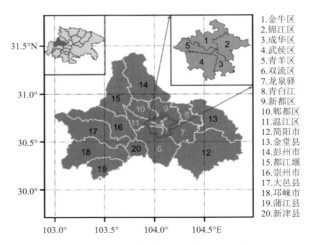

图 7.24　成都行政区划及研究分区(引自 王浩帆,2022)

(市区范围如左上子图所示,黄色标签标记的区(县)记为近郊,其余黑色标签标记的区(县)记为郊区)

1.金牛区
2.锦江区
3.成华区
4.武侯区
5.青羊区
6.双流区
7.龙泉驿
8.青白江
9.新都区
10.郫都区
11.温江区
12.简阳市
13.金堂县
14.彭州市
15.都江堰
16.崇州市
17.大邑县
18.邛崃市
19.蒲江县
20.新津县

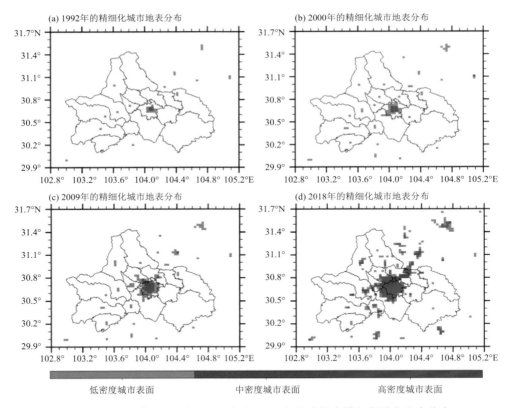

图 7.25　1992 年、2000 年、2009 年和 2018 年的成都市精细化城市地表分布

(引自 王浩帆,2022)

增长幅度小,范围向市区边缘移动。2018 年,发展迅速,成都市中、低密度城市地表面积急速降低并向高密度城市地表转化,市区高密度城市地表面积达到了 390 km^2,中、低密度城市地表几乎已经不存在。除简阳以外的其他地区,均出现了较为快速的城市化过程。

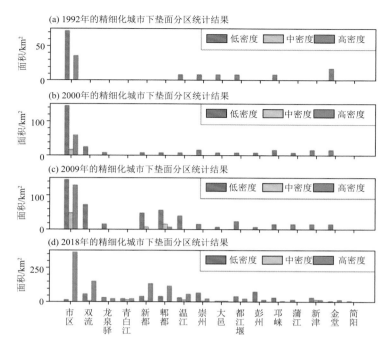

图 7.26 1992 年、2000 年、2009 年和 2018 年成都市城市下垫面分区统计

（引自 王浩帆，2022）

7.5.2 城市化发展对气象条件的影响

研究采用 BEM 城市冠层方案，选取 1992 年、2000 年、2009 年、2018 年共 4 个时期的精细化城市下垫面数据集，气象初始场和气象边界场采用美国国家环境预报中心（NCEP）提供的空间分辨率为 1°×1°、时间分辨率为 6 h 的全球再分析资料 FNL(Final Operational Global Analysis data)资料，模拟时段为 2020 年 1 月和 2020 年 7 月，分别代表冬季和夏季。

模拟结果（王浩帆，2022）表明，1992—2009 年，成都市地面温度未发生明显的变化。到 2018 年，市区夏季白天的升温不明显，而夜间温度上升幅度较大，市区可达 2.2 ℃，近郊地区升温幅度在 1.0 ℃左右。冬季白天温度约上升 1.0 ℃，近郊冬季白天温度有 0.3~0.6 ℃不同程度的升幅。1992—2009 年，冬季夜间的温度分布整体上呈现出"北低南高"的态势，2018 年由于受到城市扩张的影响，这种分布特点在逐渐消失。2018 年，市区冬季夜间温度升幅约为 1.5 ℃，近郊冬季夜间温度有 0.5~1.5 ℃不同程度的升幅，郊区温度除金堂和简阳变化不明显外，其余地区也有小幅度上升。城市地表面积和城市密度的增大导致温度整体呈现上升趋势，城市地表的高热惯性造成夏季和冬季夜间的城市热岛作用比白天更明显。

不同时期的地面风速整体上呈现出"西南低东北高"和"城市低郊区高"的分布特点。城市地表覆盖区域的夏季风速相比其他自然地表而言约低 0.6 m/s，冬季风速相比其他自然地表约低 1.0 m/s。夏季白天风速，2018 年成都市区风速相较 1992 年降低了约 0.8 m/s，夜间风速明显低于白天风速。对于冬季白天风速，1992 年成都市区约为 2.9 m/s，2018 年市区风速已降低至 2.4 m/s，市区风速降低幅度远高于近郊，而双流、龙泉驿、青白江、金堂以及简阳等地的风速则有所增大。冬季夜间风速相对于白天来说整体较低,市区的冬季夜间风速没有因为城市扩张而受到明显影响,风速保持在 1.0 m/s 左右。2000—2018 年,低风速区域开始由市区向近郊城市扩展,近郊地区以及新津地区由于受到城市化的影响风速有明显的降低。综上所述,随着人口不断增长和城市化进程不断推进,成都市区的住宅区建筑逐渐增高,导致城市表面粗糙度提高,致使风速降低。在城市化进程较为缓慢的地区,地表粗糙度没有明显的变化,但由于受成都市区温度升高带来的水平湍流作用影响,造成了风速增大。

7.5.3 城市化发展对空气质量的影响

Wang 等(2022)利用 WRF-CMAQ 模拟研究了成都城市化扩张对空气质量的影响。模拟试验选取的区域和试验方案如图 7.27 所示,三层嵌套的水平分辨率分别为 27 km、9 km 和 3 km(图 7.27a),用 2000 年和 2017 年 MODIS 的产品分别作为城市群发展前后的下垫面数据(图 7.27b、c),从 2000 年的自然地表转化为 2017 年的城市地表的区域称为城市扩展区。模拟一次严重的 O_3 污染过程(2017 年 7 月 10—16 日)和一次严重的 $PM_{2.5}$ 污染过程(2017 年 12 月 25—30 日),评估成都城市化发展对空气污染物的影响。

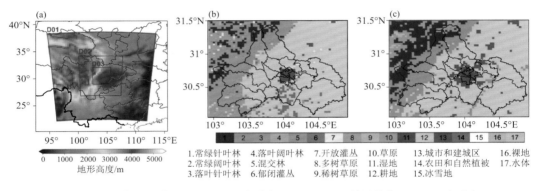

1.常绿针叶林　4.落叶阔叶林　7.开放灌丛　10.草原　13.城市和建成区　16.裸地
2.常绿阔叶林　5.混交林　8.多树草原　11.湿地　14.农田和自然植被　17.水体
3.落叶针叶林　6.郁闭灌丛　9.稀疏草原　12.耕地　15.冰雪地

图 7.27　(a)三层嵌套模型域地形;(b)2000 年成都 MODIS 土地利用分布;(c)2017 年成都 MODIS 土地利用分布(引自 Wang et al.,2022)

图 7.28 显示了 2017 年和 2000 年 00、06、12 和 18 时模拟的 $PM_{2.5}$ 浓度空间分布状况和由土地利用变化引起的 $PM_{2.5}$ 变化量空间分布。在 00 时,城市扩展区和成都南部是 $PM_{2.5}$ 浓度的高值区,2017 年和 2000 年的峰值分别达到 313.4 μg/m³ 和 283.3 μg/m³。2017 年成都市区 06 时的 $PM_{2.5}$ 浓度降至 126.3 μg/m³,郊区 $PM_{2.5}$ 浓度升高。城市化在不同时段对 $PM_{2.5}$ 的影响不同,城市扩展区的 $PM_{2.5}$ 浓度夜间显著下降(>40.0 μg/m³),白天变化不明显。

$PM_{2.5}$ 的化学成分主要分为以下三类:二次无机气溶胶(SIA),包括硝酸盐(NO_3^-)、硫酸盐(SO_4^{2-})和铵(NH_4^+);碳质气溶胶,包括元素碳(EC)和初级有机碳(POC);二次有机气溶胶(SOA),包括由人为挥发性有机化合物前体(ASOA)和生物源挥发性有机化合物前体(BSOA)形成的 SOA。图 7.29 为 2017 年与 2000 年城市扩展区上空 $PM_{2.5}$ 组分和 $PM_{2.5}$ 总浓度差异的日变化。城市化对冬季 $PM_{2.5}$ 浓度的影响结果表明,城市扩展区 $PM_{2.5}$ 浓度夜间显著下降,白天略微下降。以植被为主的土地覆盖向人为地表的转化,导致 BVOC 排放量减少,从而导致 BSOA 浓度降低(3.4 μg/m³)。由城市化引起的夜间升温导致气-粒相分配变化,半挥

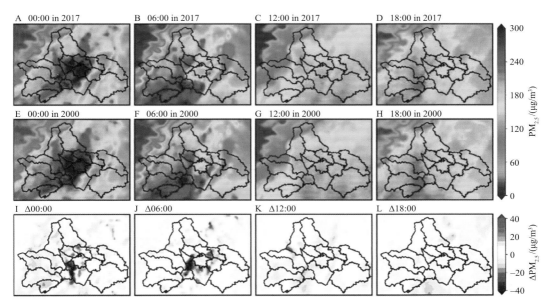

图 7.28　2017 年（a～d）和 2000 年（e～h）00、06、12 和 18 时模拟的 $PM_{2.5}$ 浓度的空间分布，
（i～l）土地利用变化引起的 $PM_{2.5}$ 变化量空间分布（引自 Wang et al.，2022）

发性有机污染物转化为气相，ASOA 含量降低。而在白天人为排放的作用远大于升温的作用，ASOA 浓度升高 2.85 $\mu g/m^3$。夜间硝酸盐和硫酸盐气溶胶的浓度由于大气氧化速率减弱而分别下降了 2.80 $\mu g/m^3$ 和 1.30 $\mu g/m^3$，硝酸盐和硫酸盐含量减少对 $PM_{2.5}$ 浓度下降的贡献约占 40%。由于成都的氨排放水平相对较低，NH_4^+ 含量的变化较小。

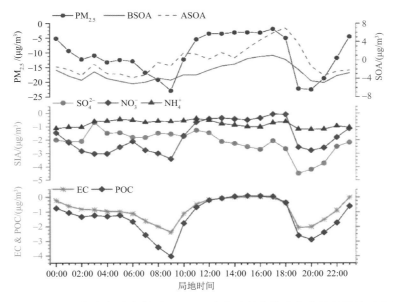

图 7.29　2000—2017 年成都城市扩展区 $PM_{2.5}$ 浓度及其化学成分含量差异的日变化规律，
平均数据由城市扩展区的值计算得出（引自 Wang et al.，2022）

2017 年气溶胶过程在下午的贡献为 -28.3 $\mu g/m^3$，2000 年气溶胶过程在下午的贡献为 -19.4 $\mu g/m^3$（图 7.30），气溶胶过程减弱导致 $PM_{2.5}$ 浓度降低，主要是由于温度升高造成的。城市化对气相化学和干沉积过程的影响不大，而水平平流和垂直湍流过程受到城市化的影响显著。在城市化作用下，水平平流过程导致 $PM_{2.5}$ 浓度在白天上升 3.0 $\mu g/m^3$，夜间上升 12.5 $\mu g/m^3$。城市群发展导致人为热量排放增大和蓄热能力提高，近地面温度相继升高，从而增强了垂直对流。垂直湍流过程导致 2017 年和 2000 年夜间 $PM_{2.5}$ 浓度分别下降 33.4 $\mu g/m^3$ 和 29.3 $\mu g/m^3$。由于 2017 年夜间风速较低，水平扩散过程减弱，导致 $PM_{2.5}$ 浓度升高 0.15 $\mu g/m^3$，而 2000 年夜间由于风速较大，水平扩散加强导致 $PM_{2.5}$ 含量下降 0.15 $\mu g/m^3$。此外，由于 2017 年近地面温度比 2000 年高，城市扩展区上空的温度梯度增大，使得垂直扩散作用增强。

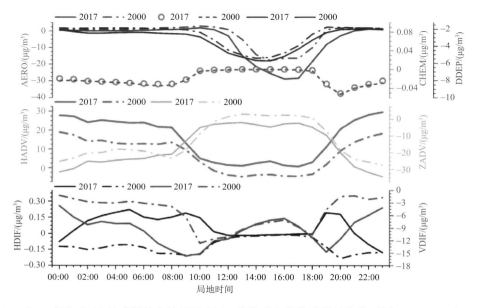

图 7.30 2000 年和 2017 年成都城市扩展区 $PM_{2.5}$ 的物理和化学过程日变化（引自 Wang et al.，2022）
（物理化学过程包括：垂直平流（ZADV）、水平平流（HADV）、水平扩散（HDIF）、垂直扩散（VDIF）、初级排放（EMIS）、干沉降（DDEP）、气相化学（CHEM）和气溶胶过程（AERO））

图 7.31 为 2017 年和 2000 年 00、06、12 和 18 时模拟的夏季 O_3 浓度空间分布和由土地利用变化引起的 O_3 变化量空间分布。位于成都西北部的青藏高原边缘地区在 00 至 06 时表现出较高的 O_3 浓度，O_3 浓度峰值超过 200 $\mu g/m^3$，主要由于该地区的人为 NO_x 排放量相对较低，导致夜间 NO"滴定"作用较弱，O_3 浓度上升。相比之下，成都市区的 O_3 浓度呈现出典型的日变化特征，其特点是下午出现峰值，晚上由于充分的 NO"滴定"作用，O_3 浓度降低到较低水平（小于 30 $\mu g/m^3$）。

图 7.32 表明，城市发展区 2017 年与 2000 年的 O_3 浓度差异在 18 时显著增大，增幅达 64 $\mu g/m^3$。城市发展区 2017 年比 2000 年的 NO_2 浓度在 18 时显著下降，减幅达 64 $\mu g/m^3$。因为 18 时太阳辐射减弱、热源减少，而在城市建筑热惯性的影响下，夜间人为地表的冷却速率低于自然地表，更高温度的城市地表有利于 NO_2 继续反应生成 O_3。

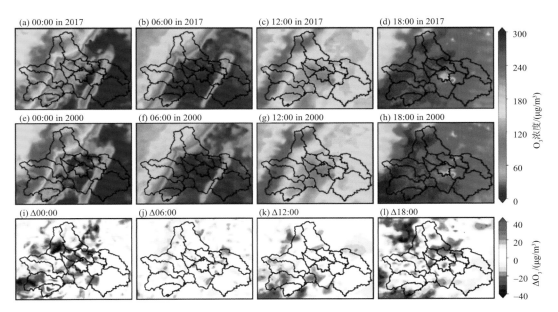

图 7.31　2017 年(a~d)和 2000 年(e~h)00、06、12 和 18 时模拟的 O_3 浓度的空间分布，
(i~l)土地利用变化引起的 O_3 变化量空间分布(引自 Wang et al.，2022)

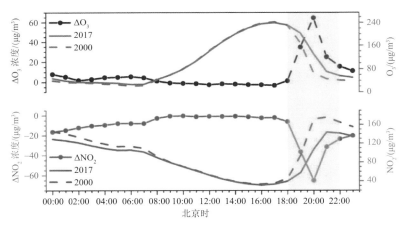

图 7.32　2000 年和 2017 年成都城市扩展区 O_3 和 NO_2 浓度及其变化量的日变化
(引自 Wang et al.，2022)

　　如图 7.33 所示，O_3 浓度的变化主要是由城市化引起的水平平流和垂直扩散作用强度变化导致的，水平平流作用促进 O_3 扩散和输送流出，使 2017 年相对于 2000 年 20 时的 O_3 浓度下降 177.0 $\mu g/m^3$。城市群发展引起行星边界层增高、垂直传输能力增强，垂直扩散作用导致城市群发展前、后 20 时的 O_3 浓度上升 323.4 $\mu g/m^3$。植被可以通过植物气孔消耗 O_3，随着城市群发展，植被覆盖度降低，导致白天干沉积过程减弱。

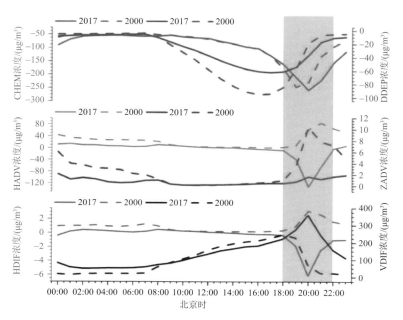

图 7.33　2000—2017 年成都城市扩展区 O_3 的物理和化学过程日变化(引自 Wang et al.，2022)

7.6

本章小结

近地面风场是决定大气污染物扩散能力的最重要参数之一,四川盆地低层不同季节不同高度的风场特征分布表明,川渝地区春、夏季以偏东南风为主,秋、冬季以偏东北风为主。气流进入四川盆地后大致分为川西—川中—川东三条路径。但是冬季和夏季影响污染物的传输路径通道仍有较大的差异。利用城市分异指数研究结果表明,盆地边缘城市分异指数较小,川西城市带、川东城市带和盆地中部 $PM_{2.5}$ 浓度变化很相似,说明这些城市之间具有较强的大气传输。

通过数值模式敏感性试验,分析了青藏高原地形效应和污染物排放对四川盆地区域大气污染物传输影响的区域差异,结合四川盆地上空对流层下部的大气动力和热力变化,发现青藏高原的地形影响以及周边的高原和山脉在污染过程期间促进了大气静稳结构的形成,从而抑制大气污染物向外扩散,并在盆地西部上空积累更多的污染物。

在 O_3 污染事件的初期和减弱阶段,盆地分别受东南风和北风控制,在盛行风的驱动下, O_3 及其前体物从上游城市输送到下游城市,导致下游地区附近的 O_3 浓度水平升高。夜间1000 m 高度上 O_3 浓度水平和空间分布特征受白天地面 O_3 浓度分布以及风场传输作用的影响较大。夜间 O_3 低值主要为盆地底部地区,成都及重庆市区受 NO 滴定作用影响,为两大低值中心, O_3 高值中心受山脉阻挡作用,呈带状堆积在盆地边缘地区。在大气运动和边界层气象条件的作用下,各城市污染物有明显的传输和关联性,加强区域间的大气污染联防联控和协同减排至关重要,除人为排放的影响外,自然源排放的挥发性有机化合物等对臭氧和二次有机气溶胶的形成也有重要贡献。

随着城市化进程的推进,城市粗糙度不断增大,大部分城市区域的风速降低,部分地区由于市区温度上升,水平湍流作用加强,抵消了粗糙度对风速的影响,从而出现风速增大的现象。城市群发展将原有的自然下垫面改变成为了人造下垫面,在极大的程度上改变"地-气"能量收支,对局地和区域气象要素、空气质量等亦产生重要的影响。

参考文献

雷雨,2022. 四川盆地臭氧污染特征及传输机制研究[D]. 成都:成都信息工程大学.

罗青,廖婷婷,王碧菡,等,2020. 四川盆地近地面风场及污染物输送通道统计分析[J]. 环境科学学报,40(4):1374-1384.

钱骏,徐晨曦,陈军辉,等,2021. 2020 年成都市典型臭氧污染过程特征及敏感性[J]. 环境科学,42(12):5736-5746.

王浩帆,2022. 基于数值模拟方法的成都市城市扩张对城市气象的影响机制研究[D]. 成都:成都信息工程大学.

王鸿州,先敏,蔡田杰,等,2020. 成都市 1988—2018 年间主城区城市扩展时空特征分析[J]. 四川环境,39(1):141-148.

吴浪,周廷刚,温莉,等,2018. 基于遥感数据的 PM$_{2.5}$ 与城市化的时空关系研究——以成渝城市群为例[J]. 长江流域资源与环境,27(9):2142-2152.

张周,2020. 基于 DMSP/LANDSAT 数据的成渝城市群空间演化特征分析研究[J]. 重庆建筑,19(1):26-31.

CALFAPIETRA C, PEÑUELAS J, NIINEMETS Ü, 2015. Urban plant physiology:adaptation-mitigation strategies under permanent stress[J]. Trends in Plant Science,20(2):72-75.

DENG Y, LI J, LI Y, et al, 2019. Characteristics of volatile organic compounds, NO$_2$, and effects on ozone formation at a site with high ozone level in Chengdu[J]. Journal of Environmental Sciences,75:334-345.

FENG X, LIU C, FAN G, 2016. Climatology and structures of southwest vortices in the NCEP climate forecast system reanalysis[J]. Journal of Climate,29(21):7675-7701.

GUENTHER A B, JIANG X, HEALD C L, et al,2012. The Model of Emissions of Gases and Aerosols from nature version 2.1 (MEGAN2.1):An extended and updated framework for modeling biogenic emissions[J]. Geoscientific Model Development,5(6):1471-1492.

GUO J, MIAO Y, ZHANG Y, et al, 2016. The climatology of planetary boundary layer height in China derived from radiosonde and reanalysis data[J]. Atmospheric Chemistry and Physics,16(20):13309-13319.

HOGREFE C, ROSELLE S J, BASH J O, 2017. Persistence of initial conditions in continental scale air quality simulations[J]. Atmospheric Environment,160:36-45.

HU X M, MA Z, LIN W, et al, 2014. Impact of the Loess Plateau on the atmospheric boundary layer structure and air quality in the North China Plain:A case study[J]. Science of the Total Environment,499:228-237.

JAZCILEVICH A D, GARCÍA A R, CAETANO E, 2005. Locally induced surface air confluence by complex terrain and its effects on air pollution in the valley of Mexico[J]. Atmospheric Environment,39(30):5481-5489.

KLEIN P M, HU X M, XUE M, 2014. Impacts of mixing processes in nocturnal atmospheric boundary layer on urban ozone concentrations[J]. Boundary-layer Meteorology，150(1)：107-130.

LEI Y，WU K，ZHANG X L，et al，2023. Role of meteorology-driven regional transport on O_3 pollution over the Chengdu Plain，southwestern China[J]. Atmospheric Research，285：106619.

LIAO T，WANG S，AI J，et al，2017. Heavy pollution episodes，transport pathways and potential sources of $PM_{2.5}$，during the winter of 2013 in Chengdu（China）[J]. Science of the Total Environment，584：1056-1065.

LIAO T，GUI K，JIANG W，et al，2018. Air stagnation and its impact on air quality during winter in Sichuan and Chongqing，southwestern China[J]. Science of the Total Environment，635：576-585.

LIN M，TAO J，CHAN C Y，et al，2012. Regression analyses between recent air quality and visibility changes in megacities at four haze regions in China[J]. Aerosol and Air Quality Research，12(6)：1049-1061.

NING G，WANG S，YIM S H L，et al，2018. Impact of low-pressure systems on winter heavy air pollution in the northwest Sichuan Basin，China[J]. Atmospheric Chemistry and Physics，18(18)：13601-13615.

POULOS G S，PIELKE R A，1994. A numerical analysis of Los Angeles basin pollution transport to the Grand Canyon under stably stratified，southwest flow conditions[J]. Atmospheric Environment，28(20)：3329-3357.

QIAO X，GUO H，TANG Y，et al，2019a. Local and regional contributions to fine particulate matter in the 18 cities of Sichuan Basin，southwestern China[J]. Atmospheric Chemistry and Physics，19(9)：5791-5803.

QIAO X，GUO H，WANG P，et al，2019b. Fine particulate matter and ozone pollution in the 18 cities of the Sichuan Basin in southwestern China：Model performance and characteristics[J]. Aerosol and Air Quality Research，19(10)：2308-2319.

SCHMITZ R，2005. Modelling of air pollution dispersion in Santiago de Chile[J]. Atmospheric Environment，39(11)：2035-2047.

SHU Z，LIU Y，ZHAO T，et al，2021. Elevated 3D structures of $PM_{2.5}$ and impact of complex terrain-forcing circulations on heavy haze pollution over Sichuan Basin，China[J]. Atmospheric Chemistry and Physics，21(11)：9253-9268.

SHU Z，ZHAO T，LIU Y，et al，2022. Impact of deep basin terrain on $PM_{2.5}$ distribution and its seasonality over the Sichuan Basin，Southwest China[J]. Environmental Pollution，300：118944.

STAUFFER D，SEAMAN N，WARNER T，et al，1993. Application of an atmospheric simulation model to diagnose air-pollution transport in the grand canyon region of Arizona[J]. Chemical Engineering Communications，121(1)：9-25.

TAN Z，LU K，JIANG M，et al，2018. Exploring ozone pollution in Chengdu，southwestern China：A case study from radical chemistry to O_3-VOC-NOx sensitivity[J]. Science of the Total Environment，636：775-786.

TANG L，QU J，MI Z，et al，2019. Substantial emission reductions from Chinese power plants after the introduction of ultra-low emissions standards[J]. Nature Energy，4(11)：929-938.

WANG X，DICKINSON R E，SU L，et al，2018. $PM_{2.5}$ pollution in China and how it has been exacerbated by terrain and meteorological conditions[J]. Bulletin of the American Meteorological Society，99(1)：105-119.

WANG H F，LIU Z H，WU K，et al，2022. Impact of Urbanization on meteorology and air quality in Chengdu，a basin city of Southwestern China[J]. Frontiers in Ecology and Evolution，10：845801.

WU K，YANG X，CHEN D，et al，2020. Estimation of biogenic VOC emissions and their corresponding impact on ozone and secondary organic aerosol formation in China[J]. Atmospheric Research，231：104656.

XU X，ZHAO T，LIU F，et al，2016. Climate modulation of the Tibetan Plateau on haze in China[J]. Atmospheric Chemistry and Physics，16(3)：1365-1375.

YANG X，WU K，WANG H，et al，2020. Summertime ozone pollution in Sichuan Basin，China：Meteorological conditions，sources and process analysis[J]. Atmospheric Environment，226：117392.

YANG X，WU K，LU Y，et al，2021. Origin of regional springtime ozone episodes in the Sichuan Basin，China：Role of synoptic forcing and regional transport[J]. Environmental Pollution，278：116845.

YANG X，YANG T，LU Y，et al，2022. Assessment of summertime ozone formation in the Sichuan Basin，southwestern China[J]. Frontiers in Ecology and Evolution，10：931662.

ZHAI S X，JACOB D J，WANG X，et al，2019. Fine particulate matter（$PM_{2.5}$）trends in China，2013—2018：Separating contributions from anthropogenic emissions and meteorology[J]. Atmospheric Chemistry Physics，19(16)：11031-11041.

ZHANG L，GUO X M，ZHAO T L，et al，2019. A modelling study of the terrain effects on haze pollution in the Sichuan Basin[J]. Atmospheric Environment，196：77-85.

ZHANG Z Q，FRIEDLANDER S K，2000. A comparative study of chemical databases for fine particulate Chinese aerosols[J]. Environmental Science and Technology，34(22)：4687-4694.

ZHANG S，LYU Y，YANG X，et al，2022. Modeling biogenic volatile organic compounds emissions and subsequent impacts on ozone air quality in the Sichuan Basin，Southwestern China[J]. Frontiers in Ecology and Evolution，10：924944.

ZHENG B，ZHANG Q，ZHANG Y，et al，2015. Heterogeneous chemistry：A mechanism missing in current models to explain secondary inorganic aerosol formation during the January 2013 haze episode in North China[J]. Atmospheric Chemistry and Physics，15(4)：2031-2049.

ZHENG B，TONG D，LI M，et al，2018. Trends in China's anthropogenic emissions since 2010 as the consequence of clean air actions[J]. Atmospheric Chemistry and Physics，18(19)：14095-14111.

ZHOU Z，TAN Q，LIU H，et al，2019. Emission characteristics and high-resolution spatial and temporal distribution of pollutants from motor vehicles in Chengdu，China[J]. Atmospheric Pollution Research，10(3)：749-758.

第8章 四川盆地大气污染的模拟和预报技术

空气质量预报模型是实现空气质量准确预报和精准调控的核心技术。城市环境气象预报能实现环境空气质量与重污染天气的提前预报,支撑政府制定精细化的防治策略,提醒公众提前防范,减轻污染造成的危害。影响大气污染和环境空气质量的主要因素包括污染源排放、大气物理化学过程和气象条件,每个城市和地区不同污染物与这些影响因素的关系复杂多变。污染物浓度和空气质量预报技术主要包括统计预报技术和数值模式预报技术,近年来机器学习方法在空气质量预报中应用广泛,这些技术方法也用于气象条件和污染物减排对空气质量改善的效果评估。四川盆地受高原-深盆复杂地形影响,气象条件和污染物浓度的精准模拟与预报具有更大的挑战性。本章介绍了四川盆地及典型城市大气污染的统计预报技术、污染潜势预报模型、数值预报模式的应用和模拟分析,尝试开展主要污染物的中长期趋势预测,为区域大气污染预报、预警技术和大气污染防控提供参考。

8.1
大气颗粒物与臭氧浓度的统计预报技术

统计和机器学习预报模型具有效率高、成本低、效果好等特点,因而被中外学者广泛应用于研究大气污染,如灰色预测模型 GM(1,1)、多元时间序列方法、非线性多元回归、主成分分析技术等在细颗粒物(PM$_{2.5}$)和臭氧(O$_3$)预测、预报上应用较广并取得了一定的成果。敖希琴等(2019)运用多元时间序列方法来预测 PM$_{2.5}$ 的浓度,尹杰等(2018)运用多元线性方法分析了 PM$_{2.5}$ 浓度的空间分布,从 PM$_{2.5}$ 浓度、排放源、气象及气候成因等方面,利用多元时间序列和多元线性方法从 PM$_{2.5}$ 浓度变化与影响因子的线性相关方面开展研究,对 PM$_{2.5}$ 浓度时、空变化进行了预测研究。洪盛茂等(2009)利用非线性多元回归方法研究了 O$_3$ 浓度与天气系统等因素的相关关系,李霄阳等(2018)运用空间自相关方法分析了 2016 年中国城市 O$_3$ 污染的空间集聚和冷、热点区域的时空特征,并对 O$_3$ 浓度时空变化进行了预测。

近年来,随着机器学习这种以大数据为基础的模拟分析方法的不断发展进步,其在模拟变量间非线性交互等方面具有优势,可以得到较为精准的预测结果,许多学者开始采用机器学习技术进行 PM$_{2.5}$ 和 O$_3$ 浓度预测,目前应用较多的包括 K 最近邻(KNN)模型、BP 神经网络(BPNN)模型、支持向量机(SVM)回归模型、高斯过程回归(GPR)模型、土地利用回归模型、随机森林(RF)模型、广义相加模型(GAM)等(康俊锋 等,2020;胡成媛 等,2019;汤宇磊 等,2019)。如王敏等(2013)、郑毅和朱成璋(2014)都采用神经网络技术进行 PM$_{2.5}$ 浓度预测,结果表明神经网络技术可以很好地进行 PM$_{2.5}$ 浓度预测,但是神经网络技术容易陷入局部极小化而且收敛速度慢。Sun 等(2016)、李建新等(2019)的研究表明,基于支持向量机改进算法构建的模型在一定程度上能提高 $PM_{2.5}$ 浓度的预测性能。汤静(2019)运用 PCA_KNN 方法,探讨空气质量和对 $PM_{2.5}$ 的预报作用。李梓铭等(2020)利用相似集合预报技术对空气质量数值预报产品进行订正释用,明显提高了地面臭氧浓度的预报效果。贺祥和林振山(2017)通过运用 GAM,构建了 $PM_{2.5}$ 浓度变化与主导的影响因子构成的非线性模型,从而更加深入地探究主导影响因子之间的交互作用对 $PM_{2.5}$ 浓度的影响特征和预测、预报作用。随机森林算法可以处理高维度数据而且还可以给出变量的相对重要性(Zeng et al.,2019),在 $PM_{2.5}$ 浓度预测上取得了一定的成果(侯俊雄 等,2017;Huang et al.,2018)。对于 O_3 浓度的预测,沈路路等(2011)运用神经网络研究了气象条件对 O_3 的驱动作用;Wolf 等(2017)使用土地利用回归模型研究了 O_3 的空间分布特征及其影响因素;Gong 等(2018)使用 GAM 量化了中国 16 个城市的气象条件对 O_3 污染的影响,指出 GAM 可以有效解释气象条件与 O_3 浓度的关系;胡成媛等(2019)通过构建 GAM 模型对四川盆地 18 个城市 O_3 污染的主导气象因子进行识别,并对2017 年 O_3 浓度进行预测和检验,结果显示 GAM 模型能较为准确地预测四川盆地各城市 O_3 浓度的变化趋势。

8.1.1 四川盆地颗粒物浓度的统计预报模型

8.1.1.1 四川盆地颗粒物浓度的随机森林预测模型

汤宇磊等(2019)基于 MAIAC 气溶胶光学厚度(AOD)产品数据(Multi-Angle Implementation of Atmospheric Correction,1 km 分辨率)、地面站监测数据,综合气象、地形、人类活动等多要素,分别构建 AOD 随机森林填补模型、$PM_{2.5}$ 与 PM_{10} 随机森林预测模型,用于反演四川盆地 2013—2017 年 1 km 网格逐日 $PM_{2.5}$ 与 PM_{10} 浓度,分析 $PM_{2.5}$ 与 PM_{10} 污染的时空分布以及两者的关联特征。通过相应的预测变量对未监测区域及时段进行模型预测。数据结果显示,四川盆地 5 年间地面 $PM_{2.5}$ 与 PM_{10} 平均浓度分别为 47.8 $\mu g/m^3$ 和 75.2 $\mu g/m^3$,均超过国家环境空气质量标准年均值 II 级标准(35.0 $\mu g/m^3$),区域颗粒物污染整体较为严重。成都市、自贡市市辖区、重庆市主城区 $PM_{2.5}$ 与 PM_{10} 浓度相对较高,宜宾市辖区 $PM_{2.5}$ 污染较严重,而德阳市辖区 PM_{10} 污染较严重(图 8.1)。

如图 8.2 所示,反演构建的高分辨率四川盆地各季颗粒物浓度分布不均,$PM_{2.5}$ 与 PM_{10} 浓度呈现明显的"冬高夏低"季节变化。其浓度的季节排序均为:冬季>春季>秋季>夏季。冬季 $PM_{2.5}$ 与 PM_{10} 浓度分别为夏季的 2.3 倍与 2.0 倍。大量的人为排放、特殊的地形和独特的大气环流共同导致盆地上冬季颗粒物高浓度(Ning et al.,2018)。夏季时盆地边界层高度明显高于冬季,且雨水丰沛,利于颗粒物扩散或沉降(Tian et al.,2019)。

8.1.1.2 四川盆地 $PM_{2.5}$ 浓度的 GAM 预测模型

邓中慈等(2020)为了探究四川盆地 $PM_{2.5}$ 浓度变化的主导影响因子,通过广义相加模型(GAM),构建了 $PM_{2.5}$ 浓度变化与影响因素构成的非线性模拟方案,分析一次气态前体物(SO_2、NO_2、CO)以及 6 个气象因子对 $PM_{2.5}$ 浓度的拟合程度来判断 $PM_{2.5}$ 的主导影响因子,深入探究各个影响因子之间的相互作用对 $PM_{2.5}$ 浓度变化的影响。

研究中采用的 GAM 模型具备解决响应变量($PM_{2.5}$)与预测因子非线性关系的能力,可以对部分影响因子进行线性拟合,对其他因子进行光滑函数拟合。利用 R 语言的 mgcv 包中的

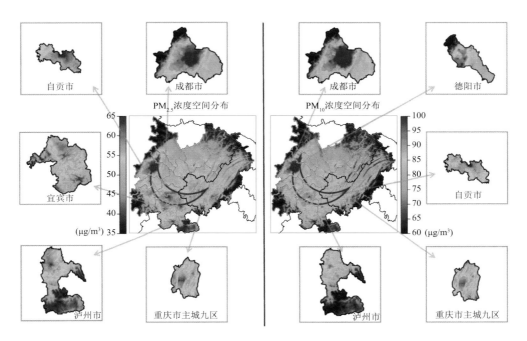

图 8.1　随机森林模型预测 2013—2017 年四川盆地及部分城市 PM$_{2.5}$（左）与 PM$_{10}$（右）年均浓度分布
（引自 汤宇磊 等,2019）

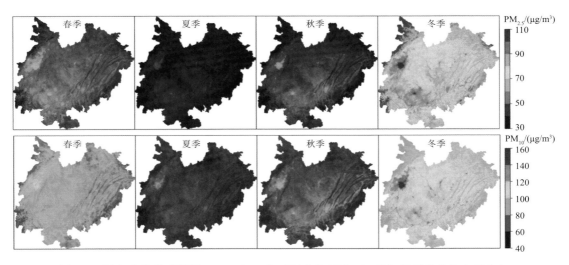

图 8.2　随机森林模型预测 2013—2017 年四川盆地 PM$_{2.5}$与 PM$_{10}$浓度季节性空间分布
（引自 汤宇磊 等,2019）

gam 函数构建了 GAM 模型（胡成媛 等,2019）。模型方程式如下：

$$g(\mu_i) = X_i\theta + f_1(x_{1i}) + f_2(x_{2i}) + \cdots + f_j(x_{ji}) + \varepsilon_i \qquad i = 1,\cdots,n \qquad (8.1)$$

式中：i 表示研究时间段内的第 i 天；n 表示研究时段总天数；j 表示影响因子的个数；μ_i 表示相关变量的期望值,$g(\mu_i)$ 即表示相关的连接函数；f_j 表示影响因子 x_{ij} 的光滑函数,在本方程中代表 PM$_{2.5}$ 浓度和影响因子的关系；$X_i\theta$ 表示全参数模型成分；ε_i 为残差。

利用 GAM 模型进行主导影响因子识别和预测模型构建时,对 GAM 模型平滑函数 f_j 使用惩罚三次回归样条,以保证 $PM_{2.5}$ 浓度与所选取的气象因子或一次气态前体物形成非线性响应。为了保证所建立 GAM 模型的可靠性,利用 R 语言、压轴回归法(Reduced Major Axis Regression,RMA)并将构建的 GAM 模型用于四川盆地 18 个城市 2017 年 $PM_{2.5}$ 浓度的预测,与观测值做比对检验。

以成都市为例,基于 2015—2016 年训练数据构建的 GAM 模型,对成都市 2017 年全年 $PM_{2.5}$ 浓度的逐日变化进行预测和对比验证。得到成都市 2017 年的 $PM_{2.5}$ 浓度预测值与观测值对比图(图 8.3),利用 GAM 模型识别出的 5 个主导影响因子构建的模型所得到的 2017 年 $PM_{2.5}$ 浓度预测平均值为 55.98 ± 42.44 $\mu g/m^3$;2017 年 $PM_{2.5}$ 浓度观测平均值为 55.98 ± 46.59 $\mu g/m^3$,表明所构建的 GAM 模型能较好地预测 $PM_{2.5}$ 浓度的逐日变化。

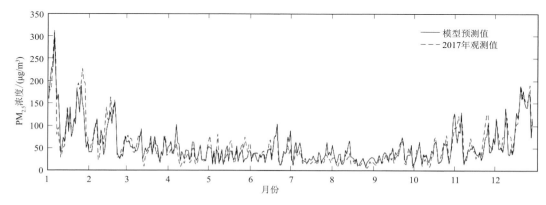

图 8.3　GAM 模型预测成都市 2017 年 $PM_{2.5}$ 浓度与观测值对比

分析成都市各季的 $PM_{2.5}$ 浓度预测效果(表 8.1),可以看出所得 GAM 模型预测浓度与实际观测浓度一致性较好。预测峰值为 311.74 $\mu g/m^3$,观测峰值为 313.00 $\mu g/m^3$,均出现在冬季的 1 月;预测谷值为 7.36 $\mu g/m^3$,观测谷值为 6.00 $\mu g/m^3$,均出现在夏季,表明该模型对 $PM_{2.5}$ 浓度峰/谷值的预测也较为准确。结合一次气态前体物和气象要素构建的 GAM 模型结果的平均相对误差为 $14.12\%\pm44.41\%$。总体表明所建立的 GAM 模型对 $PM_{2.5}$ 浓度的预测准确率和可信度相对较高。

表 8.1　成都市 2017 年各季 $PM_{2.5}$ 浓度预测与实际观测值　　　　　单位:$\mu g/m^3$

$PM_{2.5}/(\mu g/m^3)$	春季	夏季	秋季	冬季
2017 观测值	41.87 ± 19.70	28.55 ± 15.70	47.02 ± 29.56	109.91 ± 59.35
模型预测值	42.56 ± 20.67	30.45 ± 17.74	45.64 ± 28.70	108.60 ± 58.79

同样,利用 GAM 模型对四川盆地内各城市进行 2017 年 $PM_{2.5}$ 浓度预测,对预测结果进行压轴回归(Reduced Major Axis Regression,RMA)检验,得到表 8.2。从 18 个城市 2017 年 $PM_{2.5}$ 预测的 RMA 检验结果可见,$1.0836\leqslant$ 斜率 $\leqslant1.2694$,斜率多数接近于 1;$3.4309\leqslant|$ 截距 $|\leqslant8.4850$;$0.5948\leqslant R^2\leqslant0.8787$,表明该方案下建立的模型能较为准确地预测四川盆地内各城市 $PM_{2.5}$ 浓度的变化趋势。

表 8.2　四川盆地 18 城市 $PM_{2.5}$ 浓度预测压轴回归检验结果

城市	斜率	截距	R^2
成都市	1.0979	-5.4786	0.8276
达州市	1.0739	-3.6942	0.8720
德阳市	1.0836	-4.3277	0.8620
广安市	1.0978	-3.6034	0.8355
乐山市	1.0721	-4.0142	0.8787
泸州市	1.1611	-8.4850	07375
眉山市	1.1467	-7.2419	0.7629
绵阳市	1.1296	-6.2899	0.7806
南充市	1.1210	-5.6245	0.7933
内江市	1.0870	-4.1864	0.8547
重庆市	1.0878	-3.9316	0.8491
遂宁市	1.2468	-9.4464	0.6236
宜宾市	1.0973	-5.4859	0.8333
资阳市	1.0938	-3.4309	0.8454
自贡市	1.0943	-6.2834	0.8364
广元市	1.2694	-6.4622	0.5948
巴中市	1.1111	-3.6856	0.8133
雅安市	1.1255	-6.1499	0.7923

8.1.2　四川盆地臭氧浓度的 GAM 预测模型

胡成媛等（2019）分析了气温、气压、日照时数、相对湿度、风速、降水量等气象因子对 O_3 浓度的影响，运用广义相加模型（GAM）构建 O_3 浓度变化与影响因素的非线性模型。根据构建的 GAM 模型，利用筛选的成都市的 4 个主要气象因素（气压、气温、相对湿度以及日照时数），对成都市 2017 年 O_3 浓度进行预测，得到成都市 2017 年 O_3 浓度预测值并与观测值做对比（图 8.4）。建立的 GAM 模型能较好地预测 O_3 浓度的逐日变化和季节变化，O_3 浓度预测值季节变化为夏季（151.12±36.79 $\mu g/m^3$）＞春季（101.41±45.28 $\mu g/m^3$）＞秋季（74.17±34.91 $\mu g/m^3$）＞冬季（53.15±23.20 $\mu g/m^3$）；O_3 浓度观测值季节变化亦为夏季（141.63±47.11 $\mu g/m^3$）＞春季（108.06±47.66 $\mu g/m^3$）＞秋季（65.98±36.35 $\mu g/m^3$）＞冬季（47.78±23.21 $\mu g/m^3$）。预测值和观测值的线性关系如图 8.5 所示，散点均匀分布在 RAM 回归直线 $y=-9.1768+1.0535x$ 的两侧，$R^2=0.8178$，表明模型能够解释 O_3 浓度 81.78% 的变化，即认为对 2017 年成都市 O_3 预测较为准确。O_3 浓度的预测值具有显著的参考价值。

利用 GAM 模型对四川盆地其他城市 O_3 浓度进行预测，对各城市 2017 年 O_3 浓度预测 RMA 检验，结果如表 8.3，18 个城市 2017 年 O_3 预测的 RMA 分析表明，1.0535≤斜率（k）≤1.4034，斜率接近于 1；3.8174≤|截距（b）|≤35.3446；0.5088≤R^2≤0.8230，模型拟合均较好，结果显示 GAM 模型能较为准确地预测四川盆地各城市 O_3 浓度的变化。

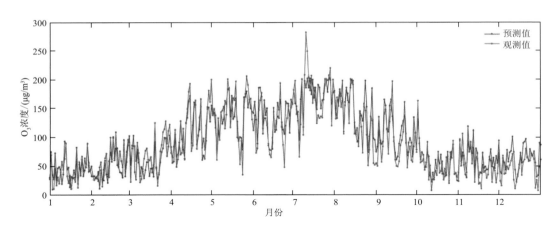

图 8.4　成都市 2017 年 O₃ 浓度 GAM 预测值与观测值

（引自 胡成媛 等,2019）

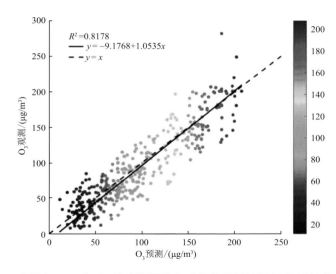

图 8.5　成都市 2017 年 O₃ 浓度预测值与观测值的压轴回归(RMA)检验结果

（引自 胡成媛 等,2019）

表 8.3　四川盆地 18 城市 O₃ 浓度预测 RMA 结果(引自 胡成媛 等,2019)

城市	斜率(k)	截距(b)	R^2
成都	1.0535	−9.1768	0.8178
达州	1.2259	−5.6487	0.5088
德阳	1.2584	−15.9871	0.6480
广安	1.0589	−17.3019	0.7642
乐山	1.3504	−31.3938	0.7641
泸州	1.1184	−20.1643	0.7457
眉山	1.2292	−15.8144	0.7071

续表

城市	斜率(k)	截距(b)	R^2
绵阳	1.1237	-7.8593	0.5897
南充	1.3631	3.8174	0.6854
内江	1.1351	-17.6138	0.8087
重庆	1.4019	-20.5952	0.6742
遂宁	1.2572	-23.8181	0.7280
宜宾	1.2290	-9.4840	0.8230
资阳	1.2594	-28.8143	0.7118
自贡	1.4034	-31.2510	0.5872
广元	1.2934	-35.3446	0.7448
巴中	1.3648	-20.0150	0.7385
雅安	1.1698	-15.7454	0.7930

8.2
空气污染潜势预报技术

污染潜势预报是在假定污染源排放不变的情况下,以可能影响污染物时、空分布的天气形势以及气象条件为主要依据的空气污染状况预测。其特点在于忽略不确定的污染源排放速率的变化,重点关注有利或者不利于污染物扩散稀释等过程的气象因素(黄晓娴 等,2012),将气象要素对空气质量的影响分离出来(Yu et al.,2018),是评估气象条件对污染物浓度影响及贡献的重要方法之一。Zhai 等(2019)以中国地面气象观测日值数据及 MERRA2 再分析数据中的风速、降水、相对湿度、气温和 850 hPa 经向风等作为潜在预报变量,采用逐步多元线性回归法建立 2013—2018 年中国主要地区的 $PM_{2.5}$ 污染潜势预报模型,定量分析气象条件对 $PM_{2.5}$ 浓度变化的贡献,结果表明在中国 $PM_{2.5}$ 浓度下降的趋势中,气象贡献占 12%。张小曳等(2020)利用国家自动气象站逐时地面气象观测数据以及欧洲中期天气预报中心的再分析数据,对与气溶胶浓度密切相关的气象要素(如风速、风向和大气稳定度等)进行诊断和参数化分析,得到可定量反映停滞—静稳型天气程度的"污染-气象条件"指数(PLMA 指数),建立气溶胶浓度与气象要素的量化关系,并分析评估了 2013 年《大气污染防治行动计划》实施以来气象条件变化对 $PM_{2.5}$ 污染变化的影响。谈建国等(2007)和王磊等(2018)通过综合分析地面气象要素与 O_3 日最大浓度的关系,找出了影响 O_3 浓度的关键气象因子,分别建立上海和南京地区的高浓度 O_3 潜势指数(HOPI),并结合中、低层(500 hPa、700 hPa、850 hPa 和 925 hPa)的气象观测数据采用多指标叠套的多元回归方法建立高浓度 O_3 预报方程,预报检验表明均具有较好的适用性。

8.2.1　典型城市细颗粒物浓度潜势预报模型

王馨陆等(2021)以成都市为例,以多项可能影响污染物时空分布的变量为潜在预报因子,筛选关键因子,利用 2016—2018 年数据为训练集,采用多元线性回归(MLR)、BP 神经网络(NN)和随机森林(RF)三种训练方法,建立成都市冬季 $PM_{2.5}$ 污染潜势模型。三种训练方法如下。①MLR 模型:首先利用最优子集回归法筛选变量,建立初步的 MLR 模型,进行模型的诊断及显著性检验,利用方差膨胀因子进行共线性分析和模型优化,确立相对最优的 MLR 模型。②NN 模型:采用最优子集回归法确定最佳变量组合,建立 NN 模型。设置隐含层层数为1,采用十折交叉检验确定隐含层神经元个数,建立相对最优的 NN 模型。③RF 模型:采用筛选的关键入模变量建立 RF 模型,通过诊断测试抽样的特征个数和森林决策树的个数等参数对 RF 模型的影响,确定最优的参数组合,建立相对最优的 RF 模型。利用建立的模型对 2019年 $PM_{2.5}$ 浓度进行回顾预报,进一步验证 3 种模型的预报能力。用于评估模拟效果的统计量包括相关系数(R)、平均偏差(BIAS)、平均绝对误差(GE)、均方根(RMSE)以及分类误差率。

对成都市 2019 年 1—2 月和 11—12 月的 $PM_{2.5}$ 浓度进行回顾模拟,评估建立的污染潜势预报模型的预报能力(表 8.4 和图 8.6)。MLR 及 RF 模型的预报性能整体上较为稳定,与测试集中的评估结果接近。这两个模型预测值与观测值的相关系数(R)分别为 0.83 和 0.85,RF 模型的平均偏差(BIAS)高于 MLR 模型,NN 模型的预报能力相较测试集显著降低,其预测值与观测值的相关系数降至 0.78,BIAS 为 4.01,说明 NN 模型在回顾预报集中亦存在一定程度的高估,且分类误判率比测试集增大。MLR、NN 及 RF 模型的模拟结果与观测时间序列皆较为吻合,对 $PM_{2.5}$ 的变化趋势都能够进行较好的模拟,且都能够识别主要的高浓度时段(如 12 月 8—15 日的连续重污染时段)。对比 MLR、NN 及 RF 模型的预报性能,NN 模型的相关系数相对较小,分类误判率较高,在时间序列中也存在更多的不一致;MLR 及 RF 模型具有更好的模拟能力。RF 模型对 $PM_{2.5}$ 的重污染时段具有更好的识别能力(如 1 月 6—9 日和 2月 5 日)。从整体上看,RF 模型对成都市冬季 $PM_{2.5}$ 污染的预报性能最佳。

表 8.4　成都市 $PM_{2.5}$ 污染潜势预报模型模拟效果评估(引自 王馨陆 等,2021)

方法	数据集	R	BIAS	GE	RMSE	分类误判率/%
MLR	训练集	0.88	−3.45	17.47	22.94	24.51
	测试集	0.88	−4.05	16.18	22.44	21.88
	回顾预报集	0.85	1.75	11.83	14.65	23.33
NN	训练集	0.86	−3.66	18.71	24.68	27.27
	测试集	0.86	−3.19	17.04	23.66	22.92
	回顾预报集	0.78	4.01	14.09	17.96	31.67
RF	训练集	0.98	−0.04	7.89	10.52	13.44
	测试集	0.83	−1.82	16.04	2545	22.92
	回顾预报集	0.83	5.25	12.96	16.44	26.67

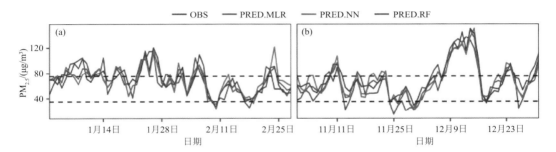

图 8.6　成都市 2019 年冬季 $PM_{2.5}$ 浓度观测值及 MLR、NN 和 RF 模型模拟值时间序列

（引自 王馨陆 等，2021）

利用建立的 MLR、NN 及 RF 模型对成都市冬季和秋季 $PM_{2.5}$ 浓度进行提前 1～15 d 的预测，结果如图 8.7 和图 8.8 所示。MLR 模型在提前 1～3 d 的预报测试中相关系数降低 17.6％，BIAS 由 1.75 增至 5.20，GE、RMSE 及分类误判率分别增加大 41.9％、41.3％ 和 58.9％，模型误差显著增大，MLR 模型的预报效果明显下降。当延长至提前 7～15 d 的预报时，各误差指标（GE、RMSE 及分类误判率）依旧存在一定程度的增长趋势。对比 3 个模型对提前 1～15 d 预报的性能评估结果，可见 RF 的预报效果更为稳定，与观测结果的时间序列保持更好的一致性，具有最好的预报性能。针对成都市 $PM_{2.5}$ 污染建立的 MLR、NN 及 RF 模型

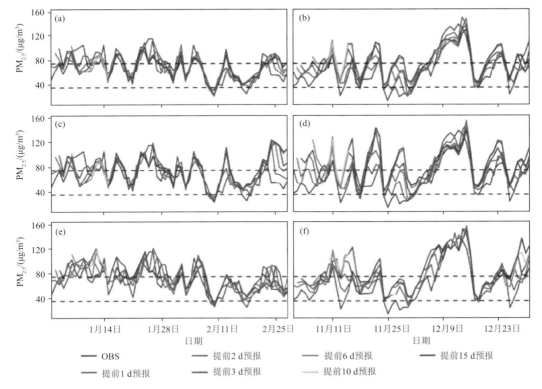

图 8.7　成都市 2019 年冬季 $PM_{2.5}$ 浓度潜势提前 1～15 d 预报值和观测值时间序列

（引自 王馨陆 等，2021）

对中长期 $PM_{2.5}$ 污染潜势预报的性能均随提前预报时长的延长而明显地下降,其中 NN 模型的预报性能下降最严重,MLR 和 RF 模型预报性能的下降幅度较小。综合来看,3 个模型的预报性能仍都处于可接受的范围(Emery C et al.,2017)。

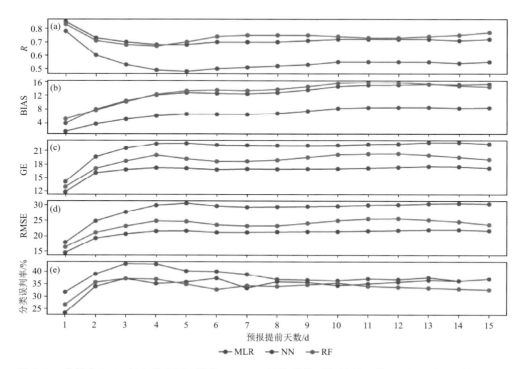

图 8.8　成都市 2019 年冬季 $PM_{2.5}$ 提前 1~15 d 污染潜势预报效果预估(引自 王馨陆 等,2021)

8.2.2　典型城市臭氧浓度潜势预报模型

本节重点介绍任至涵等(2021,2022)基于 GAM 模型和 Copula 函数的 O_3 污染潜势预报模型的构建与应用。任至涵等(2021)首先利用成都市 2016—2018 年 O_3 逐时监测数据以及同时次的地面气象观测资料,对 O_3 日变化特征进行分析(图 8.9)。O_3 浓度日变化呈现出显著的单峰形态,峰值出现在 15 时。O_3 超标时段主要出现在 11—19 时(该区间外的 O_3 超标率均小于 1.7%),并呈现出显著右偏的分布形态。基于对时间匹配关系、O_3 光化学反应对气象条件的需求及 O_3 非线性变化特征的分析,确定了表征研究区 O_3 逐日污染潜势的 4 个关键时段,即全天、日间时段(05—20 时)、O_3 超标时段(11—19 时)以及 O_3 峰值时段(15—16 时)。基于 GAM 分别构建了 O_3 日最大 8 h 滑动平均浓度(O_3_8h)与上述 4 个时段气象要素的函数关系,分析了时间尺度变化对 O_3 逐日污染潜势的影响。

选取的气象要素包括太阳辐射、相对湿度、气温、气压、风速和降雨量,多要素 GAM 模型的拟合结果如表 8.5 所示。P 值代表统计结果中气象因子的显著度水平,若 P 值小于 0.001,则代表该气象因子通过了 $\alpha = 0.001$ 的显著水平检验;F 统计值代表各气象因子的相对重要性,F 统计值越大的气象因子相对越重要。综合 4 个时段的 GAM 拟合结果,风速与降雨量的

F 统计值均显著小于其他气象因子。因此,太阳辐射、相对湿度、气温和气压与 O_3_8h 浓度的相关更强,具有显著的统计学意义,而风速与降雨量则与 O_3_8h 浓度的非线性关系较弱。

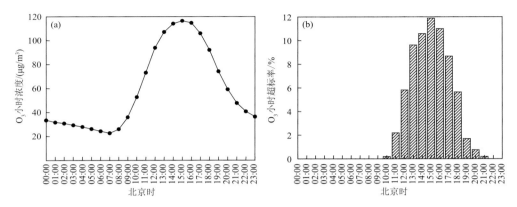

图 8.9　2016—2018 年成都市 O_3 浓度(a)及 O_3 超标率(b)日变化(引自 任至涵 等,2021)

表 8.5　O_3_8h 浓度分别与 4 个时段 6 种气象因子的 GAM 拟合结果(引自 任至涵 等,2021)

平滑效应项	全天时段 (00—24 时)		日间时段 (05—20 时)		超标时段 (11—19 时)		峰值时段 (15—16 时)	
	F	P	F	P	F	P	F	P
s(太阳辐射)	106.01	$<2\times10^{-16}***$	63.44	$<2\times10^{-16}***$	19.18	$3.7\times10^{-13}***$	8.07	$7.4\times10^{-8}***$
s(气温)	25.51	$6.7\times10^{-14}***$	30.28	$<2\times10^{-16}***$	46.90	$<2\times10^{-16}***$	85.73	$<2\times10^{-16}***$
s(相对湿度)	32.41	$<2\times10^{-16}***$	21.26	$<2\times10^{-16}***$	30.06	$<2\times10^{-16}***$	41.39	$<2\times10^{-16}***$
s(风速)	6.55	$1.5\times10^{-5}***$	4.97	$6.3\times10^{-6}***$	6.39	$0.0116*$	3.70	0.0545
s(降雨量)	1.89	0.0905	2.34	$0.0217*$	2.85	$0.0086**$	1.99	0.1270
s(气压)	15.12	$<2\times10^{-16}***$	14.26	$5.6\times10^{-14}***$	7.14	$5.1\times10^{-9}***$	6.27	$5.6\times10^{-8}***$

注:"＊＊＊"通过 $\alpha=0.001$ 的显著水平检验,"＊＊"通过 $\alpha=0.01$ 的显著水平检验,"＊"通过 $\alpha=0.05$ 的显著水平检验。

以太阳辐射、相对湿度、气温和气压作为自变量,分 4 个时段进一步构建 O_3_8h 浓度的 GAM 模型,拟合结果见表 8.6。调整判定系数(R^2)用于判定模型的拟合效果,方差解释率(IRV)表示模型对 O_3_8h 浓度总体变化的解释能力,两者值越大拟合效果越好。由表 8.6 可见:①太阳辐射、相对湿度、气温和气压与 O_3_8h 浓度呈现出显著的相关(通过 $\alpha=0.001$ 的显著水平检验)。②GAM 模型调整判定系数(R^2)为 0.791~0.811,方差解释率(IRV)为 79.5%~81.4%,模型拟合度较高,表明 GAM 模型可以很好地表征逐日 O_3_8h 浓度与气象因子的非线性关系。③O_3 超标时段(11—19 时)整体上可以更好地反映 O_3 光化学反应对日间气象条件的依存关系,对该时段 GAM 模型取得了最佳的拟合效果,模型调整判定系数(R^2)为 0.811,方差解释率(IRV)为 81.40%,初步判断 O_3 超标时段(11—19 时)气象要素对逐日 O_3 污染潜势具有最佳的指示意义。

表 8.6　O₃_8h 浓度分别与 4 个时段 4 气象因子的 GAM 拟合结果(引自 任至涵,2021)

时段	平滑效应项	F	P	R^2	IRV
全天	s(太阳辐射)	127.77	$< 2 \times 10^{-16}$***	0.806	80.80%
	s(气温)	24.78	2.4×10^{-13}***		
	s(相对湿度)	25.98	$< 2 \times 10^{-16}$***		
	s(气压)	12.65	$< 2 \times 10^{-16}$***		
日间时段 (05—20 时)	s(太阳辐射)	71.31	$< 2 \times 10^{-16}$***	0.811	81.30%
	s(气温)	29.20	$< 2 \times 10^{-16}$***		
	s(相对湿度)	18.96	$< 2 \times 10^{-16}$***		
	s(气压)	11.53	1.6×10^{-11}***		
超标时段 (11—19 时)	s(太阳辐射)	18.84	6.8×10^{-13}***	0.811	81.40%
	s(气温)	50.13	$< 2 \times 10^{-16}$***		
	s(相对湿度)	24.98	$< 2 \times 10^{-16}$***		
	s(气压)	7.22	$< 2 \times 10^{-16}$***		
峰值时段 (15—16 时)	s(太阳辐射)	7.65	2.0×10^{-7}***	0.791	79.50%
	s(气温)	89.07	$< 2 \times 10^{-16}$***		
	s(相对湿度)	40.73	$< 2 \times 10^{-16}$***		
	s(气压)	6.11	$< 2 \times 10^{-16}$***		

　　气象条件的变化及其之间复杂的非线性作用在其中起着至关重要的作用,着眼于其中作用机制的深入分析,表 8.7 给出了不同时段 GAM 模型中主要气象因子的重要性分级。可见,太阳辐射、相对湿度和气温的重要性在不同时段 GAM 模型中的排序不尽相同,但这些因子的 F 统计值均大于气压的 F 统计值,始终处于重要性等级的前三位,总体上决定了 O₃ 光化学反应的进程,是影响 O₃_8h 浓度变化的关键气象要素,这一结论也为成都区域 O₃ 污染潜势模型指标体系的构建提供了理论支持。另外,随着时间尺度从全天时段向峰值时段的变化,气温在 GAM 模型中的重要性逐渐增强,相对湿度的重要性总体变化不大,而太阳辐射的重要性在逐渐降低,即太阳辐射、相对湿度和气温在 GAM 模型中的重要性排序会因时间尺度的变化而变化。

表 8.7　4 个时段影响 O₃_8h 浓度的主要气象因子的等级划分(引自 任至涵 等,2021)

时段	相对重要性等级							
	等级 1		等级 2		等级 3		等级 4	
	气象因子	F	气象因子	F	气象因子	F	气象因子	F
全天	太阳辐射	127.77	相对湿度	25.98	气温	24.78	气压	12.65
日间时段(05—20 时)	太阳辐射	71.31	气温	29.20	相对湿度	18.96	气压	11.53
超标时段(11—19 时)	气温	50.13	相对湿度	24.98	太阳辐射	18.84	气压	7.22
峰值时段(15—16 时)	气温	89.07	相对湿度	40.73	太阳辐射	7.65	气压	6.11

　　另外,任至涵等(2022)利用成都市 2016—2019 年 6—8 月 O₃ 浓度和地面气象观测资料,构建了 O₃ 污染潜势 3 维(紫外辐射、相对湿度和气温)Copula 联合概率分布模型,并开展了模型的适用性研究。首先,通过对 SciPy 库概率分布函数的优选,确定了不同 O₃ 浓度等级条件

下紫外辐射、气温和相对湿度的最优边缘概率分布函数。其次，计算了 3 种 Copula 联合概率分布函数的均方根误差（RMSE）、赤池信息准则（AIC）、贝叶斯信息量（BIC），并借助 Anderson-Darling 检验，发现非对称三维 frank Copula 联合概率分布函数（M3Copula）可以最佳地表征不同 O_3 浓度等级条件下紫外辐射、相对湿度和气温的联合概率分布特征。最后，将不同 O_3 浓度等级条件下 M3Copula 联合概率密度作为对应 O_3 浓度等级的隶属度，得到 O_3 污染潜势的分类结果对实际 O_3 浓度等级具有较好的指示意义，模拟的平均准确率为 63%，其中优、良、轻度污染等级以及中度及以上污染等级的模拟准确率分别为 82%、64%、48% 和 75%。图 8.10 给出了 4 个 O_3 浓度等级的 M3Copula 联合概率分布函数的理论累积概率分布和实测累积概率分布散点图。M3Copula 联合概率分布函数的理论累积概率和实测累积概率点均匀分布在 45°对角线附近，决定系数（R^2）为 0.8641～0.9750。综上，非对称三维 frank Copula 联合概率分布函数（M3Copula）能最佳地表征不同 O_3 浓度等级下紫外辐射、相对湿度和气温的相关关系。

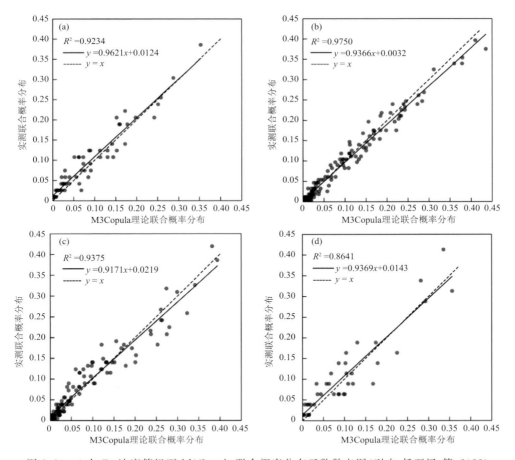

图 8.10　4 个 O_3 浓度等级下 M3Copula 联合概率分布函数散点图（引自 任至涵 等，2022）
（a）优；（b）良；（c）轻度污染；（d）中度及以上污染

　　基于构建的 O_3 污染潜势三维（紫外辐射、相对湿度和气温）Copula 联合概率分布模型，进一步开展模型的适用性研究。利用成都市 2016—2019 年 6—8 月合计 359 个样本数据，在不同 O_3 浓度等级（优、良、轻度污染和中度及以上污染）条件下分别计算紫外辐射强度、相对湿度和气温的 M3Copula 联合概率密度,并将计算结果作为相应 O_3 浓度等级的隶属度,据此判定 O_3 的污染潜势,结果如表 8.8 所示。O_3 污染潜势 Copula 模型的模拟准确率为 63%,其中,优和中度及以上污染等级的模拟准确率较高,分别为 82% 和 75%,良和轻度污染等级的模拟准确率略低,分别为 64% 和 48%。

构建的成都夏季 O_3 污染潜势模型表征了紫外辐射强度、相对湿度和气温对 O_3 浓度的综合影响,该模型的分类结果对实际 O_3 浓度等级具有较好的指示意义,但也存在一定偏差,其中原因主要有以下几个方面。①O_3 浓度的演化与氮氧化物(NO_x)和挥发性有机物(VOC_s)等前体污染物的变化密切相关,本节假定这些前体物的排放相对固定,只考虑紫外辐射强度、相对湿度和气温等气象因子对 O_3 的作用,这是基于该模型进行 O_3 浓度等级分类误差的重要来源。②本节构建的 O_3 污染潜势指标体系只包括紫外辐射、相对湿度和气温 3 个气象因子,这主要是考虑到近地面 O_3 是光化学反应的产物以及研究区主要为静、小风的环境背景,但实际风场、降水及其他相关气象因子也会在一定程度上对 O_3 浓度产生影响,由此导致模型的不确定性。③值得一提的是,每日 O_3 浓度还取决于前一日 O_3 浓度残留状况。

表 8.8　2016—2019 年 O_3 污染潜势预报分类结果(引自 任至涵 等,2022)

O_3 浓度等级	实测天数/d	预报天数/d	准确天数/d	准确率/%	平均准确率/%
优	61	66	50	82	
良	140	126	89	64	63
轻度	118	94	57	48	
中度及以上	40	73	30	75	

8.3
四川盆地环境气象数值预报技术

空气质量数值模式是基于对大气物理和化学过程规律的理解,采用数值计算方法构建的数值预报模型,综合考虑了各种过程(物理、化学过程)和影响因素(多种因素及其之间的相互作用),定量描述污染物在大气中的迁移、转化规律,对大气污染物浓度时空变化进行定量模拟和预报。空气质量数值模式是研究大气污染的形成机制和精细化预报、预警的手段,同时为大气污染防控提供了重要的技术支撑。模式模拟和预报准确度受污染源排放、气象条件以及物理、化学过程等多方面的影响,四川盆地及周边区域的特殊地形条件对数值预报技术和预报性能提出了更大的挑战。在区域大气污染成因机制研究和预报、预警业务需求的牵引下,近年来利用数值模式开展了一些四川盆地大气颗粒物和臭氧污染的模拟研究(Lei et al.,2023;Ning et al.,2019;Shu et al.,2022;Yang et al.,2020;Zhang et al.,2019),揭示了特殊深盆地形和污染源排放对污染物浓度的重要影响和贡献。通过对气象模式和空气质量模式以及污染源清单的本地化应用,在环保和气象部门建立起了基于气象模式和空气质量模式的城市和区域空气质量预报业务系统。

成都市环境保护科学研究院自主开发了成都市空气质量预报系统(张恬月 等,2019),基于天气研究与预报模型(WRF)的本地化气象模拟系统,驱动第三代空气质量模型(CMAQ),实现空气质量业务化预报,用于日常空气质量预报预警、数值模拟源解析和空气质量措施响应评估等工作。此外,基于 CFSv2 产品的延伸期空气质量数值预报技术也在成都市环境保护科学研究院空气质量中长期预报中试用(杨欣悦,2021),表明该方法在 $PM_{2.5}$ 浓度、气温和气压的变化趋势上可提供 21 d 左右的参考。

梁津等(2016)通过对模式下垫面资料使用、气象模式物理过程参数选取等试验,基于 WRF-CMAQ 模式系统对 2012 年 10 月 11—16 日成都地区一次污染过程进行了预报试验,结果表明,模式预报效果总体较好,但对 PM_{10}、SO_2 和 NO_2 的浓度预报普遍小于监测,可能与排放源的输入有关,同时比较试验了不同气象背景场输入对预报效果的影响。陈焕盛等(2020)探讨了三维变分法(3DVar)对成渝城市群冬季 $PM_{2.5}$ 重污染模拟的改善效果,采用 3DVar 对成渝城市群 2017 年 12 月—2018 年 1 月的空气质量数值模拟结果进行资料同化,对比评估嵌套网格空气质量预报模式(NAQPMS)原始数据与同化再分析数据的准确率。研究结果显示,3DVar 在 $PM_{2.5}$、PM_{10} 和 NO_2 的同化试验中均取得较好的改善效果,成渝地区检验站各污染物相关系数的平均提升比例依次为 44%、90% 和 332%;检验站均方根误差的平均下降比例分别为 15%、37% 和 31%。与原始模拟结果相比,同化结果能够更准确地反映成渝地区冬季重污染期间的 $PM_{2.5}$ 和 PM_{10} 空间分布特征。陆成伟等(2018)针对气象变化和 CMAQ 模型数据格式特点,对植被排放的挥发性有机化合物(BVOCs)的算法进行了适当修正和改良,开发了可直接用于空气质量模型的 BVOCs 动态排放模型,试验结果表明四川盆地植物异戊二烯、萜烯的排放量空间分布很好地反映了四川盆地的植被分布情况,异戊二烯、萜烯排放主要集中在盆地边缘的高山地区,两个物种的高浓度排放主要集中在气温较高、日照较强的夏季和初秋季。

空气质量数值预报模式在污染防控和应急措施效果评估、污染源贡献解析中得到广泛应用。王文丁等(2020)对成渝地区 2017—2018 年一次区域重污染过程进行了来源解析及减排效果研究,结果表明污染过程中,成都 $PM_{2.5}$ 主要来源于工业、交通和民用等排放源,本地排放贡献为 42%,而区域联防联控应急减排对成渝各城市空气质量改善效果显著。张巍等(2022)利用 WRF-CMAQ 模式对 2019 年 12 月四川盆地一次冬季典型污染过程进行了分析和应急减排效果评估。结果表明,启动黄色预警后,NO_2 及其转化后的硝酸根离子浓度以及 $PM_{2.5}$ 浓度仍呈上升趋势;升级橙色预警后,NO_2 峰值浓度明显下降,硝酸根离子占 $PM_{2.5}$ 的比例下降 3.7 个百分点,$PM_{2.5}$ 浓度上升趋势得到明显遏制;区域协同减排效果明显,区域 $PM_{2.5}$ 日平均质量浓度下降 9.1%～13.1%,区域性污染推迟 1 d 出现,预警城市的重度污染、中度污染、轻度污染天数明显减少;$PM_{2.5}$ 浓度下降主要来自于工业源、扬尘源和移动源的减排贡献。

8.3.1　四川盆地夏季气象要素和臭氧的数值模拟

8.3.1.1　数值试验范围和模式参数化方案设置

基于 WRF v4.1.1 模拟气象场,为 CMAQ v5.2.1 提供离线气象条件,模拟范围和嵌套设置同第 7 章的图 7.13,为 3 层嵌套(水平分辨率分别为 27 km、9 km、3 km),垂直分层 30 层,从地表延伸到 100 hPa,表 8.9 为模拟试验中 WRF 和 CMAQ 参数化选项的配置(雷雨,

2022)。CMAQ 模型配置了 CB06 碳键化学机理和 AERO6 气溶胶机理。人为排放数据来源于 2019 年中国多分辨率排放清单（MEIC）（http：//www. meicmodel. org/），包括五个领域：电力、工业、居民、交通和农业（Zheng et al.，2018），生物排放由来自自然的气体和气溶胶排放模型（MEGAN 2.1）计算（Guenther et al.，2012）。模拟时段为 2019 年 7 月 29 日—8 月 31 日，WRF 的气象初始条件和边界条件由 NCEP FNL 分辨率为 1°×1°的再分析数据提供。

表 8.9　WRF-CMAQ 模式的参数化方案设置（引自 雷雨，2022）

物理过程	WRF-CMAQ
长、短波辐射	RRTM 方案
陆面过程方案	Noah LSM 方案
边界层方案	YSU 方案
近地面层方案	MM5 近似方案
微物理过程方案	Lin 微物理方案
气象化学机理	CB06 碳键化学机理
气溶胶机理	AERO6/3 气溶胶机理

8.3.1.2　气象要素模拟效果

对四川盆地 18 个城市国家气象站将包括 2 m 气温、2 m 相对湿度、10 m 风速和 10 m 风向在内的模拟气象参数与从中国气象数据网及四川省气象台获得的逐时地面观测值进行比较，并引入以下 5 种评估指标参数：相关系数（R）、一致性指数（IOA）、平均偏差（MB）、归一化平均偏差（NMB）和均方根误差（RMSE），以验证模拟的准确度。

图 8.11、图 8.12 分别为 2019 年 8 月成渝地区各城市逐时气温、相对湿度的观测与模拟结果时间序列，表明模拟的气温和相对湿度与观测结果吻合得很好。气象要素的模式结果统计检验要素表明，盆地内所有城市气温要素的 IOA 均大于 0.8，能较好地重现气温的变化。对于相对湿度而言，模拟相较于观测结果略高，除乐山、雅安外，盆地其他城市 R 均大于 0.7，IOA大于 0.8。污染期间盆地内风速普遍较小（0.90～2.96 m/s），模拟的风速被高估，成渝地区内城市风速的 NMB 为 −0.63～−0.28，IOA 为 0.43～0.69。由于大气动力学和边界层物理参数化方案的不确定性，在复杂地形上准确表征风场具有挑战性。此次对夏季 8 月的模拟气象场很好地反映了大气动力学的特征和变异性，为化学场模拟提供了可靠的气象背景场。

8.3.1.3　夏季大气污染物 O_3 和 NO_2 浓度模拟效果

图 8.13 比较了 2019 年 8 月四川盆地 18 个城市国控站 O_3 平均浓度的观测和模式模拟，表明 CMAQ 模型很好地重现了 O_3 浓度的日变化。具体而言，除雅安、巴中、广元外的其他城市的 O_3 浓度的演化特征被成功模拟，而成都、德阳、眉山、泸州、自贡和重庆的 O_3 峰值在 8 月 11 日、12 日和 17 日被略微低估，可能归因于气象因素模拟和排放清单的不确定性。值得注意的是，对于雅安、巴中和广元而言，CMAQ 模型倾向于高估 O_3 而低估 NO_2，这一现象暗示雅安及川东北城市的 NO_x 排放可能被低估，导致 NO_x"滴定"作用较弱。图 8.14 显示 CMAQ 模型普遍高估夜间 NO_2 浓度（除雅安、达州、广安和广元外）。绵阳、眉山、内江、宜宾和重庆的 NO_2 浓度的时间变化得到了很好的再现。四川盆地城市地表 O_3 浓度与温度、边界层高度的相关系数均超过 0.75（雷雨，2022），三者日变化特征一致，为研究臭氧形成和输送提供了基础。

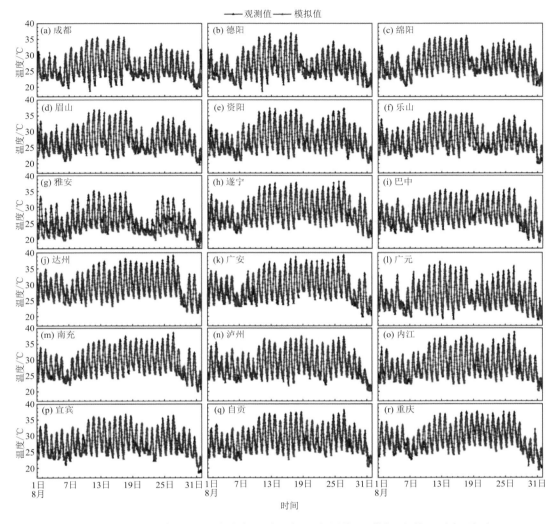

图 8.11　2019 年 8 月成渝地区 18 个城市逐时温度观测(黑线)和模拟(红线)(引自 雷雨,2022)

8.3.2　四川盆地冬季气象要素和 PM$_{2.5}$的数值模拟

8.3.2.1　一次重污染过程的模拟试验

宋明昊(2020)利用气象化学在线耦合模式——WRF-Chem,通过对模式物理、化学参数化方案的调整和优选试验,以四川盆地冬季一次持续性区域污染过程为例,开展精细化的模拟和气溶胶的辐射反馈机制研究,定量探讨气溶胶辐射效应及反馈作用对四川盆地边界层高度、辐射通量以及近地层气象要素和污染物浓度的影响。研究选取气象、化学完全在线耦合模式的较新版本 WRF-Chem V3.9.1,使用 3 层模拟嵌套技术,三层模拟区域的水平分辨率分别为27 km、9 km、3 km,网格点数分别为 174×145、256×196、352×244,模式从地面到 50 hPa 设置 41 层,垂直向采用地形跟随坐标。研究模拟时间选择 2017 年 1 月 1—10 日。研究使用的排放源清单为由清华大学开发和维护的 2016 年度中国多尺度逐月网格化排放清单模型(ME-

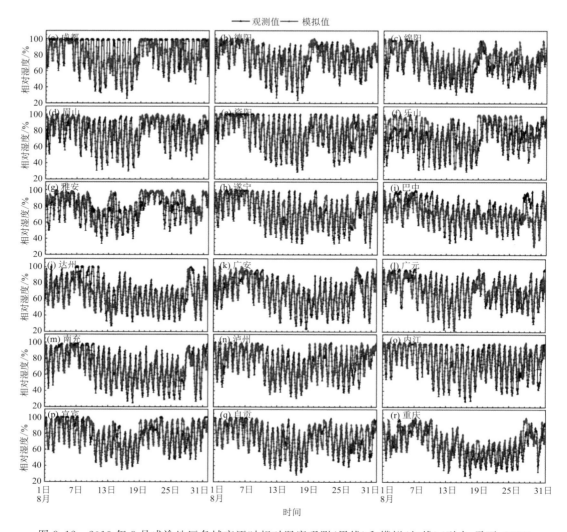

图 8.12　2019 年 8 月成渝地区各城市逐时相对湿度观测(黑线)和模拟(红线)(引自 雷雨,2022)

IC 清单)。

　　川渝地区 2017 年 1 月 1—10 日污染过程中,PM$_{2.5}$ 逐日平均浓度呈先增长后下降的趋势。PM$_{2.5}$ 污染快速加重阶段,为区域 PM$_{2.5}$ 污染范围持续扩大,成都平原城市群、川南城市群以及达州重庆等城市污染等级加重,达到重度污染等级。1 月 5 日四川达州、重庆情况好转,但成都平原城市群污染持续加重,成都市日均 PM$_{2.5}$ 浓度达到最大(285 $\mu g/m^3$),为严重污染。1 月 6—7 日盆地内 PM$_{2.5}$ 污染进入缓慢消散阶段,污染范围由北至南逐日缩小。但 1 月 6 日成都、眉山、乐山、雅安、自贡仍为重度污染。1 月 8—9 日盆地内 PM$_{2.5}$ 污染进入快速消散阶段,至 1 月 10 日川渝地区颗粒物浓度均低于 36 $\mu g/m^3$。

　　图 8.15 为模式模拟 PM$_{2.5}$ 浓度和地面风场空间分布图,从时间上看,3—5 日浓度明显高于 6—8 日,其中 5 日浓度最高,这与观测结果基本一致。空间分布上,3—5 日污染物浓度高值区位于成都市和川南城市群,其中 5 日污染最严重的时间,成都市范围内 PM$_{2.5}$ 浓度很高,部分区域浓度超过 360 $\mu g/m^3$。6 日开始,盆地总体浓度开始明显降低,成都地区 PM$_{2.5}$ 浓度

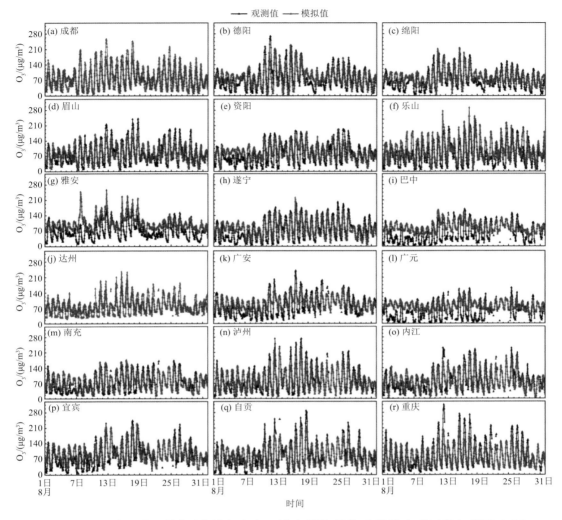

图 8.13　2019 年 8 月四川盆地各城市逐时 O_3 浓度观测（黑线）和模拟（红线）（引自 雷雨，2022）

下降更为明显。此时，$PM_{2.5}$ 浓度高值区位于川南一带，与污染物观测插值空间分布对应一致。污染物空间分布随时间演变，呈现出成都—川南—重庆的传输现象。总体上看，模式对于污染物浓度的空间分布模拟效果较好，能够模拟出 $PM_{2.5}$ 的空间分布和演变。

从区域分布来看，盆地南部城市群（自贡市、乐山市、宜宾市、眉山市）污染最为严重，其次是盆地中西部城市群（成都市、雅安市、资阳市、内江市、德阳市、绵阳市）和盆地东部城市群（泸州市、重庆市、广安市、达州市），盆地北部（南充市、巴中市、遂宁市、广元市）污染程度较弱，而川西高原城市群（攀枝花市、凉山州、甘孜州）空气质量较好。为了更好地认识污染物浓度的时间演变和区域差异，研究选取各区域的代表城市进行详细分析，包括成都市（盆地西部）、资阳市（盆地中部）、重庆市（盆地东部）、自贡市（盆地南部）、南充市（盆地北部）。PM_{10}、$PM_{2.5}$ 和 NO_2 的高值中心都位于成都市。PM_{10} 与 $PM_{2.5}$ 空间分布相似，除成都外，在川中、川南和重庆地区也有较高的浓度，其中川南自贡一带为 $PM_{2.5}$ 的次高值区。污染阶段 NO_2 的分布则主要集中在成都及重庆两个大型城市。

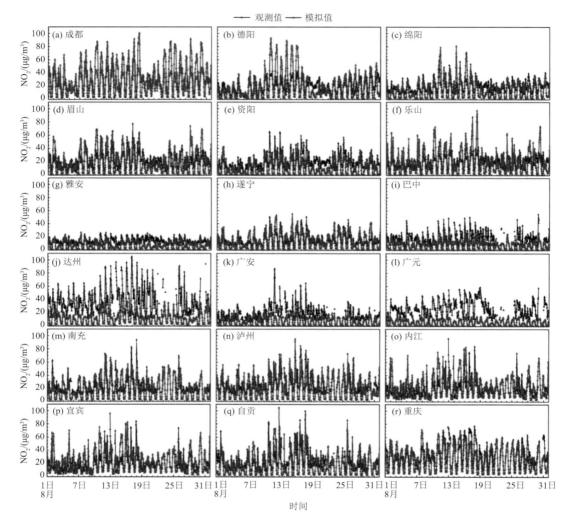

图 8.14　2019 年 8 月四川盆地各城市逐时 NO_2 浓度观测（黑线）和模拟（红线）结果（引自 雷雨，2022）

　　研究选取的四川盆地内 5 个典型代表城市的气象要素模拟效果评估表明（图 8.16a），5 个城市中，川南城市自贡市气象要素的模拟效果总体最好，重庆市总体模拟效果为 5 个城市中最差。此外，5 个城市 3 种气象要素的观测与模拟值的相关系数都通过了 $\alpha=0.01$ 的显著水平检验。综上，对于此次污染过程，模式较为理想地模拟出了气象场变化规律。为评估污染物浓度的模拟效果，选取 5 个代表城市内具体一个环境监测站观测数据与该站点最接近的 5 个模式格点浓度模拟的平均值进行对比。1 月 1—9 日典型城市代表站污染浓度总体平均的模拟见图 8.16b，模拟结果显示，当 $PM_{2.5}$ 观测平均浓度较高时（成都市、自贡市）模拟平均值低于观测平均值，反之则高于观测平均值，其中资阳市偏差最小，为 1.59 $\mu g/m^3$ 正偏差，成都市模拟偏差最大。

　　以成都市为例，对比成都市内君平街环境监测站观测数据和模拟结果演变情况（图 8.17）。$PM_{2.5}$ 观测浓度较高时，模拟浓度普遍低于观测值，而在后期冷空气导致污染减弱后，模拟浓度略微高于观测值。1 月 5 日和 6 日观测到的两次 $PM_{2.5}$ 浓度明显下降的过程，模式模

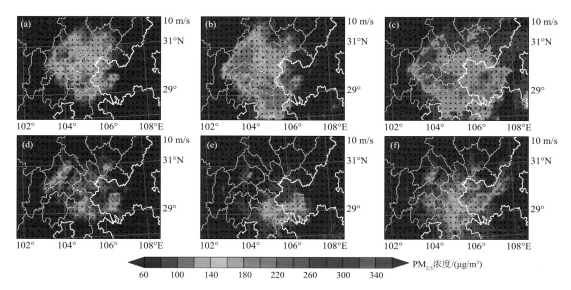

图 8.15　四川盆地 PM$_{2.5}$浓度与地面风场模拟 1 月 3—8 日每日 10 时的结果(a)～(f)
(引自 宋明昊,2020)

拟结果同样出现明显下降,5 日下降幅度高于观测值,6 日相反。观测数据峰值在 5 日夜间 02 时为 442.00 μg/m^3,模式模拟的峰值为也达到 392.34 μg/m^3。成都市 PM$_{2.5}$浓度模拟与观测值一致性指数为 0.80,相关系数为 0.76(通过 $\alpha=0.001$ 的显著水平检验)。对比 NO$_2$ 观测数值与模拟模拟数值发现,两者走势基本一致,后期污染减弱阶段模拟效果优于前期。其绝对平均误差(MAE)为 28.31 μg/m^3,均方根误差(RMSE)为 36.23 μg/m^3,一致性指数为 0.73,相关系数为 0.68。

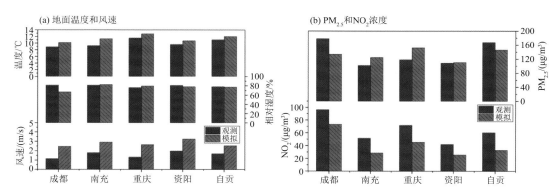

图 8.16　四川盆地代表城市污染期间气象要素(a)和污染浓度(b)模拟值与观测值对比(引自 宋明昊,2020)

8.3.2.2　局地环流对成都地区 PM$_{2.5}$污染影响的模拟

在现有数值天气预报和空气质量预报的业务模式中,边界层参数化方案通常将最小湍流扩散系数取为 0.01 m^2/s,结合文献报道可知湍流扩散系数的实际观测普遍高于 1.00 m^2/s,说明模式中预设的最小湍流扩散系数($K_{zmin}=0.01$ m^2/s)很可能会导致模式对垂直湍流扩散作用的低估,进而对污染物浓度的模拟结果产生影响(杨健博 等,2023;Du et al.,2020;Li et al.,2018;Liu et al.,2021)。鲁峻岑(2023)使用气象化学完全在线耦合模式 WRF-

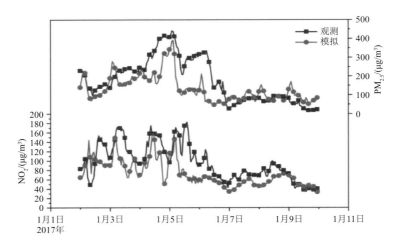

图 8.17　成都市君平街环境监测站 $PM_{2.5}$ 和 NO_2 浓度模拟值与观测值对比(引自 宋明昊,2020)

ChemV4.0,通过对模式下垫面参数的更新和湍流扩散系数的改进,有效改进了模式对气象要素和污染物浓度的精细化模拟能力。

　　图 8.18 为 2018 年 2 月 11—15 日污染过程成都市内 8 个站模拟和实测 $PM_{2.5}$ 浓度变化时间序列,其中蓝线为未修改湍流扩散系数的结果,橙线为修改湍流扩散系数后的结果,绿线为实测 $PM_{2.5}$ 浓度。可见,湍流扩散系数改进后,成都各站 $PM_{2.5}$ 浓度的模拟结果更接近于观测,模拟值与观测值的相关系数由改进前的 0.74～0.87 提升至 0.79～0.92,均方根误差也有明显的缩小。模式对 $PM_{2.5}$ 浓度的日变化特征由较好的刻画能力:夜间累积,白天 $PM_{2.5}$ 浓度逐渐下降并在 18 时前后达到谷值。模式对气象要素的垂直结构模拟见图 8.19,表明温度、相对湿度和风速的模拟结果与成都地区探空廓线趋势和数值比较一致,由于探空廓线分辨率较低,因此波动较大。

　　利用数值模式对成都地区山谷风环流及与污染的关系做了比较详细的模拟分析,由 2018 年 2 月成都地区污染过程中沿 130.63°E 纬向风分量(v)、10 m 风场随时间的演变(图 8.20,南风为正,北风为负)可以看出,南北方向上随时间也有较明显的变化,上午偏北风转偏南风时间较东西方向上一致。12 时过后,谷风不断加强,偏北风也更加明显。下午,下坡风由北至南不断形成,这会使得成都区域形成南北方向上不利于污染物扩散的辐合风场。因此,成都沿 130.63°E 南北方向上水平风场体现为:每日中午—傍晚前后,偏南风明显,夜晚—次日日出前后,偏北风明显。污染过程成都地区自西向东 4 个不同站模拟的 $PM_{2.5}$ 浓度、风速及行星边界层高度如图 8.21,可以看出,傍晚边界层高度下降伴随着污染物浓度的升高,边界层降低风速增大,污染浓度上升缓慢,边界层降低同时风速减小,则污染快速升高。自西向东的站点可以发现污染过程中西部站点的污染物浓度增长时间比其他区域站点更快,快速增长幅度也更明显,这与观测结果一致。

　　由 2018 年 2 月 14—15 日重污染阶段的 10 m 风场和污染物空间分布(图 8.22)可见,污染阶段成都高空受脊前西北气流控制,底层背景环流弱,小风具有山谷风环流特征,垂直运动较弱,水平扩散条件和垂直扩散条件比较差。2018 年 2 月 14 日 10 时西部山体上空为显著的下沉气流,向西的下坡风与平原风在成都西部区域形成辐合风场,导致偏西区域附近 $PM_{2.5}$ 更

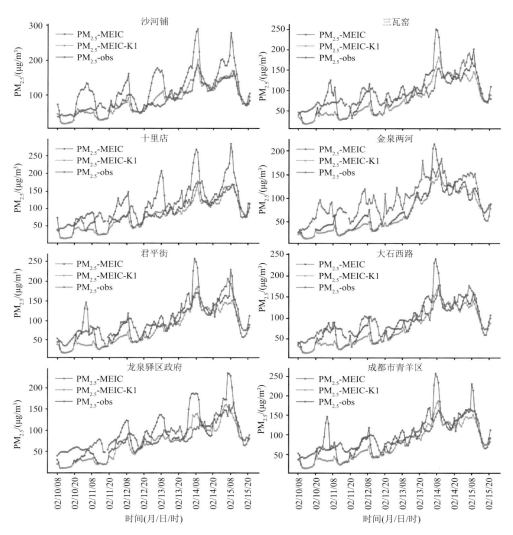

图 8.18　污染过程成都市内 8 个监测站点模拟和实测 $PM_{2.5}$ 浓度变化时间序列(引自 鲁峻岑,2023)

易短时积累,而中心城区的积累更受排放影响,成都中部偏西区域形成局部污染。10—12 时,成都西部山地地区温度升高,上升速度明显增大,对应边界层高度也有所上升,导致西部区域底层 $PM_{2.5}$ 向上传输,其次风开始转变为东南向的谷风,因此地面 $PM_{2.5}$ 区域污染集中在中部偏西区域。由于成都地区西部海拔高、中东部海拔低,受地形影响,山谷地区受热性质不均匀,而形成山谷风环流。12—16 时,由于空气的上升运动不断加强,偏西区域谷风也有所增强,地面 $PM_{2.5}$ 污染得到部分缓解。20 时,东部平原地面快速冷却,上升气流逐渐减弱,下沉气流逐渐增强,西部山风、下坡风再次发展,在西部区域再次形成辐合气流,使得 $PM_{2.5}$ 浓度首先在西部地区不断升高,形成局部污染。受夜晚风速减小以及排放共同影响,$PM_{2.5}$ 处于快速增长的阶段,山风开始逐渐形成,污染区域开始从西部地区向中、东部地区扩展。14 日 20 时—15 日03 时,成都西部下沉气流不断增强,对应边界层高度降低,不利的扩散条件导致 $PM_{2.5}$ 不断累积。15 日 03 时由西部山体吹来的山风自西向东不断减弱,使得成都局地重污染区域自西向东移动。

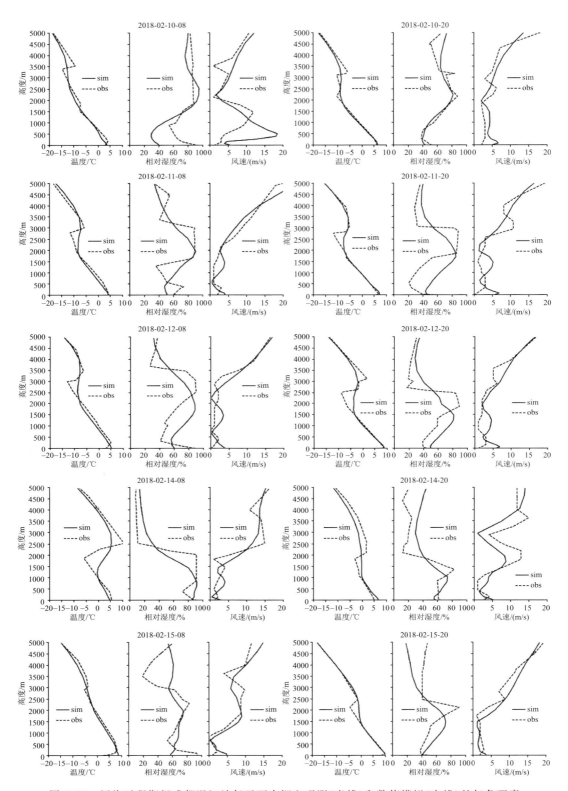

图 8.19　污染过程期间成都温江站每天两次探空观测(虚线)和数值模拟(实线)的气象要素
(温度、相对湿度、风速)的垂直廓线(引自 鲁峻岑,2023)

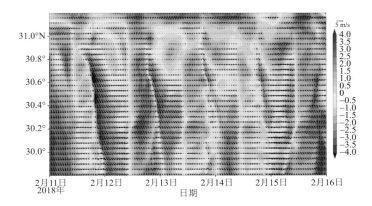

图 8.20　成都区域沿 130.63°E 纬向风分量 v（阴影，单位：m/s）、10 m 风场随时间的演变
（箭头，单位：m/s）（引自 鲁峻岑，2023）

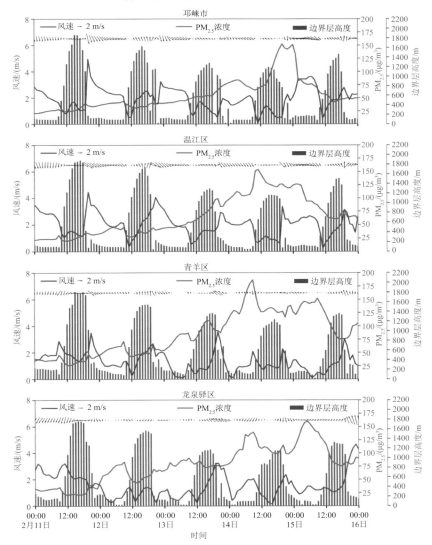

图 8.21　污染过程中不同站点 $PM_{2.5}$ 浓度、风速和行星边界层高度（PBLH）的时间变化（引自 鲁峻岑，2023）

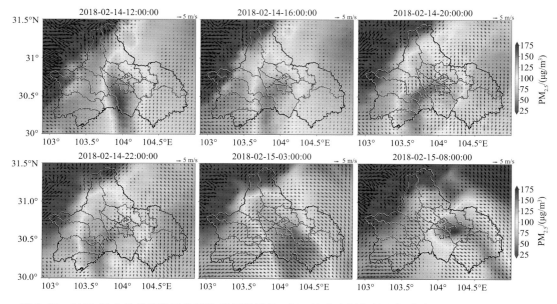

图 8.22　2018 年 2 月成都地区重污染期间模拟的 $PM_{2.5}$ 浓度和风场的空间分布(引自 鲁峻岑,2023)

8.4
成渝地区 $PM_{2.5}$ 和 O_3 浓度变化的量化评估与趋势预测

　　为了定量评估"十三五"期间气象条件对 $PM_{2.5}$ 和 O_3 的影响,假定这一时段的污染物排放保持不变,仅气象因素对污染物浓度变化有影响,利用这部分数据建立基于气象因素预测污染物浓度的回归模型(党莹,2022)。川渝地区 22 个城市 $PM_{2.5}$ 和 O_3 逐步回归模型残差数据点大多数落在 95% 的置信区间范围内且呈直线分布,且和第一象限平分线基本吻合,说明模型满足正态性假设。在模型构建过程中,对于独立性,通过方差膨胀因子(VIF)检验自变量的多重共线性,一般如果 VIF<10,认为因变量之间不存在多重共线性。经过模型验证和自变量选择,最终得到污染物逐步回归拟合公式。

8.4.1　气象条件对区域 $PM_{2.5}$ 浓度变化的贡献评估

　　图 8.23 是成都平原城市群中的 8 个城市 $PM_{2.5}$ 观测和利用回归模型拟合公式模拟得到的 $PM_{2.5}$ 浓度的时间序列和评估结果,结果表明 $PM_{2.5}$ 模拟值与观测值的变化趋势较为一致(图 8.23a),具有良好的季节变化特征,除了对于一些极大值存在一定程度的低估和极小值存在高估,模拟浓度能够较好地反映实际大气污染物的浓度水平。

　　选取 2015 年为基准年,利用逐步多元线性回归模型(MLR)模拟结果和 $PM_{2.5}$ 实际浓度,逐年评估"十三五"时期各年份全年和不同季节气象条件与污染排放对成都平原各城市 $PM_{2.5}$ 浓度的贡献率(图 8.23b)。当模拟浓度相较 2015 年为正变率时,表示该年气象条件不利污染扩散,反之则为有利。评估结果表明:2016—2020年大部分城市实际观测的年均$PM_{2.5}$浓度较"十二五"结束年(2015年)浓度变化范围为-44.8%~34.3%,上升出现在绵阳、雅安和资阳的2016年和2017年,在仅考虑气象条件下$PM_{2.5}$模拟浓度的变率为-21.2%~8.2%,气象条件正贡献也主要存在于2016年和2017年。假定各年度观测的$PM_{2.5}$浓度的变化,是由气象条件的变化和污染排放的变化共同引起的,则可推算出减排等其他因素对$PM_{2.5}$浓度变化的相对贡献率范围在-32.4%~32.2%,而正贡献依然主要存在于雅安、绵阳和资阳的2016年和2017年。

冬季,作为$PM_{2.5}$污染高发季,各城市在"十三五"期间浓度较2015年$PM_{2.5}$浓度也有明显的下降,与全年变化特征相似,成都、眉山、遂宁实际浓度下降最为明显,而雅安2016—2017年存在明显上升态势。成都、眉山、遂宁和雅安2016—2020年$PM_{2.5}$观测浓度较2015年浓度变化范围分别为-37.5%~4.2%、-43.8%~0、-32.9%~-14.3%和-18.5%~42.6%,仅考虑气象条件$PM_{2.5}$模拟浓度变率范围分别为-17.8%~-0.6%、-13.5%~-12.9%、-14.3%~4.1%和1.1%~15.1%,可计算得到减排等其他因素导致的相对变率范围值分别为-19.7%~3.5%、-16.2%~-31.4%、-23.0%~-14.5%和-28.2%~41.5%。

同样,对"十三五"期间川南城市群各城市(泸州、内江、宜宾和自贡)空气质量变化进行了模拟评估,结果表明2016—2020年实际观测的年均$PM_{2.5}$浓度较"十二五"结束年(2015年)明显降低,范围分别为-36.4%~5.5%、-10.9%~-38.2%、-1.9%~-24.5%和-34.8%~0,仅泸州(2016年)存在小幅度上升,在仅考虑气象条件时4个城市$PM_{2.5}$模拟浓度的变率范围分别为-21.2%~5.0%、-5.3%~7.1%、-3.8%~-14.5%和-8.4%~4.9%,气象条件正贡献主要存在于2016年和2017年。冬季,川南各城市在"十三五"期间$PM_{2.5}$浓度较2015年也有明显的下降,与全年变化特征相似。总之,2016—2020年四川盆地18个城市气象条件对$PM_{2.5}$浓度的平均贡献率为-2.5%,污染物减排等其他因素的平均相对贡献率为-11.5%,可见,"十三五"期间,气象条件和减排等其他因素均有利于颗粒物浓度降低,且减排等其他因素占主导。冬季,$PM_{2.5}$污染高发季,18个城市气象条件对$PM_{2.5}$浓度变化的平均贡献率为-2.0%,其他因素的平均相对贡献率分别为-11.5%。冬季,成都平原城市群、川南城市群和川东北城市群气象条件相对贡献范围分别为-17.8%~15.1%、-15.4%~19.9%和-16.7%~11.7%,正贡献主要出现在2016年和2017年,但总体来说,尽管在后期气象条件有利,但$PM_{2.5}$浓度的降低仍主要由于减排等其他因素贡献。

8.4.2　气象条件对四川盆地O_3浓度变化的贡献评估

通过对气象条件与成都平原各城市O_3_8h观测浓度的回归模型的评估(图8.24a),结果表明模型对于O_3_8h浓度的预测结果较为理想。O_3_8h模拟浓度与观测浓度变化趋势较为一致,具有较好的季节变化特征。对"十三五"期间成都平原城市群各城市空气质量变化分析表明(图8.24b),2016—2020年大部分城市实际观测的O_3_8h 90百分位数浓度较"十二五"结束年(2015年)呈波动变化,变化范围为-11.8%~-57.8%,在仅考虑气象条件时O_3_8h模拟浓度的变率为-13.1%~57.8%,可推算出减排等其他因素对O_3_8h浓度变化的相对贡献率为-9.0%~28.7%,这也表明臭氧作为二次污染物,其生成与前体物排放存在高度的非线性关系。与基准年(2015年)相比,成都、德阳、绵阳、乐山和雅安O_3_8h实际浓度增幅较为明

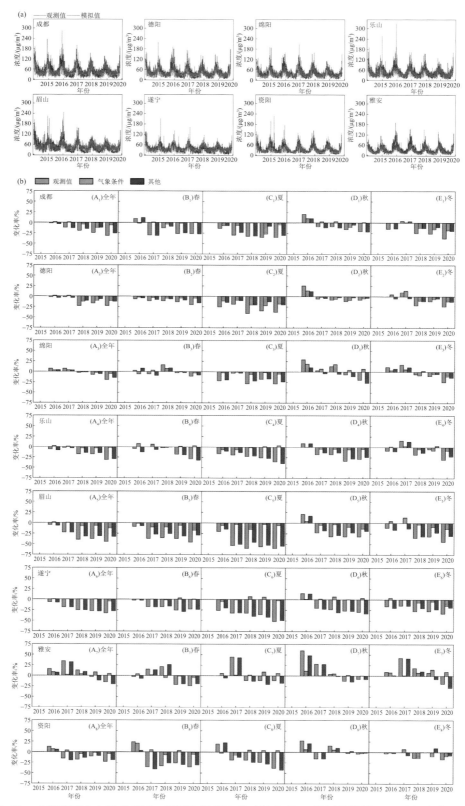

图 8.23 成都平原 8 个城市 PM$_{2.5}$ 观测和模拟浓度时间序列（a）及评估结果（b）（引自 党莹，2022）

显。仅考虑气象条件时 O$_3$_8h 90 百分位数模拟浓度变率为 $-3.5\%\sim-13.0\%$、$-2.7\%\sim-13.1\%$、$-2.8\%\sim-9.5\%$、$-6.4\%\sim2.1\%$ 和 $45.4\%\sim57.8\%$，推算得到减排等其他因素导致的相对变率分别为 $-2.7\%\sim8.8\%$、$5.6\%\sim20.2\%$、$0.2\%\sim28.7\%$、$-3.1\%\sim23.0\%$ 和 $-5.1\%\sim26.6\%$。

总之，川渝地区"十三五"期间臭氧浓度的上升，气象条件和其他因素对臭氧浓度均呈正贡献，人为排放等其他因素仍占主导。夏季，成都平原城市群、川南城市群和川东北城市群气象条件对臭氧浓度变化的相对贡献为 $-12.3\%\sim65.6\%$、$-19.0\%\sim16.1\%$ 和 $-20.3\%\sim49.6\%$，其中正贡献最大的城市分别为雅安、泸州和南充，成都平原城市群、川南城市群和川东北城市群其他因素相对贡献分别为 $-12.7\%\sim22.7\%$、$-6.2\%\sim39.1\%$ 和 $-41.7\%\sim49.2\%$。川南城市群臭氧的排放增加等其他因素为主导因素，成都平原城市群则同时受到气象与排放双重影响，川东北城市群则是气象条件占为导因素。总体上，夏季 18 个城市气象条件对 O$_3$ 浓度变化的平均贡献率为 6.9%，其他因素的平均相对贡献率为 5.6%。

8.4.3　川渝城市群未来十年空气质量趋势预估

采用逐步多元线性回归方法，基于中国科学院大气物理研究所开发的 FGOALS-f3-H（Flexible Global Ocean-Atmosphere-Land System model，version：f3-H）高分辨率气候模式（Guo et al.，2020），利用该模式 2015—2020 年的气象预测数据，尝试建立气象条件主导下的主要大气污染物浓度预测模型，并利用气候模式的气象预测，预估未来十年川渝城市群空气质量变化趋势（党莹，2022）。通过建立的模型对四川盆地各城市进行了"十四五"至 2030 年 PM$_{2.5}$、PM$_{10}$、O$_3$ 月浓度预估，得到未来十年川渝地区各城市污染物浓度变化特征。图 8.25 和图 8.26 给出的是 PM$_{2.5}$、O$_3$ 逐月浓度预测结果，可得到以下几点主要预测信息。

①模型对于 18 个城市 PM$_{2.5}$ 和 O$_3$ 月试预报准确率分别为 $69.5\%\sim89.3\%$ 和 $77.6\%\sim91.5\%$，每个区域挑选一个代表城市给出月试预报与实测结果，误差在 $\pm20\ \mu g/m^3$ 以内，准确率相对较高，预报结果可信度较高。

②"十四五"预测结果与"十三五"期间的大气污染实况进行比较发现，在仅考虑气象背景条件时，PM$_{2.5}$ 浓度较"十三五"有所上升，2025 年平均浓度相较 2020 年存在升高趋势，增长幅度达 9.7%，"十四五"气象条件或将对颗粒物浓度下降有不利影响，O$_3$ 年平均浓度降幅较小（-4.9%）。

③在仅考虑未来气象背景场条件时，各城市 2021—2030 年 PM$_{2.5}$ 和 O$_3$ 月预报浓度呈小幅度下降趋势，2030 年川渝地区 PM$_{2.5}$ 和 O$_3$ 年均浓度较 2025 年下降幅度分别约为 -0.6% 和 -0.3%。成都平原和川南城市群 PM$_{2.5}$ 浓度下降趋势明显，成都平原城市群臭氧浓度下降趋势较小。虽然在未来十年仅考虑气象背景条件时，对污染浓度影响较小，污染浓度下降率较小，但在未来空气质量改善道路上，仍需注意重视不利天气条件可能导致的短期大气重污染事件。若要使空气质量改善可持续发展，对污染源排放的管控仍是主要应对措施。

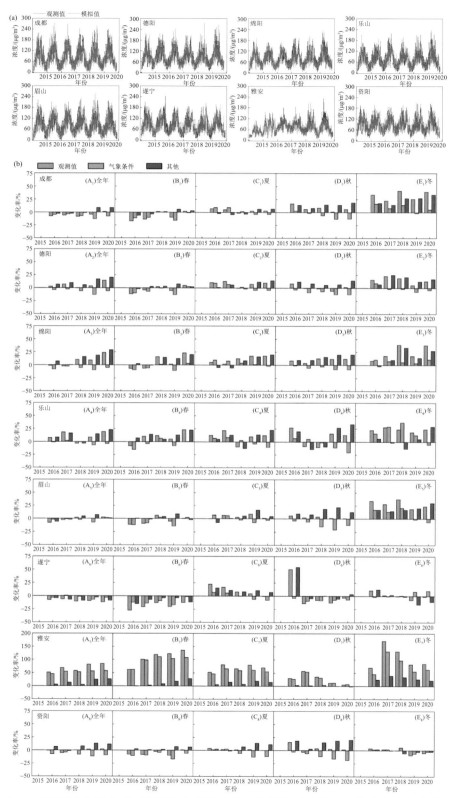

图 8.24　成都平原 8 个城市 O_3_8h 观测和模拟浓度时间序列(a)及评估结果(b)(引自 党莹,2022)

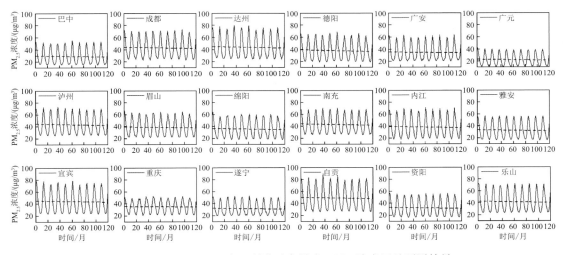

图 8.25　2021—2030 年四川盆地各城市 PM$_{2.5}$浓度逐月预测结果

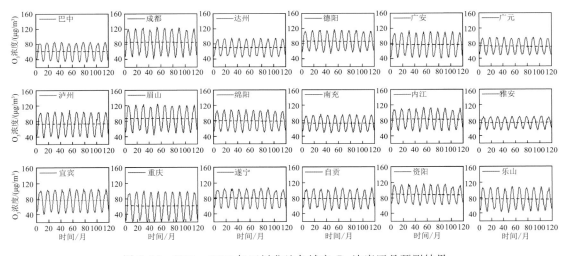

图 8.26　2021—2030 年四川盆地各城市 O$_3$ 浓度逐月预测结果

8.5
本章小结

①机器学习这种以大数据为基础的模拟分析方法的不断发展进步,其在模拟变量间非线性交互、预测准确度等方面的优势日益显现。对于成渝城市群,目前针对细颗粒物与臭氧统计预报运用较多的模型为随林森林模型(RF)与广义相加模型(GAM),不但用于对秋、冬季细颗粒物(PM$_{2.5}$)与夏季臭氧(O$_3$)时间序列进行预测。而且利用 GAM 模型可识别成渝城市群 18 个城市 PM$_{2.5}$浓度的主导影响因子,并对 2017 年 PM$_{2.5}$浓度进行预测和检验,结果显示,综合考虑一次气态前体物及气象因子的 GAM 模型能较为准确地预测成渝城市群各城市 PM$_{2.5}$浓

度的变化趋势。对于成渝城市群 18 个城市臭氧浓度的预测,除了雅安市外,所有城市的随机森林模型均达到 80% 以上的预测精度,表明随机森林模型能够较为准确地预测臭氧浓度的长期逐日变化趋势。

②通过构建气象条件驱动的污染物浓度回归模型评估气象条件变化对四川盆地各城市主要污染物浓度的影响,除川西城市群外,其他城市 $PM_{2.5}$ 和 O_3 拟合模型的 R^2 分别分布在 0.32～0.58 和 0.39～0.85,均方根误差相对偏低,说明模型对于其他 18 个城市污染物浓度具有较好的预测能力。评估结果表明,2016—2020 年 18 个城市气象条件对 $PM_{2.5}$ 和 O_3 浓度的平均贡献率分别为 -2.5% 和 3.4%,其他因素的平均相对贡献率分别为 -11.5% 和 8.5%。可见,"十三五"期间,气象条件和减排等其他因素均有利于颗粒物浓度降低,且减排等其他因素占主导,而臭氧气象条件和其他因素均呈正贡献,这可能与臭氧是二次污染物,且臭氧与其前体物存在非常复杂的非线性关系有关。利用气候模式预测结果,初步预测了未来 10 年(2021—2030 年)成渝地区 $PM_{2.5}$ 和 O_3 浓度的变化趋势,表明 18 个城市 $PM_{2.5}$ 和 O_3 月预报浓度呈小幅度下降趋势,在未来空气质量改善道路上,仍需注意重视不利天气条件可能导致的短期大气重污染事件发生。

③通过对气象模式和空气质量模式改进及模式物理化学过程优选组合,开展气象与空气质量模式的在线与离线耦合模拟。WRF 模式对四川盆地大部分地区的气象场模拟效果比较好,与观测结果的一致性系数较大,并且在改进模式后对局地环流的演变以及对污染物浓度的影响能够模拟和刻画出时空协同演变特征,为成渝地区环境气象与空气污染发生、发展和消散机制开展精细化的模拟研究,可为开展空气质量预报、预测和应对持续性大气污染防治工作提供科学依据和重要支撑。

参考文献

敖希琴,郑阳,虞月芬,等,2019. 基于多元时间序列的 $PM_{2.5}$ 预测方法[J]. 重庆工商大学学报(自然科学版),36(2):41-47.

陈焕盛,王文丁,田敬敬,等,2020. 三维变分在 $PM_{2.5}$ 重污染数值模拟中的应用研究[J]. 中国环境监测,36(2):64-74.

党莹,2022. 川渝地区气象条件对空气质量影响评估及未来趋势预估[D]. 成都:成都信息工程大学.

邓中慈,康平,胡成媛,等,2020. 四川盆地 $PM_{2.5}$ 时空分布及影响因子研究[J]. 环境污染与防治,42(11):1334-1337.

贺祥,林振山,2017. 基于 GAM 模型分析影响因素交互作用对 $PM_{2.5}$ 浓度变化的影响[J]. 环境科学,38(1):22-32.

洪盛茂,焦荔,何曦,等,2009. 杭州市区大气臭氧浓度变化及气象要素影响[J]. 应用气象学报,20(5):602-611.

侯俊雄,李琦,朱亚杰,等,2017. 基于随机森林的 $PM_{2.5}$ 实时预报系统[J]. 测绘科学,42(1):1-6.

胡成媛,康平,吴锴,等,2019. 基于 GAM 模型的四川盆地臭氧时空分布特征及影响因素研究[J]. 环境科学学报,39(3):809-820.

黄晓娴,王体健,江飞,2012. 空气污染潜势-统计结合预报模型的建立及应用[J]. 中国环境科学,32(8):1400-1408.

康俊锋,黄烈星,张春艳,等,2020. 多机器学习模型下逐小时 $PM_{2.5}$ 预测及对比分析[J]. 中国环境科学,40

（5）：1895-1905.

雷雨，2022. 四川盆地臭氧污染特征及传输机制研究[D]. 成都：成都信息工程大学.

李建新，刘小生，刘静，等，2019. 基于 MRMR-HK-SVM 模型的 $PM_{2.5}$ 浓度预测[J]. 中国环境科学，39（6）：2304-2310.

李霄阳，李思杰，刘鹏飞，等，2018. 2016 年中国城市臭氧浓度的时空变化规律[J]. 环境科学学报，38（4）：263-1274.

李梓铭，赵秀娟，孙兆彬，等，2020. 基于相似集合预报技术的臭氧预报释用研究[J]. 中国环境科学，40（2）：475-484.

梁津，刘志红，姚琳，2016. 基于 WRF/CMAQ 的成都空气质量模拟与预报[J]. 高原山地气象研究，36（3）：91-96.

鲁峻岑，2023. 局地环流和大气边界层对成都地区污染影响的数值模拟[D]. 成都：成都信息工程大学.

陆成伟，周子航，刘合凡，等，2018. 基于动态模型的四川盆地植物挥发性有机物排放[J]. 环境化学，37（4）：836-842.

任至涵，倪长健，花瑞阳，等，2021. 成都 O_3 逐日污染潜势关键时段优选的 GAM 模型[J]. 中国环境科学，41（11）：5079-5085.

任至涵，倪长健，陈云强，等，2022. 基于 Copula 函数的成都夏季 O_3 污染潜势模型[J]. 中国环境科学，42（9）：4009-4017.

沈路路，王聿绚，段雷，2011. 神经网络模型在 O_3 浓度预测中的应用[J]. 环境科学，32（8）：2231-2235.

宋明昊，2020. 四川盆地气溶胶污染与边界层相互反馈机制研究[D]. 成都：成都信息工程大学.

谈建国，陆国良，耿福海，等，2007. 上海夏季近地面臭氧浓度及其相关气象因子的分析和预报[J]. 热带气象学报，5：515-520.

汤静，王春林，谭浩波，等，2019. 利用 PCA-kNN 方法改进广州市空气质量模式 $PM_{2.5}$ 预报[J]. 热带气象学报，35（1）：127-136.

汤宇磊，杨复沫，詹宇，2019. 四川盆地 $PM_{2.5}$ 与 PM_{10} 高分辨率时空分布及关联分析[J]. 中国环境科学，39（12）：4950-4958.

王磊，刘端阳，韩桂荣，等，2018. 南京地区近地面臭氧浓度与气象条件关系研究[J]. 环境科学学报，38（4）：1285-1296.

王敏，邹滨，郭宇，等，2013. 基于 BP 人工神经网络的城市 $PM_{2.5}$ 浓度空间预测[J]. 环境污染与防治，35（9）：63-66，70.

王文丁，朱怡静，皮冬秦，等，2020. 成渝地区一次区域重污染过程来源解析及减排效果研究[J]. 中国环境监测，3（2）：75-87.

王馨陆，黄冉，张雯娴，等，2021. 基于机器学习方法的臭氧和 $PM_{2.5}$ 污染潜势预报模型——以成都市为例[J]. 北京大学学报（自然科学版），57（5）：938-950.

杨健博，蔡子颖，杨旭，等，2023. 天津大气稳定度特征及基于湍流扩散系数优化的空气质量数值模拟研究[J]. 环境科学学报，43（3）：363-376.

杨欣悦，谭钦文，陆成伟，等，2021. 基于 CFSv2 的延伸期空气质量数值预报技术及效果评估[J]. 中国环境监测，37（5）：176-184.

尹杰，刘春霞，李月臣，等，2018. 重庆市主城区冬季 $PM_{2.5}$ 空间分布模拟[J]. 环境污染与防治，40（12）：1352-1358.

张恬月，杨欣悦，谭钦文，等，2019. 成都市空气质量预报系统的应用及预报效果评估[J]. 四川环境，38（3）：96-105.

张巍，杜云松，蒋燕，等，2022. 四川盆地冬季典型污染过程分析及应急减排效果评估[J]. 中国环境监测，38（3）：53-61.

张小曳，徐祥德，丁一汇，等，2020. 2013—2017 年气象条件变化对中国重点地区 $PM_{2.5}$ 质量浓度下降的影响[J]. 中国科学：地球科学，50(4)：483-500.

郑毅，朱成璋，2014. 基于深度信念网络的 $PM_{2.5}$ 预测[J]. 山东大学学报(工学版)，44(6)：19-25.

DU Q，ZHAO C，ZHANG M，et al，2020. Modeling diurnal variation of surface $PM_{2.5}$ concentrations over East China with WRF-Chem：Impacts from boundary-layer mixing and anthropogenic emission[J]. Atmospheric Chemistry and Physics，20(5)：2839-2863.

EMERY C，LIU ZHEN，RUSSELL A G，et al，2017. Recommendations on statistics and benchmarks to assess photochemical model performance[J]. Journal of the Air & Waste Management Association，67(5)：582-598.

GONG X，HONG S，JAFFE D A，2018. Ozone in China：Spatial distribution and leading meteorological factors controlling O_3 in 16 Chinese cities [J]. Aerosol Air Qual Res,18：2287-2300.

GUENTHER A B，JIANG X，HEALD C L，et al，2012. The Model of Emissions of Gases and Aerosols from Nature version 2.1 (MEGAN2.1)：an extended and updated framework for modeling biogenic emissions[J]. Geoscientific Model Development，5(6)：1471-1492.

GUO Y，YU Y，LIN P，et al，2020. Overview of the CMIP6 Historical Experiment Datasets with the Climate System Model CAS FGOALS-f3-L[J]. Advances in Atmospheric Sciences，37(10)：1057-66.

HUANG K，XIAO Q，MENG X，et al，2018. Predicting monthly high-resolution $PM_{2.5}$ concentrations with random forest model in the North China Plain[J]. Environmental Pollution,242：675-683.

LEI Y，WU K，ZHANG X L，et al，2023. Role of meteorology-driven regional transport on O_3 pollution over the Chengdu Plain,Southwestern China[J]. Atmospheric Research，285：106619.

LI X，RAPPENGLUECK B，2018. A study of model nighttime ozone bias in air quality modeling[J]. Atmospheric Environment，195：210-228.

LIU C，HUANG J，HU X M，et al，2021. Evaluation of WRF-Chem simulations on vertical profiles of $PM_{2.5}$ with UAV observations during a haze pollution event[J]. Atmospheric Environment，252：118332.

NING G，WANG S，MA M，et al，2018. Characteristics of air pollution in different zones of Sichuan Basin，China[J]. Science of the Total Environment，612(1)：975-984.

NING G，YIM S H L，WANG S，et al，2019. Synergistic effects of synoptic weather patterns and topography on air quality：a case of the Sichuan Basin of China[J]. Climate Dynamics，53：6729-6744.

SHU Z，ZHAO T，LIU Y，et al,2022. Impact of deep basin terrain on $PM_{2.5}$ distribution and its seasonality over the Sichuan Basin，Southwest China[J]. Environmental Pollution，300：118944.

SUN W，SUN J，2016. Daily $PM_{2.5}$ concentration prediction based on principal component analysis and LSS-VM optimized by cuckoo search algorithm[J]. Journal of Environmental Management，188：144-152.

TIAN M，LIU Y，YANG F M，et al，2019. Increasing importance of nitrate formation for heavy aerosol pollution in two megacities in Sichuan Basin，Southwest China[J]. Environmental Pollution，250：898-905.

WOLF K，CYRYS J，HARCINÍKOVÁ T，et al，2017. Land use regression modeling of ultrafine particles，ozone，nitrogen oxides and markers of particulate matter pollution in Augsburg，Germany[J]. Science of the Total Environment，579：1531-1540.

YANG X，WU K，WANG H，et al，2020. Summertime ozone pollution in Sichuan Basin，China：Meteorological conditions，sources and process analysis[J]. Atmospheric Environment，226：117392.

YU M，CAI X，XU C，et al，2018. A climatological study of air pollution potential in China[J]. Theoretical & Applied Climatology，136：627-638.

ZENG Z L，WANG Z M，GUI K，et al，2019. Daily global solar radiation in China estimated from high-density meteorological observations：A random forest model framework[J]. Earth and Space Science，7(2):1058-

1073.

ZHAI S，JACOB D J，WANG X，et al，2019. Fine particulate matter（$PM_{2.5}$）trends in China，2013—2018：separating contributions from anthropogenic emissions and meteorology［J］. Atmospheric Chemistry and Physics，19（16）：11031-11041.

ZHENG B，TONG D，LI M，et al，2018. Trends in China's anthropogenic emissions since 2010 as the consequence of clean air actions［J］. Atmospheric Chemistry and Physics，18（19）：14095-14111.

ZHANG L，GUO X，ZHAO T，et al，2019. A modelling study of the terrain effects on haze pollution in the Sichuan Basin［J］. Atmospheric Environment，196：77-85.